高职高专“十二五”规划教材

有机化学

王俊茹　向亚林　张茂美　主编
邬瑞斌　主审

化学工业出版社
·北京·

本书依据药学类专业的指导性教学计划及药学类专业对有机化学教学的基本要求而编写。全书共分16章，主要内容包括开链烃、闭链烃、卤代烃、醇、酚、醚、醛、酮、醌、羧酸及其衍生物、取代羧酸、立体化学基础、含氮化合物、杂环化合物和生物碱、氨基酸、蛋白质、核酸、糖类、脂类、萜类和甾族化合物、药用高分子化合物简介、有机化学实训等内容。本书根据高职高专教育的目标和要求，理论以"必需"和"够用"为原则，适当淡化和删减了理论性偏深和实用性不强的内容，降低了难度。为体现"做学一体"，加强本书的实用性，在教材后面增加了实训内容。本教材注重强化与后续专业课程的衔接，以及突出与医药、生活实际联系较为密切的内容。书中采用了现行国家标准规定的术语、符号及单位，化合物的命名根据IUPAC及中国化学会提出的命名原则，体现了科学性和先进性。

本教材可作为高职高专药学类专业的教学用书，也可供其他有关专业和药学工作者选用。

图书在版编目（CIP）数据

有机化学/王俊茹，向亚林，张茂美主编．—北京：化学工业出版社，2013.1（2017.3重印）
高职高专"十二五"规划教材
ISBN 978-7-122-16110-9

Ⅰ.①有… Ⅱ.①王…②向…③张… Ⅲ.①有机化学-高等职业教育-教材 Ⅳ.①O62

中国版本图书馆CIP数据核字（2012）第304499号

责任编辑：旷英姿　　装帧设计：史利平
责任校对：宋　夏

出版发行：化学工业出版社（北京市东城区青年湖南街13号　邮政编码100011）
印　　装：三河市延风印装有限公司
787mm×1092mm　1/16　印张17¾　字数433千字　2017年3月北京第1版第2次印刷

购书咨询：010-64518888（传真：010-64519686）　售后服务：010-64518899
网　　址：http://www.cip.com.cn
凡购买本书，如有缺损质量问题，本社销售中心负责调换。

定　　价：35.00元

前言

Preface

本书依据药学类专业的指导性教学计划及药学类专业对有机化学教学的基本要求而编写。全书共分 16 章，总学时 90 学时，理论 68 学时，实验 22 学时。本教材可作为高职高专药学类专业的教学用书，也可供其他有关专业和药学工作者选用。

本教材以高职高专教育药学类专业对有机化学知识、能力和素质的要求为指导思想，按照官能团的体系对有机化合物进行分类编写而成。在精选教学内容的基础上，突出以下特点：编写内容体现以能力为本位，理论以“必需”和“够用”为原则，适当淡化和删减了理论性偏深和实用性不强的内容，降低了难度，力求做到文字简练清晰、通俗易懂，内容深入浅出，以利于高职高专学生对知识的理解和掌握；同时注重强化与后续专业课程的衔接，以及突出与医药、生活实际联系较为密切的内容。为了增强学生学习的目的性、自觉性及使教材内容具有可读性、趣味性，激发学生学习的主动性，在教材中设立了“学习目标”、“小贴士”、“文献查阅”、“学习小结”、“自我测评”等内容。同时，为了体现“做学一体”，加强本书的实用性，在教材后面安排了实训教学内容，使理论知识传授与培养学生分析问题和解决问题的能力有机结合。

本书由黑龙江护理高等专科学校王俊茹、揭阳职业技术学院向亚林、常德职业技术学院张茂美担任主编，王俊茹负责全书统稿，中国药科大学邬瑞斌主审。具体编写分工如下：王俊茹编写第一、第五、第六、第十章；黑龙江护理高等专科学校王芬编写第二、第十五章；江苏建康职业学院鲍真真编写第三、第十一章；张茂美编写第四、第十三章；向亚林编写第七、第九章，实训二和实训三；永州职业技术学院韩淑云编写第八、第十四章；常德职业技术学院华美玲编写第十二章，实训六、实训七和实训八；山东省莱阳卫生学校邱承晓编写实训一、实训四、实训五、实训九、实训十和实训十一。

本书在编写过程中，得到了化学工业出版社、编者所在院校及有关专家的大力支持和帮助，在此致以衷心感谢，并对本书所引用文献资料的原作者深表谢意！

鉴于编者水平有限，编写时间又比较仓促，教材难免存在不足之处，恳请专家和同行以及使用本书的教师和同学们提出意见和建议，以便进一步修改和完善。

编者

2012 年 12 月

目录

Contents

第十一章　杂环化合物和生物碱 159

第十二章　氨基酸和蛋白质 172

第一章

绪论

学习目标

【知识目标】

1. 掌握有机化合物、有机化学的概念及有机化合物的特点、分类、反应类型；

2. 熟悉有机化合物的结构特点和共价键理论；

3. 了解有机化学与药学的关系。

【能力目标】

1. 熟练判断有机化合物的分类，并正确使用有机化合物的结构式、结构简式和键线式表示有机化合物。

2. 学会分析有机化学反应类型。

第一节　有机化合物和有机化学

一、有机化合物与有机化学的概念

自然界的物质种类繁多，数不胜数。根据物质的组成、结构和性质的特点，通常分为无机物和有机物两大类，把泥土、砂、金、银、酸、碱、盐等从矿物中分离和提取的物质称为无机物；而把糖、脂肪、蛋白质、淀粉、橡胶等从动植物中得到的物质称为有机物。然而，随着科学的发展，科学家们在实验室里把无机化合物成功地合成了有机化合物。1982 年，德国化学家维勒（F. Wohler）在实验室加热氰酸铵水溶液得到了哺乳动物的代谢产物——尿素；1845 年，德国化学家柯尔柏（H. Kolber）合成了醋酸；1854 年，法国化学家柏赛罗（M. Berthelot）合成了油脂。这些事实使人们清楚地认识到：在有机物和无机物之间并没有一个明确的界限，但在组成、结构和性质等方面确实存在着某些不同之处。因此，“有机”这一名词不再反映固有的含义，但因习惯一直沿用至今。

现在，人们已经能够合成许多自然界已有的或自然界没有的有机物，且越来越多的人工合成有机物充实人们的物质生活，也促进了医药学的进步和发展。目前，从自然界发现和人工合成的有机物已经超过4000万种，新的有机物仍在不断地被发现和合成出来。

大量的研究证明，有机化合物的主要特征是它们都含有碳元素，绝大多数还含有氢元素，有的还含有氧、氮、硫、磷、卤素等元素。由于有机化合物分子中的氢原子可以被其他的原子或基团所代替，从而衍生出许许多多其他的有机化合物，所以把烃类化合物及其衍生物称为有机化合物，简称有机物。研究有机化合物的化学就称为有机化学。但有些含碳元素的化合物如：一氧化碳、二氧化碳、碳酸盐、金属氰化物等均具有典型的无机化合物的成键方式和化学性质，而且与其他无机化合物的关系密切，仍属于无机化合物。

文献查阅

查阅资料，了解维勒合成尿素的方法及意义。

二、有机化合物的特点和分类

1. 有机化合物的特点

碳是有机化合物的基本元素，由于碳原子位于元素周期表的第二周期第ⅣA族，最外层有4个电子，不容易失去或得到电子形成离子键；而是通过共用电子对形成共价键。所以使得有机化合物的结构和性质与无机化合物比较，具有以下一些特殊性。

(1) 可燃性　绝大多数有机物可以燃烧，如木材、棉花、石油产品、纸张、油脂、酒精、乙醚等。而绝大部分无机物不能燃烧。因此，检查物质能否燃烧，是初步区别有机化合物和无机化合物的方法之一。

(2) 熔点低　有机物的熔点都比较低，一般不超过400℃且常温下很多有机物为易挥发的气体、液体或低熔点的固体。而无机物的熔点就较高。如氧化镁的熔点是2825℃，氧化铝的熔点是2050℃。

(3) 溶解性　绝大部分有机物难溶于水，而易溶于有机溶剂。常见的有机溶剂有酒精、汽油、四氯化碳、乙醚、苯、甲苯等。而无机物则相反，绝大部分易溶于水，难溶于有机溶剂。例如在工厂车间工人师傅手上的油污，用汽油很容易洗去，而用水就不易洗去。

(4) 稳定性差　多数有机物不如无机物稳定。有机物在放置过程中，因温度、细菌、空气中的氧气或光照等因素的影响而分解变质。例如油脂放置时间过长，容易受到微生物、空气中的氧气的作用而变质，产生难闻的气味；维生素C片为白色的片制，如果长时间的放置可被空气中的氧气氧化而变质显黄色，失去药效。

(5) 反应速率比较慢　多数无机物反应速率比较快，有的瞬间即可完成，例如酸和碱的中和反应，有的反应迅速，例如木材、汽油的燃烧等。而有机物之间的反应就比较慢，有的需要几个小时、几天甚至更长的时间，例如食物的变质、药物的失效等。

(6) 反应产物复杂　无机物之间的反应产物比较固定，一般很少有副反应发生。而多数有机物之间的反应，常常伴随副反应的发生，即除主要产物外，还有副产物。因此，有机化合物反应产物一般为混合物，要求对反应产物进行后处理，以分离提纯所需要的产物。

以上有机化合物的特点，只是一般情况，不能绝对化，也有很多例外的情况。例如，酒精是有机物，却在水中可以无限溶解；四氯化碳是有机物，不但不能燃烧，反而能够灭火。所以，在认识有机化合物共性时，也要考虑它们的个性。

2. 有机化合物的分类与同分异构现象

（1）有机化合物的分类 有机化合物种类繁多，数目庞大。为了便于学习和研究，有必要对有机物进行分类，以便系统地学习和研究。常见的分类方法有两种。

① 按碳架分类

a. 开链化合物 这类化合物中的碳链（也称碳架）是一条或长或短的链。由于最初从油脂中发现这种长链，所以这类化合物又叫脂肪族化合物。例如：

$CH_3CH_2CH_2CH_2OH$ 正丁醇

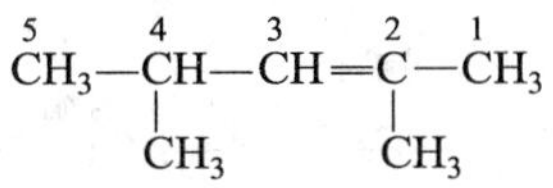
2,4-二甲基-2-戊烯

b. 环状化合物 这类化合物分子中含有由若干个碳原子组成的环，它们又可分为两类。

c. 脂肪族环状化合物（简称脂环化合物） 由于这类化合物的性质与脂肪族化合物的性质相似，从结构上看它们可以看作是开链化合物的碳链相衔接而成，因此叫做脂环族化合物。例如：

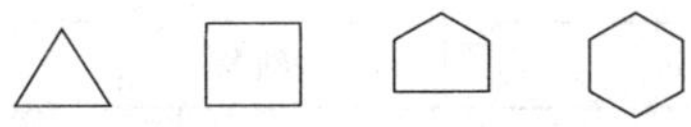

环丙烷 环丁烷 环戊烷 环己烷

d. 芳香族化合物 这类化合物分子结构中有一个或几个苯环结构，具有特殊的化学性质，与脂肪族、脂环族化合物的性质不同（后叙）。

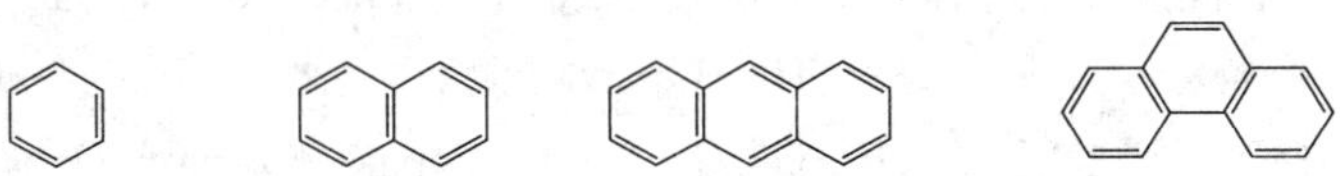

苯 萘 蒽 菲

e. 杂环化合物 这类化合物也是环状结构，但环是由碳原子和其他原子（主要是氧、硫、氮）组成。例如

吡啶 嘧啶

② 按官能团分类 有机化合物中碳原子除了与氢原子相连接外，还可以与其他原子或基团连接。例如连接—Cl、—COOH、—OH 等。这些基团能使有机物表现出特有的化学性质。我们把这种能决定一类有机化合物理化性质的原子或基团称为官能团（也叫功能基）。含有相同官能团的化合物归为一类，共同表现出相似的主要化学性质。例如乙烯（$CH_2=CH_2$）、丙烯（$CH_3CH=CH_2$）、丁烯（$CH_3CH_2CH=CH_2$）……由于这类化合物分子中都含有碳碳双键（$\rangle C=C\langle$），因此，它们具有相似的化学性质。常见的有机化合物类别及其官能团见表 1-1。

表 1-1 常见的有机化合物类别及其官能团

化合物类别	官能团	官能团名称	实例
烯烃	$\rangle C=C\langle$	双键	乙烯 $CH_2=CH_2$
炔烃	$—C\equiv C—$	三键	乙炔 $HC\equiv CH$

续表

化合物类别	官能团	官能团名称	实例
卤代烃	—X(Cl,Br,I)	卤素	氯乙烷 CH_3CH_2Cl
醇和酚	—OH	羟基	乙醇 CH_3CH_2OH
醚	$\rangle C-O-C\langle$	醚键	甲醚 CH_3OCH_3
醛	$-\overset{\overset{O}{\|}}{C}-H$	醛基	乙醛 $CH_3\overset{\overset{O}{\|}}{C}H$
酮	$-\overset{\overset{O}{\|}}{C}-$	羰基	丙酮 $CH_3\overset{\overset{O}{\|}}{C}CH_3$
羧酸	$-\overset{\overset{O}{\|}}{C}-OH$	羧基	乙酸 $CH_3\overset{\overset{O}{\|}}{C}OH$
胺	$-NH_2$	氨基	乙胺 $CH_3CH_2NH_2$
硝基化合物	$-NO_2$	硝基	硝基苯 $C_6H_5NO_2$
硫醇	—SH	巯基	乙硫醇 CH_3CH_2SH
磺酸	$-SO_3H$	磺酸基	苯磺酸 $C_6H_5SO_3H$

(2) 同分异构现象和有机化合物结构的表示方法

① 同分异构现象　在研究有机物的组成和性质时，科学家发现有很多有机物的分子组成相同，但它们的化学性质却不相同，例如分子式为 C_2H_6O 的化合物，有两种结构和性质完全不同的物质，它们分别是乙醇（$H-\underset{\underset{H}{|}}{\overset{\overset{H}{|}}{C}}-\underset{\underset{H}{|}}{\overset{\overset{H}{|}}{C}}-OH$）和甲醚（$H-\underset{\underset{H}{|}}{\overset{\overset{H}{|}}{C}}-O-\underset{\underset{H}{|}}{\overset{\overset{H}{|}}{C}}-H$）。这种分子式相同，而结构式不同的化合物，互称为同分异构体。这种现象称为同分异构现象。再例：丁烷（C_4H_{10}），结构式有正丁烷$H-\underset{\underset{H}{|}}{\overset{\overset{H}{|}}{C}}-\underset{\underset{H}{|}}{\overset{\overset{H}{|}}{C}}-\underset{\underset{H}{|}}{\overset{\overset{H}{|}}{C}}-\underset{\underset{H}{|}}{\overset{\overset{H}{|}}{C}}-H$和异丁烷 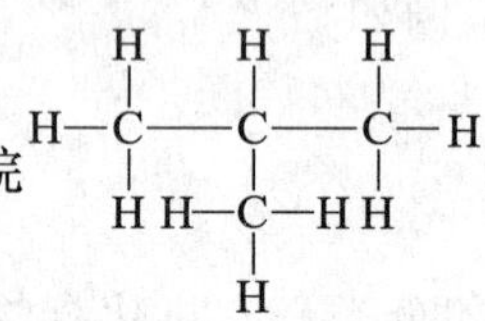

同分异构现象是有机化合物特别普遍而又很重要的特点，也是造成有机化合物数目繁多的主要原因之一。

② 有机化合物结构的表示方法　由于在有机化合物中普遍存在同分异构现象，一个相同的分子组成可能同时具有多种不同的分子结构，它们的物理和化学性质是完全不同的。所以不能用只表示分子组成的分子式表示有机化合物，必须使用既可以表示分子的组成又可以表示分子结构的结构式、结构简式和键线式，见表 1-2。

表 1-2　有机化合物结构的表示式

化合物	结构式	结构简式	键线式
正丁烷	$H-\underset{\underset{H}{\|}}{\overset{\overset{H}{\|}}{C}}-\underset{\underset{H}{\|}}{\overset{\overset{H}{\|}}{C}}-\underset{\underset{H}{\|}}{\overset{\overset{H}{\|}}{C}}-\underset{\underset{H}{\|}}{\overset{\overset{H}{\|}}{C}}-H$	$CH_3CH_2CH_2CH_3$	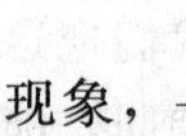

续表

化合物	结构式	结构简式	键线式
2-甲基丁烷	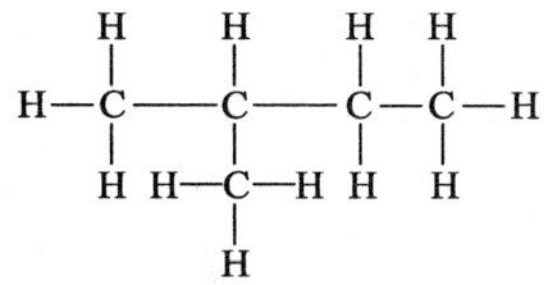	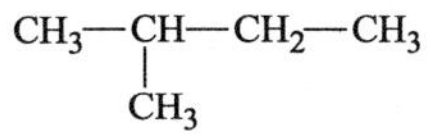	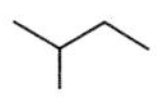
正丁烯	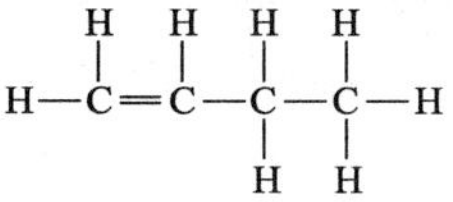	$CH_2═CH—CH_2—CH_3$	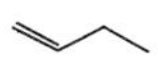
环己烷	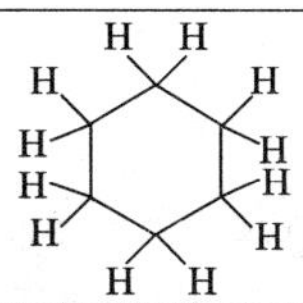	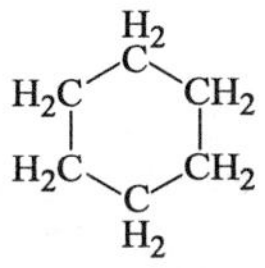	

三、有机化学与药学的关系

有机化学和药学的关系非常密切，绝大部分药物是有机化合物，中草药的有效成分也是有机化合物。我们熟知的消毒酒精、来苏儿等消毒剂都是常见的有机物。治疗感冒的阿司匹林、解热镇痛的扑热息痛等都是有机化合物。而有机化合物作为药物，一般都需要先用化学方法加工炮制，各种药物的提取、合成、精制、鉴定和保存也都离不开有机化学的基本理论和实验技能。

第二节 有机化合物的结构和共价键

一、有机化合物的结构

在长期的生产和实践过程中，科学家为了研究有机化合物的结构做了大量的工作，德国化学家凯库勒和英国化学家古柏在 1858 年提出了有机化合物分子中的碳原子是四价及碳原子之间相互连接成键的概念，成为有机化合物分子结构的最重要和最基础的理论。后经大量的科学家补充完善，建立起了经典的有机化合物的结构理论，其主要内容是：

1. 碳原子总是四价

例如在甲烷（CH_4）、四氯化碳（CCl_4）、氯仿（$CHCl_3$）、乙醇（CH_3CH_2OH）等分子中，碳原子总是保持四价，且这四价是等同的，而氢和氯都是一价的，氧原子是二价的。

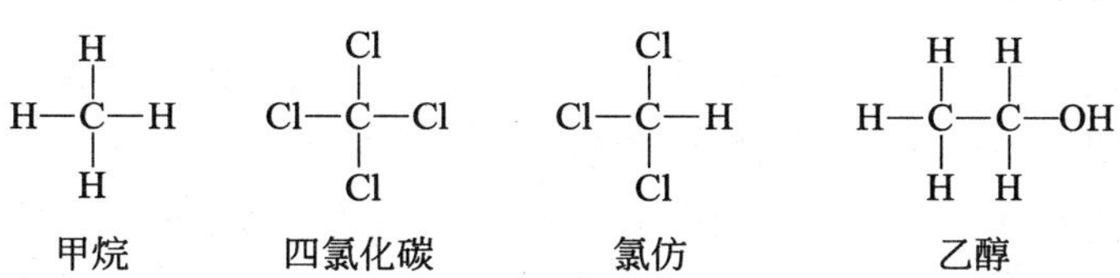

甲烷　　四氯化碳　　氯仿　　乙醇

2. 碳原子自相结合成键

碳原子不仅能和其他原子结合成键，还能自相结合成键。两个碳原子之间共用一对电子，形成一个共价键称为碳碳单键，用“—”表示；两个碳原子之间共用两对电子，形成两个共价键称为碳碳双键，用“═”表示；两个碳原子之间共用三对电子，形成三个共价键称为碳碳三键，用“≡”表示。

	碳碳单键	碳碳双键	碳碳三键
电子式	C∶C	C∷C	C⋮⋮C
结构式	C—C	C═C	C≡C

二、有机化合物中的共价键

1. 共价键的类型

有机化合物的化学键一般都是共价键，由于原子轨道重叠的方式不同，共价键可分为 σ 键和 π 键两种类型。成键的两个原子沿着原子轨道对称轴方向“头碰头”重叠形成的键称为 σ 键。s 轨道和 s 轨道之间、s 轨道和 p 轨道之间、p 轨道和 p 轨道之间均可以形成 σ 键。成键的两个原子由相互平行的 p 轨道从侧面“肩并肩”重叠形成的键称为 π 键。如图 1-1 所示。

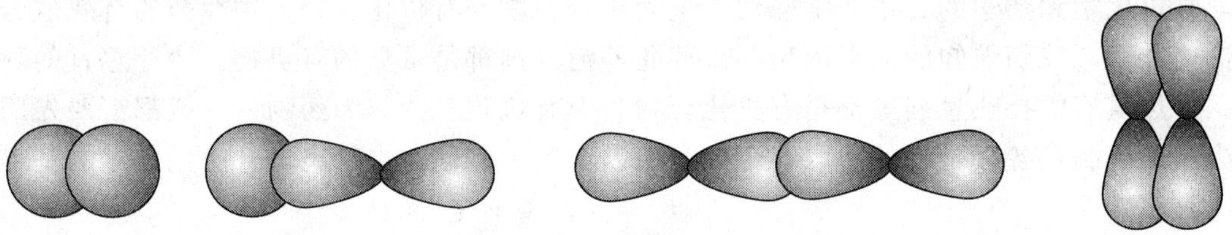

(a) σ 键的形成　　(b) π 键的形成

图 1-1　σ 键和 π 键的形成

由于 σ 键和 π 键的成键方式不同，两者之间存在着许多差异，σ 键和 π 键的一些特点见表 1-3。

表 1-3　σ 键与 π 键的比较

价键	σ 键	π 键
存在形成	可以单独存在，成键轨道沿键轴正面重叠，重叠程度较大	不能单独存在，成键轨道侧面重叠，重叠程度较小
稳定性	键能较大，键稳定	键能较小，键不稳定

有机化合物中的单键都是 σ 键，在双键和三键中，一个为 σ 键，其余为 π 键。

2. 共价键的断裂方式与有机化合物的反应类型

有机化合物中连接各原子的化学键几乎都是共价键，当发生反应时，必然存在共价键的断裂和形成。在有机化学反应中，共价键的断裂方式有两种。

（1）均裂和游离基反应　共价键断裂时，如果成键的共用电子对均等地分配到成键的两个原子上，生成有孤电子的很活泼的原子或基团，我们把这种原子或基团叫做游离基。这种共价键的断裂方式叫做均裂。例如：

$$A{:}B \longrightarrow A\cdot + \cdot B$$

共价键均裂后产生自由基（也叫游离基），有自由基参加的反应，称为自由基反应，也称游离基反应。自由基只是在反应中作为活泼中间体出现，它只能在瞬间存在。自由基反应一般在光、热等条件下进行，多为连锁反应，反应一旦发生，将迅速进行，直到反应结束。

（2）异裂和离子型反应　共价键断裂时，如果共用电子对保留在一个原子或基团上，从而产生正离子和负离子，我们把这种共价键的断裂方式叫异裂。例如：

$$A\vdots\vdots B \longrightarrow A^+ + B^- \qquad A\vdots\vdots B \longrightarrow A^- + B^+$$

这种异裂后带正电荷和带负电荷原子或基团所进行的反应，称为离子型反应。带正电荷的碳原子称为碳正离子，带负电荷的碳原子称为碳负离子。无论是碳正离子还是碳负离子都是非常不稳定的中间体，也只能在瞬间存在。但它可以引发反应，对反应的发生起着重要的作用。有机化学中的离子型反应一般发生在极性分子之间。

3. 有机化合物的反应类型

有机化学反应也常根据反应物和生成物的组成和结构的变化进行分类。

（1）取代反应　有机化合物分子中的某些原子或基团被其他原子或基团所代替的反应称为取代反应。例如：乙烷分子中的氢原子被卤素原子取代的反应。

$$CH_3CH_3 + Cl_2 \xrightarrow{\text{光照}} CH_3CH_2Cl + HCl$$

被卤素原子取代的反应，称为卤代反应。取代反应还有硝化反应、磺化反应、酯化反应、水解反应等。

（2）加成反应　有机化合物分子中的双键或三键上的 π 键断裂加入其他原子或基团的反应，称为加成反应。加成反应是不饱和化合物的特性反应。例如：丙烯和氯气的反应。

$$CH_3CH{=}CH_2 + Cl_2 \longrightarrow CH_3CHClCH_2Cl$$

（3）消除反应　有机化合物在适当条件下，从一个分子相邻两个碳原子上脱去一个小分子（如 H_2O、HX 等）而生成不饱和（双键或三键）化合物的反应称为消除反应。例如：一溴乙烷分子中脱去 HBr 而生成乙烯的反应。

$$CH_3\underset{\substack{|\\ Br}}{CH_2} \xrightarrow[\triangle]{NaOH/\text{醇}} CH_2{=}CH_2 + NaBr + H_2O$$

（4）聚合反应　由许多单个小分子互相结合生成高分子（或较大分子）化合物的反应称为聚合反应。参加聚合反应的小分子称为单体，聚合后生成的大分子称为聚合物。例如：乙烯在一定条件下聚合成聚乙烯的反应。

$$nCH_2{=}CH_2 \xrightarrow[\text{高温,高压}]{O_2(\text{微量})} \underset{\text{聚乙烯}}{\left[\!-CH_2-CH_2-\right]_n}$$

（5）分子重排反应　由于有机化合物自身的稳定性较差，在常温、常压下、加热或在其他试剂等外界因素的影响下，分子中的某些基团发生转移或分子中碳原子骨架发生改变的反应称为重排反应。例如：乙炔在催化剂（硫酸和硫酸汞溶液）作用下与水进行的加成反应，生成乙醛（CH_3CHO）而不是预期的乙烯醇，就是因为乙烯醇不稳定而在反应过程中自动发生了重排反应的原因。

$$HC{\equiv}CH + H{-}OH \xrightarrow[\text{稀}H_2SO_4]{HgSO_4} [H_2C{=}\underset{\substack{|\\ OH}}{CH}] \xrightarrow{\text{重排}} CH_3-\underset{\substack{\|\\ O}}{CH}$$

4. 共价键的键参数

(1) 键长　当两个原子以共价键相结合时，成键原子核之间的距离叫键长。单位用 pm 表示。不同的共价键有不同的键长，从共价键的键长可以判断键的牢固性。一般情况下，两个确定的原子之间形成的共价键键长愈短，键就越强。相同的成键原子所组成的单键和多重键的键长并不相等。如碳原子之间可形成单键、双键和三键，它们的键长依次缩短，键的强度逐渐增强。

(2) 键角　任何一个原子和其他两个或两个以上的原子形成共价键，相邻两个共价键之间的夹角称为键角。键角能反映分子的立体形状，键角的大小与成键的原子轨道有关。

(3) 键能　当 A 和 B 两个原子（气态）结合生成 A—B 分子（气态）时，所放出的能量叫做键能。或者说 A—B 分子（气态）分解成 A 和 B 原子（气态）所吸收的能量称为 A—B 键的键能。也就是说双原子分子的键能等于其离解能。然而，对于多原子分子，键能不同于其解离能。解离能是离解分子中某一个共价键时所需要的能量，而键能却是指分子中同种类型共价键解离能的平均值。键能的单位是 kJ/mol。从键能的大小可以判断共价键是否牢固，键能越大，该键越牢固。

(4) 共价键的极性　当形成共价键的两个原子相同时，共用电子对对称地分布于两个原子之间，这种共价键没有极性，称为非极性共价键。例如 H—H 键；C—C 键。当形成共价键的两个原子不同，共用电子对偏向于吸引电子能力较强（即电负性较大）的原子一方，使它带微量的负电荷（也叫带部分的负电荷），用符号 δ^- 表示。而吸引电子能力较弱（即电负性较小）的原子则带微量的正电荷（也叫带部分的正电荷）。用符号 δ^+ 表示。例如：

$$\overset{\delta^+}{H}\longrightarrow\overset{\delta^-}{Cl}\qquad \overset{\delta^+}{CH_3}\longrightarrow\overset{\delta^-}{Br}$$

键的极性大小主要取决于成键两原子的电负性值之差，与外界条件无关，是永久的性质。

学习小结

- 有机化学基本知识
  - 有机化合物的特点
    - 容易燃烧
    - 熔沸点较低
    - 难溶于水
    - 稳定性差
    - 反应速率慢
    - 反应产物复杂
  - 有机化合物的分类
    - 按碳架分类
    - 按官能团分类
  - 有机化合物的结构
    - 碳原子总是四价
    - 碳原子自相结合成键
  - 有机化合物的反应类型
    - 取代反应
    - 加成反应
    - 消除反应
    - 聚合反应
    - 分子重排反应

自我测评

一、单项选择题

1. 下列化合物不是有机化合物的是（　）。

A. CH_3CH_2OH　　B. CO_2　　C. CH_3Br　　D. CCl_4

2. 没有 π 键的化合物是（　）。

A. 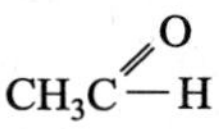　　B. 　　C. CH_3CH_2Cl　　D. 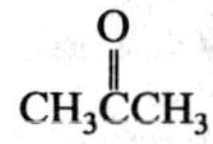

3. 有机化合物不具备的特性是（　）。

A. 可以燃烧　　B. 稳定性差

C. 有机化合物中的碳都是正二价　　D. 反应速率慢

4. 既有 σ 键又有 π 键的化合物是（　）

A. CH_3OCH_3　　B. $CH_3CH_2CH_2CH_3$

C. CH_3CHI_3　　D. 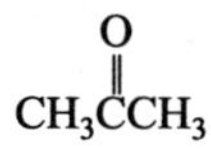

5. 下列各组化合物互为同分异构体的是（　）。

A. CH_3OCH_3 和 CH_3CH_2OH　　B. $CH_3CH_2CH_2CH_3$ 和 $CH_3CH_2CH_3$

C. CH_3CH_2COOH 和 CH_3COCH_3　　D. $CH_2=CH_2$ 和 $CH_3CH=CH_2$

二、按官能团分类法，下列化合物各属于哪一类化合物

1. $CH_3CH=CH_2$　　2. CH_3CH_2COOH　　3. 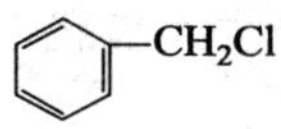

4. 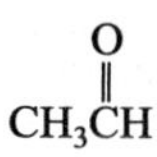　　5. 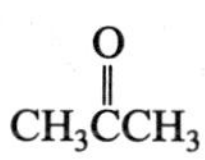

第二章

开链烃

学习目标

【知识目标】

1. 掌握烷烃、烯烃和炔烃的通式、同分异构现象、系统命名法、烯烃的顺反异构现象及主要的化学性质。

2. 熟悉链烃的结构及二烯烃的分类、命名、结构和性质。

3. 了解烃的分类及卤代烃取代、烯烃的加成反应历程。

【能力目标】

1. 熟练应用系统命名法命名简单的烷烃、烯烃、炔烃和二烯烃，以及烯烃的顺反异构体。

2. 学会根据烯烃的氧化产物推断烯烃的结构；学会区分烷烃、烯烃和炔烃；学会识别烷烃分子中四种不同类型的碳原子。

只由碳和氢两种元素组成的化合物，称为碳氢化合物，简称为烃。烃是一类重要的有机化合物，烃分子里的氢原子被其他原子或基团替代后，可得到一系列有机化合物，因此可以把烃看作是有机化合物的母体。

根据烃的结构和性质的不同，烃分为下列几类：

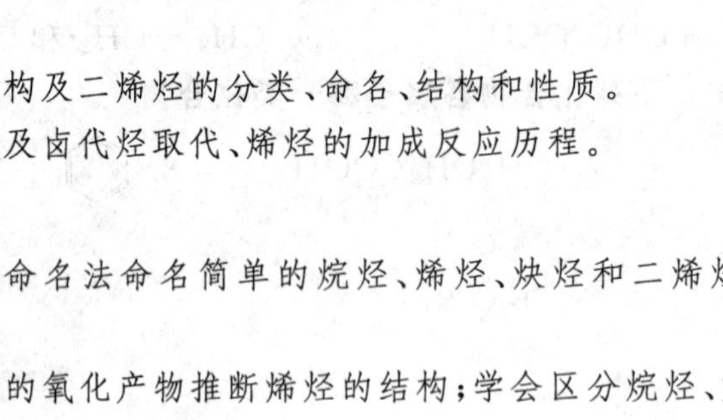

开链烃（脂肪烃），包括饱和烃（烷烃）和不饱和烃，不饱和烃包括烯烃和炔烃。

第一节　烷　　烃

一、烷烃的通式、同系列及同分异构现象

在有机化合物里，有一系列结构和性质与甲烷（$\begin{array}{c} H \\ | \\ H—C—H \\ | \\ H \end{array}$）很相似的烃，它们的分子中全部以碳碳单键和碳氢单键结合成链状。像这样，分子中的化学键全部是共价单键的开链烃，称为饱和烃，又称烷烃。

1. 组成通式

甲烷的分子式 CH_4，组成上看作氢原子数目是碳原子数的二倍还多 2 个；其他烷烃随着碳原子数目的增加，氢原子数也随之增多。如果碳原子的数目是 n，显然氢原子的数目是 $2n+2$。所以 C_nH_{2n+2}是能代表烷烃系列中任一同系物分子式的组成通式。

2. 同系列

烷烃的数目很多，表 2-1 列出了几种烷烃的结构简式和分子式。

表 2-1　几种烷烃的结构简式和分子式

名称	结构简式	分子式	
甲烷	CH_4	CH_4	} CH_2 相差
乙烷	CH_3CH_3	C_2H_6	} CH_2 相差
丙烷	$CH_3CH_2CH_3$	C_3H_8	} CH_2 相差
丁烷	$CH_3CH_2CH_2CH_3$	C_4H_{10}	} CH_2 相差
戊烷	$CH_3(CH_2)_3CH_3$	C_5H_{12}	

比较上述烷烃可以看出，它们在分子组成上相差 1 个或几个 CH_2 原子团，都是以共价单键相结合成链状结构。把结构相似、性质相近，分子组成相差 1 个或多个 CH_2 原子团的一系列化合物，称为同系列。同系列中的化合物互称同系物。同系物化学性质相近，物理性质也随碳原子数的增加呈现规律性的变化。因此，只要深入研究 1 个或几个代表性同系物，就可以推测出其他同系物的基本性质。

在同系列中，每两个相邻同系物分子组成上都有共同的差别（CH_2），这个差别称为同系差。

3. 同分异构现象

在烷烃里，除甲烷、乙烷、丙烷没有同分异构体外，其他烷烃都存在同分异构现象。例如 C_4H_{10}有两种同分异构体，C_5H_{12}有 3 种同分异构体。

C_4H_{10}：　$CH_3CH_2CH_2CH_3$（正丁烷）　　$\begin{array}{c} CH_3—CH—CH_3 \\ | \\ CH_3 \end{array}$（异丁烷）

C_5H_{12}：　$CH_3CH_2CH_2CH_2CH_3$（正戊烷）

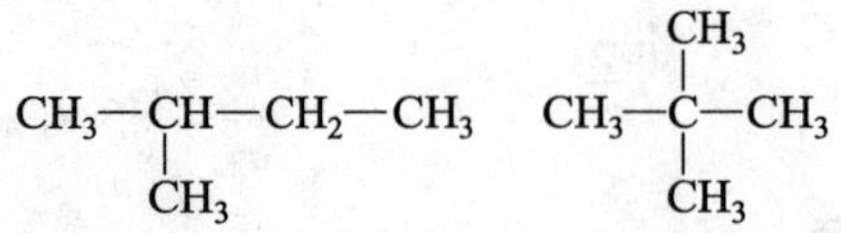

异戊烷　　　新戊烷

随着烷烃碳原子数目增加，同分异构体的数目迅速增多。例如，C_6H_{14}有5种同分异构体，C_7H_{16}有9种同分异构体，C_8H_{18}有18种同分异构体，$C_{10}H_{22}$有75种同分异构体，$C_{11}H_{24}$有159种同分异构体，而$C_{20}H_{42}$则多达366319种同分异构体。

在有机化合物分子中，一个碳原子可能与1个、2个、3个或4个碳原子直接相连。例如：

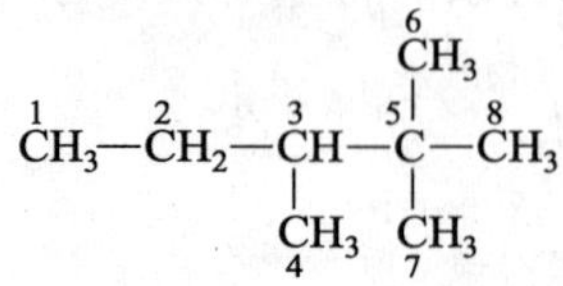

按照在这个碳原子上所连的碳原子数目不同，常把碳原子分成如下四类：

（1）伯碳原子（1℃）　只与1个碳原子直接相连的碳原子。如上述结构式中的C-1、C-4、C-6、C-7、C-8。

（2）仲碳原子（2℃）　与2个碳原子直接相连的碳原子。如上述结构式中的C-2。

（3）叔碳原子（3℃）　与3个碳原子直接相连的碳原子。如上述结构式中的C-3。

（4）季碳原子（4℃）　与3个碳原子直接相连的碳原子。如上述结构式中的C-5。

按氢原子所连接的那个碳原子的类型不同，把氢原子分成伯氢原子（1°H）、仲氢原子（2°H）和叔氢原子（3°H）三种类型。

二、烷烃的命名

烷烃分子中去掉一个氢原子所剩下的基团，称为烷基。通常用“—R”来表示烷基，它的组成通式是$—C_nH_{2n+1}$。简单烷基的命名是把它相对应名称中的“烷”字改为“基”字。常见简单的烷基有：

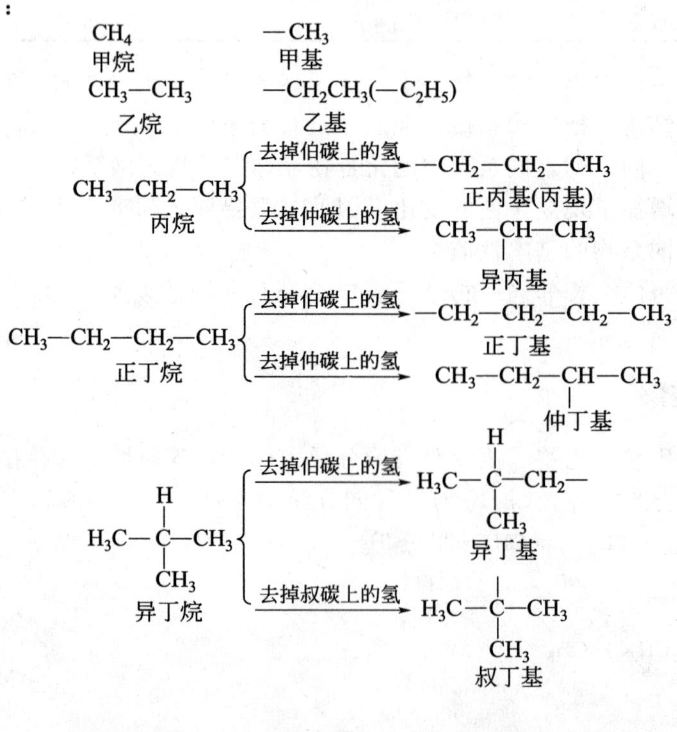

烷烃的命名通常有普通命名法和系统命名法。

1. 普通命名法

普通命名法只适用于结构比较简单的烷烃，其基本原则如下：

（1）按分子中碳原子数目称为“某烷”，碳原子数在十个以下的用天干（甲、乙、丙、丁、戊、已、庚、辛、壬、癸）表示。十个碳原子以上用中文数字表示。例如：

CH_4 甲烷　C_5H_{12}戊烷　C_6H_{14}己烷　$C_{10}H_{24}$癸烷　$C_{13}H_{28}$十三烷

（2）用“正”、“异”、“新”来区别异构体。把直链（不带支链）的烷烃称“正”某烷；把碳链某一端具有异丙基（碳链一端第 2 位上连有一个甲基 CH_3—），此外别无支链的烷烃，按碳原子数称为“异”某烷；把碳链一端具有叔丁基，此外别无支链的烷烃称为“新”某烷。例如：

$CH_3—CH_2—CH_2—CH_3$

正丁烷

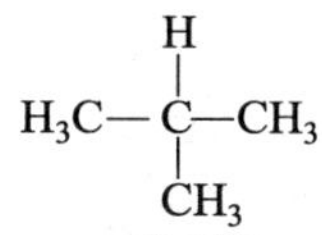

异丁烷

$CH_3—CH_2—CH_2—CH_2—CH_3$

正戊烷

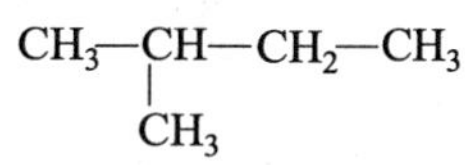

异戊烷

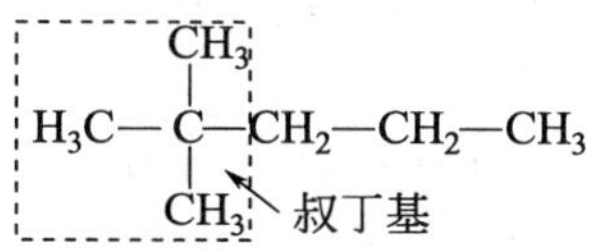

新庚烷

对于结构比较复杂的烷烃，需要用系统命名法来命名。

2. 系统命名法

系统命名法是根据国际纯粹与应用化学联合会（IUPAC）制定的命名原则，结合我国文字特点而制定的。

烷烃的系统命名法主要原则和步骤如下。

（1）选主链　选择含碳原子数最多的碳链作为主链（当作母体），按主链碳原子数称为“某烷”。某字的用法和普通命名法相同。主链外的碳链当作支链（取代基）。

（2）主链编号　从靠近支链的一端开始用阿拉伯数字给主链碳原子依次编号，确定取代基的位置。例如：

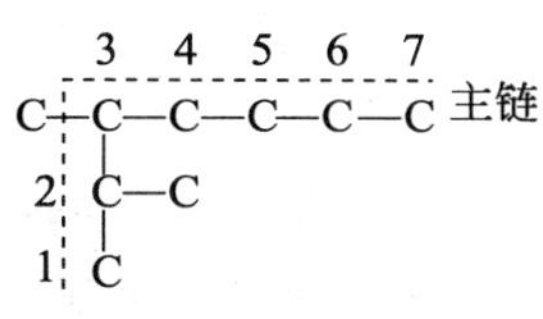

（3）取代基的表示　取代基的位号用它直接相连的主链碳原子的位号，把取代基的位号写在取代基名称和数目的前面，中间用短线隔开。如果有相同的取代基则合并起来，用汉字二、三、四等数字表示取代基的数目；表示相同取代基位号的几个阿拉伯数字之间用“,”号隔开。例如：

2-甲基　　2,3-二甲基　　2,2,4-三甲基

(4) 名称表示　把取代基的位号，数目和名称写在“某烷”之前。若有几种不同的取代基，应把简单的（小的）取代基写在前面，复杂的（大的）取代基写在后面，中间再用短线隔开。例如：

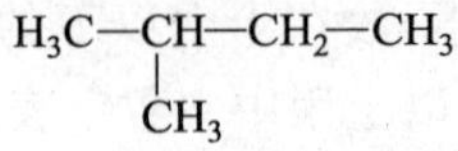

2-甲基丁烷

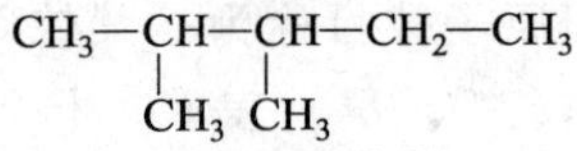

2,3-二甲基戊烷

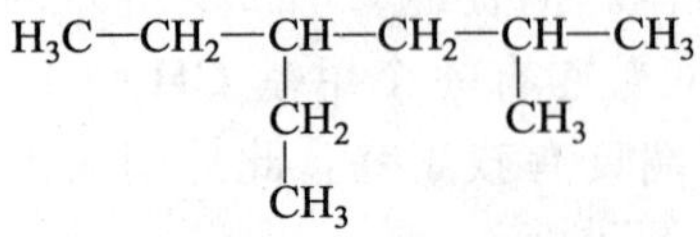

2-甲基-4-乙基己烷

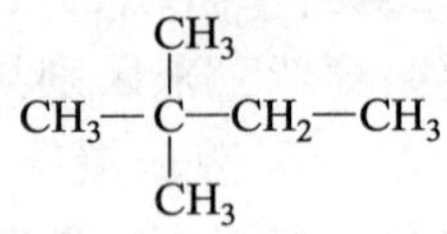

2,2-二甲基丁烷

常见烷基大小的顺序为：

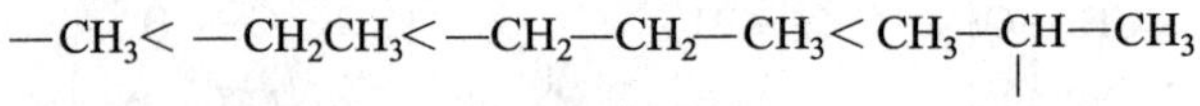

甲基　乙基　正丙基(丙基)　异丙基

(5)“等长”原则　如果有几条等长碳链均可作为主链时，应选择含支链（取代基）最多的碳链为主链。例如：

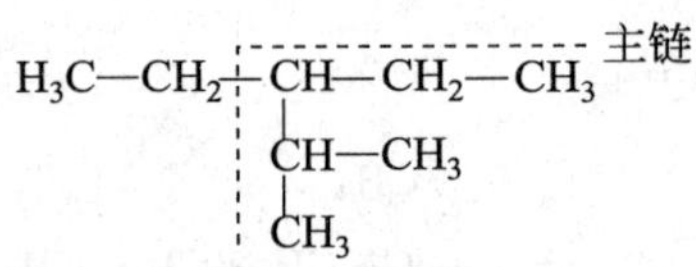

2-甲基-3-乙基戊烷(不能称3-异丙基戊烷)

(6)“等近”编号原则（最低系列原则）　如果主链上有几个相同取代基，并且有几种可能编号时，应按“最低系列”编号。

所谓“最低系列”是指从主链不同方向得到两种编号，比较两种编号的位次和，遇到位次和最小的，定为“最低系列”。例如：

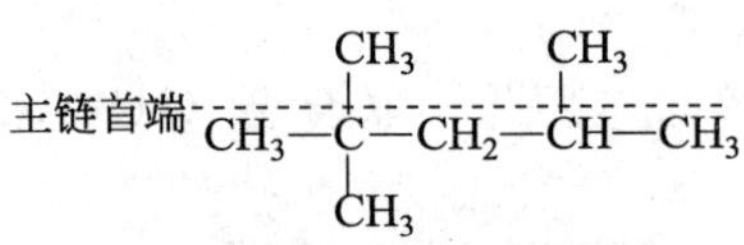

2,2,4-三甲基戊烷
(不能称2′,4′,4′-三甲基戊烷)

三、烷烃的结构

甲烷的分子式 CH_4，结构式为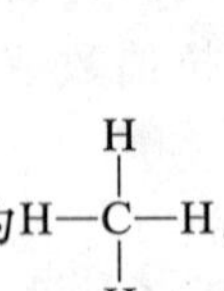。这个结构式可以表示甲烷分子中碳原子与氢原子的成键情况，但却不能说明分子里各个原子间在空间的分布情况。

从图 2-1 可以看出：甲烷分子中的 5 个原子并不在一个平面内，而是形成一个正四面体的空间结构。在这个空间结构里，碳原子位于正四面体的中心，4 个氢原子分别位于正四面体的顶点。科学证明，甲烷分子中每两个相邻的价键在空间所夹的角度（键角）相等，都是 109°28′；4 个 C—H 键的键长都是 109pm（0.109nm）；每个 C—H 键的键能（形成某一化学键时所放出的能量）都是 413kJ/mol。

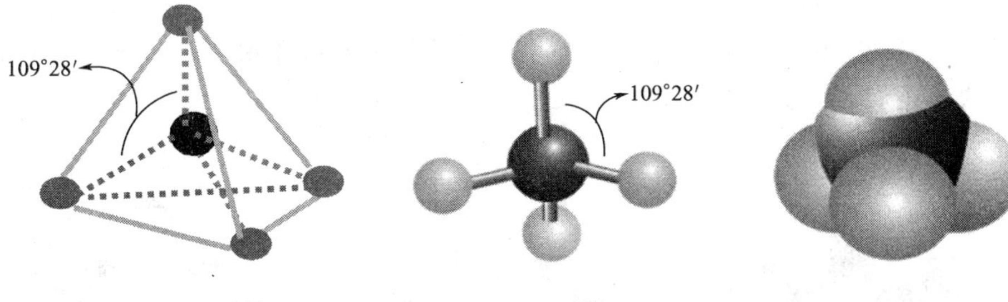

(a) 正四面体模型　(b) 球棍模型　(c) 比例模型

图 2-1　甲烷分子的空间结构示意图和分子结构模型

现代原子轨道杂化理论认为：形成甲烷分子时，碳原子首先从基态（$2s^2 2p_x^1 2p_y^1$）被激发成为激发态（$2s^1 2p_x^1 2p_y^1 2p_z^1$），其中1个2s电子跃迁到$2p_z$轨道，形成4个单电子轨道（1个占s轨道，3个占p轨道）；这4个单电子轨道再经组合和分配，形成4个能量相等的新轨道（杂化轨道）。这个过程称为原子轨道杂化。这种由1个s轨道和3个p轨道参加的杂化，称为sp^3杂化，形成的新轨道称为sp^3杂化轨道。每个sp^3杂化轨道均含有1/4s轨道成分和3/4p轨道成分。

碳原子的sp^3杂化过程表示如下：

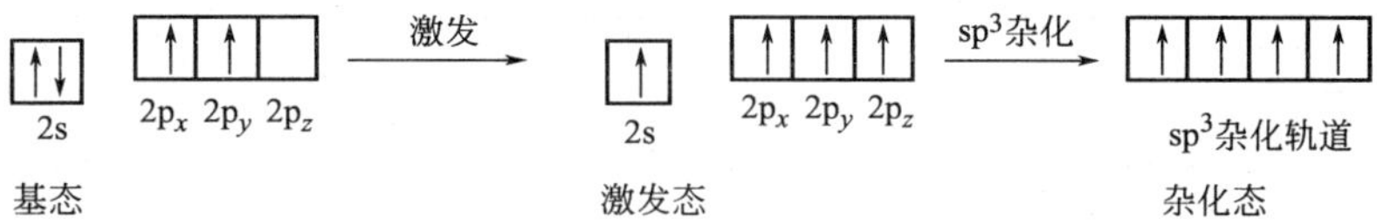

sp^3杂化轨道的形状不是s轨道的球形，也不是p轨道的哑铃形，而是杂化成不对称的葫芦形［如图2-2(a)所示］，一头大一头小，大的一头表示电子云偏向的一边，这样有利于轨道间的最大重叠。

甲烷分子里的4个sp^3杂化轨道以碳原了为中心［如图2-2(b)所示］，大头伸向正四面体的四个顶角，4个sp^3杂化轨道之间夹角为109°28′，这样排布使4个sp^3杂化轨道尽可能彼此远离，电子云之间相互斥力最小，体系最稳定；因此甲烷具有正四面体的空间结构。

(a) sp^3杂化轨道　(b) 4个sp^3杂化轨道的空间构型

图 2-2　碳原子的sp^3杂化

甲烷分子里的C—H键是由氢原子的s轨道，沿着碳原子的sp^3杂化轨道对称轴方向正面重叠（“头碰头”重叠）形成σ键，成键的电子称为σ电子。σ键的成键轨道以正面方向交盖，达到最大程度的重叠，所以σ键是比较稳定的化学键。

其他烷烃分子中所有碳原子都是以sp^3杂化轨道形成C—Cσ键和C—Hσ键。例如乙烷分子中有6个C—Hσ键和一个C—Cσ键。图2-3为甲烷和乙烷的结构。

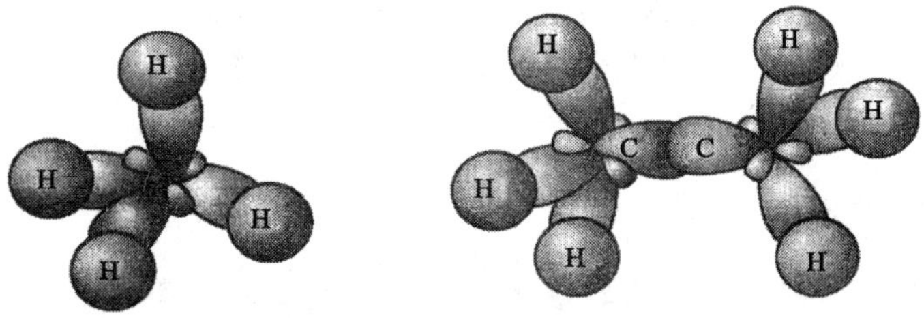

(a) 甲烷　(b) 乙烷

图 2-3　甲烷和乙烷的结构

由于烷烃中碳原子的 sp^3 杂化，结果倾向保持正常键角 109°28′，因此碳链的立体形状不是直线形，而呈曲折的锯齿形。图 2-4 是几种烷烃分子的球棒模型，从图中可以看出，即使不带支链的正丁烷、正戊烷的碳链也不是直线形，而是锯齿形。

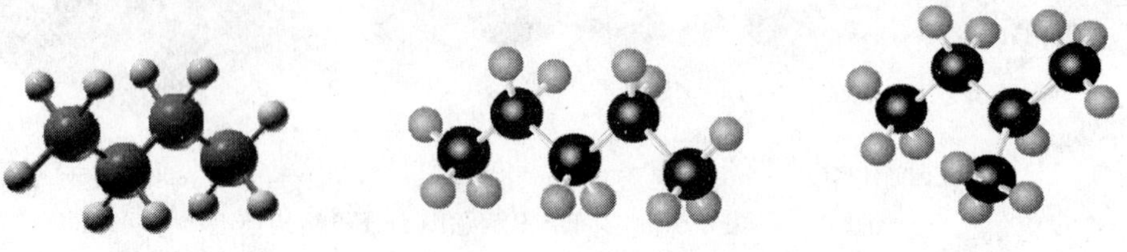

(a) 正丁烷　　(b) 正戊烷　　(c) 异戊烷

图 2-4　几种烷烃分子的球棒模型

四、烷烃的物理性质

烷烃的种类很多，表 2-2 列出了一些常见烷烃的物理性质。

表 2-2　常见烷烃的物理性质

名称	分子式	结构简式	常温下状态	熔点/℃	沸点/℃
甲烷	CH_4	CH_4	气	−182.5	−164
乙烷	C_2H_6	CH_3CH_3	气	−183.3	−88.63
丙烷	C_3H_8	$CH_3CH_2CH_3$	气	−189.7	−42.07
丁烷	C_4H_{10}	$CH_3(CH_2)_2CH_3$	气	−138.4	−0.5
戊烷	C_5H_{12}	$CH_3(CH_2)_3CH_3$	液	−129.7	36.07
己烷	C_6H_{14}	$CH_3(CH_2)_4CH_3$	液	−95.0	68.7
庚烷	C_7H_{16}	$CH_3(CH_2)_5CH_3$	液	−90.61	98.42
辛烷	C_8H_{18}	$CH_3(CH_2)_6CH_3$	液	−56.79	125.7
壬烷	C_9H_{20}	$CH_3(CH_2)_7CH_3$	液	−51.0	150.8
癸烷	$C_{10}H_{22}$	$CH_3(CH_2)_8CH_3$	液	−29.7	174.1
十七烷	$C_{17}H_{36}$	$CH_3(CH_2)_{15}CH_3$	固	22	301.8
二十四烷	$C_{24}H_{50}$	$CH_3(CH_2)_{22}CH_3$	固	54	391.3

从表 2-2 可以看出，烷烃的物理性质随着分子里碳原子数目的增加，呈现规律性的变化。在常温常压下，C_1～C_4 的直链烷烃是气体；C_5～C_{10} 是液体；C_{17} 以上是固体。它们的沸点和熔点随碳原子数目的增加而升高，同系物之间，每增加一个 CH_2，沸点约升高 20～30℃。例如戊烷 C_5H_{12} 沸点 36.07℃，己烷 C_6H_{14} 沸点 68.7℃。此外，在同分异构体中沸点随支链的增多而降低。烷烃都难溶于水，易溶于乙醇、乙醚等有机溶剂；它们的相对密度都小于 1。

五、烷烃的化学性质

烷烃的化学性质比较稳定，通常状况下，它们不与强氧化剂、强酸、强碱作用。例如，将甲烷气体通入高锰酸钾酸性溶液，可以观察到高锰酸钾溶液不褪色，说明甲烷不与强氧化剂反应。

烷烃的化学性质之所以稳定，是因为烷烃分子里的化学键全部是 σ 键，σ 键是比较牢固的。但是化学稳定性是相对的，在一定条件下，σ 键也可以断裂而发生某些化学反应。

1. 氧化反应

烷烃在空气中燃烧，生成二氧化碳和水，同时放出大量的热。例如，纯净的甲烷能在空气中安静地燃烧。

$$CH_4 + 2O_2 \xrightarrow{点燃} CO_2 + 2H_2O + Q$$

所以，甲烷是一种很好的气体燃料。

2. 取代反应

烷烃在光照、高温或催化剂的作用下，可与卤素发生反应。例如，把盛有氯气和甲烷的混合气体的集气瓶放在光亮的地方，就可以看到瓶中氯气的颜色会逐渐变浅。这是因为在光照条件下，氯气与甲烷发生了取代反应。

$$CH_4 + Cl_2 \xrightarrow{光照} \underset{一氯甲烷}{CH_3Cl} + HCl$$

$$CH_3Cl + Cl_2 \xrightarrow{光照} \underset{二氯甲烷}{CH_2Cl_2} + HCl$$

$$CH_2Cl_2 + Cl_2 \xrightarrow{光照} \underset{三氯甲烷（氯仿）}{CHCl_3} + HCl$$

$$CHCl_3 + Cl_2 \xrightarrow{光照} \underset{四氯甲烷（四氯化碳）}{CCl_4} + HCl$$

在以上几步反应中，甲烷分子里的氢原子逐步被氯原子所取代（卤代）。

其他的卤素也能与烷烃进行类似反应。卤素与烷烃的相对反应活性是：

$$F_2 > Cl_2 > Br_2 > I_2$$

由于氟代反应非常剧烈，难以控制，而碘代反应非常缓慢以致难以进行，因此卤代反应通常是指氯代反应和溴代反应。

六、甲烷的自由基取代反应历程

反应历程也叫反应机理，是指反应物到产物所经历过程的详细描述和理论解释。反应历程是在综合大量实验事实的基础上提出的一种理论假设，实验事实越丰富，可靠程度就越大。

甲烷的氯代反应，一旦发生就会连续下去，称为连锁反应。它的反应实质是共价键均裂产生自由基而引起的。氯分子在光照或加热到 250℃时，氯分子发生共价键均裂，产生两个活泼的带单电子的氯原子（氯自由基）。

$$Cl{:}Cl \xrightarrow{光} 2Cl\cdot \quad 链引发阶段$$

这是连锁反应的第一阶段，称为链的引发。

氯自由基非常活泼，它能够夺取甲烷分子中的一个 H 原子，生成甲基自由基和氯化氢。

$$CH_4 + Cl\cdot \longrightarrow CH_3\cdot + HCl$$

甲基自由基与氯自由基一样活泼，它与氯气分子作用，生成一氯甲烷，同时产生另一个新的氯自由基。

$$CH_3\cdot + Cl_2 \cdot \longrightarrow CH_3Cl + Cl\cdot$$

这个新的氯自由基可以重复上述反应，也可以与刚生成的一氯甲烷反应，逐步生成二氯甲烷，三氯甲烷和四氯化碳。这是连锁反应的第二阶段，称为链的传递。

$$\left.\begin{aligned} CH_3Cl + Cl\cdot &\longrightarrow \cdot CH_2Cl + HCl \\ \cdot CH_2Cl + Cl_2 &\longrightarrow CH_2Cl + Cl\cdot \\ Cl\cdot + CH_2Cl_2 &\longrightarrow \cdot CH_2Cl_2 + HCl \\ \cdot CHCl_2 + Cl_2 &\longrightarrow CHCl_3 + Cl\cdot \\ Cl\cdot + CHCl_3 &\longrightarrow \cdot CCl_3 + HCl \\ \cdot CCl_3 + Cl_2 &\longrightarrow CCl_4 + Cl\cdot \end{aligned}\right\} \text{链传递阶段}$$

事实上，连锁反应不可能永久传递下去，直到自由基互相结合或与惰性质点结合而失去活性时，这个反应就终止了。例如：

$$\left.\begin{aligned} Cl\cdot + Cl\cdot &\longrightarrow Cl_2 \\ CH_3\cdot + CH_3\cdot &\longrightarrow CH_3CH_3 \\ CH_3\cdot + Cl\cdot &\longrightarrow CH_3Cl \end{aligned}\right\} \text{链终止阶段}$$

自由基反应可以用链引发、链传递和链终止三个阶段来表示。

七、烷烃的来源和重要的烷烃

烷烃的天然来源主要是天然气和石油。天然气是蕴藏在地层内的可燃气体，其主要成分是甲烷。我国天然气蕴藏量很丰富，甲烷含量高，含硫量较低，是一种很好的化工原料。石油是从油田开采出来的，未经加工的石油称为原油。

原油是一种深褐色的黏稠液体，它的主要成分是各种烃类（烷烃和环烷烃，个别地区产的石油还含芳香烃）的复杂混合物。根据不同需要，把原油进行分馏，按沸点不同，可获提各种石油产品（见表 2-3）。

表 2-3　原油分馏产物

名称	主要成分	沸点范围/℃	用途	备注
天然气	C_1～$C_4$①	<0	燃料	
石油醚	C_5～C_6 C_7～C_8	30～60 70～120	溶剂	40～150℃的馏分称粗汽油
汽油	C_7～C_{12}	70～120	飞机或汽车燃料	总称轻油
煤油	C_{12}～C_{16}	200～270	灯火燃料	
柴油	C_{16}～C_{18}	270～340	发动机燃料	
润滑油	C_{16}～C_{20}	300 以上	润滑机器、防锈	300℃以上称重油
液体石蜡	C_{18}～C_{24}	液体	缓泻剂	
凡士林		半固体	软膏基质	液体和固体石蜡的混合物
固体石蜡	C_{25}～C_{34}	固体	制蜡烛、蜡疗	
沥青	C_{30}～C_{40}	残渣	铺马路、涂漆屋顶	

① C_1～C_4 表示甲烷～丁烷。下同。

1. 甲烷

甲烷是烃类里分子组成最简单的化合物，它的相对分子质量是16。甲烷是无色、没有气味的气体。在标准状况下，甲烷的密度是0.717g/L，约是空气密度的一半，它极难溶于水，很容易燃烧，是一种很好的气体燃料。但必须注意，如果点燃甲烷和氧气或空气的混合物，会立即发生爆炸。因此，在煤矿的矿井里，必须采取安全措施（严禁烟火、注意通风等），以防发生爆炸的危险。

2. 石油醚

石油醚是低级烷烃的混合物，透明无色的液体，它有两个品种，含 C_5～C_6 的沸程为30～60℃，含 C_7～C_8 的沸程为70～120℃。主要用作溶剂，它极易燃烧，使用和储存时要特别注意防火措施。

3. 液体石蜡

液体石蜡是无色透明的液体，不溶于水和醇，能溶于醚和氯仿。医药上用作配制滴鼻剂或喷雾剂的基质，也用作缓泻剂。

4. 凡士林

凡士林是液体石蜡和固体石蜡的混合物，呈软膏状的半固体，不溶于水，溶于乙醚和石油醚。因为它不被皮肤吸收，并且化学性质稳定，不与软膏中的药物起变化，因此常用作软膏的基质。凡士林一般呈黄色，经漂白或用骨炭脱色，可得白色凡士林。

5. 石蜡

石蜡为白色蜡状固体，在医药上用于蜡疗和调节软膏的硬度，工业上是制造蜡烛的原料。

第二节 烯 烃

分子中具有碳碳双键或三键的烃称为不饱和烃，不饱和烃所含的氢原子数目比相应的烷烃少。不饱和烃包括烯烃，炔烃和二烯烃，它们都是非常重要的有机化合物，其中有的是人类生命不可缺少的物质，例如维生素A、β-胡萝卜素等。

分子中含有碳碳双键的烃称为烯烃。根据分子中碳碳双键的数目，烯烃又可分为单烯烃（含1个双键）、二烯烃（含2个双键）和多烯烃（含多个双键）。单烯烃通式是 C_nH_{2n}。碳碳双键是烯烃的官能团。

一、烯烃的结构

1. 碳原子的 sp^2 杂化

乙烯（$H_2C=CH_2$）是最简单的烯烃。物理方法测定证明乙烯分子中所有碳原子和氢原子都在同一平面上，分子中的两个碳原子均发生了 sp^2 杂化。其杂化过程可表示为：

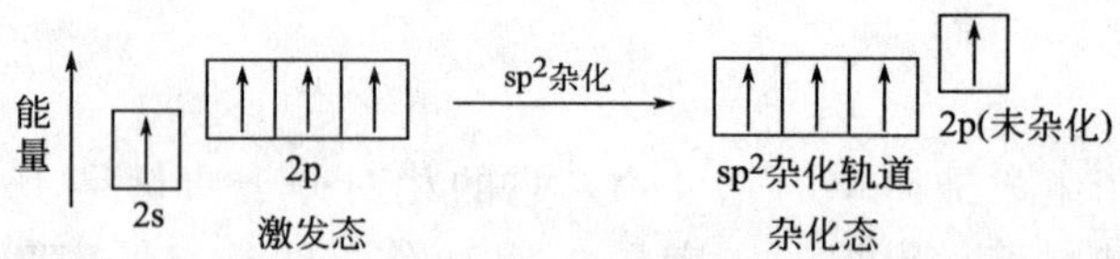

乙烯分子中的碳原子在成键时，是以激发态的 1 个 2s 轨道和 2 个 2p 轨道进行杂化，形成 3 个能量完全相同的 sp^2 杂化轨道。每个 sp^2 杂化轨道含有 1/3s 成分和 2/3p 成分，这 3 个 sp^2 杂化轨道的对称轴在同一平面，并以碳原子为中心，分别指向正三角形的三个顶点，杂化轨道对称轴之间夹角为 120°，如图 2-5 所示。此外，每个碳原子还剩下 1 个 2p 轨道未参与杂化，它的对称轴垂直于 3 个 sp^2 杂化轨道所处的平面，如图 2-6 所示。

图 2-5　3 个 sp^2 杂化轨道

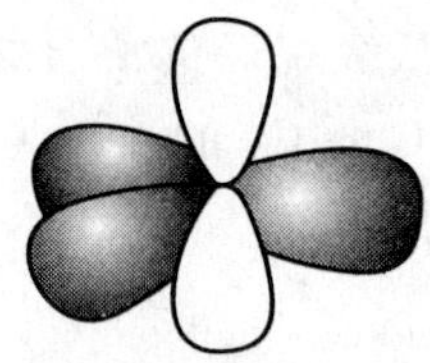

图 2-6　sp^2 杂化轨道与未杂化的 2p 轨道

2. π 键

形成乙烯分子时，两个 C 原子各以 1 个 sp^2 杂化轨道沿着键轴方向“头碰头”重叠，形成 1 个 C—Cσ 键，并用其余的 sp^2 杂化轨道分别与 2 个氢原子的 1s 轨道重叠，形成 4 个 C-Hσ 键，这 5 个 σ 键都处于同一平面上。另外，每个碳原子的一个垂直于上述平面的未参与杂化的 p 轨道，可以彼此平行“肩并肩”地侧面重叠，形成 π 键，形成 π 键的一对电子叫做 π 电子。乙烯的形成过程，如图 2-7 所示。

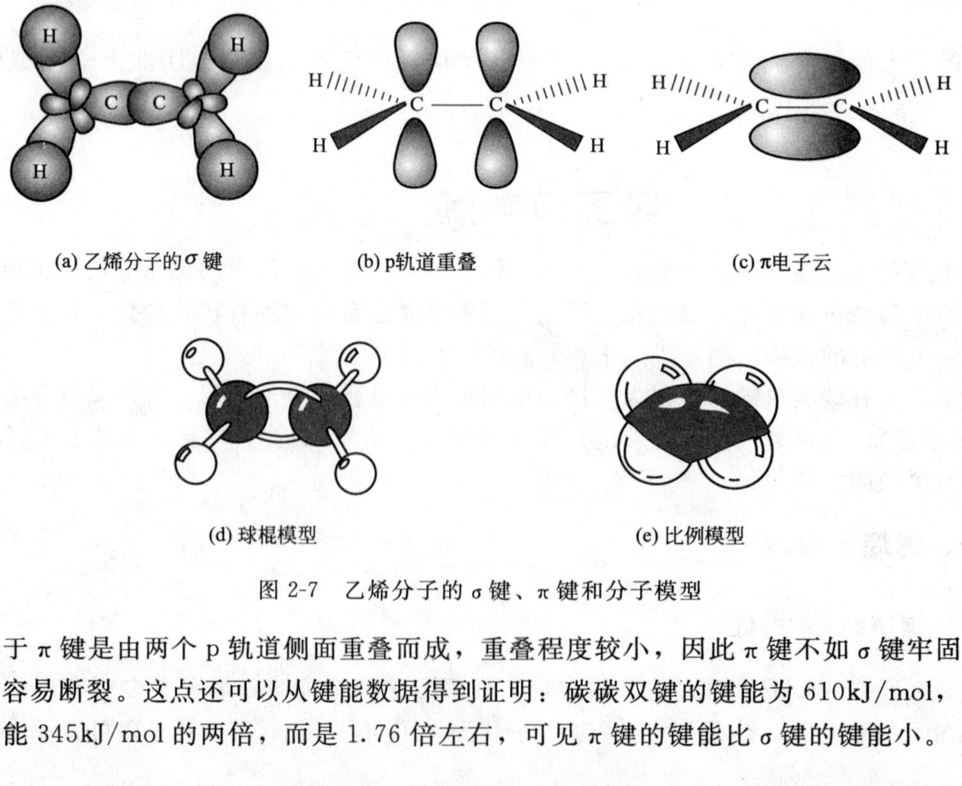

图 2-7　乙烯分子的 σ 键、π 键和分子模型

由于 π 键是由两个 p 轨道侧面重叠而成，重叠程度较小，因此 π 键不如 σ 键牢固，也不稳定，容易断裂。这点还可以从键能数据得到证明：碳碳双键的键能为 610kJ/mol，并不是单键键能 345kJ/mol 的两倍，而是 1.76 倍左右，可见 π 键的键能比 σ 键的键能小。

二、烯烃的同分异构现象和命名

1. 同分异构现象

由于烯烃分子中存在碳碳双键，所以烯烃的异构现象比较复杂，其异构体的数目比相应的烷烃多。概括起来，主要有碳链异构、位置异构和顺反异构三种。

（1）碳链异构　与烷烃相似，由于碳链的骨架不同而引起的异构现象。例如：

$CH_2{=}CHCH_2CH_3$

1-丁烯

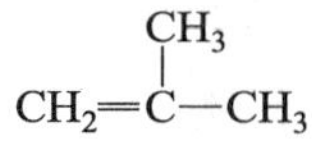

2-甲基丙烯

（2）位置异构　由于双键在碳链上位置不同而引起的异构现象。例如：

$CH_2{=}CHCH_2CH_3$　　$CH_3CH{=}CHCH_3$

1-丁烯　　2-丁烯

（3）顺反异构　在烯烃分子中由于碳碳双键不能自由旋转，致使与双键碳原子直接相连的原子或基团在空间的相对位置被固定下来，例如，2-丁烯有下列两种异构体：

顺-2-丁烯　　反-2-丁烯

这种异构体称为顺反异构体，又称几何异构体。

虽然顺反异构现象在烯烃中普遍存在，但并非所有烯烃分子都存在顺反异构现象。产生顺反异构现象的条件是：①分子中存在限制碳原子自由旋转的因素，如双键，脂环等结构。②在不能自由旋转的两端碳原子上，必须各自连接两个不同的原子或原子团。例如：

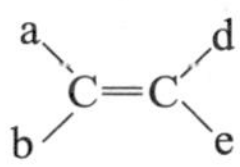

即 $a \neq b$，$d \neq e$ 时有顺反异构。但如果 $a=b$ 或 $d=e$ 时就不会产生顺反异构。

2. 烯烃的命名

（1）烯烃的系统命名法　烯烃的系统命名法及其原则基本与烷烃相似，其要点是：

① 选择含双键在内的最长碳链为主链，按主链碳原子数目命名为“某烯”。

② 从最靠近双键的一端起，给主链碳原子依次编号，把双键碳原子的最小编号写在烯烃名称的前面，并用短线隔开。若双键正好在中间，则主链编号从靠近取代基一端开始。

③ 取代基的命名与烷烃相同。例如：

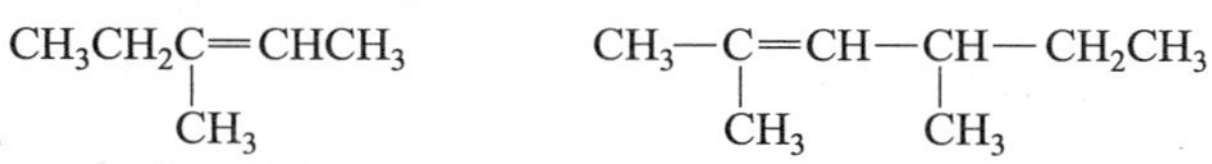

3-甲基-2-戊烯　　2,4-二甲基-2-己烯

当烯烃去掉一个氢原子后剩下的一价基团叫烯基。常见的烯基有：

$CH_2{=}CH—$　　$CH_3—CH{=}CH—$　　$CH_2{=}CH—CH_2—$

乙烯基　　丙烯基　　烯丙基

（2）顺反异构体的命名　顺反异构体的命名方法主要有两种：

① 顺反构型命名法　在顺反异构体中，当两个相同原子或基团处于双键平面同侧时，称为顺式（cis-）；处于双键平面异侧时，称为反式（trans-）。例如：

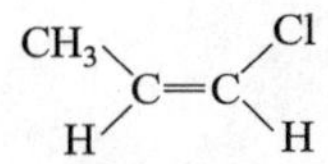
顺-1-氯丙烯

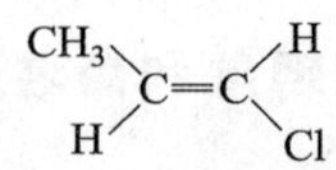
反-1-氯丙烯

② *Z*/*E* 构型命名法　当双键碳原子连有 4 个互不相同的原子或基团时，由于无法判断处在双键同侧（异侧）的两个原子或基团是否“相同”，难以用顺反构型法确定其构型。为此提出了以“次序规则”为基础的 *Z*/*E* 构型命名法。

用 *Z*/*E* 构型命名顺反异构体时，首先应确定双键上每一个碳原子所连接的两个原子或基团的优先次序。当两个“优先”基团位于双键同侧时，用“*Z*”（德文 Zusammen 的缩写，意为“共同”，指同侧）标记其构型；位于异侧时，用“*E*”（德文 Entgegen 的缩写，意为“相反”，指不同侧）标记其构型。书写时，将 *Z* 或 *E* 写在化合物名称前面，并用短线相隔。例如：当 a 优先于 b，d 优先于 e 时：

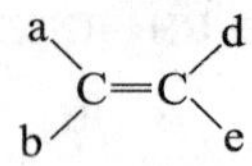
(*Z*)-构型

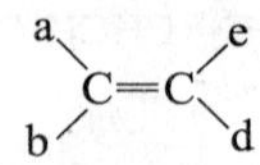
(*E*)-构型

次序规则的主要内容归纳如下：

将双键碳直接相连的两个原子按原子序数由大到小排出次序，原子序数较大者为优先基团。现将常见的部分原子按原子序数大小排列如下：I，Br，Cl，S，P，O，N，C，H。按此规定，下列基团的先后次序应为：$-I > -Br > -Cl > -SH > -OH > -NH_2 > -CH_3 > -H$。

若基团中与双键碳直接相连的原子相同而无法确定次序时，则须比较与该原子相连的其他原子的原子序数，直到比出大小为止。例如$-CH_3$ 和$-CH_2CH_3$，第一个原子都是碳，需比较以后的原子。在$-CH_3$ 中，和碳原子相连的是 H、H、H；但是$-CH_2CH_3$ 中，和第一个碳原子相连的是 C、H、H，其中有一个碳原子，碳的原子序数大于氢，所以$-CH_2CH_3 > -CH_3$。同理$-C(CH_3)_3 > -CH(CH_3)_2 > -CH_2CH_2CH_3 > -CH_2CH_3 > -CH_3$。

当基团中有不饱和键时，可拆开，当作 2 个或 3 个单键看待。

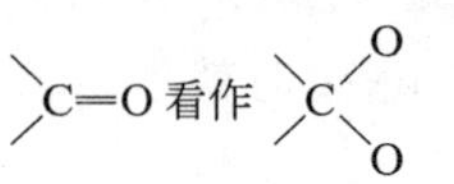

例如：

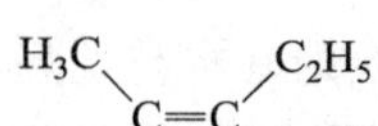
(*Z*)-2-戊烯

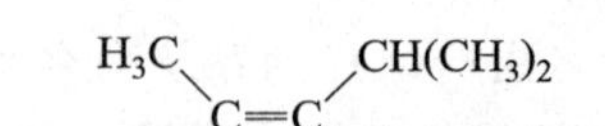
(*E*)-3-甲基-4-异丙基-3-庚烯

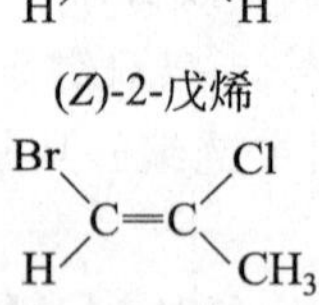
(*Z*)-2-氯-1-溴丙烯

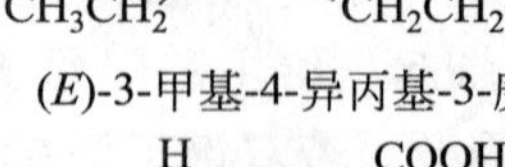
(*E*)-2-甲基-2-戊烯酸

Z/*E* 构型命名法适用于所有的顺反异构体。但必须注意的是：顺式和 *Z* 构型及反式和 *E* 构型不一定都是对等的，即顺式并非一定是 *Z* 构型，反式并非一定是 *E* 构型，它们之间没有固定关系。例如：

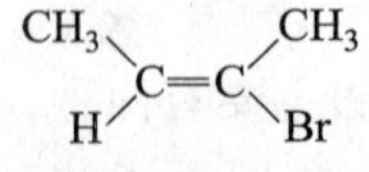
顺-2-溴-2-丁烯
(*E*)-2-溴-2-丁烯

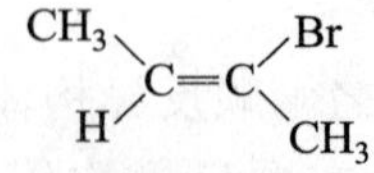
反-2-溴-2-丁烯
(*Z*)-2-溴-2-丁烯

三、烯烃的物理性质

烯烃的物理性质和相应的烷烃相似。在常温常压下，C_2～C_4 的烯烃为气体，C_5～C_{18} 的烯烃为液体，C_{19} 以上的烯烃为固体。烯烃都难溶于水而易溶于有机溶剂。表 2-4 列有常见烯烃的物理常数。

表 2-4　常见烯烃的物理常数

名称	熔点/℃	沸点/℃	相对密度(d_4^{20})
乙烯	−169.5	−103.7	0.570
丙烯	−185.2	−47.7	0.610
1-丁烯	−130	−6.4	0.625
顺-2-丁烯	−139.3	3.5	0.621
反-2-丁烯	−105.5	0.9	0.604
2-甲基丙烯	−140.8	−6.9	0.631
1-戊烯	−166.2	30.1	0.641
2-甲基-1-丁烯	−137.6	31.2	0.650
3-甲基-1-丁烯	−168.5	20.1	0.633
1-己烯	−139	63.5	0.673
1-庚烯	−119	93.6	0.697
1-十八碳烯	17.5	179	0.791

四、烯烃的化学性质

烯烃的官能团是碳碳双键，它是由 1 个 σ 键和 1 个 π 键构成，由于 π 键比 σ 键弱得多，易断裂，而且电子云密度较高，易受缺电子试剂进攻。所以，烯烃的化学性质比烷烃活泼得多，易发生加成、氧化、聚合等反应。

1. 加成反应

加成反应是指在反应时，烯烃分子双键中的 π 键断裂，试剂中的两个原子或基团分别加到双键两端的碳原子上，形成两个新的 σ 键。这是烯烃的主要反应。

（1）催化氢化　烯烃与氢在催化剂（Pt、Pd、Ni）存在下，能发生加成反应，即碳碳双键中 π 键断裂，两个氢原子分别加到 π 键的两个碳原子上，形成饱和的烷烃。

$$CH_2{=}CH_2 + H_2 \xrightarrow{Pt} CH_3{-}CH_3$$

此反应只有在催化剂存在下发生，因此称为催化氢化反应。氢化时所放出的热量叫做氢化热。由于此反应可以定量地进行，所以根据反应吸收氢的量来确定分子中所含双键的数目。

（2）加卤素　烯烃容易与氯或溴发生加成反应，生成邻二卤代烃。例如在常温下将乙烯气体通入溴的四氯化碳溶液或溴水中，溴的红棕色立即褪去，生成无色的 1,2-二溴乙烷。

$$CH_2{=}CH_2 + Br_2 \longrightarrow \underset{\displaystyle Br}{\underset{|}{CH_2}}{-}\underset{\displaystyle Br}{\underset{|}{CH_2}}$$

1,2-二溴乙烷

因为这个反应有明显的颜色变化，所以实验室常用此反应来检验不饱和烃。

卤素的反应活性为：$F_2 > Cl_2 > Br_2 > I_2$，F_2 与烯烃反应太剧烈，同时发生聚合等副反应。I_2 与烯烃反应，活性太低，难于进行，所以烯烃与卤素加成，一般是指加氯或加溴。

（3）加卤化氢　烯烃与卤化氢发生反应，生成卤代烷。卤化氢的反应活性顺序为：HI＞HBr＞HCl。例如：

$$CH_2{=}CH_2 + HCl \longrightarrow \underset{\text{氯乙烷}}{CH_3CH_2Cl}$$

乙烯是对称烯烃，加氯化氢时，氯原子加到双键两边任一碳原子上，都生成一种产物。但对于结构不对称的烯烃如丙烯，与 HX 加成时就有两种情况，加成产物也可以有两种。

$$CH_3{-}CH{=}CH_2 + HBr \longrightarrow CH_3{-}\underset{\substack{|\\Br}}{CH}{-}CH_3 \quad \text{2-溴丙烷}$$

$$CH_3{-}CH{=}CH_2 + HBr \longrightarrow CH_3{-}CH_2{-}CH_2Br \quad \text{1-溴丙烷}$$

根据大量实验事实，1869 年俄国化学家马尔可夫尼可夫（Markovnikov）总结出一条经验规则：当不对称烯烃和不对称试剂（如 HX、H_2SO_4 等）发生加成反应时，不对称试剂中带正电荷的部分，总是加到含氢较多的双键碳原子上，而带负电荷部分则加到含氢较少或不含氢的双键碳原子上，这就是马氏规则。照此规则丙烯与 HBr 加成的主要产物应该是 2-溴丙烷。

（4）加硫酸　烯烃与浓硫酸反应，生成硫酸氢酯，并溶于硫酸中。

$$CH_2{=}CH_2 + HOSO_2OH \longrightarrow \underset{\text{硫酸氢乙酯}}{CH_3{-}CH_2OSO_2OH}$$

烷烃不与硫酸反应，因此利用此反应可以除去混在烷烃中的少量烯烃。如果将生成的硫酸氢乙酯，经水解则生成醇。

$$CH_3CH_2{-}OSO_2OH \xrightarrow{HOH} \underset{\text{乙醇}}{CH_3CH_2{-}OH} + H_2SO_4$$

不对称烯烃与硫酸加成时，同样也服从马氏规则。

$$CH_3{-}CH{=}CH_2 + HOSO_2OH \longrightarrow CH_3{-}\underset{\substack{|\\OSO_2OH}}{CH}{-}CH_3 \xrightarrow{HOH} CH_3{-}\underset{\substack{|\\OH}}{CH}{-}CH_3$$

烯烃通过硫酸氢酯制备醇的方法称为硫酸间接水合法，工业上常用此法合成醇。烯烃也可在酸的催化下直接与水作用生成醇。例如：

$$CH_2{=}CH_2 + HOH \xrightarrow[300℃,\ 7MPa]{H_3PO_4/\text{硅藻土}} CH_3CH_2OH$$

2. 氧化反应

烯烃很容易被氧化，反应时双键的 π 键首先断裂，有时 σ 键也可被断裂打开。随着反应条件不同，氧化产物也不同。

烯烃与稀的高锰酸钾碱性冷溶液作用，在双键两端各加一个羟基，生成邻二醇，此反应称为羟基化反应。例如：

$$\underset{\text{乙烯}}{CH_2{=}CH_2} + KMnO_4 + H_2O \xrightarrow{\text{室温}} \underset{\text{乙二醇}}{\underset{\substack{|\\OH}}{CH_2}{-}\underset{\substack{|\\OH}}{CH_2}} + KOH + \underset{\text{褐色}}{MnO_2\downarrow}$$

此反应能使高锰酸钾溶液的紫色立即消失，并生成褐色的二氧化锰沉淀。因为这个反应容易进行，反应快，现象明显，易于观察，常用于检验不饱和烃。

如果烯烃与氧化性更强的酸性高锰酸钾溶液作用，则双键完全断裂生成二氧化碳、小分子羧酸和酮等产物，称为破裂氧化。

$$R—CH═CH_2 \xrightarrow[H^+]{KMnO_4} R—COOH + CO_2\uparrow + H_2O$$

$$R—CH═CH—R' \xrightarrow[H^+]{KMnO_4} R—COOH + R'—COOH$$

$$R—CH═C(R')(R'') \xrightarrow[H^+]{KMnO_4} R—COOH + R'—\underset{\underset{O}{\|}}{C}—R''$$

结构不同的烯烃进行破裂氧化反应，生成的氧化产物不同。一般来说，氧化后，CH_2 ═基变成 CO_2 和 H_2O；RCH ═基变成羧酸 R—COOH；$R—\underset{\|}{C}—R'$ 变成酮 $R—\underset{\underset{O}{\|}}{C}—R'$ 。所以破裂氧化在测定烯烃的分子结构时具有一定的参考价值，因为从反应生成的产物可以推断烯烃中双键的位置，即原来烯烃的结构。例如，某一烯烃经酸性高锰酸钾氧化后的产物为 CH_3CH_2COOH、CO_2 和 H_2O，我们只要将所得产物分子中的氧去掉，余下部分用双键连接起来，就能得出这一烯烃的原结构式为 $CH_3CH_2CH═CH_2$。

3. α-原子的取代反应

由于受碳碳双键的影响，烯烃分子中的 α-H 原子比较活泼，容易发生取代反应。例如：

$$CH_3—CH═CH_2 + Cl_2 \xrightarrow{500℃} \underset{\underset{Cl}{|}}{CH_2}CH═CH_2 + HCl$$

4. 聚合反应

在一定条件下，烯烃能自身发生加成反应，这种由低分子结合成更大分子的过程称为聚合反应，生成的产物称为聚合物。例如：

$$nCH_2═CH_2 \xrightarrow[高温,高压]{O_2(微量)} \underset{聚乙烯}{+\!\!\!\!\!\!\left[CH_2—CH_2 \right]_n}$$

n=500～2000

聚乙烯是一种无毒，电绝缘性很好的塑料，广泛用于食品袋、塑料杯等日用品的生产。

五、烯烃加成反应的历程

烯烃和卤素、卤化氢、硫酸的加成反应都属于亲电加成反应。现以乙烯和溴的加成反应为例来说明亲电加成反应历程。实验证明，在反应时，乙烯分子中的 π 键受极性物质的影响，使 π 电子云转向双键一端，双键的一个碳原子带部分负电荷（δ^-），另一个碳原子带部分正电荷（δ^+），使双键产生偶极。

$$\overset{\delta^+}{C}H_2 ═ \overset{\delta^-}{C}H_2$$ （弯箭头“↷”表示π电子云偏移的方向）

同样，当溴分子接近乙烯分子时，由于受乙烯 π 电子的影响，也使溴分子极化成一端带正电，一端带负电的偶极分子：$\overset{\delta^+}{Br} \longrightarrow \overset{\delta^-}{Br}$（直箭头“→”表示 σ 电子云偏移的方向）

反应过程可表示为：

$$\overset{\delta^+}{C}H_2\!=\!\overset{\delta^-}{C}H_2+\overset{\delta^+}{Br}-\overset{\delta^-}{Br}\xrightarrow{\text{慢}}\overset{+}{C}H_2-CH_2Br+Br^-$$

$$\overset{+}{C}H_2-CH_2Br+Br^-\xrightarrow{\text{快}}BrCH_2-CH_2Br$$

六、诱导效应与马氏规则的理论解释

1. 诱导效应

分子中原子间的相互影响是有机化学中极为重要和普遍存在的现象，对于确定分子结构和反应性能具有十分重要的意义和作用。

在多原子分子中，一个键的极性将使分子中电子云密度分布发生变化，这种变化不但发生在直接相连接的部分，也影响到不直接相连的部分。例如氯原子取代烷烃分子中的氢原子后，电子云密度分布发生如下变化：

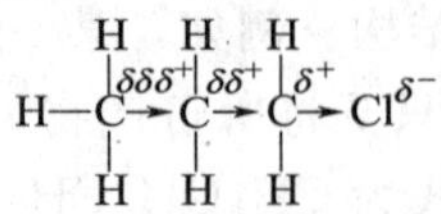

因为氯原子的电负性较强，因此 C—Cl 键的成键电子云偏向氯原子，产生偶极，直箭头所指的方向是电子云偏移的方向。偶极带正电的一端碳原子又吸引与它相连的碳原子上的电荷，使氯原子邻近的碳碳键的成键电子云也发生偏移。当然这种偏移程度不及 C—Cl 键，产生的偶极要小。这样依次影响下去，但其影响逐渐减弱。在氯原子周围，电子云密度大些，用 δ^- 表示；与氯原子相连的碳原子虽然吸引邻近碳原子的电荷，但失去电荷比获得的电荷多，因此带部分正电荷，则用 δ^+ 表示。当然与氯原子相隔距离越远，影响越小，失去的电荷越少，所带的正电荷也越少，故依次用“$\delta\delta^+$”，“$\delta\delta\delta^+$”等表示。

像这样在多原子分子中，由于某一原子或基团的电负性不同使共价键产生极性而引起电子云密度分布发生变化，这种影响可沿着分子链依次传递下去（但很快减弱），像这种原子间的相互影响称为诱导效应。

诱导效应是一种静电作用，是固有的永久性效应，没有外电场影响时也存在。但共用电子对并不完全转移到另一原子，只是电子云密度分布发生变化，即键的极性发生变化。诱导效应的形式可由近及远沿着分子链依次传递，但随着传递距离的增加，该效应迅速减弱，一般在三个碳原子以后基本消失。

诱导效应中电子移动的方向是以 C—H 键中的氢作为比较标准，如果以电负性大于氢原子的原子或基团（X）取代氢原子后，则 C—X 键间电子云偏向 X；与 H 相比，X 具有吸电子性，称为吸电子基，由它所引起的诱导效应称为吸电子诱导效应，用符号 $-I$ 表示。如果以电负性小于氢原子的原子或基团（Y）取代氢原子后，则 C—Y 键间电子云偏向碳原子；与 H 相比，Y 具有给（斥）电子性，称为给（斥）电子基，由它所引起的诱导效应称为给（斥）电子诱导效应，用符号 $+I$ 表示。

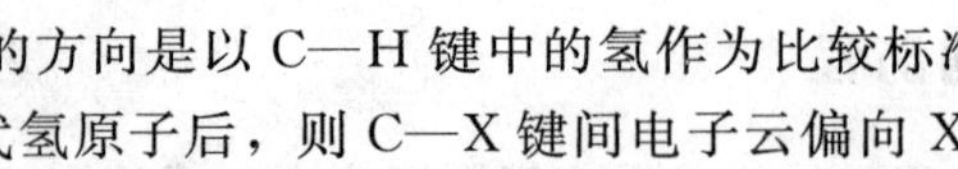

$-I$ 效应　　比较标准　　$+I$ 效应

一些取代基给电子和吸电子能力强弱的次序如下：

给电子基团（$+I$）：$-O^- > -COO^- > -C(CH_3)_3 > -CH(CH_3)_2 > -CH_2CH_3 > -CH_3 > -H$

吸电子基团（$-I$）：$-NO_2 > -CN > -COOH > -F > -Cl > -Br > -I > -OH > -C_6H_5 > -CH=CH_2 > -H$

2. 马氏规则的理论解释

马氏规则可以用诱导效应来解释。丙烯是不对称烯烃，相当于甲基取代乙烯分子中的氢原子。由于甲基和氢原子的电负性不同，甲基又是一个斥电子基团，它的斥电子作用使双键的 π 电子云发生偏移，使丙烯分子产生偶极，结果丙烯分子中含氢较少的双键碳原子带有部分正电荷（δ^+），而另一个含氢较多的双键碳原子带有部分负电荷（δ^-）。$CH_3 \longrightarrow \overset{\delta^+}{C}H = \overset{\delta^-}{C}H_2$

当丙烯与亲电试剂（如 HX）作用时，试剂中带正电部分就与丙烯分子中带部分负电的碳原子结合，试剂带负电的部分就与丙烯分子中带部分正电的碳原子结合，结果 π 键断裂，都变成 σ 键。例如：

$$CH_3-CH=CH_2+HX \longrightarrow CH_3-\underset{}{\overset{X}{\overset{|}{C}}}H-CH_3$$

但在应用马氏规则时，要特别注意当反应条件改变时，就可能出现异常现象，如在有少量过氧化物存在时，HBr 和烯烃的加成就不再遵循马氏规则。反应历程也不再是离子型的亲电加成，而是自由基加成，反应产物与离子型反应历程的结果正好相反。这种加成反应方向的改变是由过氧化物所引起的，一般被称之为过氧化物效应，或称为反马氏规则。例如：

$$CH_3-CH=CH_2+HBr \xrightarrow{\text{过氧化物}} \underset{\text{1-溴丙烷}}{CH_3-CH_2-CH_2Br}$$

HCl 和 HI 与烯烃加成没有过氧化物效应。

七、重要的烯烃

乙烯（$H_2C=CH_2$）常温常压下为无色气体。几乎不溶于水，溶于乙醇、乙醚等有机溶剂。燃烧时火焰比甲烷明亮，并有黑烟。医药上，乙烯与氧的混合物可作麻醉剂且麻醉迅速，苏醒亦快。长期接触乙烯，有头晕、全身不适、乏力、注意力不能集中等症状。农业上，乙烯用作植物生长调节剂，也可作未成熟果实的催熟剂。工业上，许多有机化工产品的生产如乙醇、乙醛、氯乙烯、醋酸、环氧乙烷、乙二醇等都是以乙烯作为原料。乙烯的聚合也广泛用在日常生活用品制造及电气、食品、制药和机械制造等各方面。乙烯的生产量可衡量一个国家的化工水平的高低。乙烯用量最大的是生产聚乙烯，聚乙烯是日常生活中最常用的高分子材料之一。

第三节　炔　　烃

分子中含有碳碳三键的烃称为炔烃。碳碳三键是炔烃的官能团。炔烃比相应的单烯烃分子少 2 个氢原子，因此，含有 1 个碳碳三键的炔烃通式和二烯烃的通式相同，也是 C_nH_{2n-2}。

一、炔烃的结构

乙炔（HC≡CH）是最简单的炔烃。物理方法测定证明乙炔分子中两个碳原子和两个氢原子在一条直线上，分子中的两个碳原子均发生了 sp 杂化。其杂化过程可表示为：

乙炔分子中的碳原子在成键时，是以激发态的 1 个 2s 轨道和 1 个 2p 轨道进行杂化，形成 2 个能量完全相同的 sp 杂化轨道。每个 sp 杂化轨道含有 1/2s 成分和 1/2p 成分，这 2 个 sp 杂化轨道的对称轴在一条直线上，彼此间夹角为 180°，所以 sp 杂化又称为直线形杂化。

形成乙炔分子时，它的两个碳原子各以 1 个 sp 杂化轨道“头碰头”互相重叠，形成 1 个碳碳 σ 键，又各用余下的另 1 个 sp 杂化轨道和氢原子的 1s 轨道重叠，形成两个碳氢 σ 键。乙炔分子中所有的 σ 键和成键的 4 个原子都在同一条直线上。同时，每一个碳原子的两个未参与杂化而又互相垂直的 p 轨道都垂直于碳碳 σ 键轴，并且能两两相互平行重叠，形成两个彼此相垂直的 π 键。乙炔的形成过程，如图 2-8 所示。

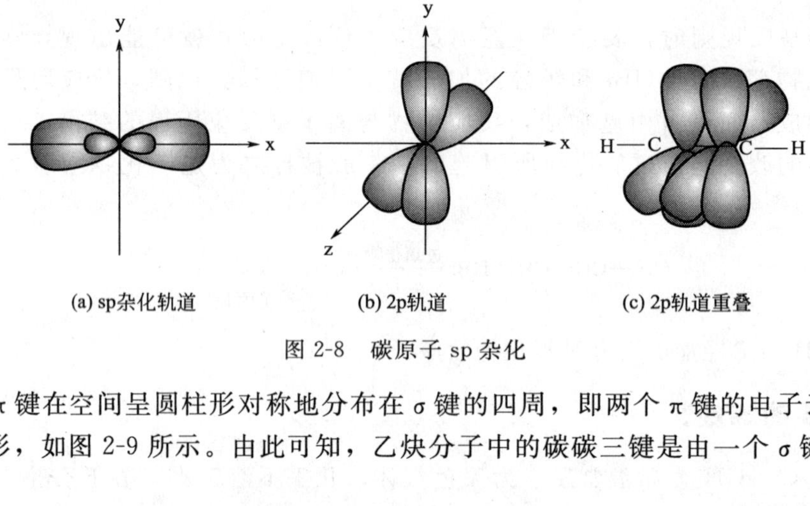

(a) sp杂化轨道　(b) 2p轨道　(c) 2p轨道重叠

图 2-8　碳原子 sp 杂化

这两个 π 键在空间呈圆柱形对称地分布在 σ 键的四周，即两个 π 键的电子云围绕 σ 键形成一个圆筒形，如图 2-9 所示。由此可知，乙炔分子中的碳碳三键是由一个 σ 键和两个 π 键组成的。

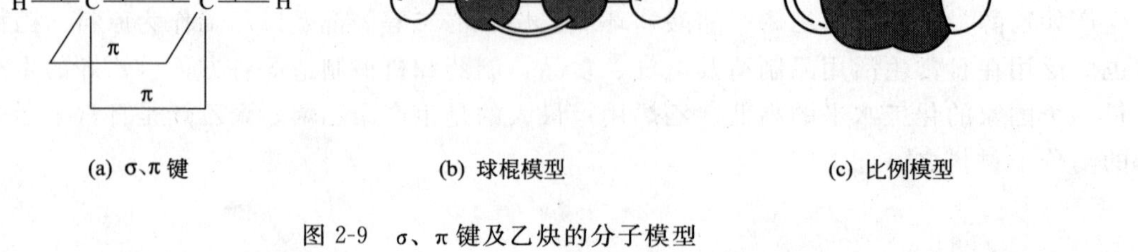

(a) σ、π 键　(b) 球棍模型　(c) 比例模型

图 2-9　σ、π 键及乙炔的分子模型

在乙炔分子中，碳碳三键的键能为 835kJ/mol，比碳碳双键的键能要高。碳碳三键键长为 120pm，比乙烯的碳碳双键键长（135pm）和乙烷的碳碳单键键长（154pm）短。这也说明乙炔分子中两个碳原子的 p 轨道重叠程度比乙烯分子中两个碳原子的 p 轨道重叠程度大，

因此乙炔分子中的π键比乙烯分子中的π键强一些，乙炔分子中的π电子与电负性较大的sp杂化碳原子结合得更紧密，不易受外界亲电试剂的接近而极化。这种电子云密度分布情况既表现出炔烃具有与烯烃相类似的不饱和性，同时又具有它自己独特的性质。

二、炔烃的同分异构现象和命名

炔烃的同分异构与烯烃相似，也是既有碳链异构又有碳碳三键的位置异构，但无顺反异构。由于炔烃分子中三键对侧链位置的限制，其异构体的数目比同碳原子的烯烃少。例如丁烯有3种异构体，既有碳链异构，还有位置异构。而丁炔只有2种异构体，即只有位置异构，而没有碳链异构。含5个碳原子的炔烃，也只有3种异构体。

炔烃的系统命名与烯烃相似，只需将“烯”字改作“炔”字即可。例如：

$CH\equiv C-CH_2-CH_2-CH_3$　　1-戊炔

$CH_3-C\equiv C-CH_2-CH_3$　　2-戊炔

$CH\equiv C-CH(CH_3)-CH_3$　　3-甲基-1-丁炔

若炔烃分子中同时含有双、三键时，则选择包含双、三键的最长碳链为主链称某烯炔，编号从最先遇到双键或三键的一端开始，并以双键在前，三键在后的原则命名。如果双键和三键处于相同的编号位置，则从靠近双键一端开始编号，同样以双键烯在前，三键炔在后的原则命名。例如：

$CH_3-CH=CH-C\equiv CH$　　3-戊烯-1-炔

$CH_3-C\equiv C-CH=CH_2$　　1-戊烯-3-炔

$CH_2=CH-C\equiv CH$　　1-丁烯-3-炔

三、炔烃的物理性质

炔烃的物理性质与烯烃相似，也是随着相对分子质量的增加而规律性的变化。在直链炔烃中，C_2～C_4的炔烃为气体，C_5～C_{15}的炔烃为液体，C_{16}以上的炔烃为固体。通常炔烃的沸点比相应的烯烃高10～20℃，密度也比相应的烯烃稍大。炔烃难溶于水，易溶于苯，丙酮、石油醚等有机溶剂。表2-5列有常见炔烃的物理常数。

表2-5　常见炔烃的物理常数

名称	熔点/℃	沸点/℃	相对密度(d_4^{20})
乙炔	−81.8	−83.4	0.618
丙炔	−101.5	−23.3	0.671
1-丁炔	−122.5	8.5	0.668
1-戊炔	−98	39.7	0.695
2-戊炔	−101	55.5	0.713
3-甲基-1-丁炔	−89	28(10kPa)	0.685
1-己炔	−124	71.4	0.719
1-庚炔	−80.9	99.8	0.733
1-十八碳炔	22.5	180(2kPa)	0.870

四、炔烃的化学性质

炔烃与烯烃分子结构相似，都含有π键，所以其化学性质也相似，可以发生氧化、加成、聚合等反应。但炔烃的碳碳三键键长短，键能大，所以活泼性不如烯烃中的碳碳双键。

此外，由于—C≡CH 所显示出极性等原因，炔烃可发生一些特有的反应。

1. 加成反应

（1）催化氢化　一般情况下，炔烃的催化氢化反应分两步进行：第一步加一个氢分子，生成烯烃；第二步再与一个氢分子加成，生成烷烃。例如：

$$CH{\equiv}CH+H_2 \xrightarrow{Pt} CH_2{=}CH_2 \xrightarrow[Pt]{H_2} CH_3{-}CH_3$$

如果选用活性较低的林德拉（Lindlar）催化剂，即 Pb-$BaSO_4$-喹啉，则可使加氢停留在生成烯烃阶段。例如：

$$CH_3{-}C{\equiv}CH+H_2 \xrightarrow{\text{Lindlar催化剂}} CH_3{-}CH{=}CH_2$$

（2）加卤素　炔烃与氯或溴较易发生亲电加成反应。此反应也是分两步进行，首先加一分子氯或溴，生成二卤代物，继续加一分子氯或溴，生成四卤代物。例如：

$$CH{\equiv}CH+Br_2 \longrightarrow \underset{\text{1,2-二溴乙烯}}{\underset{Br\quad\ Br}{CH{=}CH}} \xrightarrow{Br_2} \underset{\text{1,1,2,2-四溴乙烷}}{CHBr_2{-}CHBr_2}$$

炔烃与溴加成，也使溴的颜色褪去，利用此法可鉴定不饱和烃。

（3）加卤化氢　炔烃与氯化氢的加成反应在通常条件下较为困难，因氯化氢在卤化氢中活性较小，必须在催化剂存在下才能进行。若用活性较大的溴化氢加成，则在暗处即可反应，反应也分两步进行，第二步遵循马氏规则：

$$CH{\equiv}CH+HBr \longrightarrow \underset{\text{溴乙烯}}{CH_2{=}CHBr} \xrightarrow{HBr} \underset{\text{1,1-二溴乙烷}}{CH_3{-}CHBr_2}$$

（4）加水　炔烃在催化剂（硫酸汞的硫酸溶液）存在下，能与水加成，首先生成不稳定的烯醇式中间体，然后立即发生分子内重排。如果炔烃是乙炔，则最终产物是乙醛；其他炔烃的最终产物都是酮。

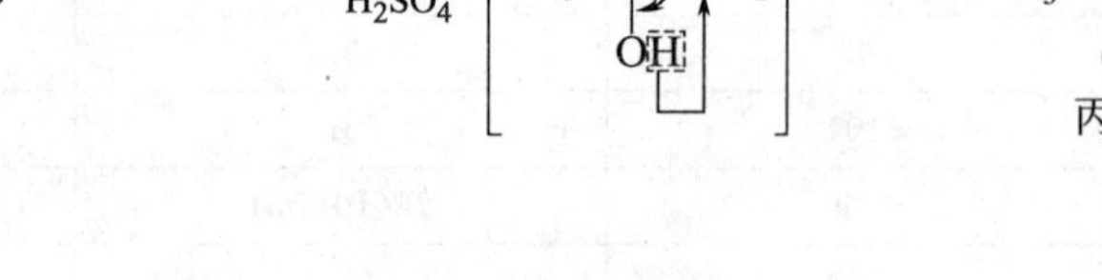

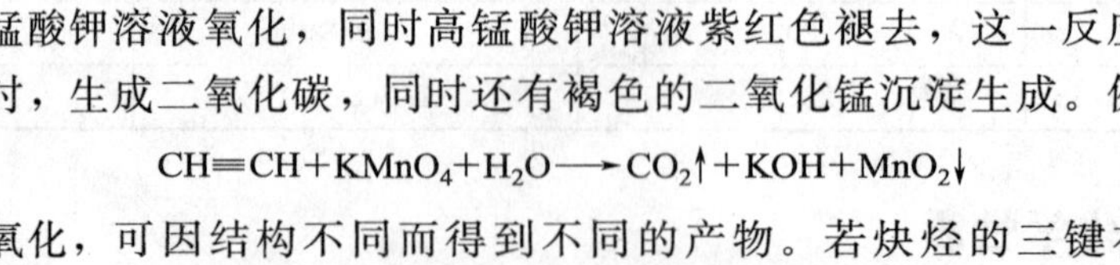

2. 氧化反应

炔烃可被高锰酸钾溶液氧化，同时高锰酸钾溶液紫红色褪去，这一反应可用于鉴别。

乙炔被氧化时，生成二氧化碳，同时还有褐色的二氧化锰沉淀生成。例如：

$$CH{\equiv}CH+KMnO_4+H_2O \longrightarrow CO_2\uparrow+KOH+MnO_2\downarrow$$

其他炔烃的氧化，可因结构不同而得到不同的产物。若炔烃的三键在 1-位碳原子上，三键断裂生成羧酸和二氧化碳。若三键碳原子上无氢原子，则氧化生成两分子羧酸。

$$CH_3{-}C{\equiv}CH \xrightarrow{KMnO_4/H_2O} CH_3{-}COOH+CO_2\uparrow$$

$$CH_3-CH_2-C\equiv C-CH_3 \xrightarrow{KMnO_4/H_2O} CH_3CH_2COOH + CH_3COOH$$

通过对氧化产物结构的分析，常用于确定原炔烃的结构和三键的位置。

3. 聚合反应

在不同催化剂作用下，乙炔可以分别聚合成链状或环状化合物。例如：

$$2CH\equiv CH \xrightarrow[NH_4Cl]{Cu_2Cl_2} CH_2=CH-C\equiv CH$$

1-丁烯-3-炔(乙烯基乙炔)

$$3CH\equiv CH \xrightarrow[催化剂]{高温}$$ 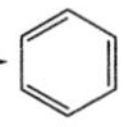

苯

4. 端基炔的特性—炔化物的生成

炔烃中直接与三键碳原子相连的氢原子比较活泼，具有一定的酸性，容易被金属取代，生成炔化物。

（1）被碱金属取代　乙炔和 $RC\equiv CH$ 结构的炔烃与强碱氨基钠反应生成炔化钠。

$$CH\equiv CH \xrightarrow{NaNH_2/液NH_3} CH\equiv CNa \xrightarrow{NaNH_2/液NH_3} NaC\equiv CNa$$

乙炔钠　　　　乙炔二钠

$$RC\equiv CH \xrightarrow{NaNH_2/液NH_3} RC\equiv CNa$$

在有机合成中，炔化钠是非常有用的中间体，它可与卤代烷反应来合成高级炔烃。

$$CH\equiv C\boxed{Na+Br}CH_2CH_3 \xrightarrow{液氨} CH\equiv CCH_2CH_3$$

（2）被重金属取代　将乙炔或丙炔通入硝酸银的氨溶液或氯化亚铜的氨溶液中，则分别生成白色的乙炔银或棕红色的丙炔亚铜沉淀。

$$CH\equiv CH + 2[Ag(NH_3)_2]NO_3 \longrightarrow AgC\equiv CAg\downarrow + 2NH_3 + 2NH_4NO_3$$

乙炔银(白)

$$CH_3C\equiv CH + [Cu(NH_3)_2]Cl \longrightarrow CH_3C\equiv CCu\downarrow + NH_3 + NH_4Cl$$

丙炔亚铜(棕红)

上述反应极为灵敏，常用来鉴定乙炔 $CH\equiv CH$ 和具有 $R-C\equiv CH$ 结构特征的端基炔烃。而具有 $R-C\equiv C-R'$ 结构的炔烃，由于三键碳原子上没有氢原子存在，不能发生上述反应。

炔化物在潮湿及低温时比较稳定，而在干燥时能因撞击或温度升高发生爆炸，所以实验完毕后，应立即加硝酸或盐酸将它分解，以免发生危险。

为什么炔烃三键碳上的氢原子较活泼呢？这是因为三键碳原子是 sp 杂化，杂化轨道中的 s 成分占 1/2，比 sp^2 和 sp^3 杂化轨道的 s 成分多。在杂化轨道中 s 成分越多，电子云越靠近碳原子核，即三键碳原子有更大的电负性，从而使 $\equiv\overset{\delta^-}{C}-\overset{\delta^+}{H}$ 键极性增加，活性增强而显示弱酸性，所以氢原子能被金属取代生成炔化物。

五、重要的炔烃

乙炔（$HC\equiv CH$）是最简单和最重要的炔烃。常温常压下，纯乙炔为无色无臭的气体，微溶于水而易溶于酒精、丙酮、苯、乙醚等有机溶剂。在高压下乙炔很不稳定，火花、热力、摩擦均能引起乙炔的爆炸性分解。乙炔燃烧时产生明亮的火焰，可供照明，可用于原子吸收光谱。乙炔在氧气中燃烧所产生的火焰，温度高达 3000℃，广泛用于焊接和切割金属(俗称气焊或气割)。乙炔气体的安全储存和运输，通常用溶解乙炔的方法，乙炔气瓶是实心的，瓶内充满了多孔性固体填料，孔隙中冲入溶剂丙酮，罐装的乙炔溶解在丙酮之中。乙炔也是有机合成的重要基本原料，可合成多种化工产品。

第四节　二 烯 烃

二烯烃是分子中含有两个碳碳双键的不饱和烃。它比含有相同数目碳原子的单烯烃少两个氢原子，通式是 C_nH_{2n-2}。

一、二烯烃的分类和命名

二烯烃分子中的两个碳碳双键的位置和它们的性质有密切的关系。根据两个碳碳双键的相对位置不同，二烯烃可分为三类。

(1) 聚集二烯烃　两个双键与同 1 个碳原子相连，即含有 $\rangle C=C=C \langle$ 结构的二烯烃，又称累积二烯烃。例如丙二烯 $CH_2=C=CH_2$。此类化合物数量少，制备较难，稳定性较差。

(2) 隔离二烯烃　两个双键被 2 个或 2 个以上单键隔开，即含是 $\rangle C=\underset{|}{C}-(\overset{|}{\underset{|}{C}})_n-\underset{|}{C}=C\langle$ ($n \geqslant 1$) 结构的二烯烃，又称孤立二烯烃。例如 1,4-戊二烯 $CH_2=CH-CH_2-CH=CH_2$。该分子中两个双键距离较远，相互影响小，其性质与单烯烃相似。

(3) 共轭二烯烃　两个双键中间隔 1 个单键，即含有 $\rangle C=\underset{|}{C}-\underset{|}{C}=C\langle$ 结构的二烯烃。例如 1,3-丁二烯 $CH_2=CH-CH=CH_2$。共轭二烯烃具有特殊的结构和性质，是本节讨论的重点。

二烯烃的命名与单烯烃相似，首先选择含两个双键的最长碳链作为主链，称为“某二烯”，从靠近双键一端开始给主链上的碳原子编号，将两个双键的位次标于主链名称前面，并用逗号隔开，取代基的命名与单烯烃相同。例如：

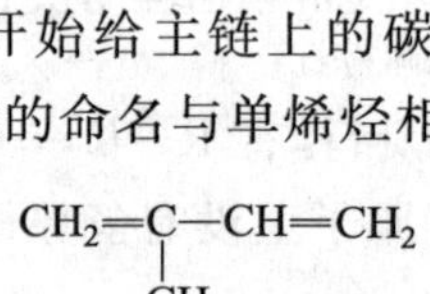

2-甲基-1,3-丁二烯

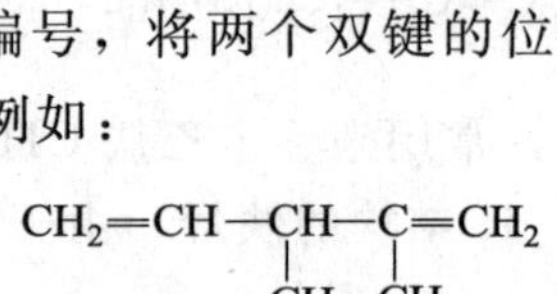

2,3-二甲基-1,4-戊二烯

二、共轭二烯烃的结构及共轭效应

1. 共轭二烯烃的结构

最简单的共轭二烯烃是 1,3-丁二烯，结构式为：

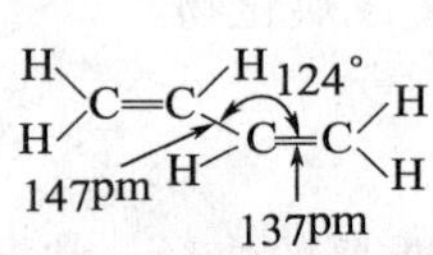

在 1,3-丁二烯分子中，两个双键的键长为 137pm，比一般烯烃分子中的碳碳双键的键

长 135pm 长；而碳碳单键的键长为 147pm，又比一般烷烃分子中的碳碳单键的键长 154pm 短，这说明它的键长有平均化的趋势。

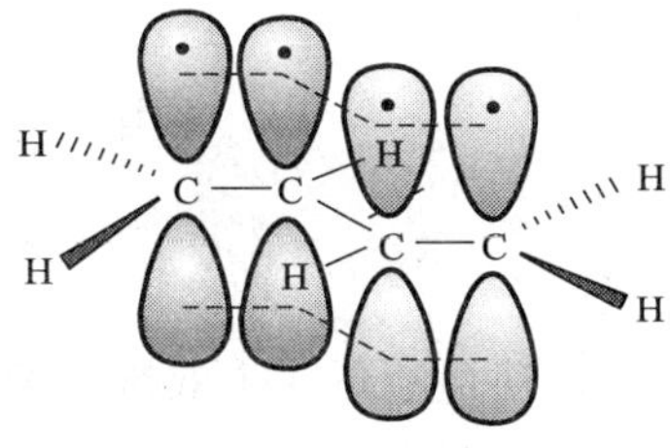

图 2-10 1，3-丁二烯的分子结构

经测定，1,3-丁二烯分子中，4 个碳原子都是 sp^2 杂化，它们彼此各以 1 个 sp^2 杂化轨道相互重叠形成 3 个碳碳 σ 键，每个碳原子其余的 sp^2 杂化轨道分别与氢原子的 1s 轨道重叠，形成 6 个碳氢 σ 键。分子中所有的 σ 键和所有成键原子都在同一平面上。此外，每个碳原子还剩下 1 个未参与杂化的与这个平面垂直的 p 轨道。在 σ 键形成的同时，4 个碳原子的 4 个 p 轨道的对称轴垂直于 9 个 σ 键所在的平面，它们互相平行，侧面交盖重叠。即不仅 C-1 与 C-2、C-3 与 C-4 上的 p 轨道侧面重叠形成两个 π 键，而且 C-2 与 C-3 上的 p 轨道也有一定程度的重叠。如图 2-10 所示，整个分子的 π 电子云连成一片，形成了以 4 个碳原子为中心的共轭 π 键，具有共轭 π 键的体系叫做共轭体系。

2. 共轭效应

在共轭体系中，由于原子间相互影响，使整个分子的电子云的分布趋于平均化，键长也趋于平均化，体系能量降低而稳定性增加，这种效应称为共轭效应。

共轭效应与诱导效应都是影响分子内电子云密度分布的电子效应，但两者有着明显的不同之处，诱导效应是由于原子或基团的电负性不同引起的，这种影响可以沿着碳链传递，而且是近程的；共轭效应是由于共轭体系的存在而引起的一种特殊的分子内原子间的相互影响，在共轭体系中，由于键的离域，尤其在受到外界试剂进攻时，这种影响可以通过 π 电子的运动迅速地传递到整个共轭体系。因此，共轭效应的影响不会因链的增长而减弱，可见它的影响是远程的。

以上是以 1,3-丁二烯分子结构为典型例子讨论了共轭体系和共轭效应。像这种发生于两个 π 键之间的共轭现象称为 π,π 共轭。共轭体系的结构除了 π,π 共轭以外，还有 p,π 共轭、σ,π 超共轭。

由此可知，1,3-丁二烯分子中 π 电子云分布不像在乙烯中那样只局限（或称“定域”）在 2 个成键碳原子之间，而是扩散（或称“离域”）到 4 个碳原子周围，形成一个整体，这样的现象称为 π 电子离域或键的离域，由 π 电子离域形成的 π 键称为离域 π 键或大 π 键。离域 π 键的形成，不仅使单、双键的键长产生了平均化的趋势，而且使分子的内能也降低，使体系趋于稳定，此种体系即为共轭体系。

三、1,3-丁二烯的化学性质

共轭二烯烃具有一般单烯烃的化学通性，如能发生加成、氧化、聚合等反应。但这类二烯烃分子中由于共轭体系的存在，两个双键的相互影响，这种特殊的结构又使得共轭二烯烃的性质具有某些特殊性。

1. 1,2-加成与 1,4-加成

共轭二烯烃与一分子卤素、卤化氢等亲电试剂进行加成反应，产物通常有两种。例如溴与 1,3-丁二烯的加成反应：

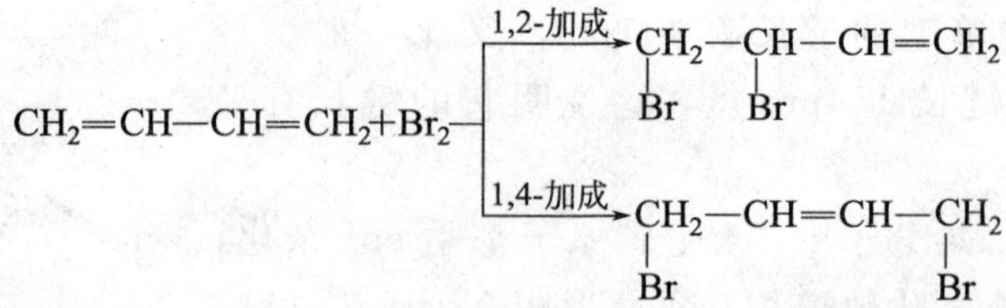

一种是断裂一个双键，两个溴原子加到 C—1、C—2 上，这种加成方式称为 1,2-加成。另一种是两个溴原子加到 C—1、C—4 上，使原来的两个双键消失，在 C—2、C—3 之间形成新的双键，称为 1,4-加成。这种既可发生 1,2-加成，又可发生 1,4-加成是共轭二烯烃加成的特点。

到底哪一种加成占优势，取决于反应条件。一般情况下，在低温及非极性溶剂中以 1,2-加成为主，高温及极性溶剂中以 1,4-加成为主。

2. 双烯合成反应

共轭二烯烃与具有不饱和键的化合物发生 1,4-加成，生成环状化合物（通常为六元环）的反应称为双烯合成或狄尔斯-阿尔德（Diels-Alder）反应。

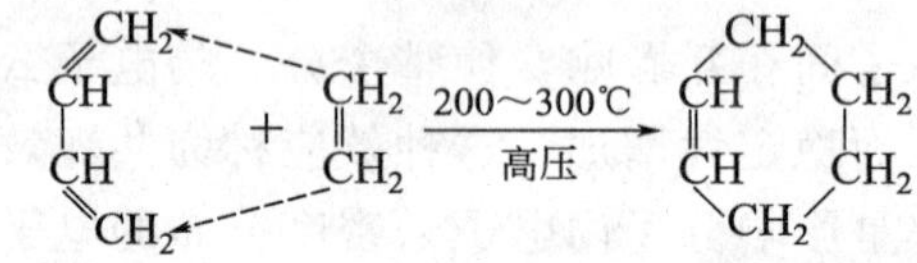

1,3-丁二烯　　乙烯　　环己烯

进行双烯合成需要两种化合物：一类叫双烯体，如 1,3-丁二烯（即共轭二烯类化合物）；另一类叫亲双烯体，如乙烯（即不饱和化合物单烯类或炔类）。当亲双烯体上连有吸电子基（如—CHO、—CN、—NO_2 等）时，成环就易于进行，收率也高。例如：

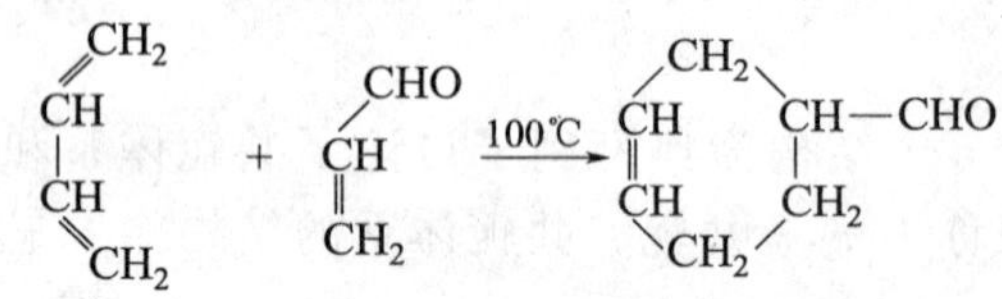

1,3-丁二烯　　丙烯醛　　3-环己烯甲醛

双烯合成反应的应用非常广泛，是合成六碳环化合物的一种重要方法。

学习小结

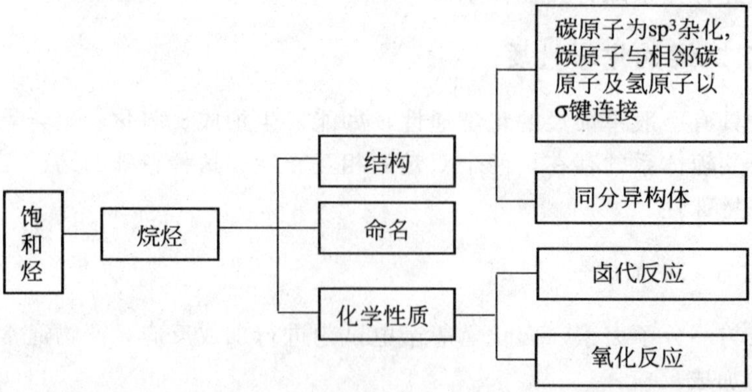

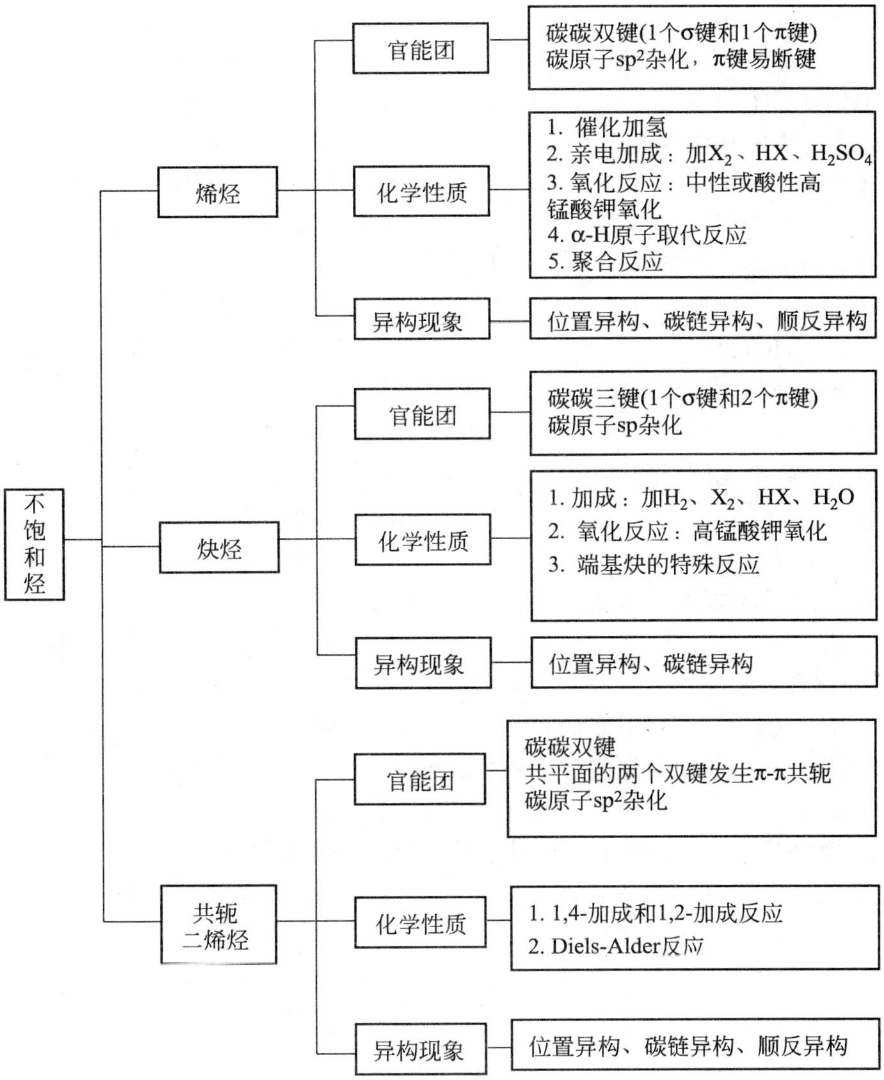

自我测评

一、单项选择题

1. 烷烃分子中碳原子的空间几何形状是（　　）。

A. 四面体型　　B. 平面四边形　　C. 线性　　D. 金字塔形

2. 两个碳原子之间以双键连接，所形成的碳碳键称为（　　）。

A. 碳碳单键　　B. 碳碳双键　　C. 碳碳三键

3. 异戊烷和新戊烷互为同分异构体的原因是（　　）。

A. 具有相似的化学性质　　B. 具有相同的物理性质

C. 具有相同的结构　　D. 分子式相同但碳链的排列方式不同

4. 石油醚是实验室中常用的有机试剂，它的成分是（　　）。

A. 一定沸程的烷烃混合物　　B. 一定沸程的芳烃混合物

C. 醚类混合物　　D. 烷烃和醚的混合物

5. 只含有 σ 键的化合物是（　　）。

A. $CH_2=CH-CH=CH_2$　　B. $CH_3CH_2CH_2CH_3$

C. $CH_3C\equiv CH$　　D. $CH_2=CHCH_3$

6. 下列化合物中不含叔碳原子的是（　　）。

A. $CH_3CH(CH_3)_2$　　B. $CH_3(CH_2)_2CH_3$

C. $(CH_3)_3CCH(CH_3)_2$　　D. $CH(CH_3)_3$

7. 没有 π 键的化合物是（　　）。

A. $CH_2=CH-CH=CH_2$　　B. $CH_3C\equiv CH$

C. $CH_2=CHCH_3$　　D. $CH_3CH_2CH_2CH_3$

8. 某有机物的分子式为 C_6H_{14}，其同分异构体的数目有（　　）。

A. 2 种　　B. 3 种　　C. 4 种　　D. 5 种

9. 下列化合物中无顺反异构的是（　　）。

A. 2-甲基-2-丁烯　　B. 4-甲基-3-庚烯

C. 2,3-二氯-2-丁烯　　D. 1,3-戊二烯

10. 下列化合物不能使溴水褪色的是（　　）。

A. 1-丁炔　　B. 2-丁炔　　C. 丁烷　　D. 1-丁烯

11. 下列化合物能与银氨溶液反应，产生白色沉淀的是（　　）。

A. 1,3-丁二烯　　B. 1-丁炔　　C. 乙烯　　D. 2-戊炔

12. 下列化合物不能使高锰酸钾溶液紫红色褪色的是（　　）。

A. 4-甲基-2-戊炔　　B. 3-甲基己烷　　C. 己烯　　D. 丁二烯

13. 用酸性高锰酸钾溶液氧化下列化合物，能生成酮的是（　　）。

A. 2-戊炔　　B. 1-丁烯　　C. 3-甲基-1-戊烯　　D. 3-甲基-2-戊烯

14. 鉴定末端炔烃常用的试剂是（　　）。

A. 溴的四氯化碳溶液　　B. 高锰酸钾溶液

C. 硝酸银的氨溶液　　D. $NaNO_3$ 溶液

15. 下列化合物结构中，属于隔离二烯烃的是（　　）。

A. 1,4-戊二烯　　B. 1,3-戊二烯　　C. 1,3-丁二烯　　D. 丙二烯

16. 对化合物 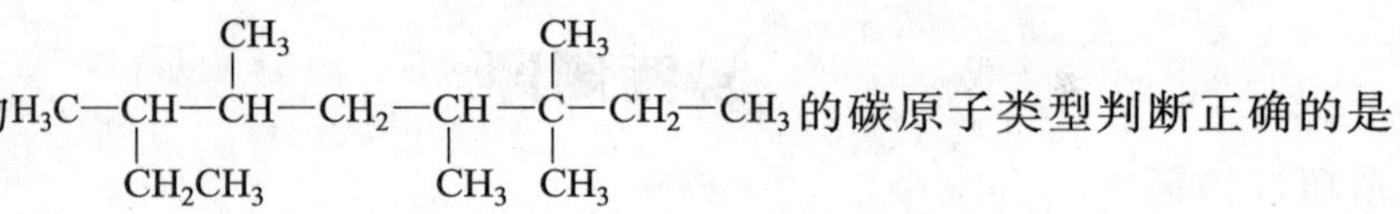 的碳原子类型判断正确的是（　　）。

A. 6 个伯碳　　B. 4 个仲碳　　C. 3 个叔碳　　D. 2 个季碳

17. 下列化合物含有季碳原子的是（　　）。

A. $CH_3(CH_2)_4CH_3$　　B. $(CH_3)_3CCH(CH_3)_2$

C. $CH(CH_3)_3$　　D. $CH_3CH_2CH=CH_2$

二、多项选择题

1. 下列各组化合物中互为同分异构体的是（　　）。

A. 己烷和 2,2-二甲基丁烷　　B. 2,2-二甲基丁烷和 2-甲基己烷

C. 2-甲基己烷和 2,2-二甲基戊烷　　D. 戊烷和 2,2-二甲基戊烷

E. 2,2-二甲基戊烷和 2,2,3-三甲基丁烷

2. 下列烷烃的一氯取代物中，没有同分异构体的是（　　）。

A. 乙烷　　B. 2-甲基丁烷　　C. 丁烷

D. 2,2-二甲基丙烷　　E. 2-甲基丙烷

3. 下列化合物中含有叔碳原子的是（　　）。

A. $CH_3CH(CH_3)_2$　　B. $CH_3(CH_2)_2CH_3$　　C. $C(CH_3)_4$

D. $(CH_3)_3CCH(CH_3)_2$　　E. CH_3CH_3

4. 烷烃里混有少量的烯烃，除去的方法是（　　）。

A. 通入水中　　B. 通入乙醇　　C. 通入浓硫酸中

D. 通入溴水中　　E. 用分液漏斗分离

5. 鉴定末端炔烃的常用试剂有（　　）。

A. Br_2 的 CCl_4 溶液　　B. $KMnO_4$ 溶液　　C. 硝酸银的氨溶液

D. $NaNO_3$ 溶液　　E. 氯化亚铜的氨溶液

三、用系统命名法命名（有顺反异构的写出其顺反异构体并用 Z/E 构型法命名）**下列化合物或写出结构式**

1. 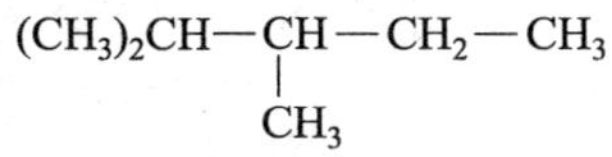

2. 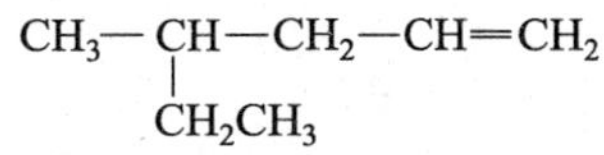

3. 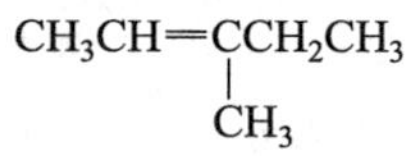

4. $CH_3CH{=}CHCH_2C(CH_3)_3$

5. 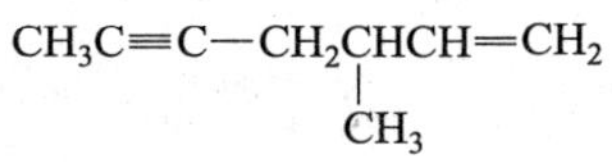

6. 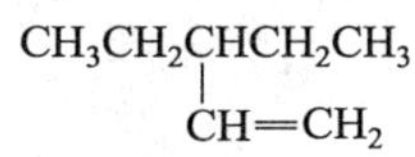

7. 异庚烷　　8. 新戊烷　　9. 2,3-二甲基己烷

10. 2,2,4-三甲基-6-乙基辛烷　　11. 2,5-二甲基-3-乙基庚烷

12. 反-2-己烯　　13. 1,4-己二炔　　14. 3,3-二甲基-1-己炔

15. 2,3-二甲基-1-戊烯　　16. 3-乙基-1-戊烯-4-炔

四、用化学方法鉴别下列化合物

1. 1-丁炔和 2-丁炔

2. 乙烷、乙烯和乙炔

3. 1,3-丁二烯和 1-丁炔

五、完成下列反应式

1. 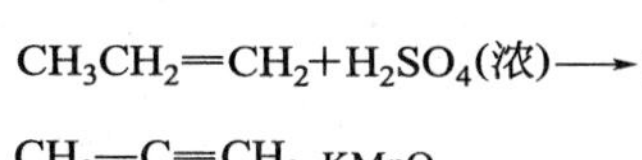

2. $CH_3CH_2{=}CH_2+H_2SO_4(浓) \longrightarrow ? \xrightarrow{H_2O} ?$

3. 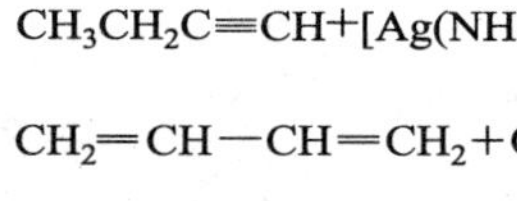

4. $CH_3CH_2C{\equiv}CH+[Ag(NH_3)_2]NO_3 \longrightarrow ?$

5. $CH_2{=}CH{-}CH{=}CH_2+CH_2{=}CH{-}CN \xrightarrow{\triangle} ?$

6. $CH_3CH_2C{\equiv}CCH_2CH_3 \xrightarrow[H^+]{KMnO_4} ?$

7. $CH_2{=}CH{-}CH{=}CH_2+Br_2 \xrightarrow{1,4\text{-加成}} ?$

8. $CH_3CH_2C\equiv CH+H_2O\xrightarrow[H_2SO_4]{HgSO_4}?$

六、由指定原料合成

1. 乙炔 $\longrightarrow CH_3CH_2\overset{\overset{\displaystyle O}{\|}}{C}CH_3$

2. 乙炔 $\longrightarrow$ 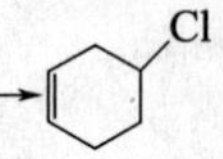

3. 丙烯 $\longrightarrow$ 1-氯-2,3-二溴丙烷

七、推断题

1. 某烷烃 A 的相对分子质量是 86，它的分子里仅带一个侧链甲基。写出该烷烃 A 的可能结构式和化学名称。

2. 化合物 A 的相对分子质量为 82，每摩尔 A 可吸收 2mol 的 H_2，当与 Cu_2Cl_2 氨溶液作用时，没有沉淀生成。A 吸收一分子 H_2 后所得烯烃 B 的破裂氧化产物，只有一种羧酸，写出 A 的结构式。

第三章 闭链烃

学习目标

【知识目标】

1. 掌握脂环烃、芳香烃的结构、命名和单环芳烃的主要化学性质；常见的定位基及其定位效应及应用；

2. 熟悉苯环的结构；熟悉苯的同系物的同分异构现象；熟悉萘的主要化学性质；

3. 了解芳香烃概念、分类，常见的芳香烃。

【能力目标】

1. 熟练应用定位效应正确预测一元取代苯发生取代反应的主要产物，选择合适的反应路线合成苯及其衍生物，学会鉴别含 α-H 原子的烷基苯；

2. 学会用化学方法鉴别常见的脂环烃、芳烃；具备根据化合物结构预判药物性质及提供用药咨询服务的能力。

具有环状结构的烃类化合物称为环烃，又称为闭链烃，根据其构造和性质可分为脂环烃和芳香烃。

第一节 脂 环 烃

一、脂环烃的分类和命名

脂环烃是指碳原子相互连接成环状结构而性质与开链脂肪烃相似的一类碳环化合物，称为脂肪族环烃，简称脂环烃。

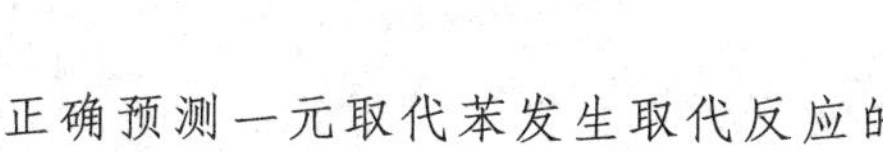

环丙烷　环丁烷　环戊烷　环己烷

1. 脂环烃的分类

(1) 根据分子中所含碳环的数目及碳、氢比例的不同，脂环烃可分为单环脂环烃和多环脂环烃。多环脂环烃又可分为桥环烃、螺环烃、稠环烃。

例如：

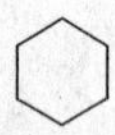

环己烷
（单环脂环烃）

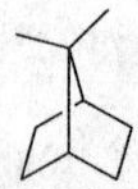

7,7-二甲基二环[2.2.1]庚烷
（桥环烃）

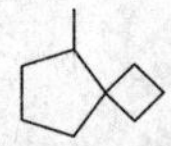

5-甲基螺[3.4]辛烷
（螺环烃）

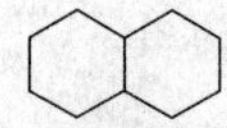

十氢萘
（稠环烃）

（2）根据环的大小，脂环烃可分为小环（3～4 个 C 原子的环）；普通环（5～7 个 C 原子的环）；中环（8～12 个 C 原子的环）；大环（12 个以上 C 原子的环）。

（3）根据分子中饱和程度的不同，脂环烃可分为饱和脂环烃（环烷烃）和不饱和脂环烃（环烯烃）。例如：

环丙烷

环己烷

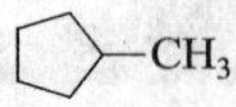

甲基环戊烷

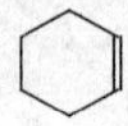

环己烯(环烯烃)

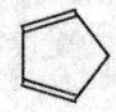

环戊二烯(环烯烃)

2. 脂环烃的命名

（1）单环烷烃的命名　单环烷烃的命名是以碳环为母体，根据组成环的碳原子数目称为“环某烷”。

当环上有取代基时，应在官能团编号遵循最小位次规则的基础上，将取代基的位次尽可能采用最小数字标出；当环上有不同取代基时，则按照“次序规则”决定原子或基团的排列顺序，取代基的名称应写在环烷烃的前面。

例如：

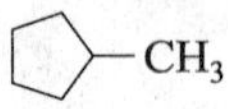

甲基环戊烷

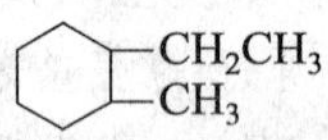

1-甲基-2-乙基环己烷

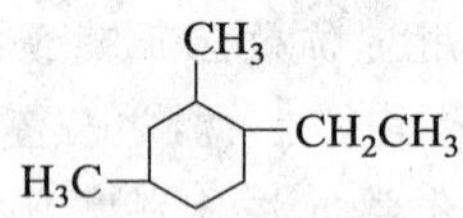

1,5-二甲基-2-乙基环己烷

（2）单环烯烃的命名　单环烯烃的命名是根据组成环的碳原子数目称为“环某烯”。

编号时首先应将双键的位次编为最小，取代基位次则以双键位次为准按照“次序规则”依次编号。

例如：

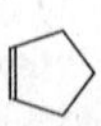

环戊烯

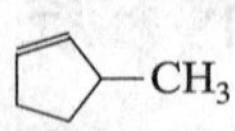

3-甲基环戊烯

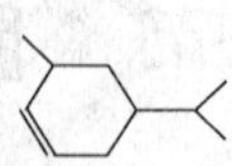

3-甲基-5-异丙基环己烯

1,3-环戊二烯

（3）多环脂环烃的命名　双环和多元环的命名较复杂。下面将详细介绍桥环烃和螺环烃的命名。

① 桥环烃的命名　桥环烃是指分子中含有两个或多个碳环的多环烃中，其中两个环共用两个或两个以上碳原子的多环烃。从桥的一端开始编号，沿最长桥编至桥的另一端，再沿次长桥至始桥头，最短的桥最后编号；命名时应根据成环碳原子的总数目称为“环某烷”，并在“环”字后面的方括号中标出除桥头碳原子外的桥碳原子数（大的数目排前，小的排后），其他同烷烃的命名方法。

例如：

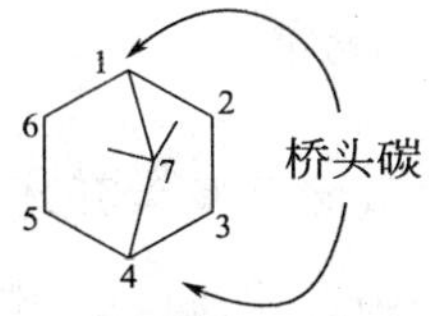

7,7-二甲基二环[2.2.1]庚烷

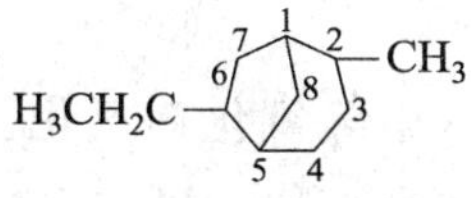
2-甲基-6-乙基二环[3.2.1]辛烷

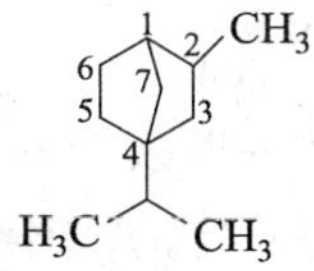
2-甲基-4-异丙基二环[2.2.1]庚烷

② 螺环烃的命名 螺环烃是指脂环烃分子中两个碳环共有一个碳原子的环烃。从较小环中与螺原子相邻的一个碳原子开始编号，途经小环到螺原子，再沿大环至所有环碳原子；根据成环碳原子的总数称为螺某烷，在方括号中标出各碳环中除螺碳原子以外的碳原子数目(小的数目排前，大的排后，如上图)，其他同烷烃的命名。

例如：

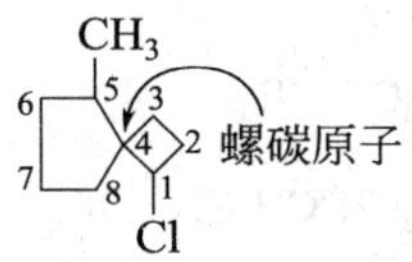

1-氯-5-甲基螺[3.4]辛烷

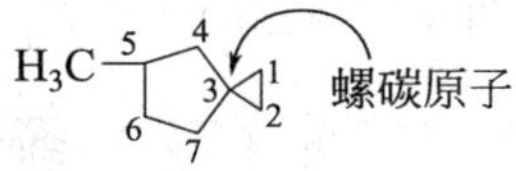

5-甲基螺[2.4]庚烷

二、脂环烃的物理性质

常温常压下，环丙烷、环丁烷为气体，环戊烷至环十一烷是液体，其他高级环烷烃为固体。环烷烃相对密度小于 1，但其相对密度、熔点、沸点比含相同碳原子数目的脂肪烃高，这是因为环烷烃的结构较对称，排列的较紧密，分子间作用力较大的缘故。环烷烃一般不溶于水，易溶于有机溶剂。常见环烷烃物理常数见表 3-1。

表 3-1 常见环烷烃的物理常数

名 称	熔点/℃	沸点/℃	相对密度(d_4^{20})
环丙烷	−127.6	−33.0	0.72(−79℃)
环丁烷	−80.0	12.5	0.730(0℃)
环戊烷	−93.0	49.3	0.746
环己烷	6.5	81.0	0.779
环庚烷	8.0	118.5	0.810
环辛烷	11.5	148.0	0.835

三、脂环烃的化学性质

脂环烃的化学性质与相应的脂肪烃类似。但由于具有环状结构，且环有大有小，故还有一些环状结构的特性。

1. 卤代反应

在高温或紫外线作用下，脂环烃上的氢原子可以被卤素取代而生成卤代脂环烃。例如：

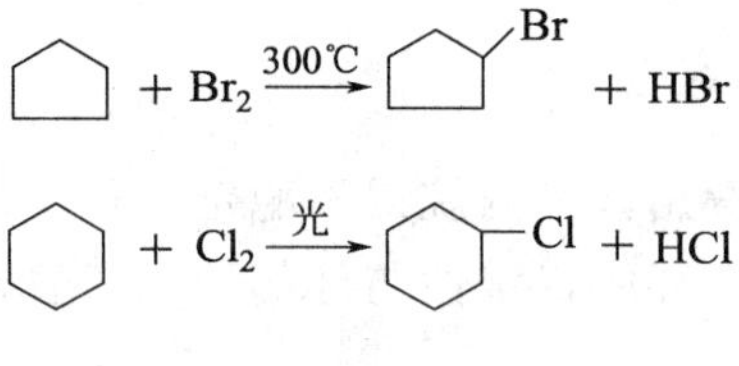

2. 氧化反应

环烷烃在一般条件下不能被 $KMnO_4$ 等氧化剂氧化。环丙烷虽然易发生开环加成反应，但对氧化剂是稳定的。环烯烃与开链烯烃相似，可被 $KMnO_4$ 氧化。

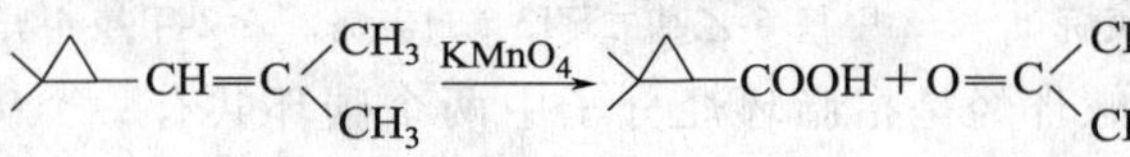

3. 加成反应

（1）催化加氢　在催化剂作用下，环烷烃加一分子氢生成烷烃。

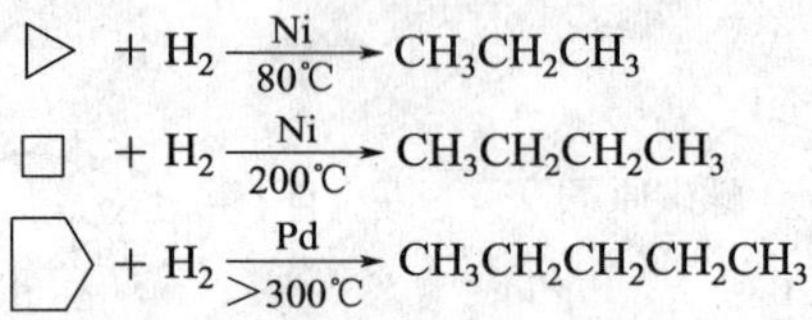

环烷烃催化加氢反应的活性顺序：环丙烷>环丁烷>环戊烷。环己烷或六元以上环烷烃加氢开环非常困难。

（2）与卤素加成　环丙烷、环丁烷与烯烃相似，可与卤素单质发生加成反应，其中环丙烷与卤素的加成常温下就可进行，环丁烷需要加热才能进行。例如：

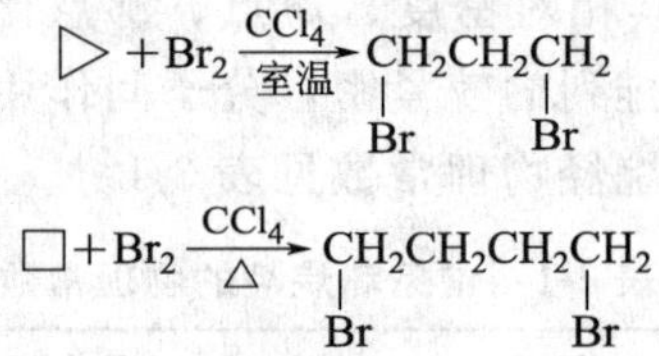

小环与溴发生加成反应后，溴的红棕色消失，现象变化明显，可用于鉴别三元、四元环烷烃。环戊烷、环己烷及六元以上环烷烃则与开链烷烃相似，只能与卤素发生取代反应。

（3）加卤化氢　环丙烷和环丁烷都能与卤化氢发生加成反应，生成开链-卤代烷烃。例如：

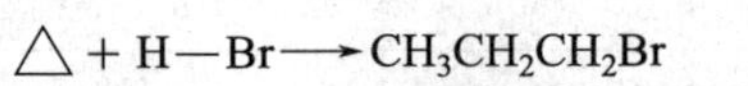

1-溴丙烷

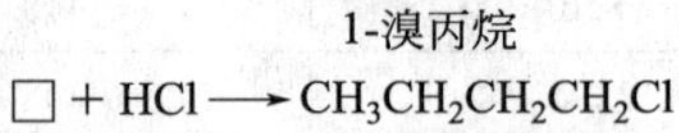

1-氯丁烷

带有支链的小环烷烃发生开环加成时，键的断裂通常发生成含氢较多与含氢较少的碳原子间。与卤化氢等不对称试剂加成时符合马氏规则。例如：

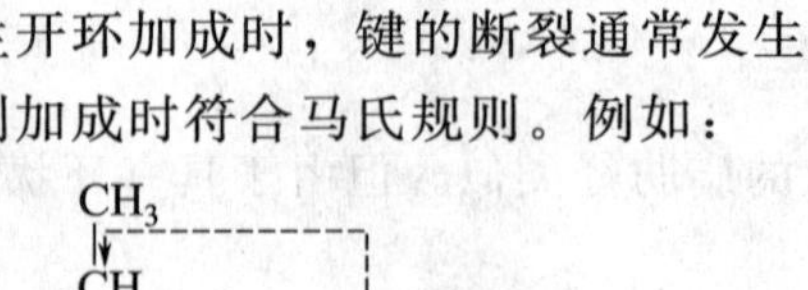

2-溴丁烷

四、环烷烃的结构与稳定性

从环烷烃的化学性质可以看出，环丙烷最不稳定，环丁烷次之，环戊烷比较稳定，环己烷以上的大环都稳定，这反映了环的稳定性与环的结构有着密切联系。

1. 环烷烃的结构

环烷烃中的碳原子是采取 sp^3 杂化轨道成键的。根据环烷烃的构象分析得知环烷烃除环丙烷处于一个平面外，三元环以上的环烷烃，其成环碳原子都不在一个平面上。

在环丙烷分子中，三个碳原子为了成环的需要，它们的 sp^3 杂化轨道不可能沿键轴方向重叠，所以成环时，C—C 键是以弯曲键（如图 3-1 所示，由于形似香蕉，故也称香蕉键）相互交盖的，且 C—C—C 键角为 105.5°，相当于轨道向内压缩形成的键，这种键具有向外扩张，恢复正常键角的趋势，这种趋势叫做角张力。由于环丙烷分子成键轨道重叠程度较少，使电子云分布在连接两个碳原子的直线的外侧，因此容易被亲电试剂（Br_2、HBr 等）进攻，从而具有一定的烯烃性质，并易开环。

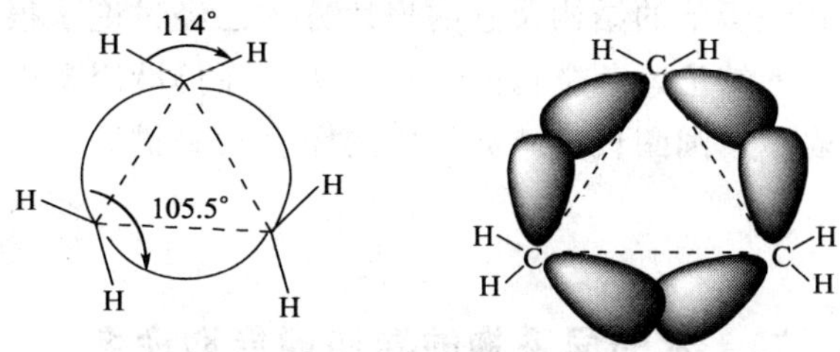

图 3-1 环丙烷分子中的弯曲键

环丁烷的结构与环丙烷相似，C—C 键也是弯曲成键，但弯曲程度略小，且碳原子不都在一个平面上，键角张力减小，因此环丁烷较环丙烷稍稳定些。

在环戊烷分子中，成环碳原子不在同一平面上，C—C—C 键之间的夹角为 108°，接近 sp^3 杂化轨道间夹角 109.5°，分子中几乎没有什么角张力，因此环戊烷是比较稳定的环烷烃，不易开环，环戊烷的性质与开链烷烃相似。

在环己烷分子中，六个碳原子不在同一平面内，C—C—C 键之间的夹角可以保持 109°28′，因此环很稳定。

2. 键角张力与稳定性

在环烷烃分子中，键角张力越大，分子稳定性越差，越容易开环加成。三元环中三个碳原子处于同一平面，键角张力最大最不稳定，而其他多元环中碳原子不在同一平面，张力较小，稳定性较高。一般三元环易发生开环反应，而五元以上的环难于发生开环反应。

第二节 芳 香 烃

芳香烃简称芳烃，一般是指分子中含苯环结构的烃类化合物。芳香二字的来由最初是指从天然树脂（香精油）中提取而得的具有芳香气味的物质。现代芳烃的概念是指具有芳香性（易取代、难加成、难氧化）的一类环状化合物，它们不一定具有香味，也不一定含有苯环结构。

一、苯的凯库勒结构

1865 年德国化学家凯库勒（Kekule）提出苯分子具有对称的六元碳环结构（图 3-2），

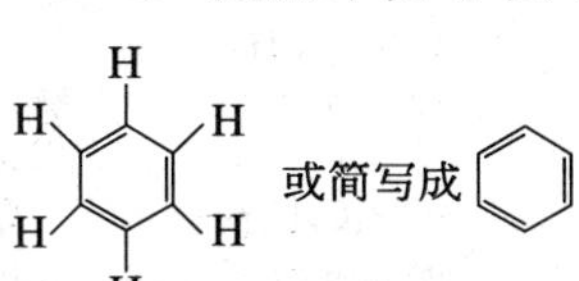

图 3-2 苯的凯库勒结构

每个碳原子上都连有一个氢原子，环上存在三个间隔的双键。

利用凯库勒结构，可以说明苯的一些实验事实，例如：苯的一元取代物只有一种；苯完全氢化后得到环己烷等。但是，凯库勒结构无法解决苯表现出的芳香性，不能完全反映出苯的真实结构。

实际上，苯环中没有单、双键区别，6 个 C—C 键键长趋于一致。π 电子在整个环状体系中的高度离域化，使体系能量降低，带来了特殊的稳定性。

关于苯的结构及它的表达方式已经讨论了很多年，虽然提出了各种看法，但仍没有得到满意的结论。苯结构的书写方法，除仍沿用凯库勒结构式外，还可采用正六边形内加一个圆圈表示，圆圈代表苯分子中的闭合大 π 键。

二、苯的同系物的异构现象和命名

1. 同分异构

苯环上取代基位置不同引起苯衍生物的同分异构体。苯环上的氢被一个或几个取代基取代，得到一元、二元或多元取代的苯衍生物。苯的一元取代物只有一种，二元取代物有三种；如所有取代基完全相同，三元及四元取代物各有三种异构体，五元及六元取代物各有一种。

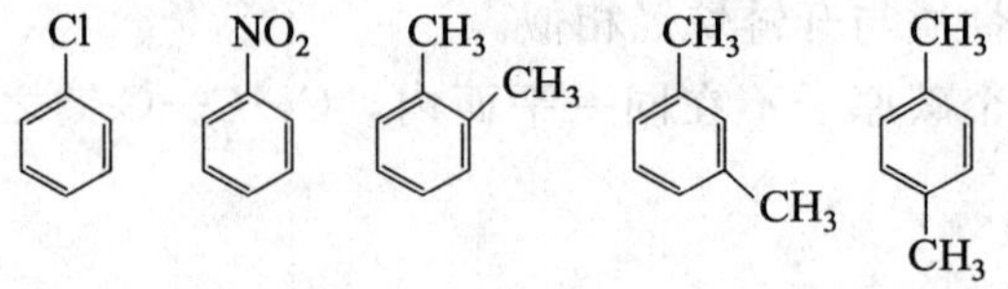

氯苯　　硝基苯　邻二甲苯　　间二甲苯　对二甲苯

2. 命名

苯衍生物的名称常见的有系统名称和惯用的俗名，这些俗名常基于它们的来源。取代苯衍生物的系统命名如下。

（1）一取代苯的命名

① 苯的一元取代物只有一种。当苯环上的取代基为简单烷基、硝基、亚硝基、卤素等的化合物命名时，将苯作为母体，将取代基的名称写在苯字前，称为某苯。如前述的甲苯、氯苯、硝基苯等。

② 当苯环上的取代基的结构较复杂或为不饱和基团，或为多苯基取代芳烃或苯环侧链上有官能团时，则将苯作为取代基来命名。芳烃分子中去掉一个氢原子后剩下的基团称为芳基，可用 Ar—表示；苯分子去掉一个氢原子后剩下的基团称为苯基，也可以用 Ph—表示；甲苯分子中去掉一个氢原子的基团称为苯甲基或苄基。

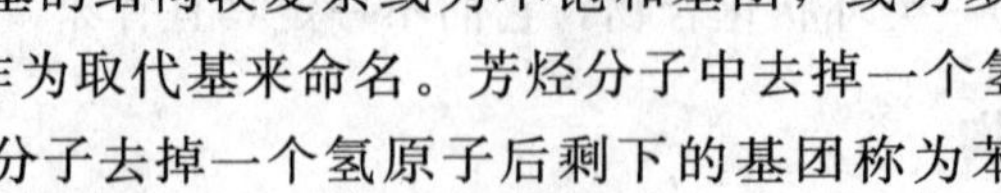

C_6H_5—　　α-$CH_3C_6H_4$—　　$C_6H_5CH_2$—

苯基　　邻甲苯基　　苯甲基或苄基

以下是几个将苯作为取代基来命名的例子：

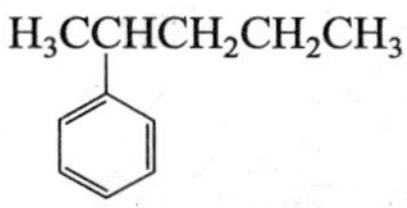
2-苯基戊烷

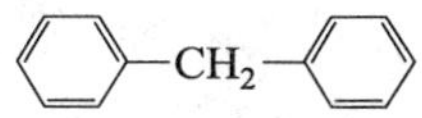
二苯甲烷

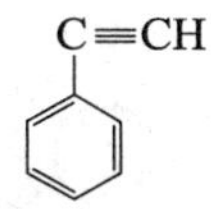
苯乙炔

③ 当取代基为氨基、羟基、醛基、酰基、磺酸基、羧基等官能团时，则将官能团作为母体。

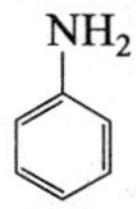
苯胺

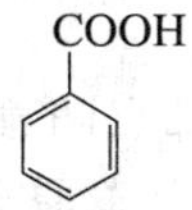
苯甲酸

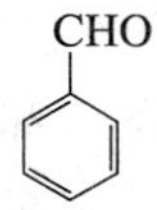
苯甲醛

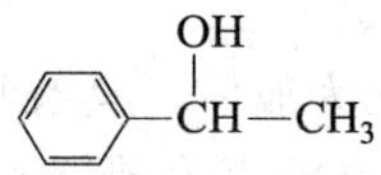
1-苯基乙醇

烷氧基（—OR）既可作为取代基，称烷氧基苯，也可与苯一起作为母体，称为苯基烷基醚。

（2）二取代苯的命名

① 苯的二元取代物有三种异构体。命名时分别用 1，2-、1，3-、1，4-表示取代基的位次，也可用邻或 *o*-、间或 *m*-、对或 *p*-来表示。例如：

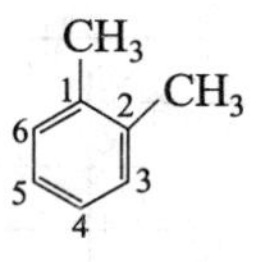
1,2-二甲苯
(邻二甲苯或*o*-二甲苯)

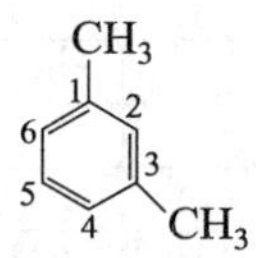
1,3-二甲苯
(间二甲苯或*m*-二甲苯)

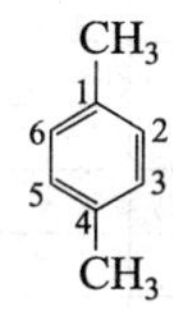
1,4-二甲苯
(对二甲苯或*p*-二甲苯)

② 苯环上的两个取代基不同时，要选择一个官能团为主官能团，与苯环一起作为母体，另一个作为取代基。以下是一些官能团的优先顺序：

$$—COOH>—SO_3H>—CHO>—OH>—C═C—>—C≡C—>$$
$$—NH_2>—OR>—R>—X>—NO_2$$

具有优先顺序的官能团作为主官能团，如果两个取代基均为烷基，则较小的官能团为主官能团。例如：

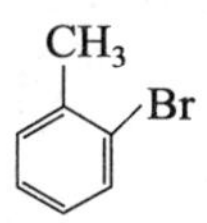
邻溴甲苯

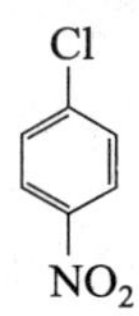
对硝基氯苯

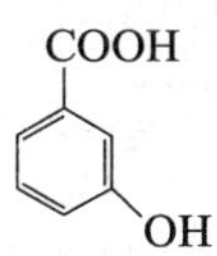
间羟基苯甲酸

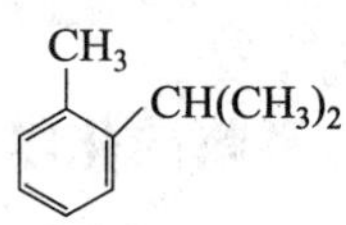
2-异丙基甲苯

（3）多取代苯的命名 以上原则也适用于苯环上连有三个或更多取代基的化合物的命名。例如：

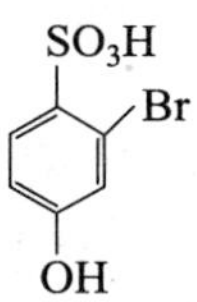
4-羟基-2-溴苯磺酸

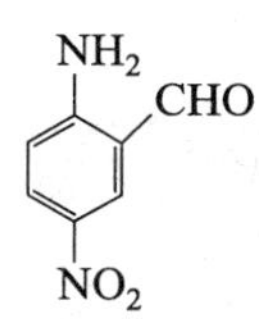
2-氨基-5-硝基苯甲醛

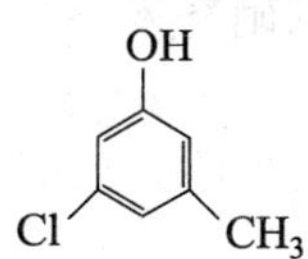
3-甲基-5-氯苯酚

若苯环上的三个取代基相同，命名时分别用 1,2,3-、1,2,4-、1,3,5-表示取代基的位次，也可用连、偏、均表示。例如：

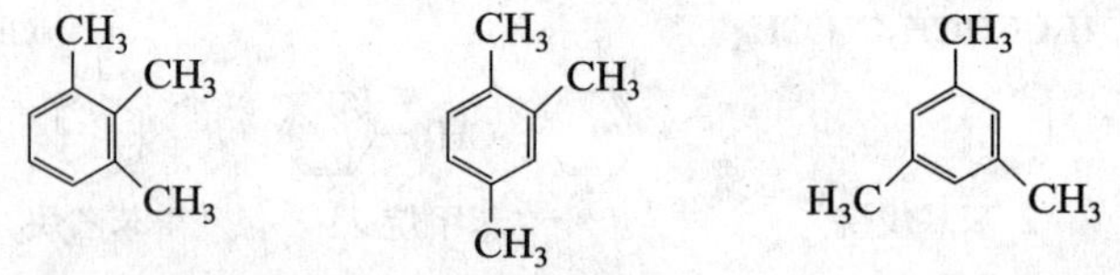

1,2,3-三甲苯　　1,2,4-三甲苯　　1,3,5-三甲苯

三、苯及同系物的物理性质

苯及其同系物多数为液体，具有特殊的气味。沸点随着相对分子质量的增加而升高，一般每增加一个 CH_2 单位沸点升高 20～30℃，含同数碳原子的各种异构体，其沸点相差不大，而结构对称的异构体，却具有较高的熔点。苯及其同系物的相对密度比相应的链烃和环烃高。常见单环芳烃物理常数见表 3-2。

表 3-2　常见单环芳烃的物理常数

名　称	熔点/℃	沸点/℃	相对密度(d_4^{20})
苯	5.5	80.1	0.8765
甲苯	−95.0	110.6	0.8669
邻二甲苯	−25.2	144.4	0.8802(10℃)
间二甲苯	−47.9	139.1	0.8642
对二甲苯	13.3	138.3	0.8611
乙苯	−95.0	136.2	0.8670
连三甲苯	−25.5	176.1	0.8943
偏三甲苯	−43.9	169.4	0.8758
均三甲苯	−44.7	164.6	0.8651
正丙苯	−99.5	159.2	0.8620
异丙苯	−96.0	152.4	0.8618

小贴士

苯是一种较好的溶剂，但毒性较大，苯的蒸气可以通过呼吸道对人体产生损害，高浓度的苯蒸气主要作用于中枢神经，引起急性中毒，低浓度的苯蒸气长期接触损害造血器官。由于其毒性大，现在工业上已不用或尽量避免使用，常用甲苯来代替它。

四、苯及同系物的化学性质

芳烃的化学性质主要是芳香性，即易进行取代反应，而难进行加成和氧化反应。

1. 亲电取代反应

(1) 硝化反应　苯与混酸（浓硝酸和浓硫酸的混合物）反应，苯环上的氢原子被硝（$—NO_2$）取代生成硝基苯。

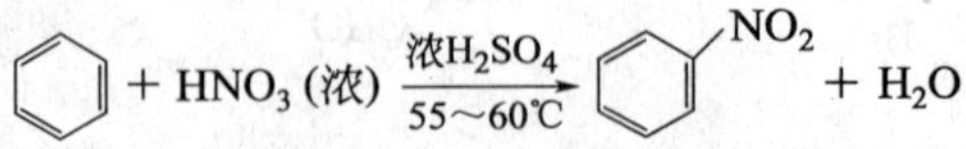

硝基苯(98%)

硝基苯为浅黄色具有苦杏仁味的油状液体，毒性较强，能与血液中的血红素作用，使血液变成深棕褐色，并引起头痛、恶心、呕吐等。硝基苯主要用于制取苯胺，用于生产香料、炸药及染料等。

（2）卤代反应　在铁粉或卤化铁催化下，苯与卤素反应，苯环上的氢原子被卤素（—X）取代，生成卤苯。

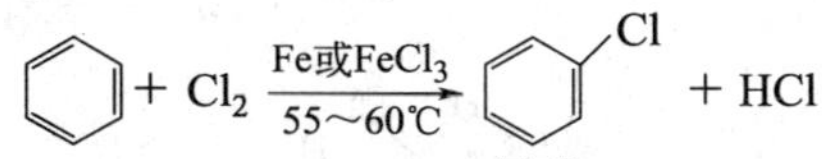

氯苯

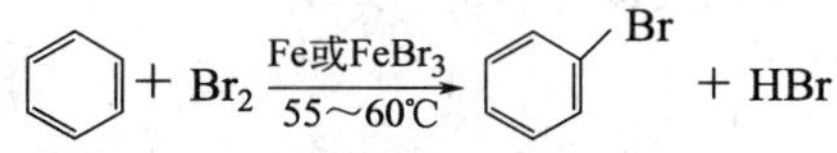

溴苯

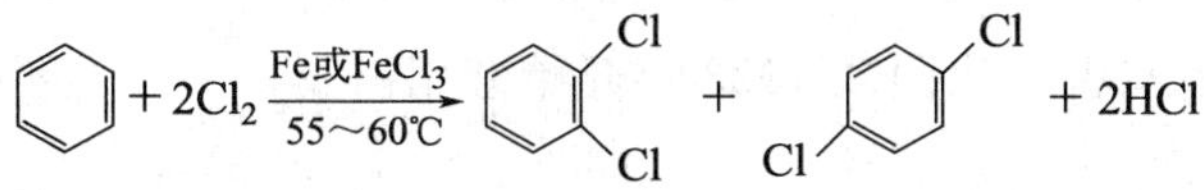

邻二氯苯 (50%)　对二氯苯 (45%)

（3）磺化反应　苯与浓硫酸或发烟硫酸共热，苯环上的氢原子被磺酸基（$—SO_3H$）取代，生成苯磺酸。

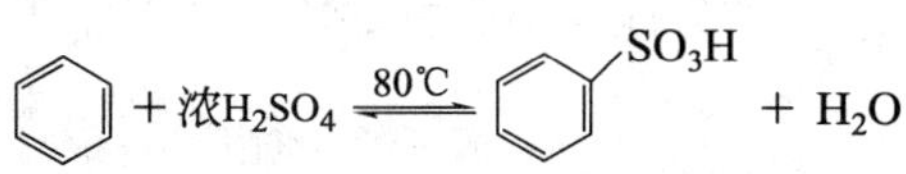

苯磺酸

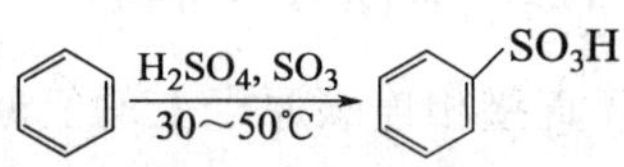

磺化反应为可逆反应，生成的水使 H_2SO_4 变稀，磺化速率变慢，水解速率加快，故常使用发烟硫酸进行磺化，以减少可逆反应的发生。

（4）傅瑞德-克拉夫茨（Friede-Crafts）反应　1877 年法国化学家傅瑞德和美国化学家克拉夫茨发现了制备烷基苯和芳酮的反应，即傅-克烷基化反应和傅-克酰基化反应。

① 傅-克烷基化反应　苯与烷基化剂如卤代烷在无水 $AlCl_3$ 的作用下，环上氢原子被烷基取代生成烷基苯的反应称为傅-克烷基化反应。

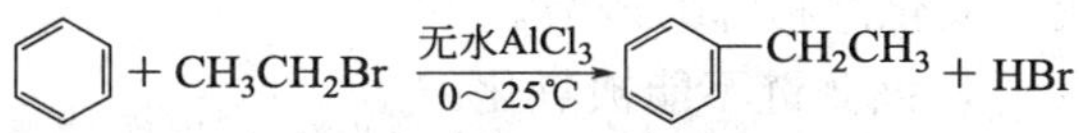

乙苯(76%)

② 傅-克酰基化反应　苯与酰基化剂如酰氯或酸酐等在无水 $AlCl_3$ 作用下，环上氢原子被酰基取代生成芳酮，该反应称为傅-克酰基化反应。

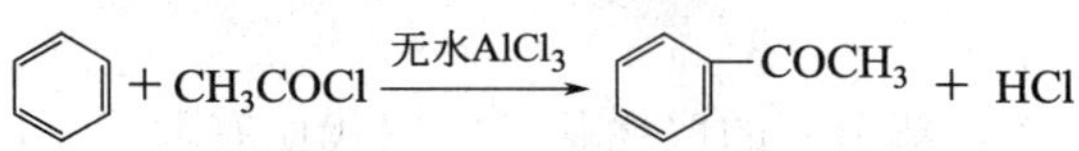

乙酰氯　苯乙酮(97%)

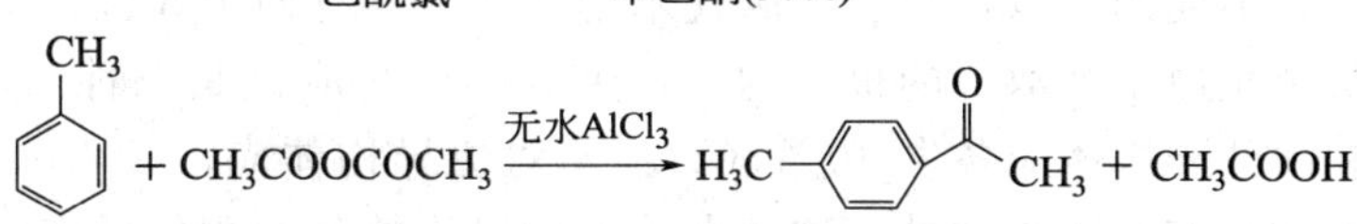

乙酸酐　对甲基苯乙酮(80%)

傅-克酰基化反应的特点：产物纯、产量高（因酰基不发生异构化，也不发生多元取代）。

2. 加成反应

苯在特殊条件下，也能发生加成反应。

（1）催化加氢

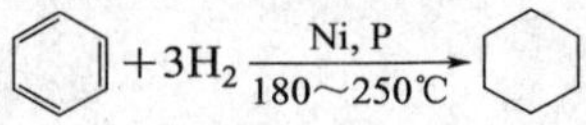

（2）与卤素加成

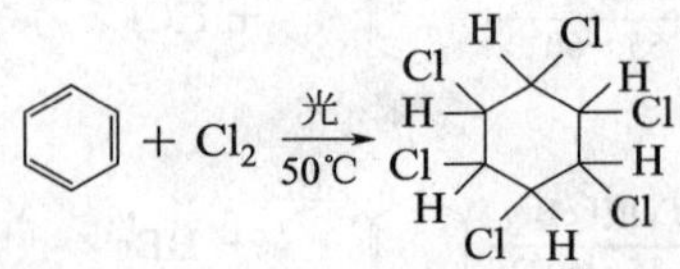

六氯环己烷
（六六六）

六氯环己烷对人畜有害，我国从 1983 年开始禁用。

3. 氧化反应

苯环一般不易被氧化。但在激烈的条件下，苯环可被氧化。例如：

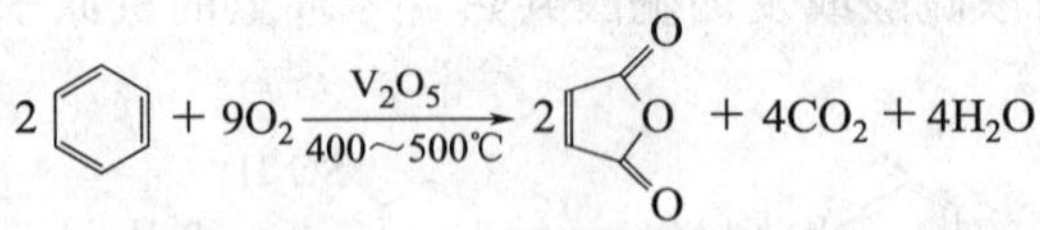

顺丁烯二酸酐

当烷基苯侧链有 α-H（即与苯环直接相连碳原子上的氢原子）时，侧链易被氧化成羧酸。

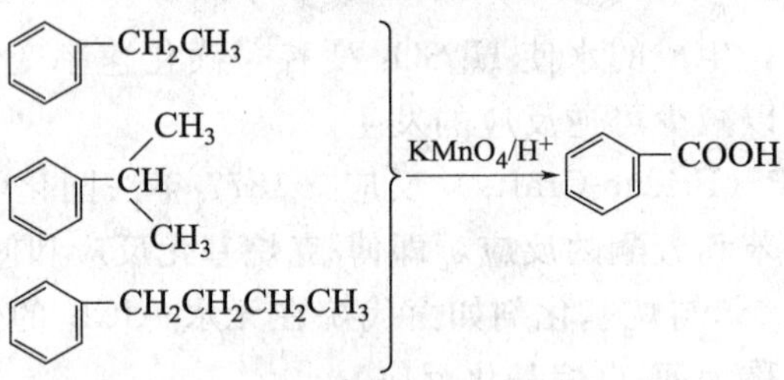

注意：不论烃基长短，氧化产物都为羧酸。
当苯环侧链上无 α-H 时，该侧链不能被氧化。

五、苯环亲电取代反应的定位规律和应用

1. 定位规律

一取代苯的亲电取代反应，新引入的取代基可以取代原有取代基的邻位、间位或对位上的氢原子，生成三种不同的二取代物。一取代苯的苯环上共有两个邻位，两个间位和一个对位氢原子。如果每个氢原子被取代的机会均等，生成的产物应该是三种二取代物的混合物，其中邻位异构体和间位异构体应各占 40%（2/5），对位异构体应占 20%（1/5）。但实际上并非如此，主要产物只有一种或两种，这一点从上面讨论的各种取代反应可以看出。

例如，硝基苯的硝化比苯困难（反应速率是苯的 6×10^{-8} 倍），主要产物为间二硝基苯。

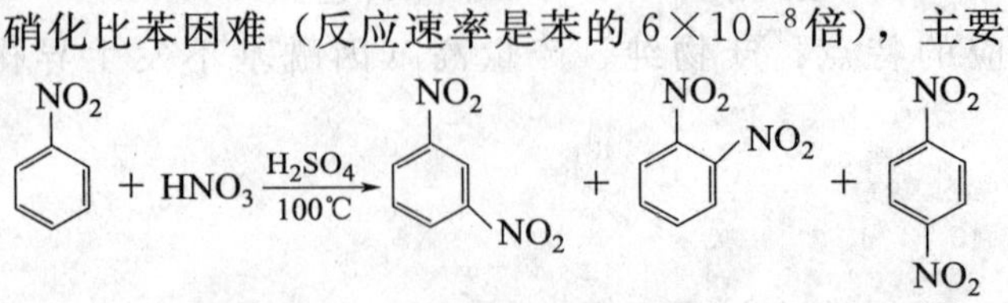

93%　　6%　　1%

甲苯的硝化比苯容易（反应速率是苯的 25 倍），主要生成邻硝基甲苯和对硝基甲苯。

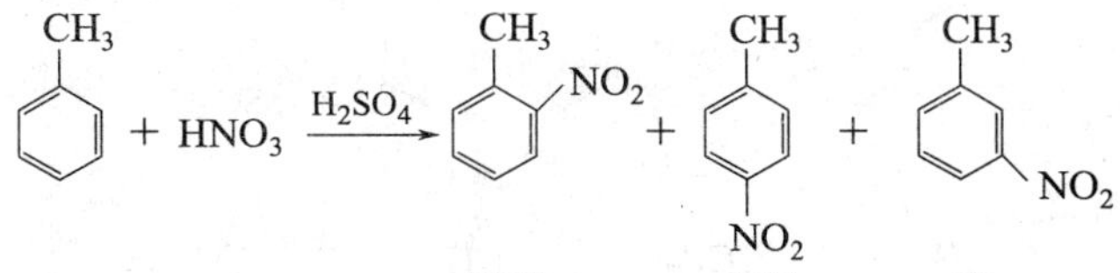

58%　38%　4%

可见，一取代苯继续发生亲电取代反应时，新引入基团进入的位置及反应活性与新引入基团的性质无关，而是由环上原有的取代基决定的。人们将这种效应称为芳环上亲电取代反应的定位规律，环上原有的取代基叫定位基。

定位基大致可分为两类：第一类定位基和第二类定位基

（1）第一类定位基　又称邻、对位定位基，如烷基、卤素等，它们使新引入的基团主要进入其邻位和对位（邻、对位产物＞60％）。芳环上有第一类定位基时，亲电取代反应一般更容易进行（与苯相比）。所以，第一类定位基一般使芳环活化（卤素除外）。

（2）第二类定位基　新引入的基团进入定位基的间位，又称间位定位基，如硝基等，它们使新引入的基团主要进入其间位（间位产物＞40％）。芳环上有第二类定位基时，亲电取代反应总是更困难（与苯相比）。所以，第二类定位基总是使芳环钝化。

表 3-3 列有常见的定位基及其对苯活性的影响。

表 3-3　常见的定位基及其对苯活性的影响

邻、对位定位基	对苯环活性的影响	间位定位基	对苯环活性的影响
—NH_2(R)，—OH	强活化	—NO_2，—CF_3，—$\overset{+}{N}R_3$	很强的钝化
—OR，—NHCOR	中等活化	—CHO(R)，—COOH(R)	强钝化
—R，—Ar，—CH═CR_2	弱活化	—COCl，—$CONH_2$	强钝化
—X，—CH_2Cl	弱钝化	—SO_3H，—C≡N	强钝化

2. 定位规律的应用

根据定位规律，可预测反应的主要产物。在苯环上已有两个取代基的情况下，引入第三个取代基时，有下列几种情况。

（1）原有两个基团的定位效应一致　例如：

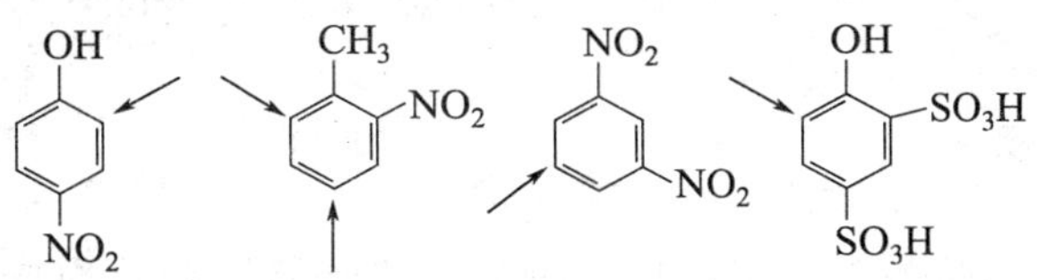

由于空间位阻的影响，新基团一般不易进入两个取代基中间的位置。

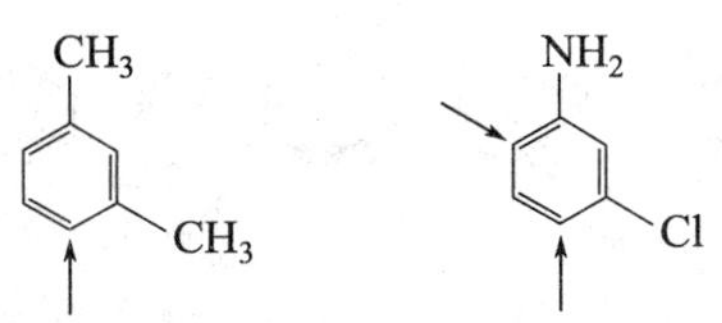

（2）原有两个取代基同类，而定位效应不一致　主要由强的定位基决定新基团进入苯环的位置。例如：

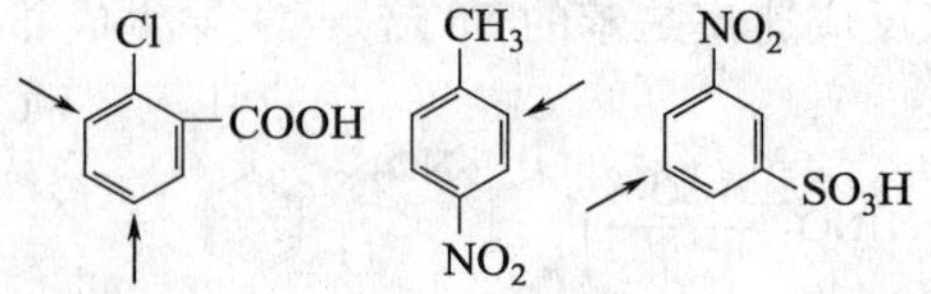

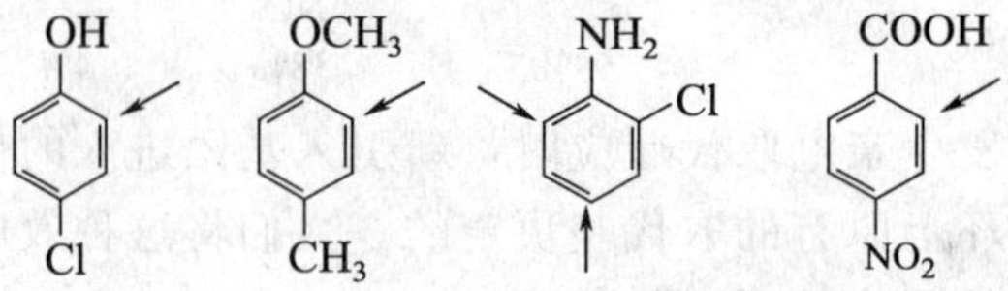

定位基强弱：—OH＞—Cl　CH_3O—＞—CH_3　—NH_2＞—Cl　—NO_2＞—COOH

(3) 原有两个取代基不同类，且定位效应不一致时　新导入基进入苯环的位置由邻、对位定位基指定。例如：

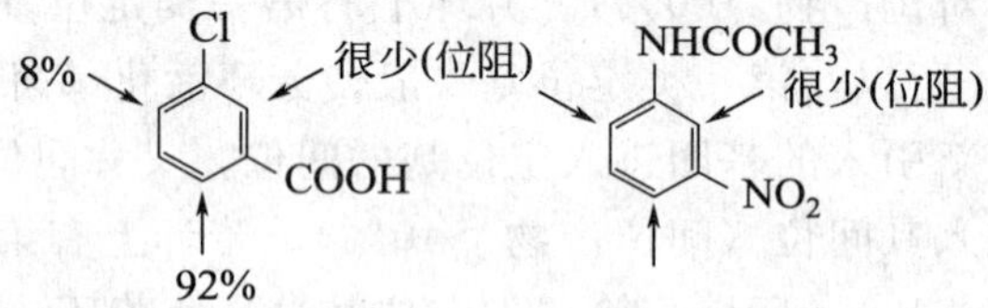

六、重要的单环芳烃

1. 甲苯（$C_6H_5CH_3$）

甲苯是无色透明、有特殊气味的液体，不溶于水，可混溶于苯、醇、醚等多数有机溶剂。甲苯大量用作溶剂和汽油添加剂，也是有机化工的重要原料。一定条件下，甲苯发生歧化反应生成苯和二甲苯。通过这个反应不仅可以得到高质量的苯，同时得到二甲苯。随着苯和二甲苯用途的扩大，这一反应已成为甲苯的主要工业用途。

2. 二甲苯（C_8H_{10}）

二甲苯为无色透明、有特殊气味的液体，易燃，比水轻，不溶于水，可混溶于无水乙醇、乙醚等有机溶剂。二甲苯存在于煤焦油中，有三个同分异构体。二甲苯具有中等毒性，工业品为三种异构体的混合物，常用作溶剂。三种异构体各有其工业用途，邻二甲苯是合成邻苯二甲酸的原料；间二甲苯用于染料等工业；对二甲苯是合成涤纶的原料。分离三种异构体是工业上的一个重要课题。

七、稠环芳烃

稠环芳烃是由两个或两个以上苯环共用两个邻位碳原子稠合而成的多环芳烃。例如萘、蒽、菲等。

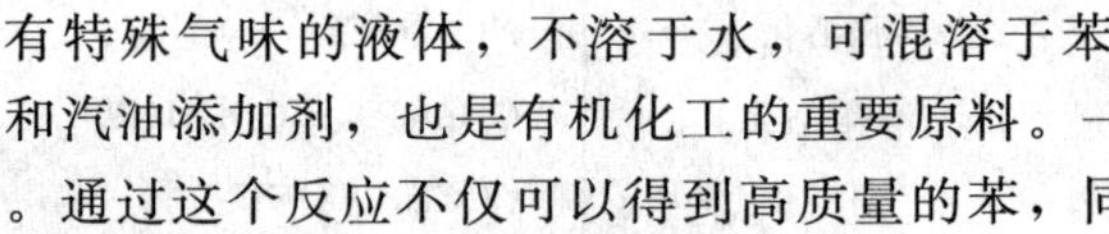
萘　　蒽　　菲

1. 萘

萘的分子式为 $C_{10}H_8$，可大量地从煤焦油中分离得到。萘为无色片状晶体，有特殊气味，熔点 80℃，沸点 218℃，易升华，不溶于水，易溶于热的乙醇等有机溶剂。萘的结构和苯相似，萘环上也主要发生亲电取代反应。只是由于萘的芳香性比苯差，加成反应和氧化反应比苯容易。

（1）亲电取代反应　和苯相比，萘更容易发生亲电取代反应。α 位电子云密度比 β 位高，亲电取代反应的活化能小，反应速率快，所以，萘的亲电取代反应优先发生在 α 位。

① 硝化反应

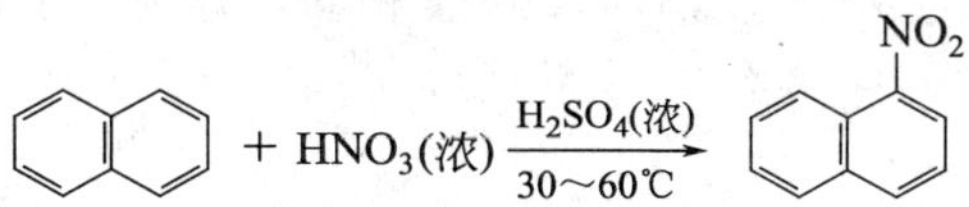

α-硝基萘

② 卤代反应

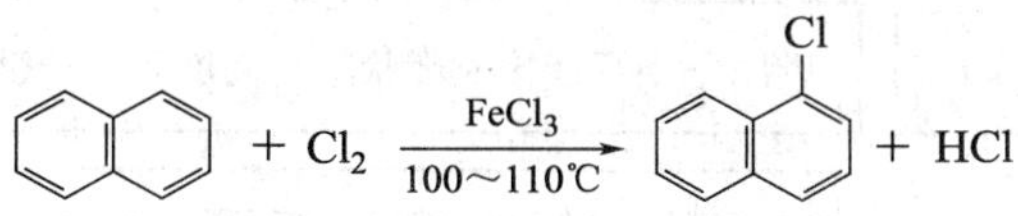

α-氯萘

③ 磺化反应

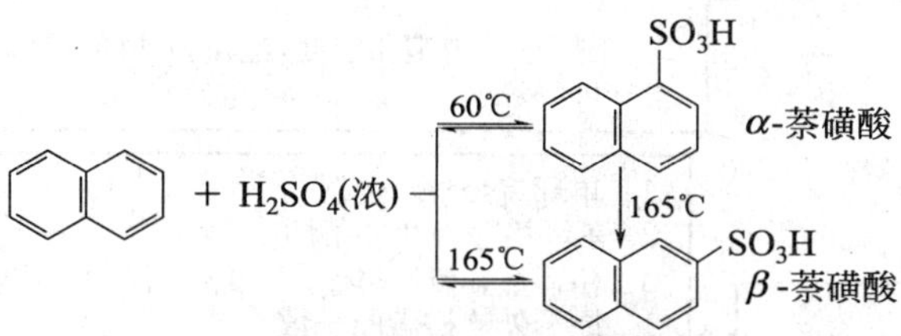

萘的磺化反应为可逆反应，反应的温度不同，得到的主要产物不同。

（2）氧化反应　萘比苯易被氧化，主要发生在 α 位上。例如：

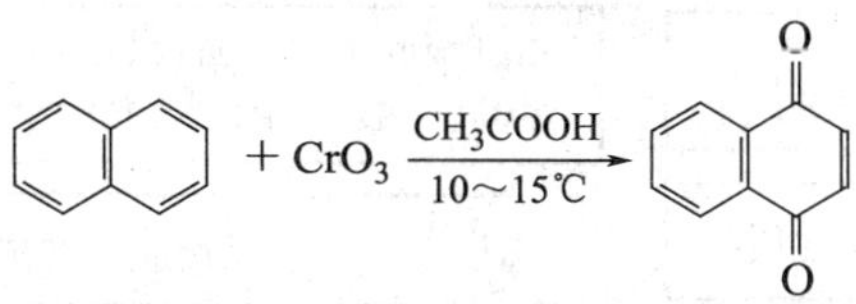

1,4-萘醌

（3）还原反应　萘比苯容易被还原，还原产物与试剂及条件有关。

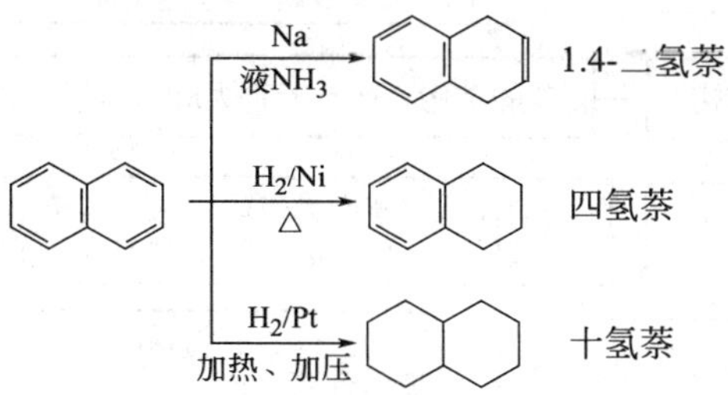

2. 蒽和菲

蒽和菲都存在于煤焦油中，分子式均为 $C_{14}H_{10}$，二者互为同分异构体。蒽为无色片状晶体，熔点为 216℃，沸点为 240℃；菲为具有光泽的无色晶体，熔点为 101℃，沸点为 340℃。

蒽和菲均由三个苯环稠合而成，三个苯环都在一个平面上，都具有芳香大 π 键，具有一定的芳香性，但芳香性比萘差。蒽为直线稠合，菲为角式稠合，蒽和菲的编号是固定的，它们的结构式如下：

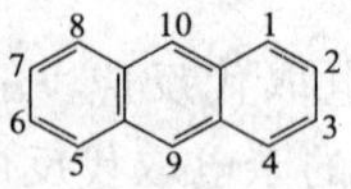
蒽

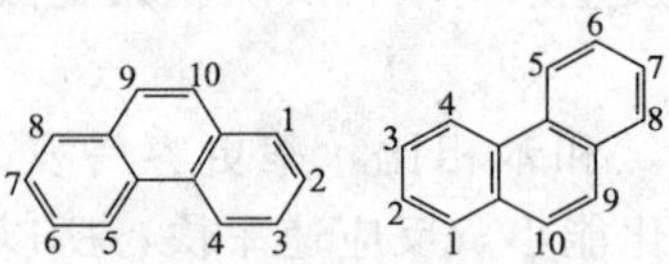
菲

1,4,5,8 位置相同，称为 α 位，2,3,6,7 位置相同，称为 β 位；9 和 10 位置相同，称为 γ 位。

学习小结

- 闭链烃
  - 脂环烃
    - 结构：碳原子相互连接成环状结构而性质与开链脂肪烃相似
    - 分类：
      1. 根据含碳环的数目：单环脂环烃和多环脂环烃（桥环烃、螺环烃、稠环烃）
      2. 根据环大小：小环、普通环、中环、大环
      3. 根据分子中饱和程度：饱和脂环烃（环烷烃）和不饱和脂环烃（环烯烃）
    - 命名：
      1. 单环烷烃：“环某烷”
      2. 单环烯烃：“环某烯”
      3. 桥环烃：“环某烷”，“环”字后面用方括号标出除桥头碳原子外的桥碳原子数
      4. 螺环烃：“螺某烷”，在方括号中标出各碳环中除螺碳原子以外的碳原子数目
    - 物理性质：相对密度小于1，熔点、沸点比含相同C原子数目的脂肪烃高，一般不溶于水，易溶于有机溶剂
    - 化学性质：卤代反应、氧化反应、加成反应
    - 稳定性：环丙烷最不稳定，环丁烷次之，环戊烷比较稳定，环己烷以上的大环都稳定
  - 芳香烃
    - 结构：苯的结构：闭合芳香大π键；苯的同系物的异构现象
    - 命名：一取代苯：苯作为母体，称“某苯”；或苯作取代基；多取代苯：可用邻、间、对或连、偏、均表示取代基位置
    - 物理性质：多数为液体，有特殊的气味，沸点随着相对分子质量的增加而升高
    - 化学性质：亲电取代反应、加成反应、氧化反应
    - 定位规律：邻、对位定位基：活化苯环；间位定位基：钝化苯环
    - 稠环芳烃：萘的亲电取代、氧化及还原反应

自我测评

一、单项选择题

1. 单环烷烃的通式是（　　）。

A. C_nH_{2n-2}　B. C_nH_{2n+2}　C. C_nH_{2n}　D. C_nH_{2n-6}

2. 下列试剂能用于鉴别环丙烷和丙烯的是（　　）。

A. 高锰酸钾　B. 碘仿试剂　C. 淀粉溶液　D. 溴水

3. 下列化合物中，化学性质最活泼的是（　　）。

A. 正丁烷　B. 甲基环丙烷　C. 环戊烷　D. 环己烷

4. 有关小环烷烃比大环烷烃性质活泼的原因，下列解释不正确的是（　　）。

A. 小环烷烃与大环烷中碳原子的杂化状态不同

B. 小环烷烃分子中，碳原子之间形成弯曲键

C. 小环烷烃分子中，碳碳键已偏离的碳碳键角，分子中产生了键角张力

D. 大环烷烃分子中，碳原子可以在接近或维持正常键角的情况下形成碳碳 σ 键，因此无键角张力，性质较稳定

5. 下列各组化合物互为同分异构体的是（　　）。

A. 正丁烷与环丁烷　B. 乙烯与环丙烷

C. 环戊烷与 1-戊烯　D. 环己烯与 2-己烯

6. 分子式为 C_6H_{12} 的物质有可能是（　　）。

A. 环己烷　B. 环己烯　C. 苯　D. 2,4-己二烯

7. 某物质分子式为 C_3H_6，该物质能使溴水褪色，但不能使 $KMnO_4$ 褪色，则该物质可能是（　　）。

A. 环丙烯　B. 丙烷　C. 丙烯　D. 环丙烷

8. 下列化合物在常温下不能使溴水褪色的是（　　）。

A. 正丁烷　B. 环己烯　C. 环丙烷　D. 环己炔

9. 下列有机化合物中不属于芳香烃的是（　　）。

A. 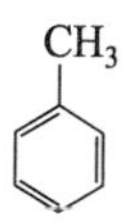

B. 
C. 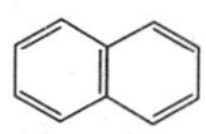
D. 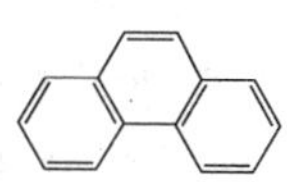

10. 下列化合物进行硝化反应时最容易的是（　　）。

A. 苯　B. 硝基苯　C. 甲苯　D. 氯苯

11. 下列物质中，能使高锰酸钾酸性溶液和溴水都褪色的是（　　）。

A. 丙烷　B. 丙烯　C. 苯　D. 甲苯

12. 能区分苯与甲苯的试剂是（　　）。

A. 高锰酸钾　B. 溴水　C. 硝酸　D. 硫酸

13. 下列物质中，不是苯的同系物的是（　　）。

A. 甲苯　B. 邻二甲苯　C. 间二甲苯　D. 氯苯

14. 最简单的稠环芳香烃是（　　）。

A. 蒽　B. 萘　C. 菲　D. 甲苯

15. 下列属于加成反应的是（　　）。

A. 乙烯使紫色的酸性 $KMnO_4$ 溶液褪色

B. 乙炔使 Br_2 水褪色

C. 甲烷与 Cl_2 在日光下反应

D. 苯与 Br_2 反应

二、多项选择题

1. 下列能够用于鉴别环丙烷和丙炔的试剂是（　　）。

A. 溴水　B. 高锰酸钾　C. 氯化铁溶液　D. 银氨溶液　E. 碘仿试剂

2. 下列说法正确的是（　　）。

A. 环丙烷与丙烷是同系物

B. 环丙烷与丙烯互为同分异构体

C. 环丙烷能与溴单质加成，但不能被高锰酸钾氧化

D. 丙烯既能与溴单质加成，又能与高锰酸钾发生氧化

E. 溴水可用来鉴别环丙烷和丙烯

3. 分子式为 C_5H_{10} 的物质，其结构有可能是（　　）。

A. 　B. 　C. 　D. 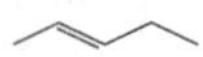　E. 

4. 化合物 C_6H_{12} 可能具有的化学性质是（　　）。

A. 与溴水发生加成，使溴水褪色

B. 与银氨溶液发生加成，出现白色沉淀

C. 与卤素发生取代反应

D. 与高锰酸钾共存时发生氧化反应，使高锰酸钾褪色

E. 与淀粉溶液反应，使其显蓝色

5. 下列说法不正确的是（　　）。

A. 脂环烃的环越小，化学性质越活泼

B. 脂环烃与烯烃都能使高锰酸钾褪色

C. 脂环烃只能与卤素发生取代反应，不能发生加成反应

D. 相同碳原子数的脂环烃与烯烃相比较，其化学性质较稳定

E. 当脂环烃上有取代基时，其化学性质较无取代基的脂环烃稳定

三、用系统命名法命名下列化合物或写出结构式

1. 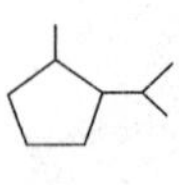　2. 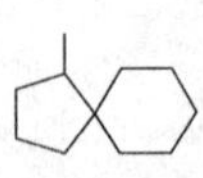　3. 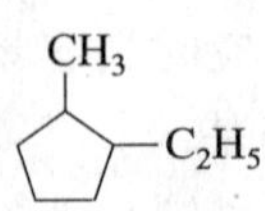

4. 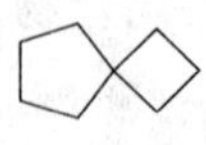

5. 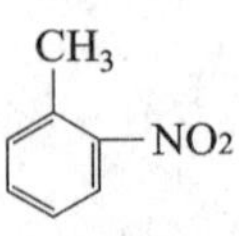

6. 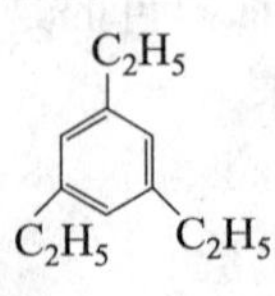

7. 4-甲基环己烯　8. 对溴硝基苯

9. 均三甲苯

四、用化学方法鉴别下列化合物

1. 1-戊烯和甲基环丁烷　2. 乙苯和苯乙烯

五、完成下列反应式

1. 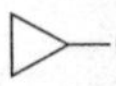—CH_3 + HBr ⟶ ?

2. 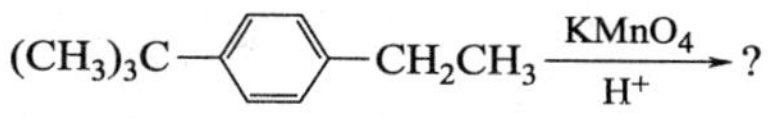

3. 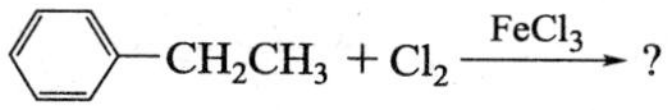

六、由指定原料合成

1. 苯→间溴苯磺酸

2. 甲苯→间硝基苯甲酸

七、推断题

1. 某同学要分析分子式为 C_4H_8 的某化合物（A），经试验，发现该化合物能使溴水褪色，但不能使稀的高锰酸钾溶液褪色。当 1mol（A）与 1molHBr 反应时，能得到化合物（B），（A）的同分异构体（C）与 HBr 作用也能得到（B），并且发现化合物（C）既能使溴水褪色，也能使稀的高锰酸钾溶液褪色，请根据上述现象进行讨论，推测化合物（A）的结构，并写出化合物（B）、（C）的分子式和结构式。

2. 某芳烃 A 分子式为 C_8H_{10}，被酸性高锰酸钾氧化生成分子式为 $C_8H_6O_4$ 的 B。若将 B 进一步硝化，只得到一种硝化产物而无异构体，推测 A、B 的结构式。

第四章

卤代烃

学习目标

【知识目标】

1. 掌握卤代烃的结构、分类和命名；卤代烃的主要化学性质；
2. 熟悉卤代烃的同分异构现象；
3. 了解认识几种重要的卤代烃在医药上的应用。

【能力目标】

1. 熟练运用系统命名法命名卤代烃；
2. 学会对卤代烃进行分类，利用卤代烃的命名法能说出其名称。

卤素原子取代烃分子中一个或多个氢原子后生成的化合物称为卤代烃，简称卤烃。

第一节　卤代烃的分类、命名及同分异构

一、卤代烃的分类和命名

1. 卤代烃的分类

卤代烃的通式常用 (Ar)R—X 表示，X 代表卤原子，是卤代烃的官能团，包括 F、Cl、Br、I。根据分子组成和结构特点，可以从不同角度对卤代烃进行分类，分类方法主要有以下四种。

（1）根据卤原子所连接烃基结构的不同，卤代烃可分为饱和卤代烃、不饱和卤代烃、卤代芳烃。

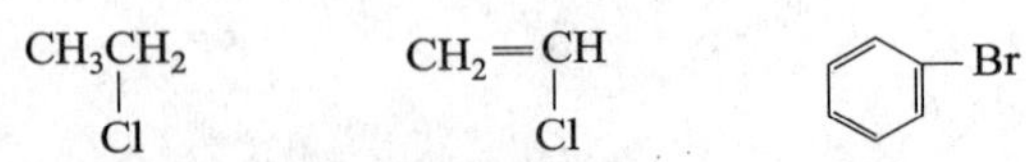

饱和卤代烃（卤代烷烃）　不饱和卤代烃（卤代烯烃）　卤代芳烃

（2）根据卤原子所连接碳原子的种类不同，卤代烃可分为伯卤代烃（一级卤代烃）、仲

卤代烃（二级卤代烃）、叔卤代烃（三级卤代烃）。

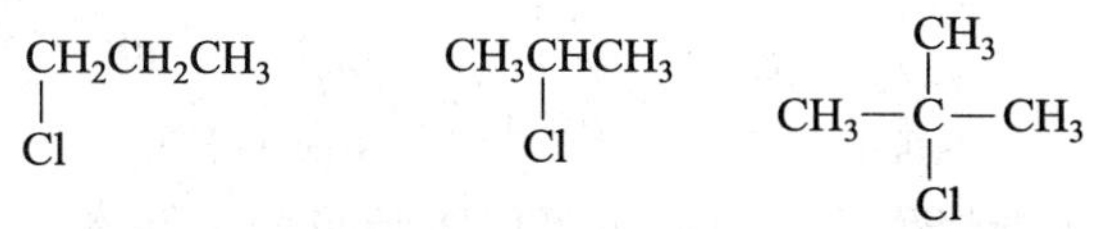

伯卤代烃　　仲卤代烃　　叔卤代烃

（3）根据卤原子种类不同，卤代烃可分为氟代烃、氯代烃、溴代烃、碘代烃。

$F_2C=CF_2$　　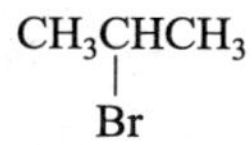　　CHI_3

氟代烃　　溴代烃　　碘代烃

（4）根据分子中卤原子数目不同，卤代烃可分为一卤代烃、二卤代烃、多卤代烃。

CH_3Cl	CH_2Cl_2	$CHCl_3$　CCl_4
一卤代烃	二卤代烃	多卤代烃

2. 卤代烃的命名

简单的卤代烃可采用普通命名法，比较复杂的卤代烃按系统命名法命名，个别卤代烃有常用的俗名。例如：

$CHCl_3$	$CHBr_3$	CHI_3	CCl_3F
氯仿	溴仿	碘仿	氟利昂-11

（1）普通命名法按与卤原子相连的烃基名称来命名，称为“某基卤”或“卤代某烃”，“代”字可省略。例如：

$CH_3CH_2CH_2CH_2Br$　　$CH_2=CHCH_2Cl$　　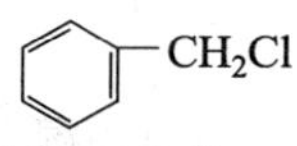

正丁基溴　　烯丙基氯　　苄基氯(氯化苄)

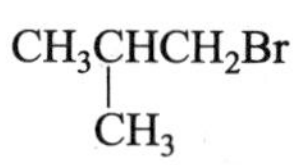　　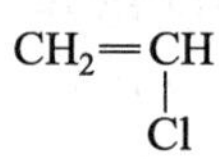　　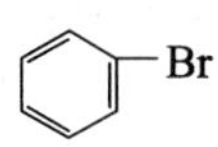

溴代异丁烷　　氯乙烯　　溴苯

（2）系统命名法　以相应的烃为母体，把卤原子作为取代基，按烃的系统命名原则命名。

① 饱和卤代烃　选择含有卤原子的最长碳链作为主链，卤原子为取代基，称“某烷”，使卤原子有较小的位次编号，其他命名原则与烷烃相似。当卤原子与烷基位次相同，使烷基有较小的编号；当不同卤原子位次相同，则使原子序数较小的卤原子有较小的编号；当同一碳原子上连接不同卤原子，则把原子序数较小的卤原子放在前面。例如：

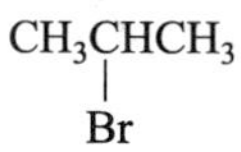　　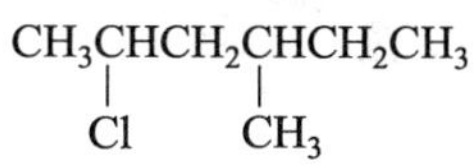　　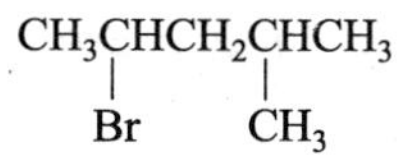

2-溴丙烷　　4-甲基-2-氯己烷　　2-甲基-4-溴戊烷

$CH_3CH_2CH_2CH_2Br$　　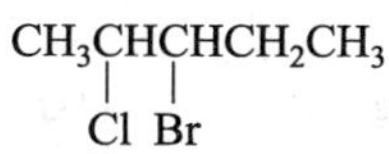　　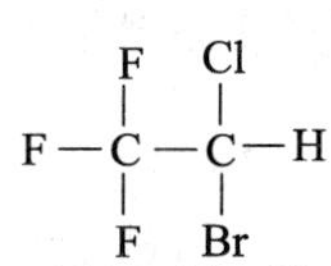

1-溴丁烷　　2-氯-3-溴戊烷　　1,1,1-三氟-2-氯-2-溴乙烷

② 不饱和卤代烃　选择含有不饱和键和卤原子的最长碳链为主链，卤原子为取代基，使不饱和键以较小的位次编号，称“某烯”或“某炔”。例如：

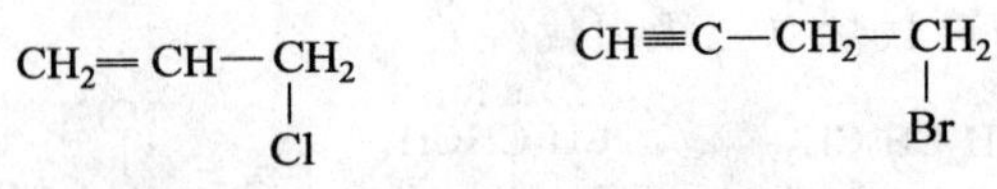

3-氯-1-丙烯　　4-溴-1-丁炔

③ 卤代芳烃　可以将芳烃作为母体，也可以将脂肪烃作母体。

a. 以芳烃为母体，卤原子为取代基　命名时芳烃的编号用阿拉伯数字，芳环侧链的编号用希腊字母。例如：

2-溴甲苯　　β-氯丙苯

b. 以脂肪烃为母体，芳环及卤原子为取代基　例如：

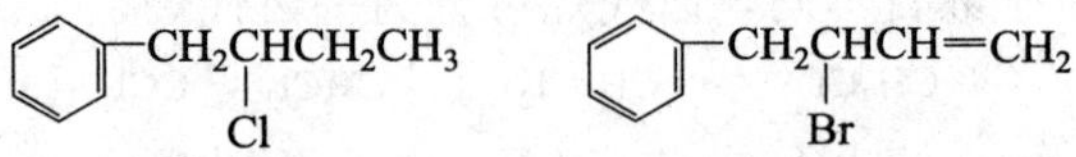

1-苯基-2-氯丁烷　　4-苯基-3-溴-1-丁烯

二、卤代烃的同分异构现象

卤代烃的同分异构体数目比相应的烃的异构体要多。

1. 饱和卤代烃

一卤代烃除了碳链异构外，还有卤原子的位置异构。例如：氯丙烷的同分异构体有两种；一氯代丁烷的同分异构体有四种。

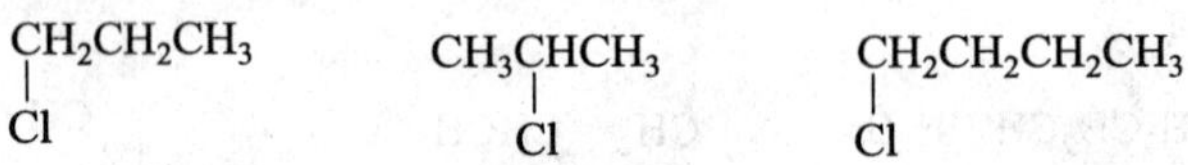

1-氯丙烷　　2-氯丙烷　　1-氯丁烷

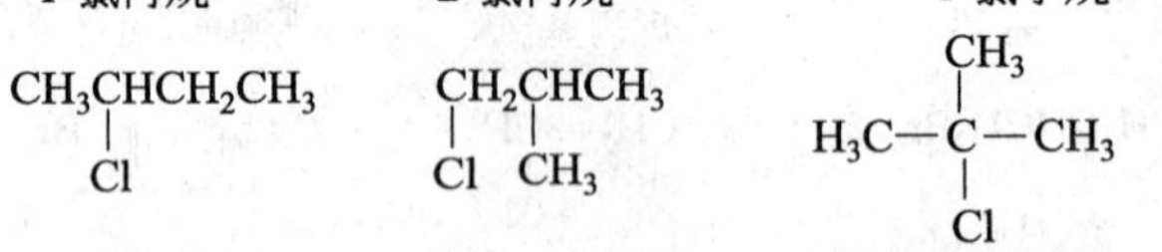

2-氯丁烷　　2-甲基-1-氯丙烷　　2-甲基-2-氯丙烷

2. 不饱和卤代烃

一卤代烃有碳链异构、不饱和键及卤原子位置异构，卤代烯烃还有顺反异构。例如：不包括顺反异构，C_3H_5Cl 的同分异构体有三种；氯丁烯的同分异构体有九种。

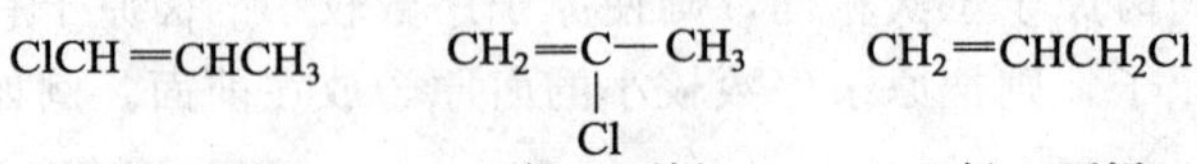

1-氯-1-丙烯　　2-氯-1-丙烯　　3-氯-1-丙烯

3. 卤代芳烃

一卤代芳烃有芳环上取代基位置异构、卤原子位置异构等。例如：C_7H_7Br 的同分异构体有四种。

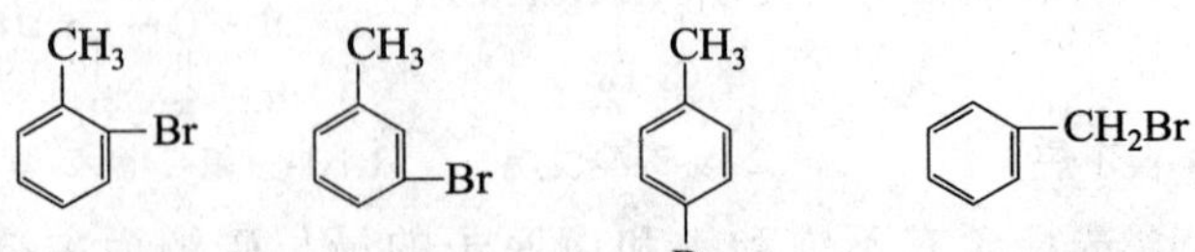

邻溴甲苯　　间溴甲苯　　对溴甲苯　　苄基溴

第二节　卤代烃的性质及常见的卤代烃

一、卤代烃的物理性质

由于C—X键有一定极性，所以卤代烃的熔点、沸点、密度都比同碳原子数的相应烷烃高。常温下，氟甲烷、氟乙烷、氟丙烷、氯甲烷、氯乙烷、溴甲烷是气体，其他低级的卤代烷为液体，有一定的挥发性，十五个碳以上的卤代烃为固体。卤代烃均不溶于水，但能溶于醇、醚、烃类等有机溶剂。某些卤代烃本身常用作有机溶剂使用，如氯仿、二氯甲烷、四氯化碳。多数一氯代烃的密度比水小，而溴代烃、碘代烃的密度比水大，分子中卤原子增多，密度增大。卤代烃有毒，一般都是无色的，但溴代烃、碘代烃因分解产生游离的单质而带有一定的颜色。许多卤代烃具有强烈的气味。常见卤代烃物理常数见表4-1。

小贴士

卤代烃类有机溶剂常用作化学合成原料、工业溶剂、脱脂剂、金属清洗剂、黏合剂等，在工业生产中广泛使用。但这类溶剂都是有毒的，经呼吸道吸入其蒸气或经皮肤吸收可造成中毒。短时大量接触卤代烃类有机溶剂可导致急性中毒，引起神经系统及心、肺、肝、肾等多脏器损害，甚至引起猝死；少量长期接触可引起慢性中毒，表现为慢性中毒性脑病、慢性肝、肾损害等。因此职业接触卤代烃类有机溶剂应加强个人防护，如注意室内通风、佩戴有效的防毒口罩，并定期进行职业健康检查。

表4-1　常见卤代烃的物理常数

烃基、卤代烃	氯代物		溴代物	
	沸点/℃	密度/($10^3kg/m^3$)	沸点/℃	密度/($10^3kg/m^3$)
CH_3—	−24.2	0.906	3.56	1.676
CH_3CH_2—	12.27	0.898	38.40	1.440
$CH_3CH_2CH_2$—	46.60	0.890	71.0	1.335
$CH_3CH_2CH_2CH_2$—	78.44	0.884	101.6	1.276
$(CH_3)_2CH$—	35.74	0.627	59.38	1.223
$CH_3CH_2\underset{\vert}{C}HCH_3$	68.90	0.875	91.5	1.310
$(CH_3)_2CHCH_2$—	68.25	0.873	91.2	1.258
$(CH_3)_3C$—	52	0.842	73.25	1.222
环—C_6H_{11}—	143	1.000	166.2	1.336
CH_2═CH—	−13.4	0.911	15.8	1.493
CH_2═$CHCH_2$—	45	0.938	71	1.398
C_6H_5—	132	1.106	156	1.495
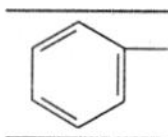—CH_2—	179	1.102	201	1.438
CH_2X_2	40	1.327	97	2.490
HCX_3	62	1.483	151	2.980
CX_4	77	1.594	189.5	3.420
XCH_2CH_2X	83.5	1.235	132	2.180

二、卤代烃的化学性质

卤代烃的化学性质主要是由官能团卤原子决定的。由于卤原子的电负性大于碳原子，C—X 键为极性共价键，容易断裂，所以卤代烃的化学性质比较活泼，易发生取代反应、消除反应、还原反应及与金属反应等。

在卤代烃的化学反应中，C—X 断键的难易主要决定于键的可极化度。极化性强的分子，在外界条件影响下，更容易发生化学反应。在外界电场的影响下，由于 C—X 键极化性强弱的顺序为：C—I＞C—Br＞C—Cl，所以卤代烃在化学反应中的相对活性大小为：R—I＞R—Br＞R—Cl。

1. 取代反应

取代反应是指卤代烃分子中的卤原子被其他基团所取代的反应。

由于卤原子的电负性较强，C—X 键的共用电子对偏向于卤原子，使卤原子带上部分负电荷，碳原子带上部分正电荷；带正电荷的碳原子易受到带负电荷的试剂或带有电子对的试剂的进攻，C—X 键断裂，卤原子带着电子对以负离子的形式离去。带负电荷或带有电子对的试剂具有较大的电子云密度，易进攻带部分正电荷的碳原子，称为亲核试剂。由亲核试剂进攻带部分正电荷的碳原子而引起的取代反应，称为亲核取代反应。

（1）水解反应　活泼卤代烃与水共热，卤原子被羟基（—OH）取代，生成相应的醇，这是制备醇的方法之一。

$$R-X + H-OH \overset{\triangle}{\rightleftharpoons} R-OH + HX$$

卤代烃的水解是一个可逆反应，通常用 NaOH 水溶液代替水，可使反应向生成醇的方向进行。

$$CH_3CH_2-Br + NaOH \xrightarrow{\triangle} CH_3CH_2OH + NaX$$

（2）醇解反应　伯卤代烃和醇钠作用，卤原子被烷氧基（RO—）取代，生成相应的醚，该反应称为威廉姆逊（Williamson）合成法，是制备不对称醚的方法之一。

$$R-X + NaOR' \longrightarrow R-OR' + NaX$$

（3）氨解反应　卤代烃与氨（NH_3）作用，卤原子被氨基（$-NH_2$）取代，生成有机胺，这是制备有机胺类化合物的方法之一。

$$R-X + H-NH_2 \longrightarrow R-NH_2 + HX$$

如果卤代烃过量，RNH_2 可以和 RX 继续反应，生成 R_2NH、R_3N。

（4）与氰化钠反应　卤代烃与氰化钠在乙醇溶液中反应，卤原子被氰基（—CN）取代，生成腈。由于反应后分子中增加了一个碳原子，是有机合成中增长碳链的方法之一。

$$R-X + NaCN \longrightarrow R-CN + NaX$$

（5）与 $AgNO_3$ 乙醇溶液反应　卤代烃与 $AgNO_3$ 乙醇溶液反应，生成硝酸酯和卤化银沉淀。该反应可用来鉴别卤代烃。

$$R-X + Ag-ONO_2 \xrightarrow{\text{醇}} R-ONO_2 + AgX\downarrow$$

卤原子不同、或烃基不同的卤代烃，其反应活性有明显差异。烯丙型卤代烃、叔卤代烃和一般碘代烃在室温下就能和 $AgNO_3$ 乙醇溶液迅速作用而生成卤化银沉淀。伯氯代烃、仲氯代烃和溴代烃要在加热条件下才反应，生成卤化银沉淀。而乙烯型卤代烃即使加热也不反应。

2. 消除反应

消除反应是指从分子中消去一个简单分子，形成不饱和键的反应。卤代烃与强碱（NaOH、KOH 等）的醇溶液作用时，脱去卤素与 β-碳原子上的氢原子（β-H 原子）而生成烯烃。消除反应是卤代烃另一类重要的反应，用来制备某些烯烃或炔烃。

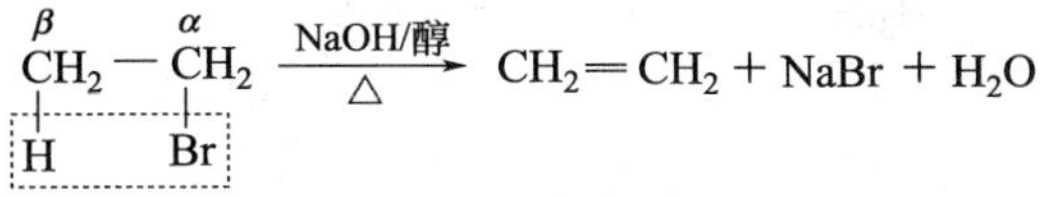

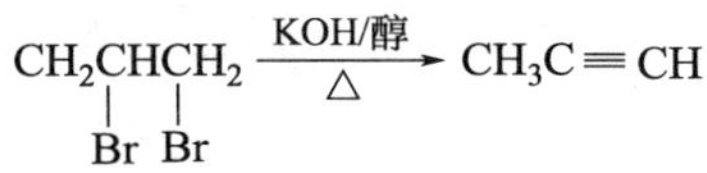

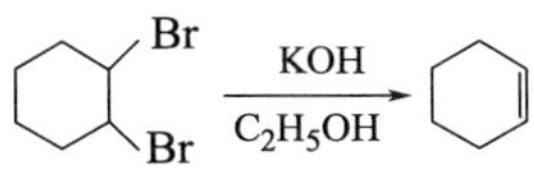

当卤代烃有多种 β-H 原子时，消除卤化氢时遵循扎依采夫（Saytzeff）经验规则，即主要脱去含氢较少的 β-碳原子上的氢原子，生成双键上有较多烃基的烯烃。

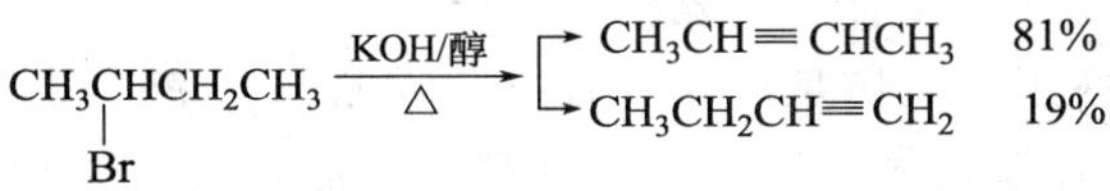

3. 与金属反应

卤代烃能与某些金属发生反应，生成金属原子直接与碳原子相连接的有机金属化合物。其中，卤代烃与金属镁在无水乙醚中反应生成的有机镁化合物被称为格利雅（Grignard）试剂，简称格氏试剂，一般用通式 RMgX 表示。

$$CH_3CH_2Br + Mg \xrightarrow[\triangle]{\text{无水乙醚}} CH_3CH_2MgBr \quad \text{乙基溴化镁}$$

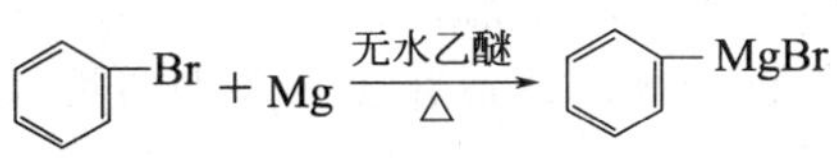
苯基溴化镁

生成格氏试剂的反应速率与卤代烃的结构及种类有关。卤素相同时，反应速率为：伯卤代烃＞仲卤代烃＞叔卤代烃；烃基相同时，反应速率为：R—I＞R—Br＞R—Cl。一般选择活性适中、比较便宜的溴代烃。

格氏试剂是有机金属化合物中最重要的一类化合物，也是有机合成中非常重要的试剂之一。利用格氏试剂可以制备烷烃、醇、羧酸等有机物。格氏试剂非常活泼，易与空气中的氧、二氧化碳及含有活泼氢的化合物如水、醇、酸、胺等反应。因此在制备和应用格氏试剂时，不能用含有活泼氢的化合物作溶剂，必须使用无水乙醚作为溶剂，仪器要绝对干燥，反应最好在氮气保护下进行。

三、单分子亲核取代反应历程

叔丁基溴的水解反应的历程分两步进行。

第一步：叔丁基溴的 C—Br 键发生异裂，生成叔丁基碳正离子和溴负离子，此步反应速率很低，决定了整个反应的速率。

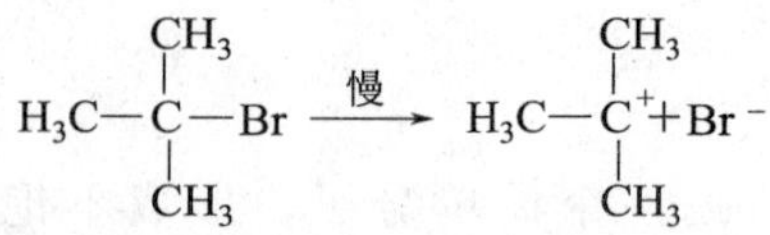

第二步：叔丁基碳正离子很快与碱结合生成叔丁醇。

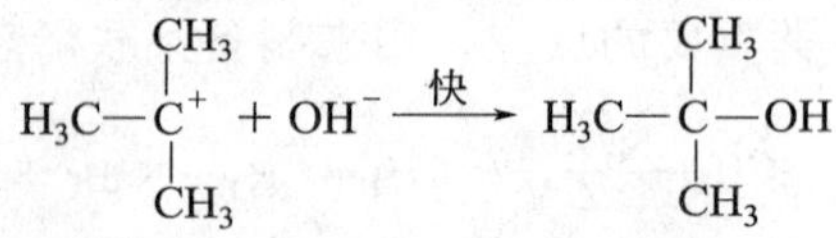

只由卤代烷浓度决定反应速率的亲核取代反应称为单分子亲核取代（S_N1）反应。

不同结构的卤代烷按 S_N1 历程进行取代反应时，活泼次序为：叔卤代烷＞仲卤代烷＞伯卤代烷。

四、常见的卤代烃

1. 三氯甲烷（$CHCl_3$）

三氯甲烷俗名氯仿，常温下是一种无色有甜味的液体，不燃，不溶于水，能溶解油脂、橡胶、有机玻璃等许多高分子化合物。氯仿在医学上，常用作麻醉剂，因其对心、肝的毒性较大，目前临床已很少使用。氯仿是重要的有机合成原料，主要用来生产氟利昂（F-21、F-22、F-23）、染料和药物，还可用作抗生素、香料、油脂、树脂、橡胶的溶剂和萃取剂。氯仿与四氯化碳混合可制成不冻的防火液体。

氯仿在光照下易被空气氧化为有毒的光气（碳酰氯），故密封保存在棕色瓶中，并加入1%的乙醇破坏光气。

$$2CHCl_3 + O_2 \xrightarrow{\text{日光}} \underset{\text{光气}}{2COCl_2} + 2HCl$$

2. 四氯化碳（CCl_4）

四氯化碳是无色、易挥发、微溶于水、不易燃的液体，其蒸气比空气重，能使可燃物与空气隔绝以达到灭火的目的，故用作灭火剂。四氯化碳在高温时能发生水解生成光气，灭火时应注意室内空气流通，以防止中毒。

四氯化碳还可用作溶剂、香料的浸出剂、纤维的脱脂剂、药物的萃取剂、织物的干洗剂等，也可用来合成氟利昂、尼龙 7、尼龙 9 的单体；还可制三氯甲烷和药物；金属切削中用作润滑剂。

3. 氟烷（$F_3C—CHClBr$）

氟烷的化学名称为 1,1,1-三氟-2 氯-2-溴乙烷。氟烷为无色、无刺激性、不燃不爆的液体。性质不稳定，遇光、热可缓慢分解。氟烷是临床上常用的吸入性全身麻醉药之一，主要用于大手术的全身麻醉和诱导麻醉，麻醉作用比乙醚强，对呼吸道黏膜无刺激性，对肝、肾功能无持久性损害。但因麻醉作用较强，极易引起麻醉过深，出现呼吸抑制、心律失常等。

4. 血防 846 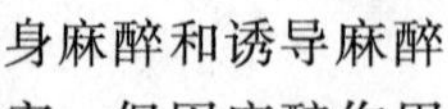

血防 846 的化学名称为六氯对二甲苯，分子组成为 8 个碳原子、4 个氢原子和 6 个氯原子，故而得名。血防846为白色、无味、有光泽的结晶粉末，不溶于水，可溶于酒精和氯仿。血防846是一种广谱抗寄生虫病药，临床上用于治疗血吸虫病、华支睾吸虫病和肺吸虫病，但由于不良反应较多，应及时采取对症处理，临床使用受到一定限制。

文献查阅

查阅资料，了解有关氟代烃的性质及产品在我们日常生活中的作用。

学习小结

- 卤代烃
  - 结构：烃分子中的氢原子被卤素取代后生成的化合物
  - 分类
    - 1. 根据卤原子所连烃基结构：饱和卤代烃、不饱和卤代烃、卤代芳烃
    - 2. 根据卤原子所连碳原子种类：伯卤代烃、仲卤代烃、叔卤代烃
    - 3. 根据卤原子种类：氟代烃、氯代烃、溴代烃、碘代烃
    - 4. 根据卤原子数目：一卤代烃、二卤代烃、多卤代烃
  - 命名
    - 1. 简单卤代烃：某烃基卤或卤代某烃
    - 2. 复杂卤代烃：烃为母体，卤原子为取代基，称为“某卤代烷(或烯或炔)”
    - 3. 卤代芳烃：芳烃为母体，卤原子为取代基；脂肪烃为母体，芳环及卤原子为取代基
  - 化学性质
    - 取代反应：反应类别：水解反应、醇解反应、氨解反应、与氰化钠反应、与$AgNO_3$乙醇溶液反应(鉴别卤代烃)
    - 消除反应：遵循扎依采夫规则
    - 与金属反应：制备格氏试剂

自我测评

一、单项选择题

1. 下列物质属于叔卤代烃的是（　　）。

A. 3-甲基-1-氯丁烷　　B. 2-甲基-3-氯-1-丁烯

C. 3-甲基-3-氯-1-丁烯　　D. 2-甲基-1-氯丁烷

2. 叔卤代烃与NaOH的醇溶液加热，产物主要是（　　）。

A. 醇　　B. 醚　　C. 酯　　D. 烯烃

3. 2-甲基-2-溴-丁烷发生消除反应的主要产物是（　　）。

A. 2-甲基-2-丁烯　　B. 2-甲基-1-丁烯　　C. 3-甲基-1-丁烯　　D. 2-戊烯

4. 制备格氏试剂时，可以用来作为保护气体的是（　　）。

A. O_2　　B. HCl　　C. N_2　　D. CO_2

5. 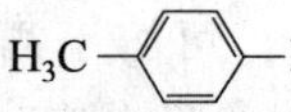命名为（　　）。

A. 4-溴甲苯　　B. 4-甲基溴苯　　C. 对甲基溴苯　　D. 溴化苄

二、多项选择题

1. 下列化合物中属于多元卤代烃的是（　　）。

A. 氯仿　　B. 1，2-二氯苯　　C. 2-氯甲苯　　D. 2，4-二氯甲苯

2. 下列物质属于乙烯型卤代烃的是（　　）。

A. 乙烯　　B. 氯苯　　C. 氯乙烯　　D. 3-氯-1-丙烯

3. 区分溴乙烷和溴乙烯可选用的试剂是（　　）。

A. 溴水　　B. $AgNO_3$ 的水溶液　　C. 格氏试剂　　D. $AgNO_3$ 的醇溶液

4. 常作有机溶剂的卤代烃是（　　）。

A. 氟烷　　B. 氯仿　　C. 二氯甲烷　　D. 四氯化碳

5. 不需要加热就能和 $AgNO_3$ 乙醇溶液作用生成沉淀的卤代烃是（　　）。

A. 烯丙型卤代烃　　B. 乙烯型卤代烃　　C. 叔卤代烃　　D. 碘代烃

三、用系统命名法命名下列化合物或写出结构式

1. $CHClF_2$　　2. 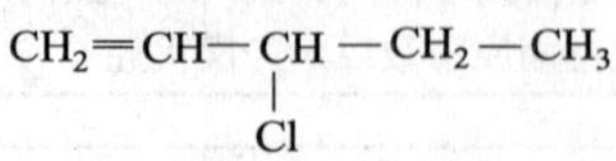　　3. 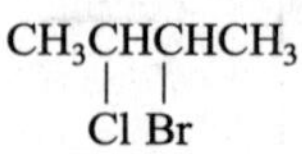

4. 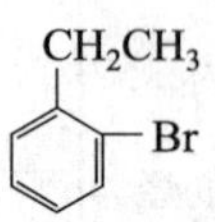　　5. 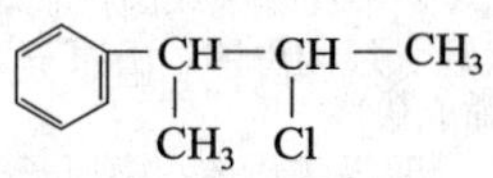　　6. 氯仿

7. 3-甲基-2,2-二氯戊烷　　8. α-氯丙苯　　9. 3-甲基-4-氯-1-戊烯　　10. 苄基溴

四、用化学方法鉴别下列化合物

1. 1-溴丙烷、2-溴丙烯和 3-溴-1-丙烯　　2. 对溴甲苯、溴化苄和 β-溴乙苯

五、完成下列反应式

1. 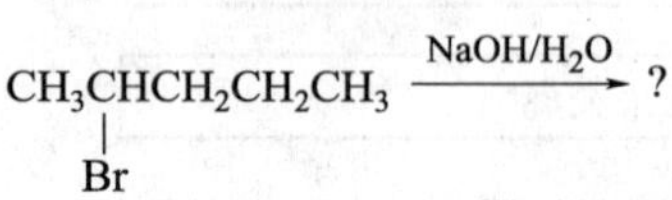

2. 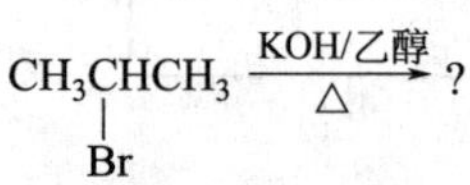

3. 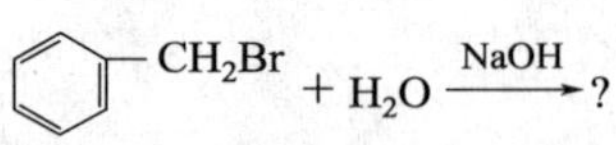

4. $CH_3CH_2CH_2CH_2I \xrightarrow{AgNO_3/醇} ?$

5. 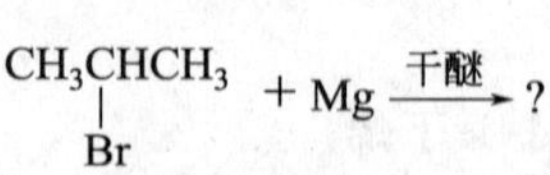

六、由指定原料合成

1. 1-溴丙烷⟶2-溴丙烷

2. 1-丁烯⟶2-丁烯

七、推断题

某溴代烃 A 与 KOH-醇溶液作用，脱去一分子 HBr 生成 B，B 经 $KMnO_4$ 氧化得到丙酮和 CO_2，B 与 HBr 作用得到 C，C 是 A 的同分异构体，试推断化合物 A、B、C 的结构式，并写出各步反应式。

第五章 醇、酚和醚

学习目标

【知识目标】

1. 掌握醇、酚、醚的结构、分类和命名方法；醇和酚主要化学性质；
2. 熟悉醚性质；熟悉醇、酚、醚的制备；熟悉重要的醇、酚、醚在医药上的应用；
3. 了解低级醇的物理性质；了解硫醇和硫醚的结构。

【能力目标】

1. 熟练应用醇、酚、醚的命名法，能正确命名醇、酚、醚；能理解醇的取代反应、脱水反应、氧化反应的规律；
2. 学会伯、仲、叔醇的区分以及邻二醇的定性鉴定方法；学会定性鉴定酚的方法。

醇、酚和醚都是烃的含氧衍生物。从结构上看，醇、酚、醚可以看成水分子中的氢原子被烃基取代的产物。

R—OH	Ar—OH	(Ar)R—O—R′(Ar)′
醇	酚	醚

第一节 醇

一、醇的结构、分类和命名

1. 醇的结构及分类

(1) 醇的结构　醇可以看成是脂肪烃基、脂环烃基以及芳环侧链与羟基（—OH）相连的化合物。—OH 是醇的官能团，称为醇羟基。

(2) 醇的分类

① 根据与羟基所连接的烃基不同，醇可分为脂肪醇、脂环醇和芳香醇。又可根据烃基的饱和程度分为饱和醇和不饱和醇。

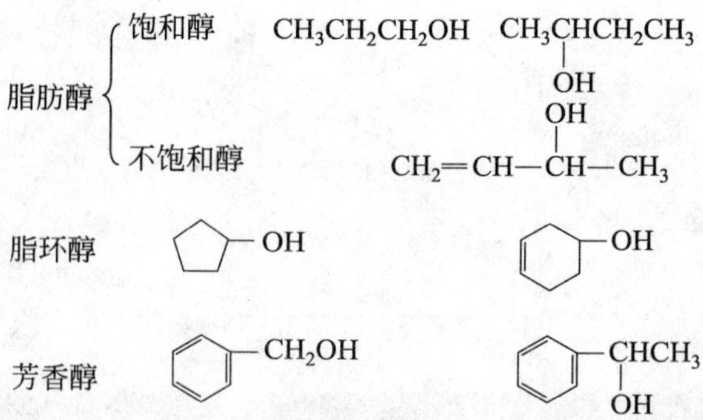

② 根据羟基所连接的碳原子类型不同，醇又可分为伯醇、仲醇和叔醇。

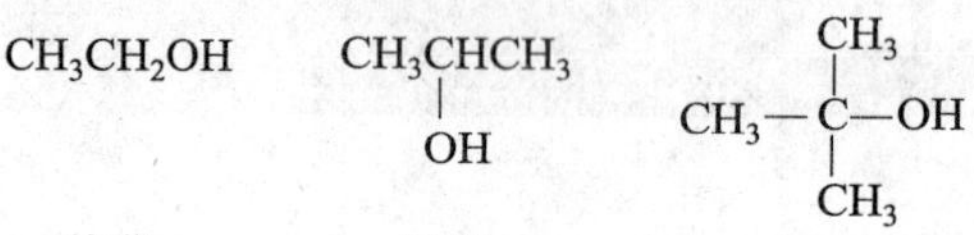

伯醇　仲醇　叔醇

③ 根据羟基的数目的不同，醇还可分为一元醇、二元醇和三元醇等。

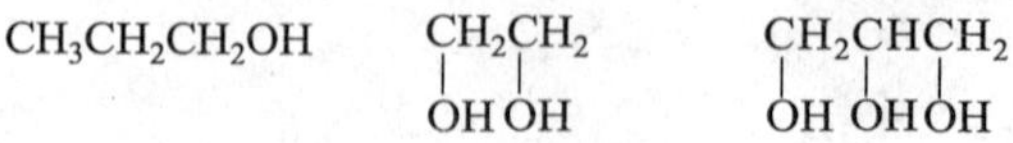

一元醇　二元醇　三元醇

一般分子中含两个以上羟基的醇统称为多元醇。

2. 醇的命名

(1) 普通命名法　命名时在烃基的名称后面加上“醇”字，“基”字一般省去。例如：

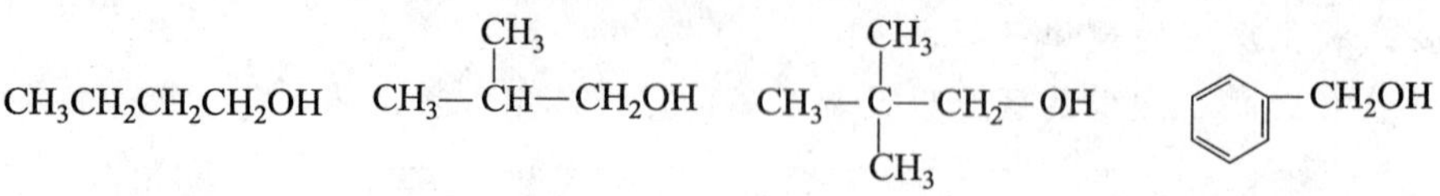

正丁醇　异丁醇　新戊醇　苯甲醇(苄醇)

普通命名法可命名结构简单的醇。

(2) 系统命名法　命名时先选择连有羟基的碳原子在内连续的最长碳链为主链，根据主链的碳原子数称为“某醇”；然后将主链从靠近羟基的一端依次编号；最后将取代基的位次、数目、名称及羟基的位次依次置于醇的名称前面。例如：

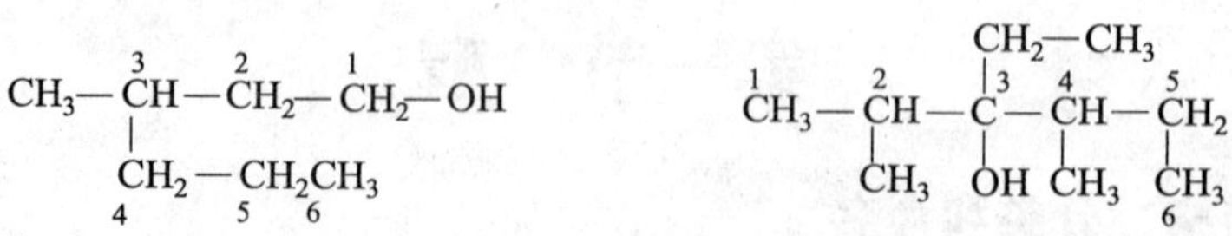

3-甲基-1-己醇　2,4-二甲基-3-乙基-3-己醇

不饱和醇的系统命名应同时选择连有羟基的碳原子和碳碳不饱和键的碳链作主链，根据主链所含碳原子数称为“某烯（或某炔）醇”。编号时从靠近羟基的一端开始，注意标明不饱和键的位次。例如：

3-丁烯-2-醇　2-丙炔-1-醇

命名脂环醇时从羟基所连的环碳原子开始编号，并使环上其他取代基处于较小位次。而命名芳香醇时，则以侧链的脂肪醇为母体，将芳基作为取代基。例如：

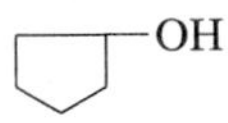
环戊醇

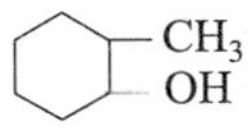
2-甲基环己醇

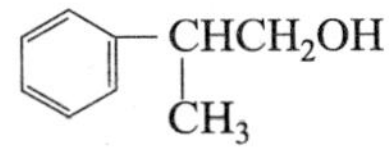
2-苯基-1-丙醇

多元醇的命名须指明羟基的数目。例如：

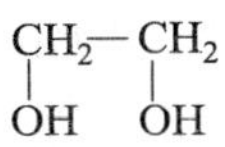
乙二醇

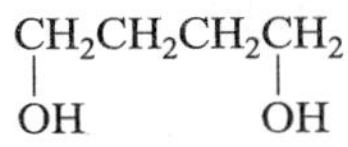
1,4-丁二醇

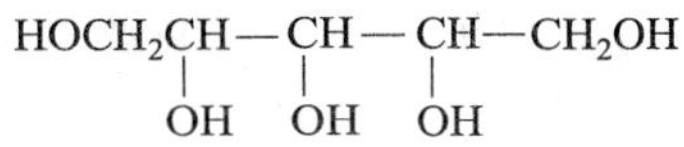
戊五醇

二、醇的物理性质

十一个碳原子以内的饱和一元醇为无色比水轻的液体，其中甲醇、乙醇和丙醇具有酒味，可以与水混溶，丁醇至十一醇带有臭味，水溶性不大；高于十一个碳原子的高级一元醇是无色蜡状固体，不溶于水；低级的多元醇是黏稠的液体，高级的多元醇是固体。常见醇的物理常数见表 5-1。

表 5-1　一些常见醇的物理常数

名称	结构式	熔点 /℃	沸点 /℃	相对密度 /(g/cm³)	水中溶解度 /(g/100ml)
甲醇	CH_3OH	−97.8	64.7	0.792	∞
乙醇	CH_3CH_2OH	−117.3	78.3	0.789	∞
丙醇	$CH_3CH_2CH_2OH$	−126.0	97.8	0.804	∞
正丁醇	$CH_3(CH_2)_2CH_2OH$	−89.6	117.7	0.810	8.3
异丁醇	$(CH_3)_2CHCH_2OH$	−108	107.9	0.802	10.0
仲丁醇	$CH_3CHOHCH_2CH_3$	−114	99.5	0.808	12.5
叔丁醇	$(CH_3)_3COH$	26	82.5	0.789	∞
正戊醇	$CH_3(CH_2)_3CH_2OH$	−78.5	138.0	0.817	2.4
正己醇	$CH_3(CH_2)_4CH_2OH$	−52	156.5	0.819	0.6
正庚醇	$CH_3(CH_2)_5CH_2OH$	−34	176	0.822	0.2
正辛醇	$CH_3(CH_2)_6CH_2OH$	−15	195	0.827	0.05
正壬醇	$CH_3(CH_2)_7CH_2OH$	−5.5	212	0.827	—
正癸醇	$CH_3(CH_2)_8CH_2OH$	6	232.9	0.829	—
正十二醇	$CH_3(CH_2)_{10}CH_2OH$	24	259	0.831	—
环己醇	$C_6H_{11}OH$	24	161.5	0.962	3.6
苯甲醇	$C_6H_5CH_2OH$	−15	205	1.046	4
丙三醇	$HOCH_2CHOHCH_2OH$	18	290	1.261	∞

低级醇的沸点比与它相对分子质量相近的烷烃要高得多，例如甲醇的沸点 64.7℃，而与之相对分子质量接近的乙烷沸点仅为−88.6℃；乙醇沸点 78.3℃，而丙烷沸点−42.2℃。造成醇的沸点显著偏高的原因是醇含有羟基，分子间可发生氢键缔合。液态时醇分子间通过氢键相互缔合，要使醇沸腾由液态变为单分子自由的气态，除克服普通分子间引力外，还需

要更多的能量来破坏氢键，故醇的沸点较高。

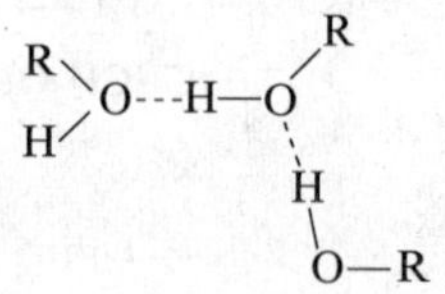

醇分子间氢键缔合

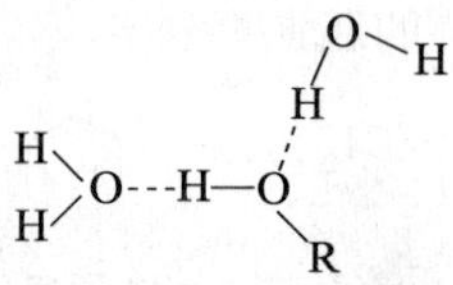

醇与水分子间氢键缔合

因为醇分子可以与水分子形成氢键的缘故，醇的水溶性也明显高于烷烃，低级醇甚至能与水混溶。随着碳原子数的增多，氢键的影响会逐渐减弱。

小贴士

多羟基化合物的药用价值

如果增加羟基的数目，多元醇分子与水分子形成氢键的机会增多，因此临床上常将多羟基化合物用作渗透性利尿药或脱水药。如 20 %的甘露醇(己六醇)溶液能使脑实质及周围组织脱水，而水则随药物从尿中排出，从而降低颅内压，以消除水肿。

三、醇的化学性质

羟基是醇的官能团，由于氧原子的电负性大，醇的化学反应主要发生在羟基及其附近，主要包括 O—H 键和 C—O 键的断裂，此外，由于羟基的吸电子诱导效应，α-H 和 β-H 也有一定的活泼性，它们还能发生氧化反应、消除反应等。

1. 与活泼金属的反应

与水一样，醇羟基中的 H 可与活泼金属作用，生成醇的金属化合物，同时放出氢气。但乙醇与金属钠的反应要比水与金属钠的反应缓和得多。生成的醇钠遇水迅速水解。

$$2CH_3CH_2OH + 2Na \longrightarrow 2CH_3CH_2ONa + H_2\uparrow$$

$$CH_3CH_2ONa + H_2O \longrightarrow CH_3CH_2OH + NaOH$$

乙醇钠是一种化学性质活泼的白色固体，其碱性非常强，不稳定，遇水迅速水解成醇和氢氧化钠，在有机合成中常作为强碱和乙氧基化剂使用。

受烷基诱导效应的影响，不同类型的醇与金属反应时，它们的反应活性次序是：

甲醇＞伯醇＞仲醇＞叔醇

与活泼金属发生置换反应的难易可以反映出物质的酸性强弱，因此醇的酸性比水要弱；而其共轭碱的碱性比 NaOH 还要强。

酸性：$ROH < H_2O$　　　　酸性：$RONa > NaOH$

2. 与无机酸的反应

（1）与氢卤酸反应　醇与氢卤酸反应，生成卤代烃和水。这是制备卤烃的重要方法。

$$ROH + HX \rightleftharpoons RX + H_2O \qquad X=Cl、Br、I$$

ROH 的反应活性顺序：烯丙醇、苄醇＞叔醇＞仲醇＞伯醇

HX 的活性顺序：HI＞HBr＞HCl

由浓盐酸与无水氯化锌配成的溶液称为卢卡斯（Lucas）试剂。含 6 个碳以下的低级醇

可溶于卢卡斯试剂，反应后生成的氯代烃不溶于该试剂而出现浑浊或分层现象。在室温下，叔醇反应很快，1min 内变浑浊，然后分层；仲醇 10min 内会出现浑浊并分层；伯醇在室温下数小时无浑浊或分层现象发生。例如：

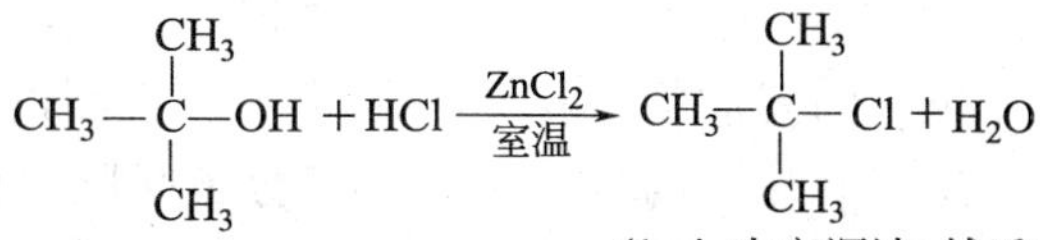

(1min内变浑浊, 然后分层)

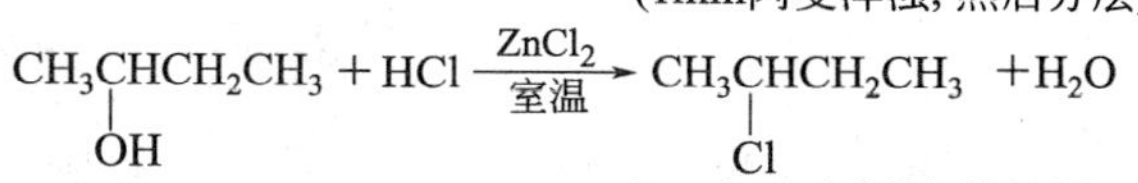

(10min内变浑浊,并分层)

$$CH_3CH_2CH_2CH_2OH + HCl \xrightarrow[\text{室温}]{ZnCl_2} CH_3CH_2CH_2CH_2Cl + H_2O$$

溶液保持澄清

因此可用卢卡斯试剂来区别含 6 个碳以下的伯、仲、叔醇。另外，烯丙醇和苄醇可以直接和浓盐酸在室温下反应。

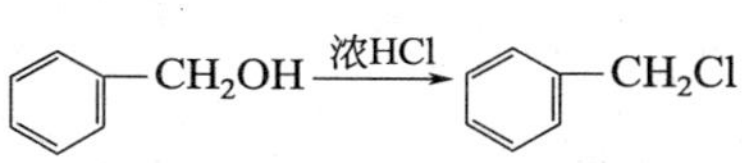

(2) 与无机含氧酸的反应　醇和酸脱水生成的物质称为酯，此类反应称为酯化反应。醇与含氧无机酸作用可以生成相应的酯，反应中醇脱羟基，酸脱氢。例如：

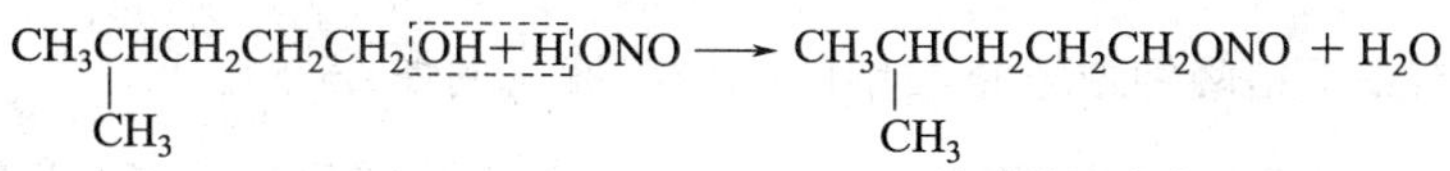

亚硝酸异戊酯

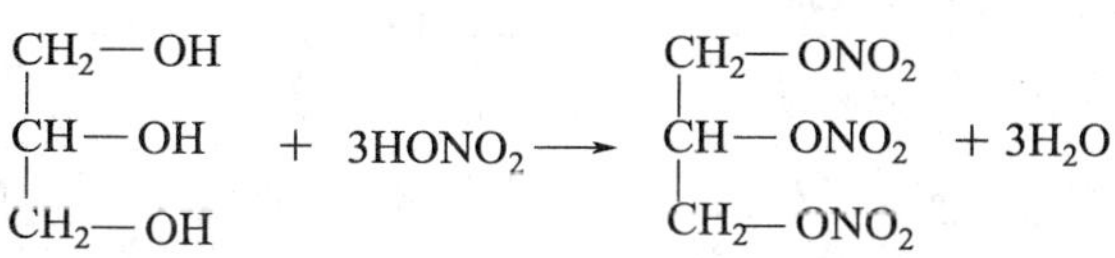

三硝酸甘油酯(硝化甘油)

亚硝酸异戊酯及三硝酸甘油酯在临床上用作缓解心绞痛与扩张血管的药物。

3. 脱水反应

醇在脱水剂浓硫酸、无水氧化铝等存在下加热可发生脱水。脱水反应有两种方式，分子内脱水生成烯烃；分子间脱水生成醚。以哪种脱水方式为主，与醇的结构及反应的条件有关。

(1) 分子内脱水　将乙醇和浓硫酸加热到 170℃，或将乙醇的蒸汽在 360℃下通过氧化铝，乙醇可发生分子内脱（消除）水生成乙烯。

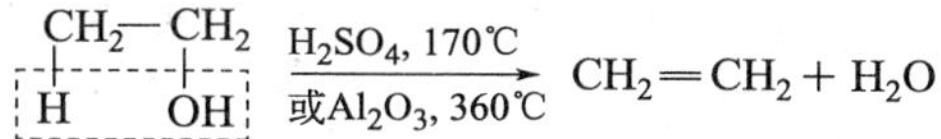

仲醇和叔醇分子内脱水时，遵循扎依采夫规则，即脱去含氢较少 β-C 原子上的 H，生成双键上带有较多烃基的烯烃。例如：

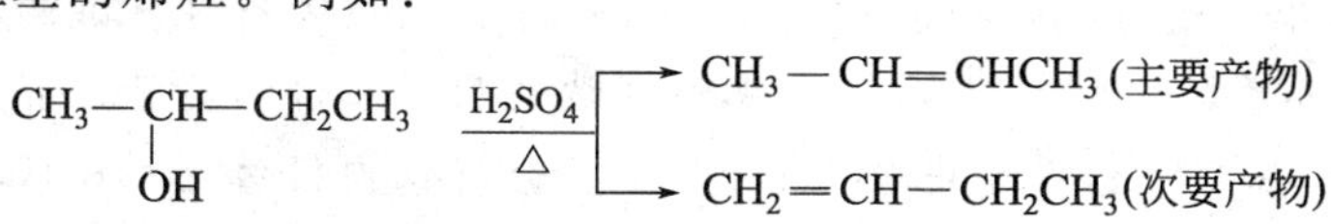

不同结构的醇，发生分子内脱水反应的难易程度是不同的，其反应活性顺序为：叔醇＞仲醇＞伯醇。

(2) 分子间脱水　乙醇在硫酸存在下加热到 140℃，或将乙醇的蒸气在 260℃下通过氧化铝，可发生分子间脱水形成乙醚。

$$2CH_3CH_2OH \xrightarrow[\text{或}Al_2O_3,\,260℃]{H_2SO_4,140℃} \underset{\text{乙醚}}{CH_3CH_2OCH_2CH_3} + H_2O$$

从上面反应可以看出，相同的反应物，相同的催化剂，较高的温度有利于分子内脱水，发生消除反应，生成烯烃；而相对较低的温度则有利于分子间脱水而生成醚。

4. 氧化反应

与官能团直接相连的碳原子，称为 α-C 原子，α-C 原子上的氢，称为 α-H 原子。有机化合物结构中的 α-H 原子由于受官能团的影响往往比较活泼。

伯醇和仲醇有 α-H 原子存在，很容易被氧化。伯醇首先被氧化成醛，醛被继续氧化成羧酸（醛比醇更容易被氧化）；仲醇则被氧化成相应的酮。叔醇没有 α-H 原子，难以被氧化。

$$\underset{\text{伯醇}}{RCH_2-OH} \xrightarrow{[O]} \underset{\text{醛}}{RCHO} \xrightarrow{[O]} \underset{\text{羧酸}}{RCOOH}$$

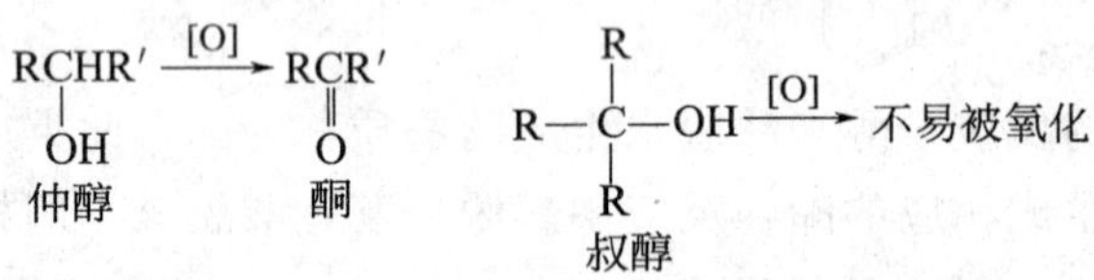

常用的氧化剂是重铬酸钾或重铬酸钠的硫酸溶液。例如：

$$3CH_3CH_2OH + 2K_2Cr_2O_7 + 8H_2SO_4 \longrightarrow 3CH_3COOH + 2Cr_2(SO_4)_3 + 2K_2SO_4 + 11H_2O$$

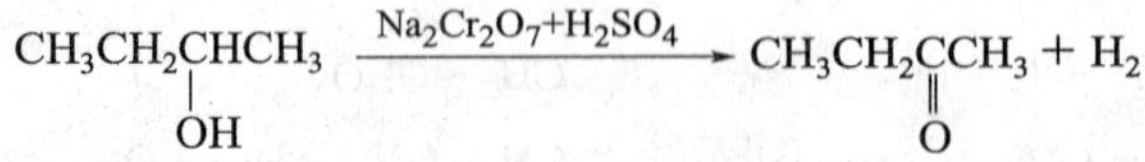

伯醇、仲醇分别被氧化，而 $Cr_2O_7^{2-}$（橙红色）被还原为 Cr^{3+}（绿色）。叔醇则无此反应。因此利用该反应可将叔醇与伯醇、仲醇区别开来。

叔醇一般条件下不易被氧化，但在强氧化剂的作用下，发生 C—C 键断裂，生成较小分子的产物。

此外，伯醇或仲醇的蒸气在高温下通过活性铜或银等催化剂，可直接发生脱氢反应，分别生成醛和酮。叔醇分子中没有 α-H 原子，不发生脱氢反应。

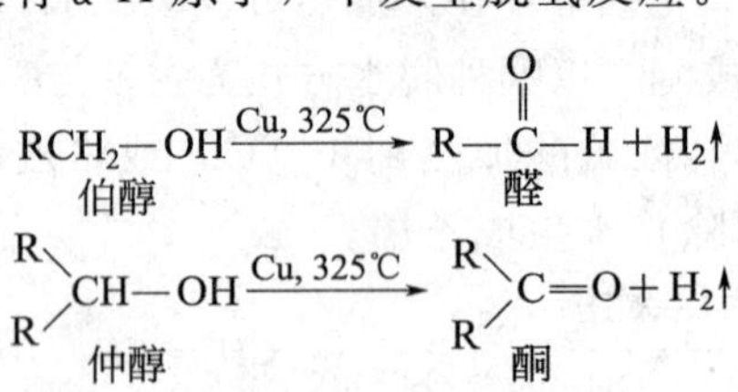

小贴士

交通警察用于测试司机是否酒后驾车的酒精分析仪内装有经硫酸酸化处理过的强氧化剂三氧化铬，能快速地氧化乙醇，三氧化铬则被还原为三价铬离子。当被测人员对准酒精分析仪呼气时，如果呼出气体中含有乙醇蒸气，分析仪内橙红色的 CrO_3 就会迅速与之反应，生成绿色的三价铬离子。分析仪中铬离子颜色的变化通过电子传感元件转换成电信号，并使酒精分析仪的蜂鸣器发出声响，表示被测者饮用过含酒精的饮料。

四、醇的制备

1. 由烯烃制醇

醇可以由烯烃与硫酸通过间接水合法制得。例如：

$$CH_2{=}CH_2 \xrightarrow[55\sim75℃]{H_2SO_4} CH_3CH_2OSO_2OH \xrightarrow{H_2O} CH_3CH_2OH$$

$$CH_3CH{=}CH_2 \xrightarrow[\triangle]{H_2SO_4} \underset{\displaystyle OSO_3H}{CH_3\underset{|}{C}HCH_3} \xrightarrow{H_2O} \underset{\displaystyle OH}{CH_3\underset{|}{C}HCH_3}$$

2. 由卤烃水解制醇

卤代烃在碱性水溶液中水解可以得到醇。例如：

$$RCH_2X + NaOH \xrightarrow{H_2O} RCH_2OH + NaX$$

3. 由醛、酮还原制醇

醛、酮结构中的羰基（$\rangle C{=}O$）可催化加氢还原成相应的醇。常用的催化剂为 Ni、Pd 和 Pt 等。例如：

$$\underset{醛}{RCHO} \xrightarrow{H_2/Pt} \underset{伯醇}{RCH_2OH} \qquad \underset{酮}{\overset{R'}{}\!\!\!\rangle C{=}O}\ (R'RC{=}O) \xrightarrow{H_2/Pt} \underset{仲醇}{R'{-}\underset{\underset{\displaystyle OH}{|}}{C}H{-}R}$$

五、重要的醇

1. 甲醇（CH_3OH）

俗称木精或木醇，为具有酒味的无色透明液体，沸点 64.7℃，最初是从木材的干馏液里分离提纯获得。现在在工业上可用 CO 和 H_2 在高压下经催化反应制得。甲醇能与水和大多数有机溶剂混溶，是实验室里常用的溶剂，也是一种重要的化工原料。甲醇有毒，服用少量（约 10ml）可使人失明，稍多量（约 30ml）可致死。工业酒精因含有较多甲醇，绝不可用来勾兑饮用酒。甲醇还用做无公害燃料，例如 20%的甲醇和汽油的混合液为一种优良的发动机燃料。

2. 乙醇（CH_3CH_2OH）

是酒的主要成分，因而俗称酒精，为无色透明液体，沸点 78.3℃，可以与水任意混溶。普通酒精的质量分数为 0.955，其中含有 0.045 的水，因其为共沸溶液（沸点 78.2℃），不能用普通蒸馏法制得纯乙醇。通常实验室里制备无水乙醇，是在普通酒精中加入生石灰加热回流，水与石灰作用生成氢氧化钙，再经蒸馏得到含有微量水（约 0.002）的乙醇，最后用钠干燥可得 0.9995～1 的无水乙醇。工业上将普通酒精蒸汽通过生石灰吸收塔，经过精馏后制得无水乙醇；还可以在普通酒精中加入苯或正己烷，再通过分馏获得无水乙醇。此外，将普通酒精通过干燥的阳离子交换树脂可以得到无水乙醇。

酒精可通过淀粉或糖类物质的发酵而得，我国是世界上最早发明酿酒的国家。

乙醇用途广泛，具有杀菌作用，75%乙醇溶液为消毒酒精，用于皮肤和器械的消毒；95%酒精溶液为药用乙醇，用于制备酊剂（如碘酊）及提取中药有效成分。

3. 丙三醇（$CH_2OH—CHOH—CH_2OH$）

俗称甘油，是一种黏稠且略带甜味的高沸点液体，沸点 290℃，能以任意比例与水混溶。甘油吸湿性很强，对皮肤有刺激性，不得供药用。当含 20%的水时，甘油溶液即不再吸水，稀释的甘油溶液能润滑皮肤，在化妆品中作为润湿剂；临床上用作甘油栓，或用 50%甘油溶液灌肠，以治疗便秘。

甘油在硫酸氢钾存在下加热，失去两分子水生成具有刺激性气味的丙烯醛，我国药典以此作为甘油的鉴别反应。

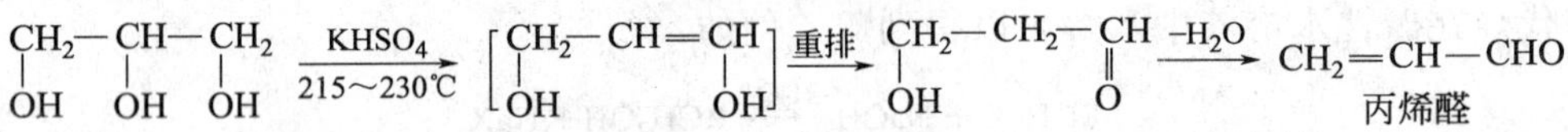

丙烯醛

多元醇具有较大酸性，这种酸性虽不能用通常的酸碱指示剂来检验，但它们能与金属氢氧化物发生类似的中和反应，生成类似盐的产物。例如，甘油与新制的 $Cu(OH)_2$ 沉淀溶解生成甘油铜。

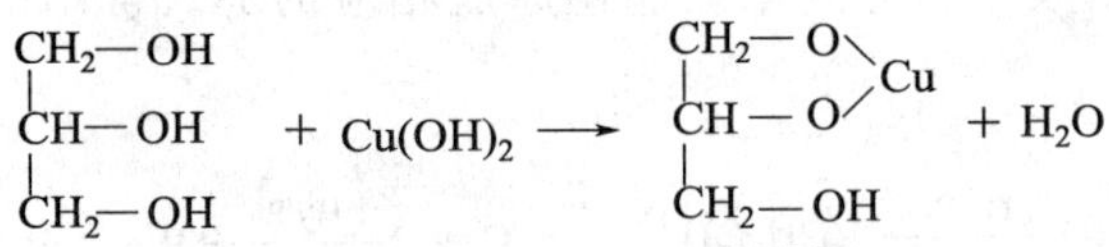

甘油铜

甘油铜溶于水，水溶液呈鲜艳的绛蓝色。利用这一特性可用来鉴定具有邻二醇结构的多元醇。

4. 苯甲醇（$C_6H_5CH_2OH$）

又名苄醇，为具有芳香气味的无色液体，沸点 205℃，难溶于水，可溶于乙醇、乙醚中。苯甲醇有防腐效能，还有弱的局部麻醉作用，故含有苯甲醇的注射用水称为无痛水，如用它作为青霉素钾盐的溶剂，可减轻注射时的疼痛。

第二节　酚

一、酚的分类和命名

1. 酚的分类

芳香烃的芳环与羟基直接相连的化合物称为酚；结构通式为 Ar—OH。酚的官能团也是羟基，称为酚羟基。

根据分子中含有酚羟基的数目，酚可以分为一元酚、二元酚、三元酚等。分子中只含有一个酚羟基的酚为一元酚，含有两个以上酚羟基的酚为多元酚。按芳香烃基的不同，酚又可以分为苯酚、萘酚等。

2. 酚的命名

酚的命名一般是在酚字前面加上芳环的名称作为母体名称。母体前再冠以取代基的位次、数目和名称。例如：

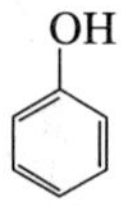
苯酚

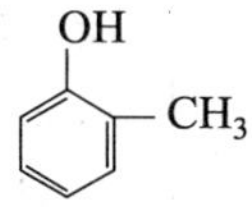
邻甲基苯酚

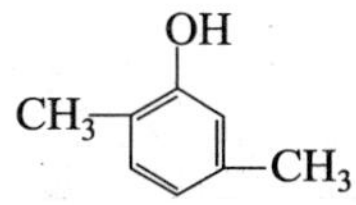
2,5-二甲基苯酚

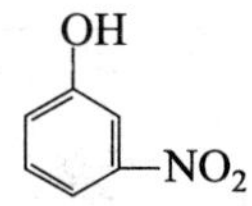
间硝基苯酚

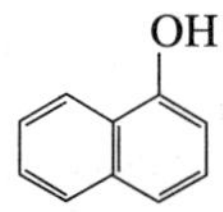
α-苯酚
(1-萘酚)

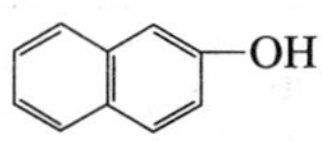
β-苯酚
(2-萘酚)

命名多元酚时，要标明羟基的数目和相对位置，称为某二酚、某三酚等。例如：

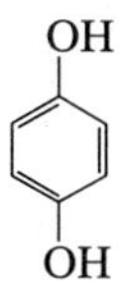
对苯二酚

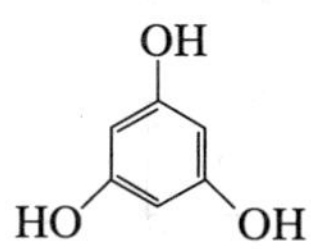
1,3,5-苯三酚
(均苯三酚)

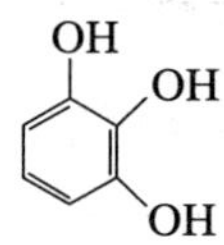
1,2,3-苯三酚
(连苯三酚)

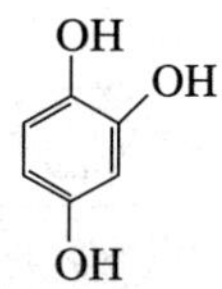
1,2,4-苯三酚
(偏苯三酚)

对于苯环上连有其他官能团的酚类也可把羟基作为取代基来命名。例如：

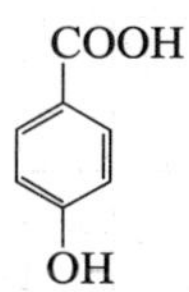
对羟基苯甲酸

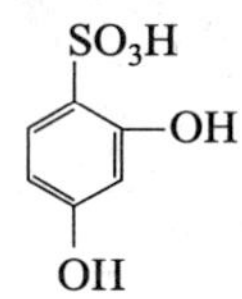
2,4-二羟基苯磺酸

二、酚的物理性质

多数酚为无色晶体(由于酚在空气中易氧化，所以使用过的酚，常因为其中的少量杂质，而带有不同程度的黄色或红色)、有特殊气味。由于酚分子间以及酚与水分子间可以形成氢键，所以熔点、沸点和水溶性均比相应的烃高。一元酚微溶于水，多元酚随着分子中羟基数目的增多，水溶性则相应增大，酚易溶于有机溶剂。一些常见酚的物理常数见表 5-2。

表 5-2　一些常见酚的物理常数

名称	结构式	熔点/℃	沸点/℃	水中溶解度/(g/100ml)	pK_a(25℃)
苯酚	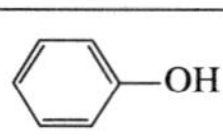	43	182	7.6	10.0
邻甲苯酚	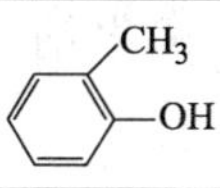	30.5	191	2.5	10.20
间甲苯酚	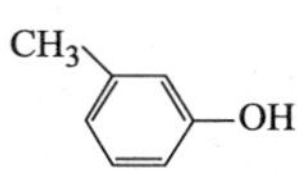	11.9	202.2	2.6	10.17

续表

名称	结构式	熔点/℃	沸点/℃	水中溶解度/(g/100ml)	pK_a(25℃)
对甲苯酚	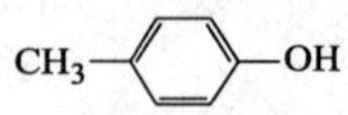	34.5	201.8	2.3	10.01
邻苯二酚	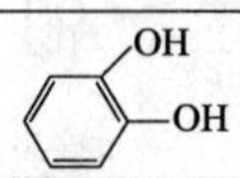	105	245	45	9.4
间苯二酚	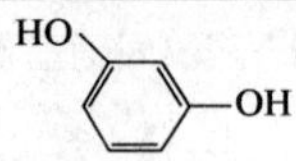	110	281	123	9.4
对苯二酚	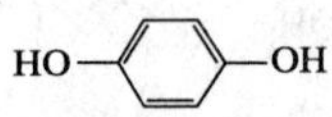	170	285.2	8	10.0
连苯三酚	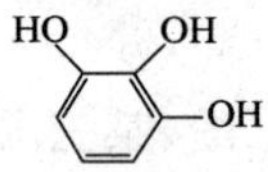	133	309	62.5	7.0
偏苯三酚	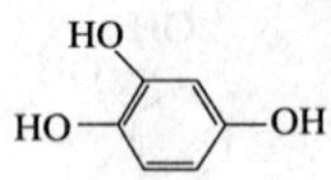	140	—	易溶	
均苯三酚	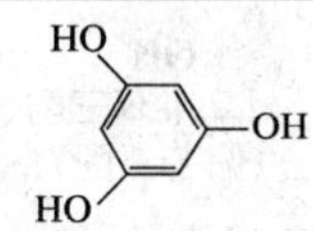	219	升华	1.13	7.0
α-萘酚	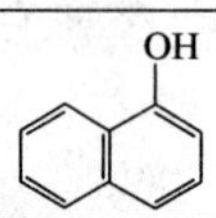	94	280	难溶	9.3
β-萘酚	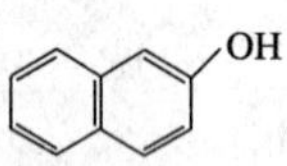	122	286	0.07	9.6

由表 5-2 中数据可以看出，对苯二酚、均苯三酚的熔点比其相应的二元酚和三元酚异构体的熔点要高出很多，这是由于其分子的对称性好，在晶体中排列紧密所致。同样的原因使其水溶性明显低于相应的异构体。

三、酚的化学性质

酚分子结构中具有羟基和芳环，应具有羟基和芳环的化学性质，但不能认为酚的性质是醇和芳香烃性质的简单加和。由于酚羟基与芳环形成了共轭体系，彼此间产生较大影响，使酚具有特殊的性质。

1. 酚羟基的反应

(1) 酸性　酚类具有弱酸性。例如，苯酚可以溶于氢氧化钠水溶液中，表现出它的酸性。

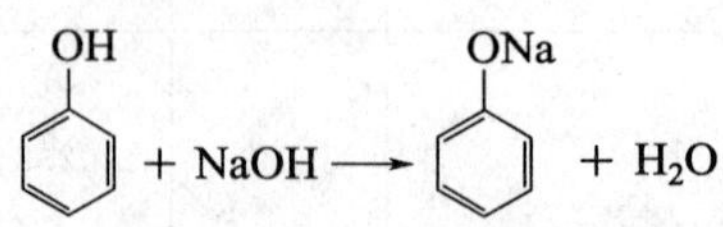

苯酚钠

从 pK_a 值可以知道，苯酚的酸性比水、醇强，但比碳酸弱。

	H_2CO_3	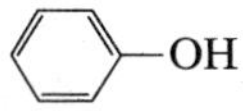	H_2O	ROH
pK_a	6.35	10.0	15.7	16～19

其他一元酚的酸性与苯酚接近，因此有下列酸性顺序：碳酸＞酚＞水＞醇

当苯环上连有吸电子基时，可使酸性增强。例如，2,4,6-三硝基苯酚的酸性（pK_a＝0.38）接近于无机强酸。而当苯环上连有供电子基时，可使酸性减弱，烷基酚的酸性一般比苯酚弱。由于酚的酸性较碳酸弱，因此向酚钠的水溶液通入二氧化碳，苯酚可重新游离出来。

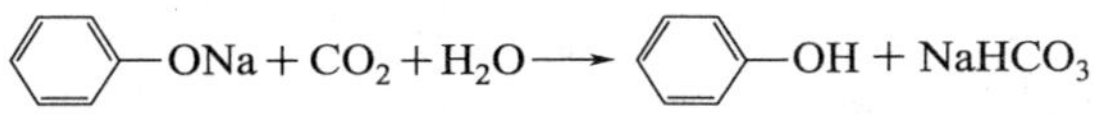

显然，难溶于水的酚，同样不溶于碳酸氢钠溶液。利用这一性质，可以区分酚和比碳酸酸性强的其他有机化合物。

大多数酚类化合物不溶或微溶于水，但能溶于碱溶液，又能被酸从他们的碱溶液中分离出来。人们可以利用这一性质分离和提纯酚类化合物。例如：

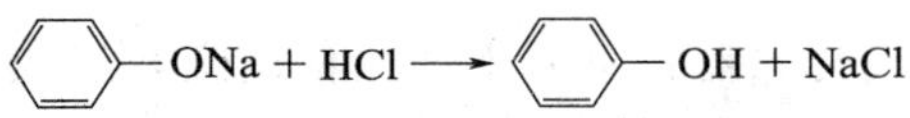

（2）酚醚的形成　因为 p,π 共轭，酚羟基的碳氧键很牢固，一般不能通过酚分子间脱水成醚。通常采用酚钠与卤代烷或硫酸酯等烷基化试剂制备酚醚。例如：

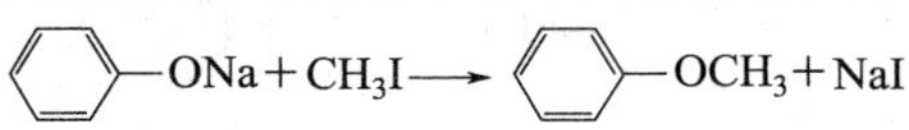

苯甲醚

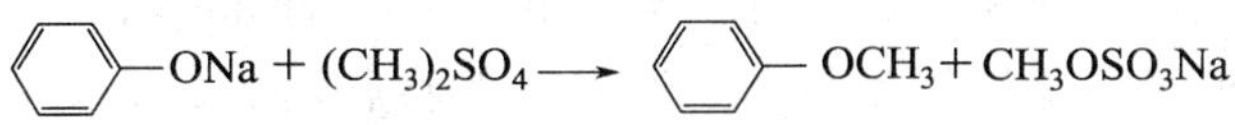

（3）酚酯的形成　酚与醇不同，它不能与酸直接发生酯化反应，而是用酸酐或酰氯等酰基化试剂与酚作用制备酚酯。例如：

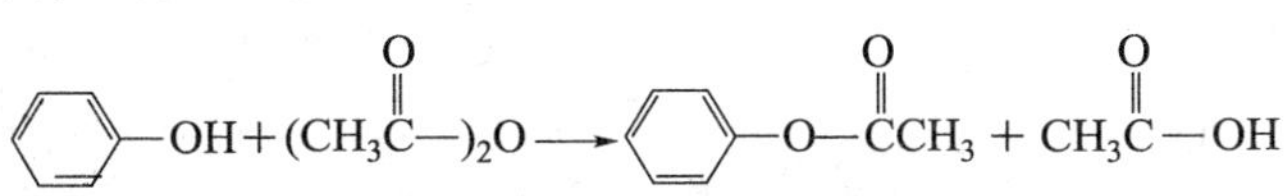

醋酸酐　　醋酸苯酯

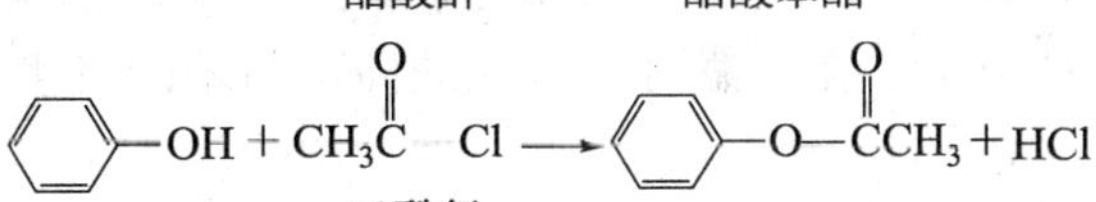

乙酰氯

（4）与氯化铁的显色反应　大多数酚类都能和氯化铁溶液发生显色反应。例如苯酚、间苯二酚、1,3,5-苯三酚显紫色；甲苯酚显蓝色；邻苯二酚、对苯二酚显绿色；1,2,3-苯三酚显红色。显色作用的机理尚不十分清楚，一般认为是生成了有色的配合物，可用下列反应式表示。

$$6ArOH + Fe^{3+} \rightleftharpoons 6H^+ + [Fe(OAr)_6]^{3-}$$

呈现颜色

这类显色反应可用于酚的定性鉴别。需要指出的是，其他含有烯醇式$\left(\begin{matrix} & OH \\ | & | \\ -C= & C- \end{matrix}\right)$结构的化合物都可以和 $FeCl_3$ 发生显色反应，因此常利用这一显色反应来鉴别酚和含烯醇式结构的化合物。

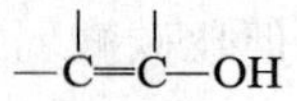

烯醇式结构

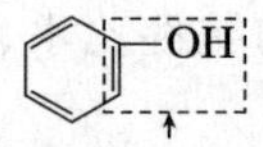

苯酚的烯醇式结构

2. 苯环上的取代反应

在酚的苯环上可以发生一般芳香烃的取代反应，主要有卤代、硝化、磺化等。酚羟基通过其氧原子上的未共用电子对与苯环的大 π 键发生 p，π 共轭，使苯环的电子云密度升高，尤其是其邻、对位升高较多，因此酚比苯更容易发生取代反应，且主要发生在酚羟基的邻、对位。

（1）卤代　苯酚的水溶液与溴水立即产生 2,4,6-三溴苯酚的白色沉淀。

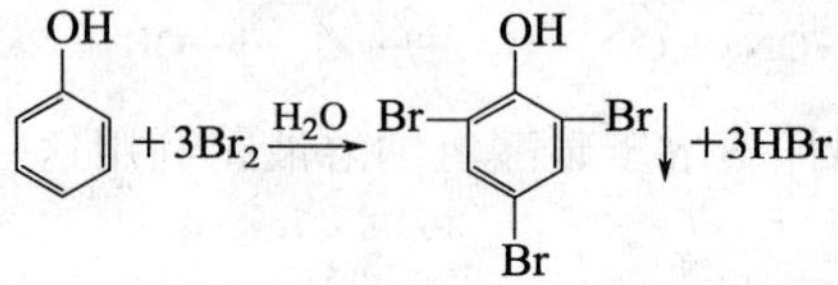

这类反应灵敏、迅速、简便，终点明显，可用于酚类化合物的定性和定量分析，称为溴量法。

（2）硝化反应　苯酚的硝化只需在室温下使用稀硝酸，很快就会生成邻硝基苯酚和对硝基苯酚混合物。

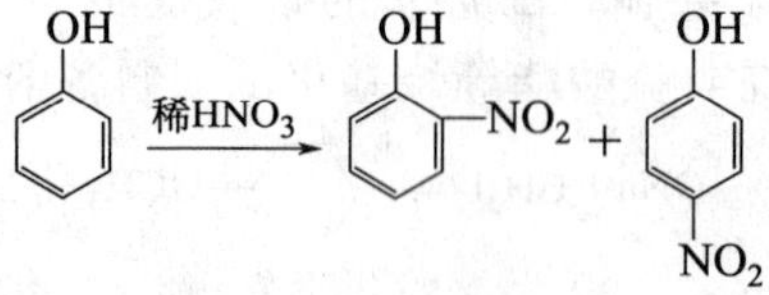

上述混合物可用水蒸气蒸馏加以分离。因为邻硝基苯酚可通过六元环螯合形成分子内氢键，而对硝基苯酚经分子间氢键发生缔合，所以前者沸点较低，易于随水蒸气挥发，后者由于沸点较高，不易被蒸出。

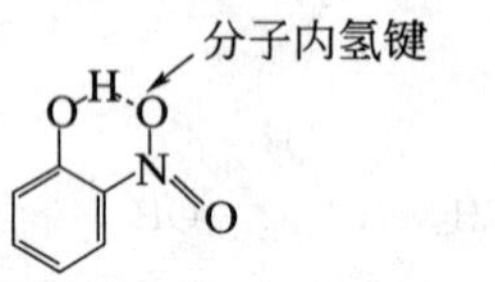

邻硝基苯酚形成分子内氢键

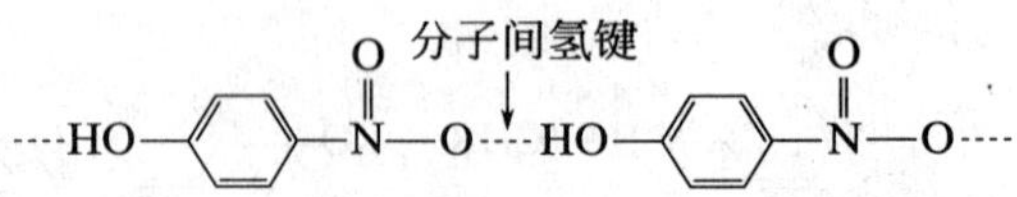

对硝基苯酚形成分子间氢键

（3）磺化反应　苯酚很易磺化。在室温时，浓硫酸即可与苯酚发生磺化反应。

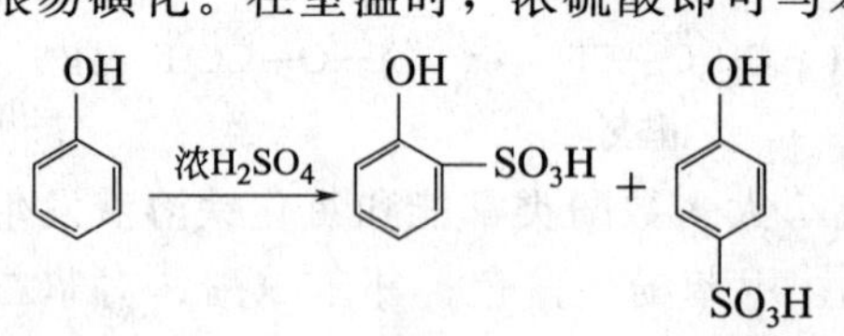

49%　　51%

邻羟基苯磺酸　对羟基苯磺酸

高温磺化是可逆反应，并且以对位产物为主。这主要是因为磺酸基体积较大，邻位空间位阻较大，因此邻位产物不如对位产物稳定，高温下以对位产物为主。

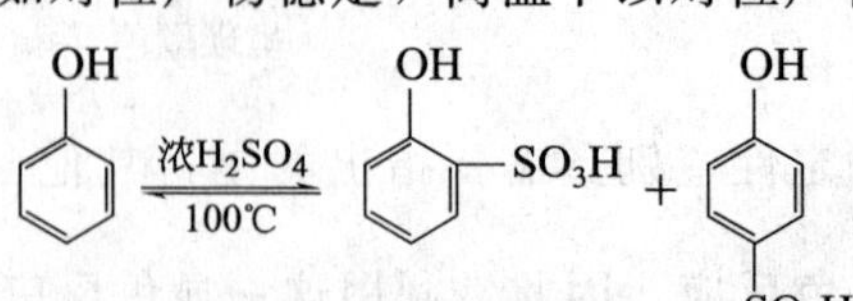

10%　　90%

3. 氧化反应

酚类化合物很容易被氧化。无色的苯酚在空气中能逐渐被氧化而显粉红色、红色或暗红色，产物很复杂。苯酚若用重铬酸钾的硫酸溶液以及高锰酸钾溶液氧化，则生成对苯醌。

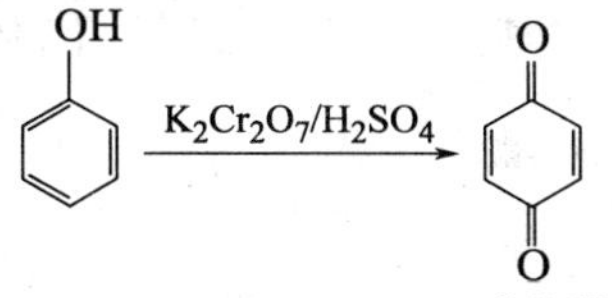

多元酚更容易被氧化，产物也是醌类。例如：

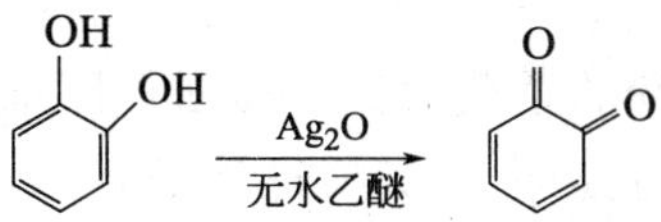

四、酚的制备

1. 磺酸盐碱熔融法

芳香族磺酸盐与氢氧化钠共熔可生成酚的钠盐，再以酸处理即得酚。例如：

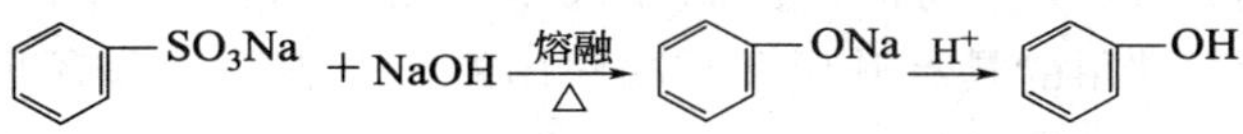

2. 芳卤烃的水解

苯环上的卤素原子很不活泼，只有在高温、高压和催化剂存在的条件下，才可与稀碱发生水解反应生成酚。例如：

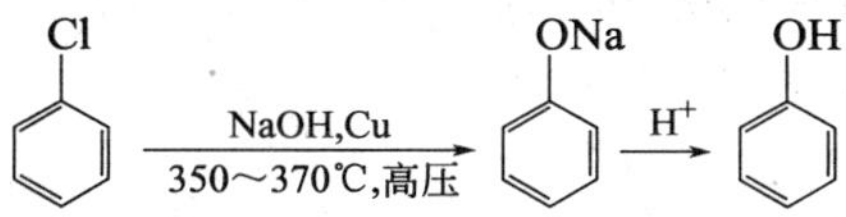

苯环上有吸电子基，尤其是处于卤素原子的邻、对位时，上述水解反应变得容易进行。例如：

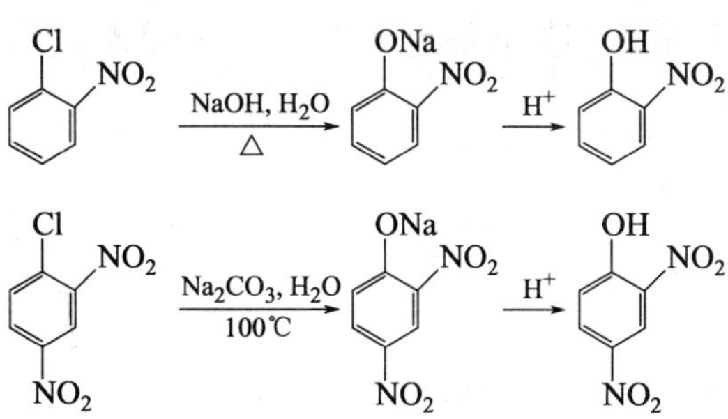

五、重要的酚

1. 苯酚（C_6H_5OH）

俗称石炭酸，是一种有特殊气味的无色晶体，熔点 43℃，沸点 181℃。存在于煤焦油中，具有弱酸性。苯酚常温下稍溶于水，易溶于乙醇、乙醚、苯和氯仿等有机溶剂。

苯酚能凝固蛋白质在医药上用作消毒剂，在苯酚固体中加入10%的水，即是临床所用的液化苯酚（又称液体酚）。3%～5%的苯酚水溶液可以消毒外科手术器械。苯酚易氧化，平时应储藏于棕色瓶内，密闭避光保存。苯酚对皮肤有强烈腐蚀性，使用时应特别注意。有研究结果表明，在酚的苯环上引入烷基、苯基、氯等取代基，能增加其杀菌能力。

2. 苯甲酚（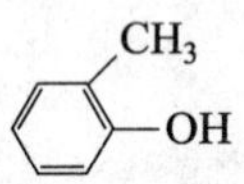）

简称甲酚，因来源于煤焦油，所以俗称煤酚。从煤焦油中提炼出的甲酚含有邻、间、对甲苯酚三种异构体。它们的沸点接近（分别为191℃、202. 2℃、201. 8℃），难以分离，实际上直接使用它们的混合物。煤酚的杀菌力比苯酚强，因难溶于水，故利用酚类化合物的弱酸性，配成47%～53%的肥皂溶液，称为煤酚皂溶液，俗称“来苏儿”，临用时加水稀释，用于消毒皮肤、器具及病人的排泄物。

3. 苯二酚

苯二酚有邻、间、对三种异构体，均有俗名。邻苯二酚又名儿茶酚；间苯二酚又名雷琐辛；对苯二酚又名氢醌，其中邻苯二酚和对苯二酚易被氧化，故常用作还原剂和抗氧剂。

邻苯二酚的衍生物存在于生物体内。例如人体代谢中间体3,4-二羟基苯丙氨酸又称多巴（DOPA），和医学上常用的具有升压和平喘作用的肾上腺素均含有儿茶酚的结构。

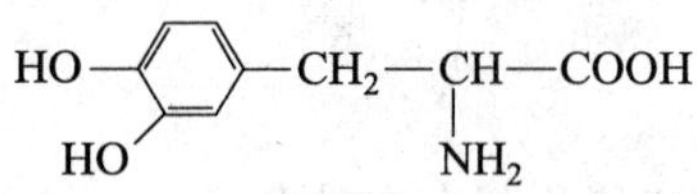

多巴

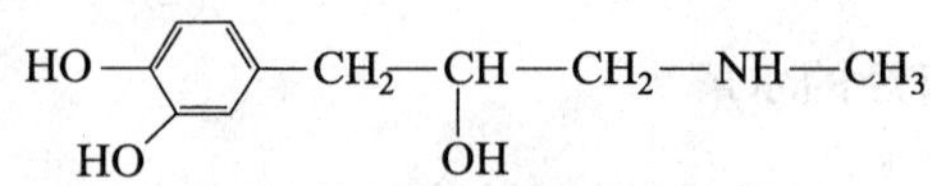

肾上腺素

苯二酚具有杀灭细菌和真菌的能力，在医药上曾用于治疗皮肤病如湿疹和癣症等。

对苯二酚常以苷的形式存在于植物体内。

4. 麝香草酚（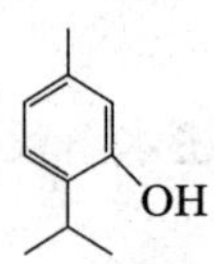）

麝香草酚是无色结晶，熔点51℃，沸点232℃。麝香草酚在医药上用作抗氧剂、防腐剂和消毒剂。

5. 萘酚

萘酚有两种异构体：

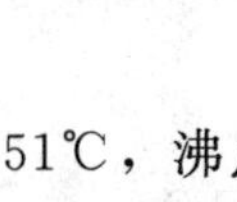

α-萘酚

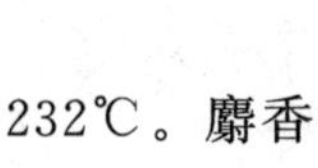

β-萘酚

α-萘酚是黄色结晶，与氯化铁溶液作用生成紫色沉淀，是鉴定糖的莫立许（Molisch）试剂的主要成分。β-萘酚是无色结晶，遇氯化铁溶液，则生成绿色沉淀。β-萘酚在医药上具有抗霉菌、细菌和寄生虫的作用。

第三节 醚

一、醚的分类和命名

醚可看作是水分子中的两个氢原子被烃基取代后生成的化合物。醚的官能团称为醚键，其结构为$\geq$C—O—C$\leq$

醚可分为单醚和混醚。氧原子两端的两个烃基相同的为单纯醚，简称单醚，例如，$CH_3—O—CH_3$；两个烃基不同时为混合醚，简称混醚，例如，$CH_3—O—CH_2CH_3$。醚还可分为脂肪醚和芳香醚。两个烃基都是脂肪烃基的为脂肪醚；一个或两个烃基是芳香烃基的称芳香醚。另外，烃基与氧原子形成环状结构的醚称为环醚。

常见的醚通常采用普通命名法命名。单醚可根据烃基的名称，称为二某基醚，常把“二”和“基”字省略，直接称为“某醚”；混醚一般按由小到大的顺序先命名烃基，最后加个“醚”字；命名芳香混醚时，要把芳香烃基的名称放在脂肪烃基名称的前面。例如：

$CH_3—O—CH_3$

甲醚

$CH_3CH_2—O—CH_2CH_3$

乙醚

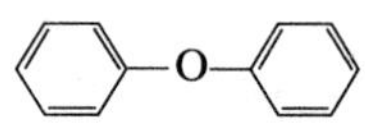

二苯醚

$CH_3OCH_2CH_3$

甲乙醚

$CH_3CH_2OCH_2CH_2CH_3$

乙正丙醚

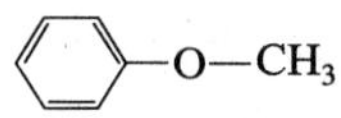

苯甲醚

结构复杂的醚采用系统命名法命名。以较大的烃基为母体，较小的烃基与氧合并作为取代基（称为烷氧基），进行系统命名。例如：

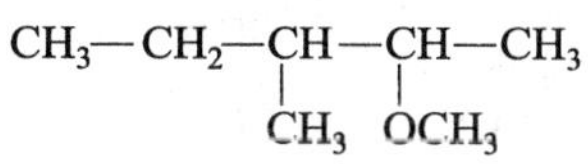

3-甲基-2-甲氧基戊烷

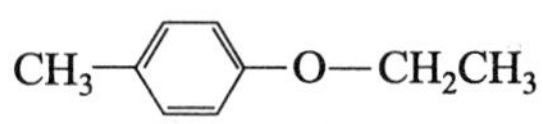

4-乙氧基甲苯

环醚的命名则通常称为环氧某烷。例如：

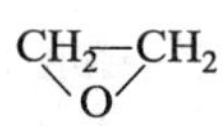

环氧乙烷

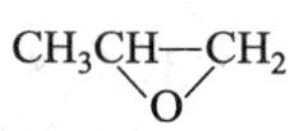

1,2-环氧丙烷

二、醚的物理性质

甲醚和甲乙醚在常温下为气体，其余的醚多是比水轻的无色液体，具有香味。醚的氧原子上没有连接氢原子，醚分子间不会形成氢键缔合，其沸点比与它同分异构的醇低很多。例如，乙醇的沸点为78.3℃，而它的异构体甲醚，却只有−25℃。醚中的氧原子可以与水分子形成氢键缔合，故水溶性与相应的醇相近。例如，乙醚和正丁醇常温下，在100g水中约能溶解8g。醚易溶于有机溶剂，又能溶解许多其他有机物。

三、醚的化学性质

醚的化学性质很不活泼，在许多化学反应中可用乙醚等作有机溶剂。

1. 锌盐的生成

醚的氧原子有未共用电子对，能与强酸的质子通过配位键结合生成锌盐。例如：

$$CH_3CH_2\ddot{O}CH_2CH_3 + HCl \longrightarrow [CH_3CH_2\overset{H\uparrow}{O}CH_2CH_3]^+Cl^-$$

锌盐

醚因为可以形成锌盐，故能溶于浓盐酸和浓硫酸等强无机酸。利用这一性质，可以区分醚和烷烃。例如，乙醚和正戊烷的沸点几乎相同，但乙醚能溶于冷的浓硫酸，而正戊烷不溶于浓硫酸，出现明显的分层现象。

2. 醚键的断裂

醚与氢卤酸共热，醚键断裂，生成卤代烃和醇。

$$R—O—R' + HX \longrightarrow RX + R'OH$$

脂肪混合醚断裂时，一般是小的烃基形成卤代烃；芳基烷基醚断裂时，生成卤代烷和酚。例如：

$$CH_3—O—C_5H_{12} + HI \longrightarrow CH_3I + C_5H_{11}OH$$

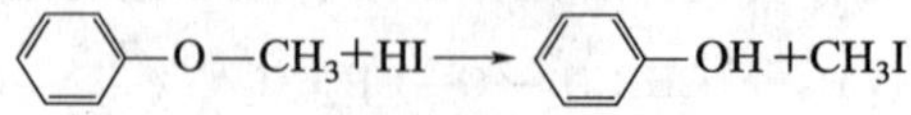

醚分子中含甲氧基时，利用此类反应生成的 CH_3I 与 $AgNO_3$ 的沉淀反应，可测定甲氧基的含量，称为蔡塞尔（S. zeisel）甲氧基测定法。

3. 过氧化物的生成

醚如长期与空气接触，可形成过氧化物杂质。氧化发生在 α-C—H 氢键上。例如：

$$CH_3CH_2—O—CH_2CH_3 \xrightarrow{O_2} CH_3CH_2—O—\underset{}{\overset{OOH}{\overset{|}{C}}}HCH_3$$

氢过氧化物

氢过氧化物会进一步转化成结构更为复杂的过氧化物。过氧化物受热易分解爆炸。因此，在蒸馏乙醚时，注意不要蒸干。可将乙醚与酸性碘化钾溶液混合，检查乙醚中是否含有过氧化物杂质。如乙醚中有过氧化物，则无色的 I^- 会被氧化成 I_2，碘遇淀粉试纸即显蓝色。也可用硫酸亚铁和硫氰化钾（KCNS）的混合溶液与乙醚一起振摇，如果有过氧化物存在，会将亚铁离子氧化成铁离子，后者与 CNS^- 生成血红色的配离子。在乙醚中加入适量 5% 的硫酸亚铁，振摇后，过氧化物可以分解破坏而被清除。

四、醚的制备

1. 醇脱水

醇分子间脱水可制得单醚。例如：

$$2CH_3CH_2OH \xrightarrow[\text{或}Al_2O_3\ 260℃]{H_2SO_4,\ 140℃} CH_3CH_2OCH_2CH_3 + H_2O$$

乙醚

2. 威廉姆逊（Williamson）合成法

用醇钠或酚钠与卤代烃反应制备醚。例如：

$$CH_3CH_2Br + NaOCH_2CH_2CH_3 \longrightarrow CH_3CH_2OCH_2CH_2CH_3 + NaBr$$

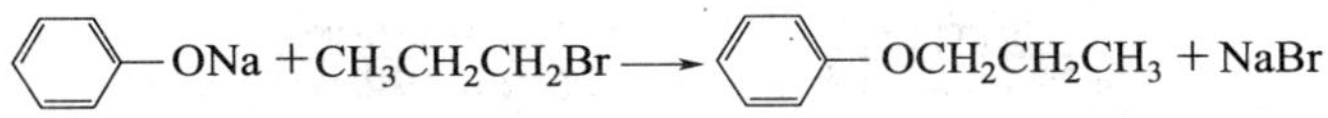

五、重要的醚

1. 乙醚（$CH_3CH_2OCH_2CH_3$）

乙醚是最常使用的一种醚，它是无色易挥发的液体，沸点 34.5℃，微溶于水。乙醚能溶解多种有机化合物，本身化学性质稳定，因此是一种良好的有机溶剂。乙醚易燃，其蒸气与空气以一定比例混合，遇火会引起猛烈爆炸。乙醚由于能作用于中枢神经系统而被用作吸入麻醉药，又由于可引起恶心、呕吐等副作用，现已被其他更好的麻醉药所代替。无水乙醚可用于药物合成。

2. 环氧乙烷 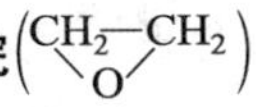

环氧乙烷是无色、有毒的气体，是最简单的环醚，熔点－111.3℃，沸点 10.7℃，易于液化。它可以与水混溶，也溶于乙醇、乙醚等有机溶剂中。环氧乙烷容易燃烧，与空气容易形成爆炸性混合物，使用时要注意安全。环氧乙烷是广谱、高效的气体杀菌消毒剂，在医药消毒和工业灭菌上用途广泛。

工业上生产环氧乙烷有两种方法，即氯醇法和乙烯直接氧化法。

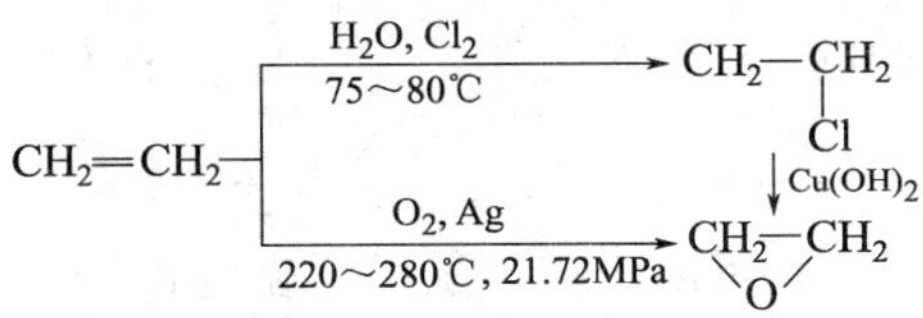

环氧乙烷化学性质很活泼，在酸或碱的催化下，可发生一系列开环加成反应。例如：

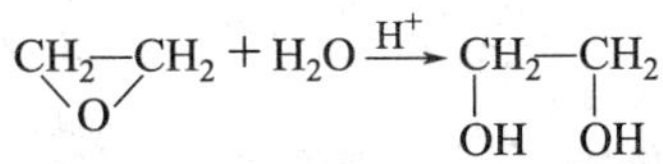

乙二醇

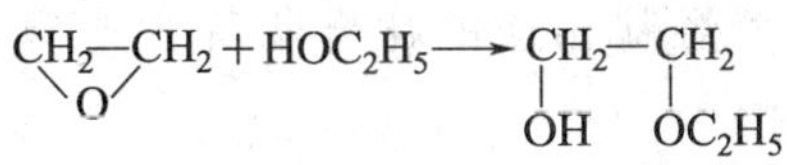

2-乙氧基乙醇

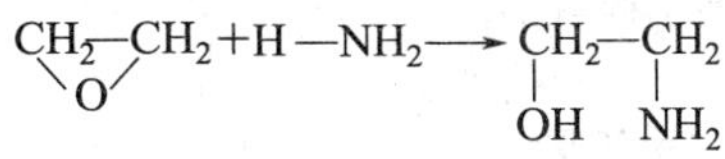

2-氨基乙醇

环氧乙烷的开环加成反应在有机合成上非常有用，以这种方式能够合成多种化合物。环氧乙烷在药物合成上是一个重要的羟乙基化试剂。

环氧乙烷还可与格氏试剂反应，产物经水解可得到比格氏试剂烃基多两个碳原子的伯醇，这个反应在有机合成上常用来增长碳链：

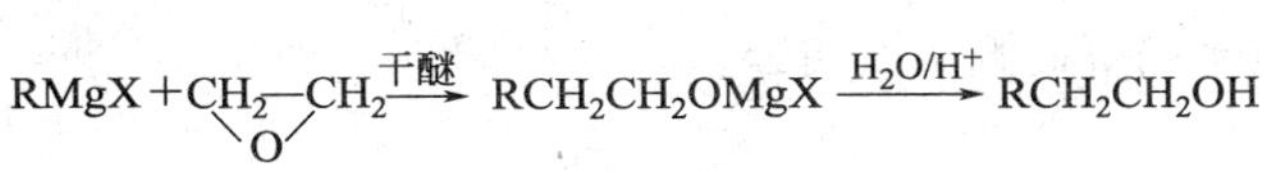

第四节　硫醇和硫醚

一、硫醇

醇分子中的氧原子被硫代替后的化合物称为硫醇，通式为 RSH。巯基（—SH）是硫醇的官能团。

硫醇的命名与醇相似，只需在相应醇字前加一个“硫”字即可。例如：

CH_3SH　　C_2H_5SH　　$CH_3CH_2CH_2CH_2SH$

甲硫醇　　乙硫醇　　1-丁硫醇

低级硫醇易挥发并具有非常难闻的气味，即使量很小时，气味也很明显。在燃气中常人为掺入少量低级硫醇以起报警作用。硫醇的沸点比同碳原子数的醇低。例如，乙硫醇的沸点只有 34.7℃，而乙醇的沸点为 78.3℃。硫醇的水溶性也比相应的醇低。乙醇与水可以任意比例混溶，而乙硫醇在常温下，在 100ml 水中的溶解度却只有 1.5g。这是由于硫的电负性比氧小，硫醇分子之间以及硫醇与水分子间无法形成氢键。

二、硫醚

醚分子中的氧原子被硫代替后的化合物称为硫醚，通式为 R—S—R′。其命名与醚相似，只需在“醚”字前加“硫”字即可。例如：

$CH_3CH_2—S—CH_2CH_3$

乙硫醚

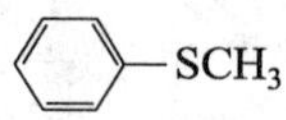

苯甲硫醚

硫醚是无色液体，不溶于水，可溶于醇和醚中。硫醚容易被氧化，首先生成亚砜，进一步被氧化生成砜。

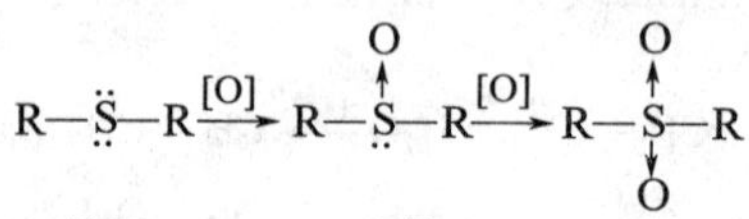

硫醚　　亚砜　　砜

亚硫酰基（—SO—）与两个烃基相连的化合物称为亚砜。硫酰基（$—SO_2—$）与两个烃基相连的化合物称为砜。例如：

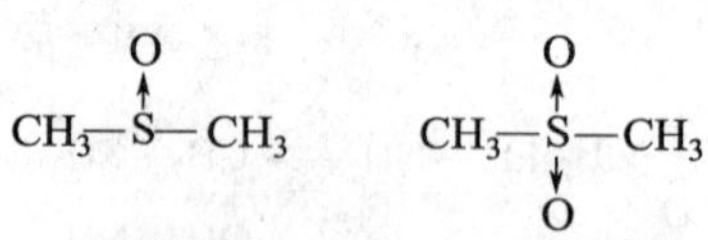

二甲基亚砜　　二甲基砜

二甲基亚砜（DMSO），是无色液体，沸点 189℃，能与水混溶，是极性物质的良好溶剂。由于具有强的透皮能力，它可用作某些药物的透入载体，以加强组织的吸收，例如用于配制皮肤病药剂。

文献查阅

查阅资料，了解木糖醇的制备及用途。

学习小结

- 醇酚醚
  - 官能团
    - 醇：—OH；—SH(与饱和碳原子相连)
    - 酚：—OH(与芳环直接相连)
    - 醚：C—O—C；C—S—C
  - 分类
    - 醇：可按烃基的不同、羟基的数目或羟基所连接的碳原子类型不同进行分类
    - 酚：可按芳环的种类或羟基的数目进行分类
    - 醚：可按与氧原子相连烃基的种类进行分类
  - 命名
    - 普通命名法、系统命名法
  - 性质
    - 物理性质
      - 醇：低级醇的沸点比相应的烃高并且水溶性大
      - 酚：具有高沸点，在水中有一定的溶解度
      - 醚：低级醚易燃，其沸点较低，在水中有一定的溶解度
    - 化学性质
      - 醇：能与活泼的金属、无机酸(氢卤酸及含氧酸)反应、能发生脱水反应(分子内分子间)、伯、仲醇能被重铬酸钾(硫酸)溶液所氧化，具有邻二醇结构的多元醇，能与氢氧化铜反应生成绛蓝色的物质
      - 酚：具有弱酸性、能与氯化铁显色、容易被氧化，苯环上容易发生取代反应
      - 醚：能与无机酸反应、能与氢碘酸发生反应，久置后能被空气中的氧所氧化

自我测评

一、单项选择题

1. 下列化合物中，酸性最强的是(　　)。

A. 碳酸　　B. 醇　　C. 苯酚　　D. 水

2. 在乙醇钠的水溶液中滴入一滴酚酞后，溶液会(　　)。

A. 无色　　B. 显红色　　C. 显黄色　　D. 显蓝色

3. 下列物质中，沸点最高的是(　　)。

A. 乙烷　　B. 乙醚　　C. 乙烯　　D. 乙醇

4. 1-丁醇和 2-丁醇互为(　　)。

A. 碳链异构体　　B. 位置异构体　　C. 官能团异构体　　D. 互变异构体

5. 乙醇和甲醚互为(　　)。

A. 碳链异构体　　B. 位置异构体　　C. 官能团异构体　　D. 均不是

6. 下列物质中，沸点最高的是（　　）。

A. 1-丙醇　　B. 2-丙醇　　C. 丙三醇　　D. 乙醇

7. 误食工业酒精将会危及人健康和生命，这是因为其中含有（　　）。

A. 乙醇　　B. 苯　　C. 乙醚　　D. 甲醇

8. 2-丁醇发生分子内脱水反应时，主要产物是（　　）。

A. 1-丁烯　　B. 2-丁烯　　C. 1-丁炔　　D. 丁烷

9. 下列物质中，可用于鉴别苯酚和苯甲醇的是（　　）。

A. 硝酸银溶液　　B. 溴水　　C. 碳酸氢钠溶液　　D. 盐酸

10. 下列物质中，可用于鉴别正丁醇和叔丁醇的是（　　）。

A. 硝酸银溶液　　B. 溴水

C. 重铬酸钾和稀硫酸　　D. 氢氧化钠

11. 下列化合物中，在水中溶解度最大的是（　　）。

A. 乙醇　　B. 乙醚　　C. 乙烷　　D. 乙烯

12. 下列化合物中，酸性最强的是（　　）。

A. 苯酚　　B. 邻甲基苯酚　　C. 邻硝基苯酚　　D. 2,4,6-三硝基苯酚

13. 下列各组物质，能用 $Cu(OH)_2$ 区分的是（　　）。

A. 乙醇和乙醚　　B. 乙醇和乙二醇　　C. 乙二醇和丙三醇　　D. 甲醇和乙醇

14. 羟基直接与芳环相连的化合物属于（　　）。

A. 醇　　B. 醚　　C. 酚　　D. 卤烃

15. 下列试剂中，不能与苯酚反应的是（　　）。

A. 氯化铁溶液　　B. 氢氧化钠　　C. 浓硫酸　　D. 碳酸氢钠

二、多项选择题

1. 下列化合物中属于，属于伯醇的是（　　）。

A. 乙醇　　B. 苯甲醇　　C. 异丁醇

D. 仲丁醇　　E. 叔丁醇

2. 下列化合物中，能形成分子间氢键的是（　　）。

A. 乙烯　　B. 甲醚　　C. 乙炔

D. 甲醇　　E. 乙醇

3. 下列化合物中，能与 $FeCl_3$ 显紫色的是（　　）。

A. 甘油　　B. 苯酚　　C. 苄醇

D. 间苯二酚　　E. 乙醚

4. 下列化合物中，易溶于水的是（　　）。

A. 苯酚钠　　B. 苯酚　　C. 乙醇

D. 乙二醇　　E. 乙醚

三、用系统命名法命名下列化合物或写出结构式

1. $CH_3CH(CH_3)CH(OH)CH_3$　　2. $CH_3CH(OH)CH_2CH_2CH_3$　　3. $C_2H_5OCH_3$

4. 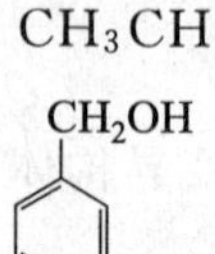

5. 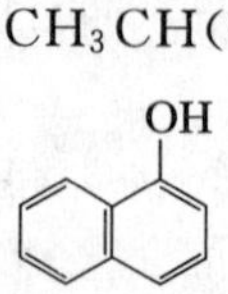

6. 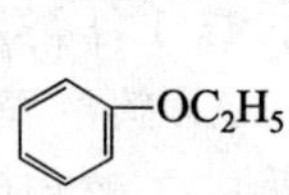

7. 邻苯二酚　　8. 苯乙醇　　9. 2-苯基-1-丙醇　　10. 1,3-丙二醇

四、用化学方法鉴别下列化合物

1. 乙醇和乙二醇　2. 苯酚和苯甲醇　3. 正丁醇仲丁醇和叔丁醇　4. 乙醇和乙醚

五、完成下列反应式

1. $CH_3OH + Na \longrightarrow ?$

2. $CH_3\underset{\displaystyle OH}{\underset{|}{C}}HCH_2CH_3 \xrightarrow{K_2Cr_2O_7+H_2SO_4} ?$

3.  $+NaOH \longrightarrow ?$

4. $CH_3\underset{\displaystyle OH}{\underset{|}{C}}HCH_2CH_3 + HCl(浓) \xrightarrow{ZnCl_2} ?$

5. 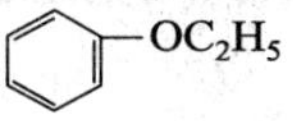 $+ HI \longrightarrow ?$

6. 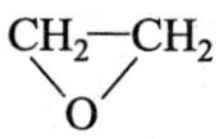 $+ CH_3MgBr \xrightarrow{干醚} ? \xrightarrow{H_2O/H^+} ?$

六、由指定原料合成

1. 甲苯$\longrightarrow$苯甲醇

2. 乙烯$\longrightarrow$正丁醇

七、推断题

化合物（A）的分子式为 C_7H_8O，A 不溶于水、盐酸及碳酸氢钠溶液，但能溶于氢氧化钠溶液。当用溴水处理 A 时，它能迅速生成分子式为 $C_7H_5OBr_3$ 的化合物，试写出 A 的结构式。

第六章

醛、酮和醌

学习目标

【知识目标】

1. 掌握醛、酮的结构、分类、命名和主要化学性质；
2. 熟悉醛、酮的结构与性质差异的关系；醛、酮的鉴别方法；和醌的结构；
3. 了解醌的命名和性质。了解醛酮的亲核加成反应历程。

【能力目标】

1. 能熟练应用醛、酮和醌的命名法，命名重要的醛、酮和醌；能理解醛、酮的相似反应：醛、酮的亲核加成反应、还原反应、α-活泼氢的反应等；熟练应用醛、酮的化学性质分析醇、醛、酮和羧酸之间的转化；
2. 熟练应用醛和酮、脂肪醛和芳香醛的性质差异，鉴别常见的醛、酮。

醛、酮及醌分子中均含有相同的官能团——羰基$\left(\rangle C=O\right)$，因此也称为羰基化合物。

第一节 醛和酮

一、醛和酮的结构、分类和命名

1. 醛和酮的结构、分类

(1) 醛和酮的结构　醛和酮分子羰基中的碳原子与氧原子均为 sp^2 杂化，因此羰基的碳氧双键是由一个 σ 键和一个 π 键构成的，羰基氧原子上的两对未共用电子对分布于两个 sp^2 杂化轨道中。甲醛的分子结构见图 6-1。

由于氧原子的电负性比碳原子的大，羰基中的 π 电子云偏向于氧原子，使羰基氧带部分负电荷，羰基碳原子带部分正电荷。因而，羰基化合物是具有较强极性的化合物。羰基至少与一个 H 原子相连的化合物称为醛，用通式 $R-\overset{\overset{O}{\|}}{C}-H$ 表示（甲醛 $H-\overset{\overset{O}{\|}}{C}-H$ 除外，$-\overset{\overset{O}{\|}}{C}-H$ 叫

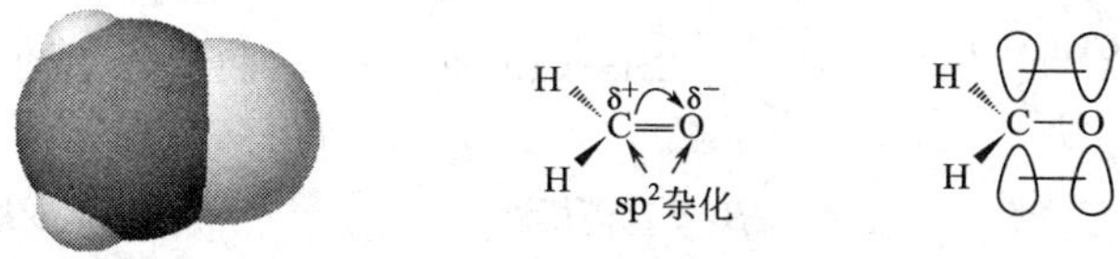

图 6-1 甲醛分子结构

做醛基，为醛的官能团。羰基两端与两个烃基相连的化合物叫做酮，常用通式 $R-\overset{\displaystyle O}{\overset{\|}{C}}-R'$ 表示，酮分子中的羰基称为酮基，是酮的官能团。含同数碳原子的醛和酮互为同分异构体。

（2）醛和酮的分类　根据羰基所连烃基的不同醛酮可以分为脂肪醛酮、脂环醛酮及芳香醛酮等。

脂肪醛酮：$CH_3CH_2CH_2CHO$　　$CH_3CH_2\overset{\displaystyle O}{\overset{\|}{C}}CH_3$

脂环醛酮：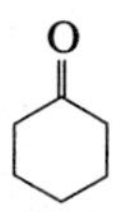　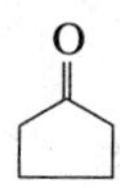

芳香醛酮：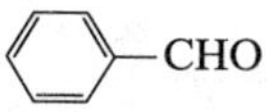　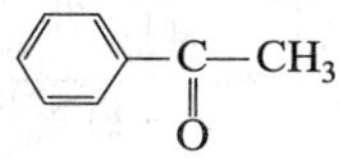

不饱和醛酮：$CH_3CH{=}CHCHO$　　$CH_3COCH{=}CHCH_3$

2. 醛和酮的命名

（1）普通命名法　对于结构简单的醛，可采用普通命名法。例如：

$HCHO$	CH_3CH_2CHO	$CH_3\underset{}{\overset{\displaystyle CH_3}{\overset{|}{C}}}HCH_2CHO$	$CH_3(CH_2)_4CHO$
甲醛	丙醛	异戊醛	正己醛

结构简单的酮可看成是甲酮的烃基衍生物，按照酮基所连接的两个烃基的名称而称为某某（甲）酮。其中脂肪酮的“甲”字一般省略，而芳香酮的甲字不省略。例如：

$CH_3\overset{\displaystyle O}{\overset{\|}{C}}CH_2CH_3$	$CH_3CH_2\overset{\displaystyle O}{\overset{\|}{C}}CH_2CH_3$	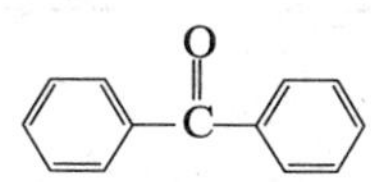
甲乙酮	二乙酮	二苯甲酮

（2）系统命名法　结构复杂的醛酮采用系统命名法进行命名。命名时选择含有羰基碳原子的最长碳链做主链，称为某醛或某酮。由于醛基总是位于链端，醛的命名没有必要，也不要标出其位次。而在酮的命名时，对于主链含 5 个及 5 个以上碳原子的酮，需要标明处于链中的酮基的位次。例如：

$CH_3\underset{\displaystyle CH_3}{\underset{|}{C}}HCH_2\underset{\displaystyle CH_3}{\underset{|}{C}}HCHO$	$CH_3CH_2\underset{\displaystyle O}{\underset{\|}{C}}-\underset{\displaystyle CH_3}{\underset{|}{C}}H-CH_2CH_3$	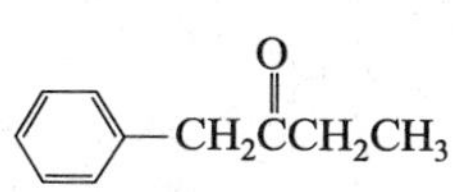
2,4-二甲基戊醛	4-甲基-3-己酮	1-苯基丁酮

醛酮还经常采用希腊字母 α、β、γ、δ 等标明取代基的位次。例如：

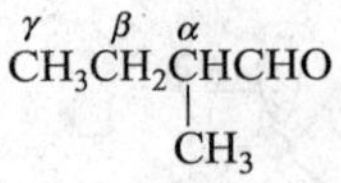
α-甲基丁醛

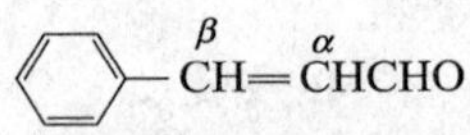
β-苯基丙烯醛

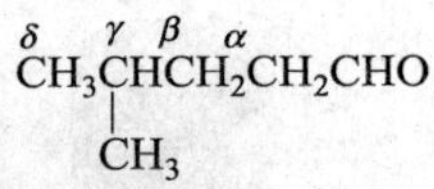
γ-甲基戊醛

希腊字母标位次命名法的特点是突出了基团与官能团的距离，其中与官能团直接相连的碳原子为 α-C 原子。对于官能团位置固定于链端的醛和羧酸，经常采用这种命名方法。

芳香醛酮命名时，把苯环作为取代基。例如：

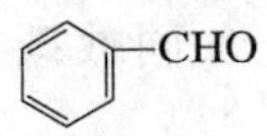
苯甲醛

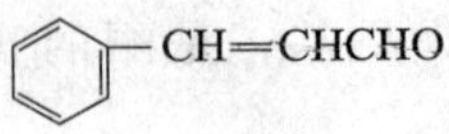
3-苯丙烯醛

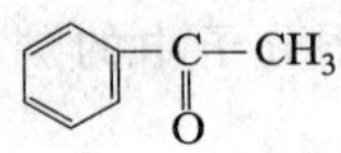
苯乙酮

二、醛和酮的物理性质

除了甲醛在室温下是气体外，12 个碳原子以下的脂肪醛酮均为液体。高级脂肪醛酮和芳香醛酮多为固体。

表 6-1 为一些常见醛、酮的物理常数。

表 6-1　一些常见醛、酮的物理常数

名称	化合物	熔点/℃	沸点/℃	溶解度/(g/100gH_2O)
甲醛	HCHO	−92	−21	易溶
乙醛	CH_3CHO	−121	21	16
丙醛	CH_3CH_2CHO	−81	49	7
丁醛	$CH_3(CH_2)_2CHO$	−99	76	微溶
戊醛	$CH_3(CH_2)_3CHO$	−92	103	微溶
苯甲醛	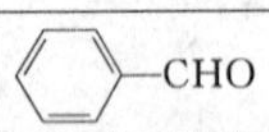	−26	178	0.3
丙酮	CH_3COCH_3	−95	56	易溶
丁酮	$CH_3COCH_2CH_3$	−86	80	26
2-戊酮	$CH_3CO(CH_2)_2CH_3$	−78	102	6.3
3-戊酮	$CH_3CH_2COCH_2CH_3$	−40	102	5
环己酮	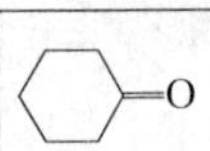	−45	155	2.4
苯乙酮	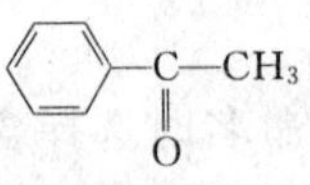	21	202	不溶
苯丙酮	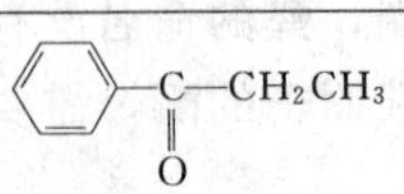	21	218	不溶
二苯甲酮	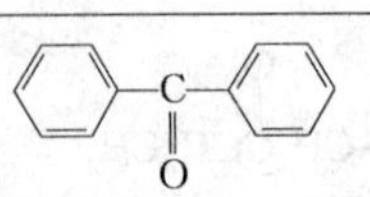	48	306	不溶

由于醛酮是极性较强的化合物，醛、酮分子间作用力较烷烃高，因此醛、酮的沸点比相应的烷烃高。醛、酮分子间不能像醇那样形成分子间氢键，因此其沸点比相对分子质量相近

的醇低。

低级的醛、酮能与水分子形成分子间氢键，故易溶于水，随着相对分子质量的增加，水溶性迅速降低，六个碳以上的醛、酮几乎不溶于水，而易溶于有机溶剂。

三、醛和酮的化学性质

醛酮的化学反应主要发生在两个部位，一是在羰基上，第二是在 α-C 原子上。羰基上的主要反应有：亲核加成反应；羰基的还原反应；缩合反应。α-C 原子上的主要反应有：酮式和烯醇式互变异构；α-H 原子的反应。

1. 亲核加成反应

醛酮的羰基具有极性，π 键电子云很大程度地偏向电负性大的氧原子一端，带部分正电荷的羰基碳容易受到亲核试剂的进攻引发亲核加成反应。

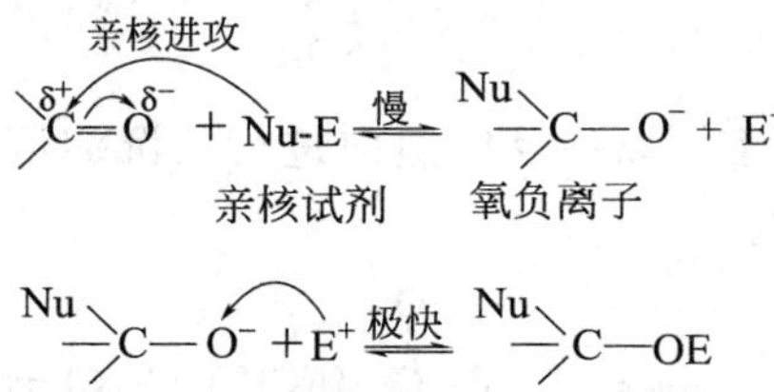

（1）与氢氰酸加成　醛、脂肪族甲基酮（羰基上连接一个甲基的酮）以及 8 个环碳以下的环酮能与氢氰酸发生加成反应生成 α-氰基醇。反应式为：

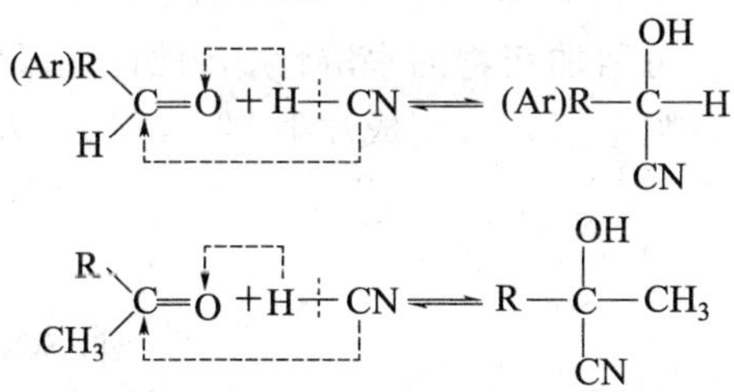

反应是可逆的。羰基与氢氰酸的加成反应使碳链增加了一个碳原子，在有机合成上，是增长碳链的一种方法。

氢氰酸是有剧毒的无色液体，挥发性大，使用不安全。在实验室中常用醛、酮与氰化钾或氰化钠溶液混合，再滴加硫酸使生成的氢氰酸直接参与加成反应。例如：

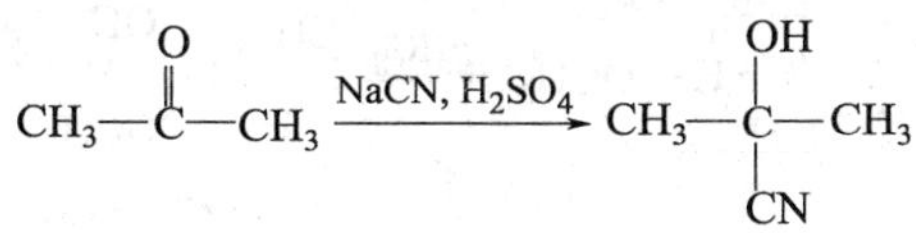

2-氰基-2-丙醇

在醛、酮加成氢氰酸的反应体系中滴入少量碱，能显著加速反应。如果在反应中加入酸，则对反应有明显的抑制作用。例如丙酮与氢氰酸的加成反应无碱存在时，3～4h 内只有一半反应物反应。但如加一滴氢氧化钾溶液，则反应 2min 内完成。若加酸则使反应减慢。在大量酸存在下，几星期也不发生反应。这是因为氢氰酸是一个弱酸，加碱可瞬间增加亲核的 CN^- 的数目，促进亲核加成反应的进行；加酸则使得 CN^- 的浓度进一步降低，不利于亲核加成反应的进行。

不同结构的醛、酮进行亲核加成反应的活性不同，其由易至难的顺序为：

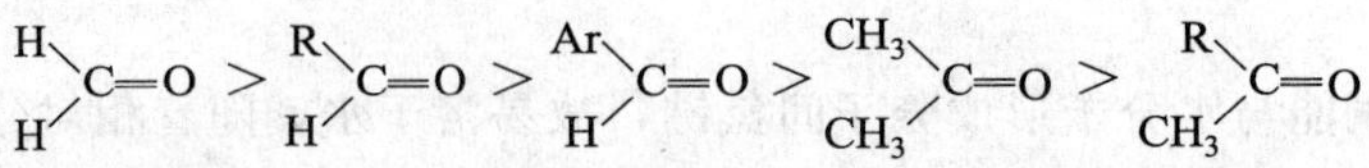

(2) 与亚硫酸氢钠加成　醛、脂肪族甲基酮及 C_8 以下的环酮能与亚硫酸氢钠饱和溶液发生加成反应，生成 α-羟基磺酸钠。α-羟基磺酸钠，易溶于水，但不溶于饱和亚硫酸氢钠溶液而析出白色结晶，因此可用过量的饱和 $NaHSO_3$ 溶液鉴别醛、C_8 以下的环酮及脂肪族甲基酮。可用做鉴别反应。

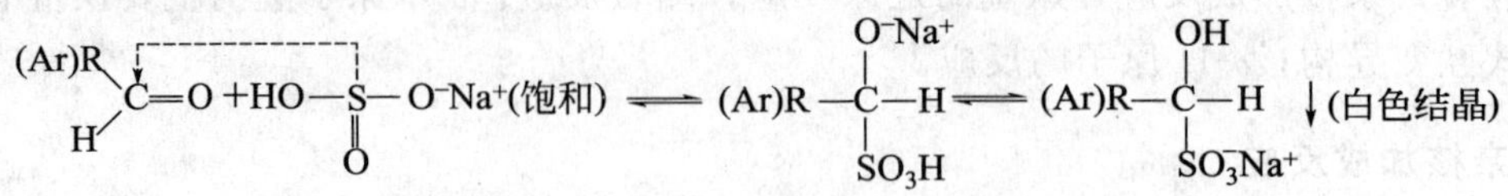

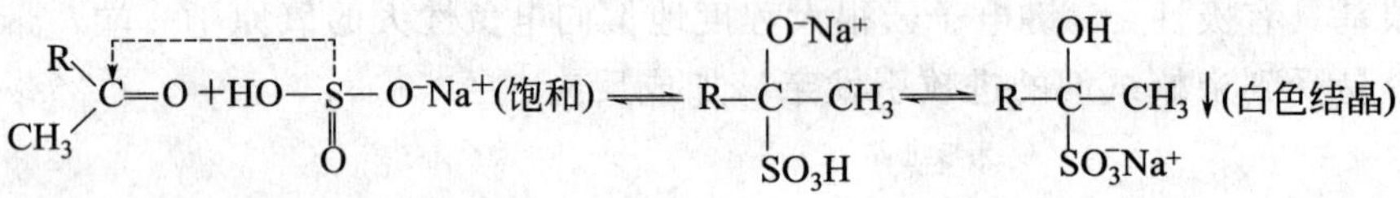

上述反应可逆，加酸或碱都可以使反应逆向进行，沉淀溶解重新恢复为原来的醛、酮，可用于分离和提纯此类醛、酮。

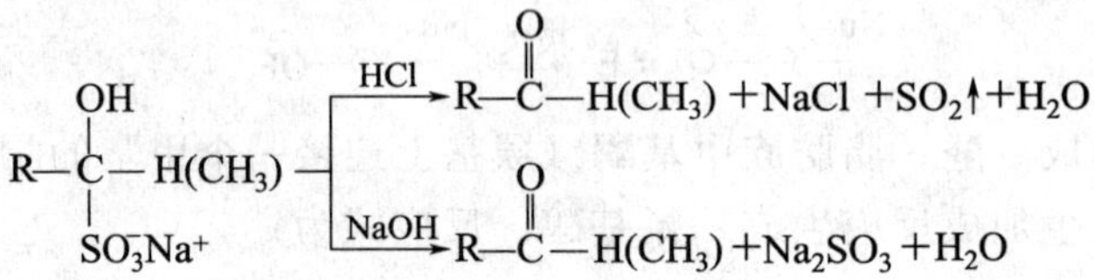

药物分子中引入磺酸基，可增加药物的水溶性。例如，由鱼腥草中的癸酰乙醛与亚硫酸氢钠加成，引入磺酸基得到鱼腥草素，可制成注射剂。再如，人工合成的维生素 K_3 也是因为引入磺酸基而改善了水溶性。

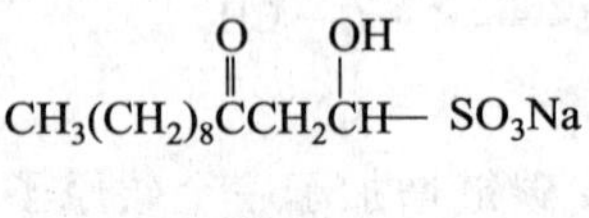

鱼腥草素

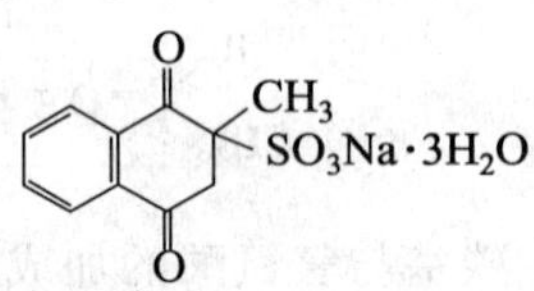

维生素K_3

(3) 与醇加成　在干燥的 HCl 存在下，醛能与饱和一元醇发生加成反应生成半缩醛。而半缩醛不稳定，与醇进一步发生脱水的反应生成缩醛。例如：

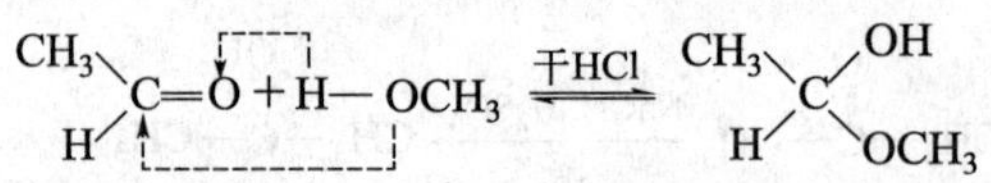

乙醛缩一甲醇

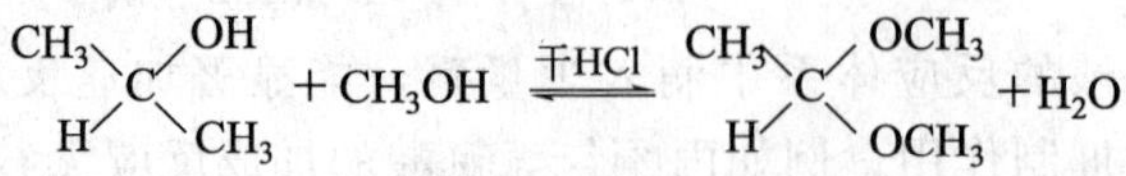

乙醛缩二甲醇

缩醛结构上看是一个同碳二元醚，因此与醚性质相似，是稳定的化合物对碱、氧化剂和还原剂都较稳定。但缩醛也不完全与醚相同，在酸性水溶液中能分解生成原来的醛。

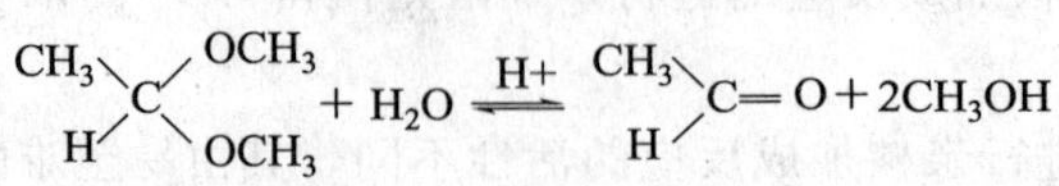

在有机合成中，常用生成缩醛的方法来保护活泼的醛基，使醛基在反应中不被破坏，待反应完成后，再分解成原来的醛基。例如：由 $CH_2=CHCH_2CHO$ 合成 $CH_3CH_2CH_2CHO$。

可用以下合成路线：

$$CH_2=CHCH_2CHO+2CH_3OH\xrightarrow{\text{干}HCl}CH_2=CHCH_2CH(OCH_3)_2$$

$$\xrightarrow[Ni]{H_2}CH_3CH_2CH_2CH(OCH_3)_2\xrightarrow[H^+]{H_2O}CH_3CH_2CH_2CHO$$

（4）与氨的衍生物加成　氨的衍生物（通式为 $H_2N—G$）结构中的 N 原子具有未共用电子对，作为亲核原子进攻醛、酮的羰基碳，发生亲核加成作用，得到的加成产物不能稳定存在，立即分子内脱水生成含碳氮双键结构的化合物。反应通式为：

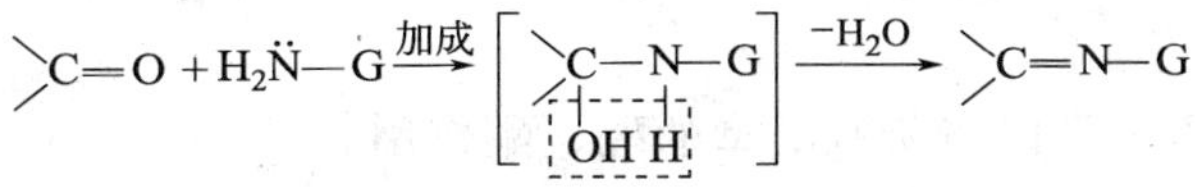

略去中间产物，上式可简化为：

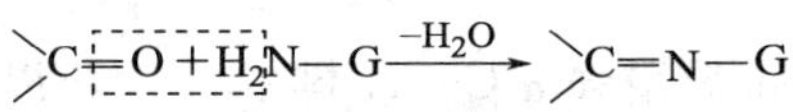

醛、酮与羟氨（H_2N-OH）作用生成肟；与肼（H_2NNH_2）作用生成腙；2,4-二硝基苯肼作用生成 2,4-二硝基苯腙；与氨基脲（$H_2NNHCONH_2$）作用生成缩氨脲。例如：

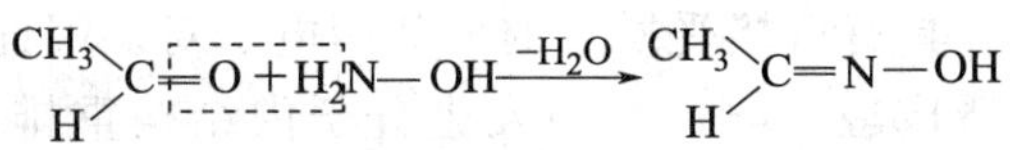

羟氨　　乙醛肟

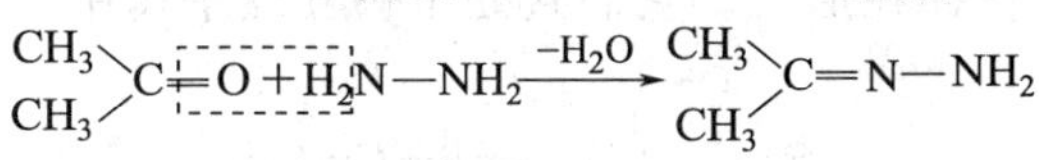

肼　　丙酮腙

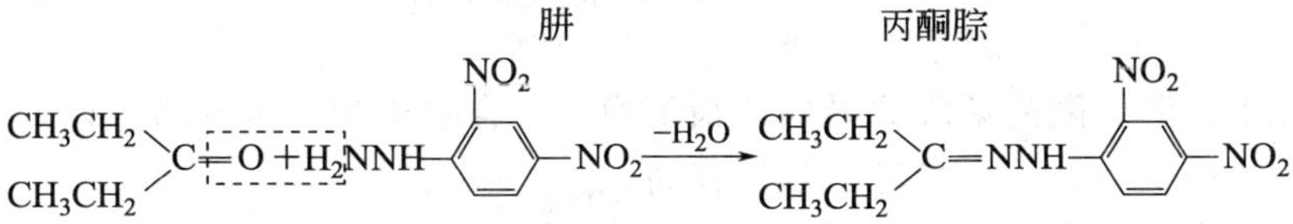

2,4-二硝基苯肼　　二乙酮-2,4-二硝基苯腙

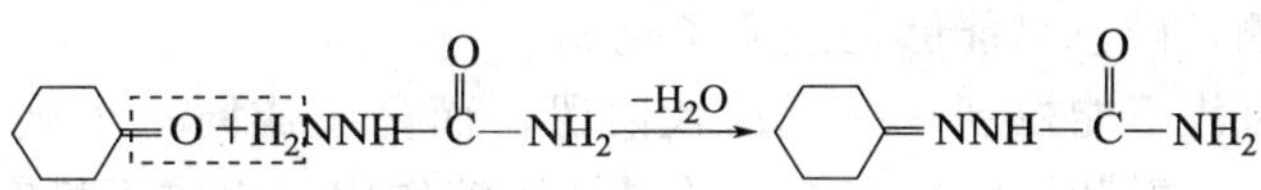

氨基脲　　环己酮缩氨脲

氨的衍生物与醛、酮的反应产物大多数是晶体，具有固定的熔点，测定其熔点就可以初步推断它是由哪一种醛和酮所生成的。尤其是 2,4-二硝基苯肼几乎能与所有的醛、酮迅速发生反应，生成橙黄或橙红色的 2,4-二硝基苯腙晶体，因此常用于鉴别醛、酮。此外，肟、腙等在稀酸作用下能够水解为原来的醛或酮，所以也可利用这一性质来分离和提纯醛、酮。

在药物分析中，常用这些氨的衍生物作为鉴定具有羰基结构药物的试剂，因而把这些氨的衍生物称为羰基试剂。

（5）与格氏试剂的加成　格氏试剂最重要的用途之一，就是与醛、酮反应合成醇。格氏试剂结构中烃基碳的电负性比镁大的多，碳镁键是强极性键（$\overset{\delta^-}{R}—\overset{\delta^+}{Mg}X$）。所以格氏试剂是一个烃基负离子（$R^-$）给予体，在与醛、酮反应时，烃基进攻羰基碳引发亲核加成，生成烃氧基卤化镁。烃氧基卤化镁遇稀酸水解为醇。

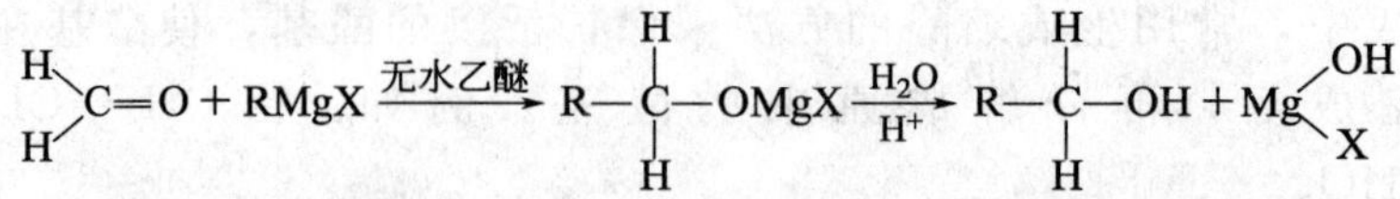

甲醛　　　　伯醇

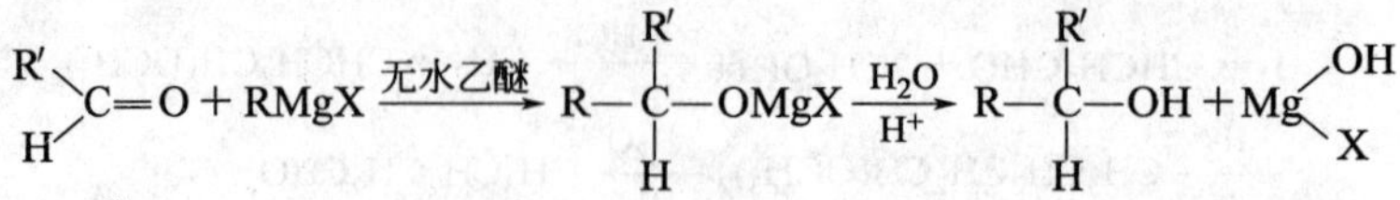

醛　　　　仲醇

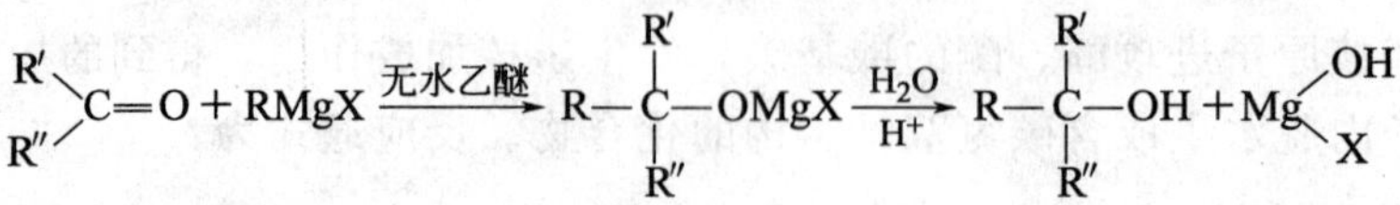

酮　　　　叔醇

格式试剂活性很强，可以与所有类型的醛、酮作用。

2. α-H 原子的反应

醛、酮的羰基通过吸电子诱导增强 α-C—H 键的极性，以及通过 σ,π 超共轭结合 α-C—H 键的共用电子对，均使得 α-H 原子具有一定的活泼性，可发生一系列反应。

(1) 酮式和烯醇式的互变　醛、酮的 α-H 具有一定活泼性，即易于质子化，醛、酮的羰基氧原子电子云密度高且具有可接受质子的未共用电子对。因此，α-H 在 α-C 和羰基氧原子之间不停地来回移动，造成醛、酮不断地发生分子内结构重排，使得含有 α-H 的醛、酮同时具有酮式和烯醇式两种存在形式。它们共处于一互变平衡中，称为互变异构体。

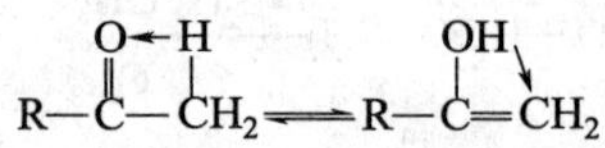

酮式　　　　烯醇式

一般情况下，醛、酮的烯醇式异构体很不稳定，含量极少，可忽略不计。但也有某些结构的醛、酮的烯醇式结构较为稳定，含量较高。

(2) 卤代和卤仿反应　在酸或碱的催化下，醛、酮分子中的 α-H 原子可逐步被卤素取代生成 α-卤代醛、酮。碱总是能够促进质子化。

在碱催化下，卤代不能控制在一元卤代阶段，而是生成同一个碳上的 α-H 原子全部被取代的多卤代产物。乙醛和甲基酮与卤素的碱性溶液作用，生成不稳定的同碳三卤代物，随即被碱分解为卤仿（CHX_3）和羧酸盐。此类反应称为卤仿反应。反应式为：

$$X_2 + 2NaOH \longrightarrow NaOX + NaX + H_2O$$

$$(H)R-\overset{O}{\overset{\|}{C}}-CH_3 + 3NaOX \longrightarrow (H)R-\overset{O}{\overset{\|}{C}}-CX_3 + 3NaOH$$

$$(H)R-\overset{O}{\overset{\|}{C}}-CX_3 + NaOX \longrightarrow \underset{\text{卤仿}}{CHX_3} + (H)RCOONa$$

最常使用的卤素是碘，反应产物为碘仿。碘仿为不溶于水的淡黄色结晶，有特殊气味，很容易识别。因此，碘仿反应常用于乙醛和甲基酮的鉴别。例如：

$$CH_3CHO + 3NaOI \longrightarrow CHI_3\downarrow + HCOONa + 2NaOH$$

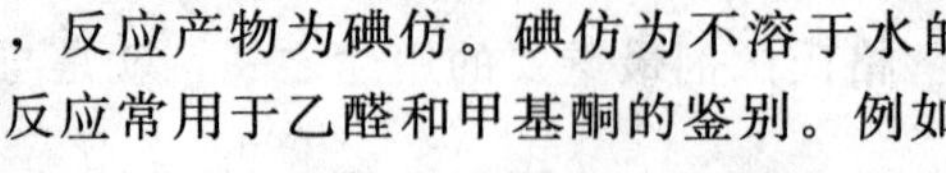

由于次碘酸钠具有氧化性，能把醇氧化为醛、酮，因此乙醇和能被氧化为甲基酮的醇也可以发生碘仿反应。

$$CH_3CH_2OH \xrightarrow{NaOI} CH_3CHO \xrightarrow{NaOI} CHI_3\downarrow + HCOONa$$

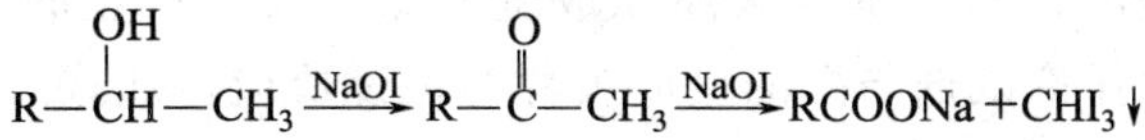

在有机合成上，卤仿反应是缩短碳链的一种方法。

(3) 醇醛缩合反应　具有 α-H 原子的醛在稀碱的催化作用下，分子间可发生亲核加成反应，得到的 β-羟基醛受热容易脱水生成 α,β-不饱和醛。这类反应称为醇醛缩合反应。

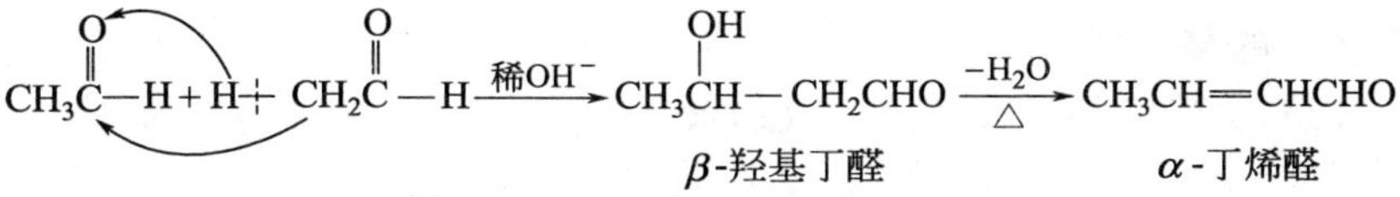

β-羟基丁醛　　α-丁烯醛

再如：

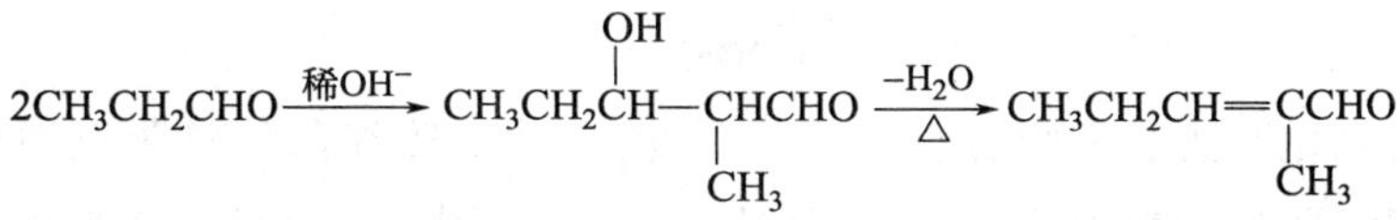

两种不同的具有 α-H 原子的醛也可发生醇醛缩合反应，但由于相同分子间以及不同分子间均可反应，产物多达 4 种，分离困难，没有实际意义。

通过醇醛缩合反应能增长碳链，产生支链，产物有两个官能团，可以进行一系列后续反应，生成各种化合物。所以，醇醛缩合在有机合成上是一个重要的反应。

3. 还原反应

在催化剂 Pt、Pd、Ni 等存在下，醛酮的羰基可催化加氢生成相应的醇。

伯醇　　仲醇

醛酮的催化氢化可同时将烃基中的不饱和键加氢。例如：

$$CH_3CH{=}CHCHO \xrightarrow[Ni]{H_2} CH_3CH_2CH_2CH_2OH$$

若用氢化锂铝（$LiAlH_4$）和硼氢化钠（$NaBH_4$）作还原剂，可选择性的还原羰基，而碳碳双键不被还原。例如：

$$CH_2{=}CHCH_2CHO \xrightarrow{LiAlH_4} CH_2{=}CHCH_2CH_2OH$$

$LiAlH_4$ 的还原性较强，还可以还原羧基等其他不饱和基团，当碳碳双键与羰基共轭时，也可以被 $LiAlH_4$ 还原。

4. 醛的特性反应

(1) 氧化反应　在氧化剂作用下，醛基可被氧化成羧基，因此醛很容易被氧化成羧酸。反应式为：

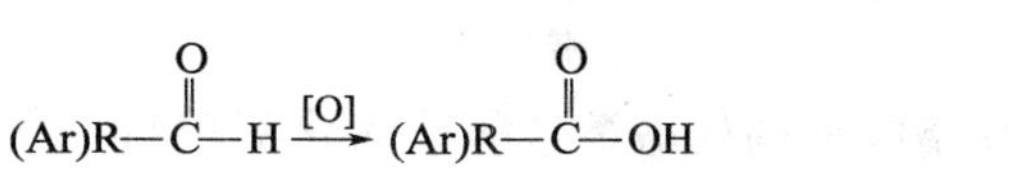

不仅常见的高锰酸钾等强氧化剂能够氧化醛，还有一些弱氧化剂如托伦（Tollens）试

剂、斐林（Fehling）试剂等也可将醛氧化成羧酸。这些弱氧化剂与醛的作用常用作鉴别反应。

① 银镜反应　托伦试剂是由硝酸银、氢氧化钠和氨水配制而成的银氨配合物溶液，它可以氧化醛为相应羧酸的铵盐，本身被还原成金属银。反应产生的金属银附着在试管内壁上，可形成银镜。因此托伦试剂与醛的反应被称为银镜反应。通式为：

$$RCHO + 2[Ag(NH_3)_2]OH \xrightarrow{\triangle} RCOONH_4 + 2Ag\downarrow + 3NH_3 + H_2O$$

② 斐林反应　斐林试剂是由斐林溶液 A（$CuSO_4$ 溶液）和斐林溶液 B（酒石酸钾钠的 NaOH 溶液）等体积混合而成的。其中 Cu^{2+} 与酒石酸钾钠结构中的两个羟基（邻二醇结构）结合成深蓝色的螯合物。

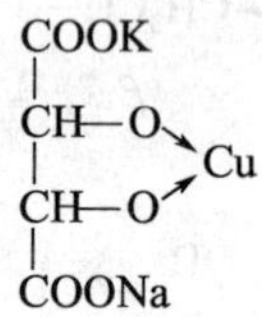

斐林试剂可氧化脂肪醛为脂肪酸，而 Cu^{2+} 被还原成砖红色的氧化亚铜析出沉淀。甲醛的还原性强，可将斐林试剂中的 Cu^{2+} 还原成金属 Cu，附着在试管壁上形成铜镜。

$$RCHO + 2Cu^{2+}5OH^- \xrightarrow[\triangle]{NaOH} RCOO^- + Cu_2O\downarrow + 3H_2O$$

$$HCHO + Cu^{2+}3OH^- \xrightarrow[\triangle]{NaOH} HCOO^- + Cu\downarrow + 2H_2O$$

芳香醛一般不能被斐林试剂氧化。因此可用斐林试剂区分甲醛、脂肪醛和芳香醛。

(2) 与希夫试剂反应　醛与希夫试剂作用可显紫红色，而酮则不显色，这一显色反应非常灵敏，可用来鉴别醛和酮。另外，甲醛与希夫试剂生成的紫红色溶液中，若加几滴浓 H_2SO_4，紫红色仍不消失，而其他醛的紫红色会消失，因此可用来鉴别甲醛与其他醛类。

小贴士

希夫试剂（Schiff）又称品红醛试剂。品红是一种红色染料，将二氧化硫通入品红水溶液中，品红的红色褪去，得到的无色溶液称为希夫试剂。

四、醛和酮的制备

1. 醇氧化法

(1) 伯醇和仲醇的氧化

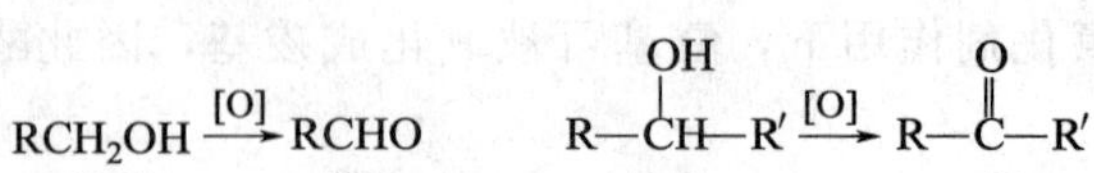

伯醇　醛　仲醇　酮

实验室中常用重铬酸钾的硫酸溶液等作氧化剂。

(2) 伯醇和仲醇的催化脱氢

$$\underset{\text{伯醇}}{RCH_2OH} \xrightarrow[Cu,\triangle]{-2[H]} \underset{\text{醛}}{RCHO}$$

$$\underset{\text{仲醇}}{R-\underset{}{\overset{OH}{\overset{|}{C}H}}-R'} \xrightarrow[Cu,\triangle]{-2[H]} \underset{\text{酮}}{R-\overset{O}{\overset{\|}{C}}-R'}$$

2. 烯烃氧化法

$$RCH{=}C\begin{matrix}R'\\R''\end{matrix} \xrightarrow[(2)\ Zn+H_2O]{(1)\ O_3} RCHO+O{=}C\begin{matrix}R'\\R''\end{matrix}$$

3. 炔烃水化法

$$RC{\equiv}CH+H_2O \xrightarrow[H_2SO_4]{HgSO_4} R-\underset{O}{\underset{\|}{C}}-CH_3$$

五、重要的醛和酮

1. 甲醛（HCHO）

甲醛又名蚁醛。在常温下，它是具有强烈刺激性气味的无色气体，沸点－21℃，易溶于水。40％的甲醛溶液称为“福尔马林”，常用作杀菌剂和生物标本的防腐剂。

甲醛很容易发生聚合反应，在常温下即能自动聚合，生成具有环状结构的三聚甲醛。福尔马林长时间放置后，会产生混浊或沉淀，这是由于甲醛自动聚合形成多聚甲醛的缘故。多聚甲醛经加热（160～200℃）后，可解聚分解为甲醛。

甲醛溶液与氨水一起蒸发，会生成环六亚甲基四胺，商品名为乌洛托品（Urotropine）。

$$4NH_3 + 6HCHO \longrightarrow (CH_2)_6N_4 + 6H_2O$$

乌洛托品的结构为：

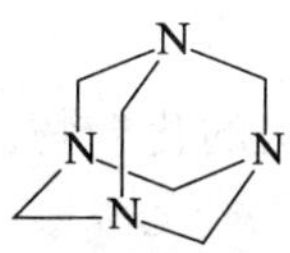

乌洛托品为无色结晶，熔点263℃，易溶于水，有甜味。在医药上用作利尿剂及尿道消毒剂。

2. 乙醛（CH_3CHO）

乙醛是一种无色、易挥发、有刺激性气味的液体，沸点21℃，可溶于水、氯仿和乙醇等溶剂中。乙醛是重要的工业原料，可用于制造乙酸、乙醇和季戊四醇等。

乙醛的一个重要衍生物是三氯乙醛，它易与水结合生成水合氯醛。水合氯醛是无色晶体，熔点57℃，有刺激性气味，味略苦，易溶于水、乙醚及乙醇。其10％水溶液在临床上作为长时间作用的催眠药，用于治疗失眠、惊厥及烦躁不安，不易引起蓄积中毒，但对胃有刺激性。

3. 苯甲醛（C_6H_5CHO）

苯甲醛是最简单的芳香醛，常以结合态存在于水果的果实中，如桃、梅、杏等的核仁中均有结合态的苯甲醛。苯甲醛是无色具有强烈苦杏仁气味的液体，俗称苦杏仁油，沸点179℃，微溶于水，易溶于乙醇和乙醚中。

苯甲醛很容易被空气氧化成白色的苯甲酸晶体，因此在保存苯甲醛时常要加入少量的对苯二酚作为抗氧剂。苯甲醛在工业上是一种重要的化工原料，用于制备药物、染料、香料等产品。

4. 丙酮（CH_3COCH_3）

丙酮是最简单的酮，为无色、易挥发、易燃的液体，沸点56℃，具有特殊气味，与水能以任意比例混溶，还能溶解多种有机物，因此它是一种很重要的有机溶剂，同时还是重要的有机合成材料，用来合成有机玻璃、环氧树脂、聚异戊二烯橡胶、氯仿、碘仿等产品。

在生物化学变化中，丙酮是糖类物质分解的中间产物，正常人的血液中丙酮的含量很低，但当人体代谢出现紊乱时，如糖尿病患者，体内丙酮含量增加，并随呼吸或尿液排出。临床上可利用碘仿反应检查患者尿中是否含有丙酮。如果有丙酮存在，就有黄色的碘仿析出。

5. 对羟基苯乙酮（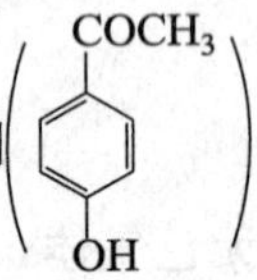）

对羟基苯乙酮是中草药茵陈的有效成分。茵陈有利胆作用，服用安全、无副作用。

第二节　醌

一、醌的结构和命名

1. 醌的结构

醌是一类具有环己二烯二酮共轭结构的化合物。例如：

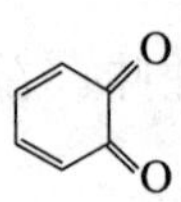

邻苯醌

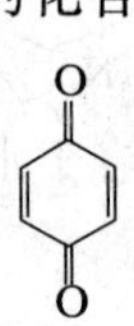

对苯醌

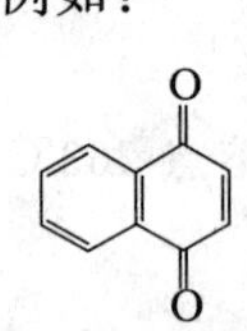

1, 4-萘醌

2. 醌的命名

醌类化合物根据相应芳烃的名称而称为某醌。例如：

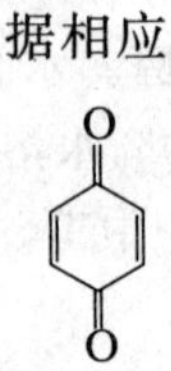

1, 4-苯醌
(对苯醌)

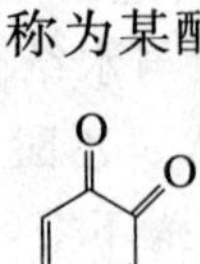

1, 2-苯醌
(邻苯醌)

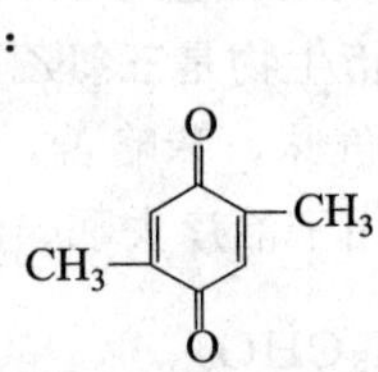

2, 5-二甲基-1, 4-苯醌

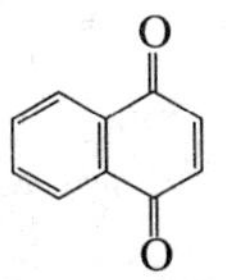

1, 4-萘醌
(α-萘醌)

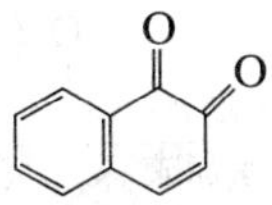

1, 2-萘醌
(β-萘醌)

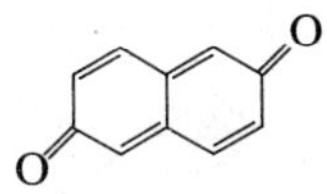

2, 6-萘醌
(远萘醌)

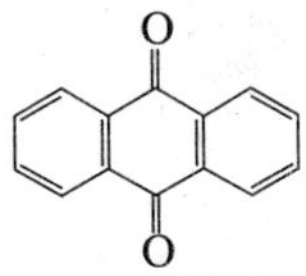

9, 10-蒽醌

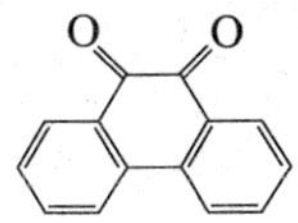

9, 10-菲醌

二、醌的物理性质

具有醌型结构的化合物通常具有颜色。对位醌大多为黄色，邻位醌大多为红色或橙色。因此醌类化合物是许多染料和指示剂的母体。常温下，醌类化合物都是固体。

三、醌的化学性质

醌类化合物具有 α,β-不饱和二酮结构，所以，能够发生碳碳双键和羰基的加成反应，又可发生 1,4 共轭加成反应。

1. 碳碳双键的加成反应

醌具有烯的性质，其中的 C═C 可与卤素等亲电试剂发生加成反应。例如：

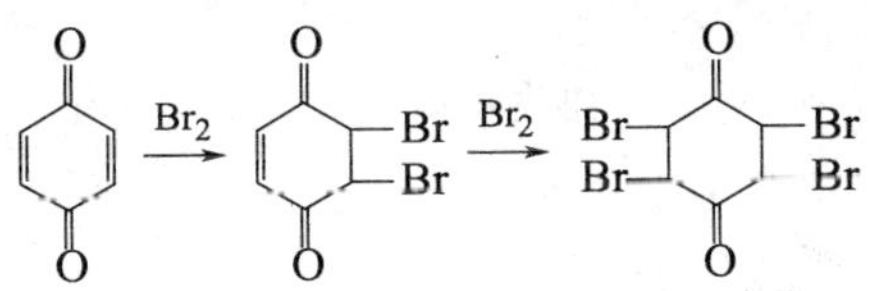

2. 羰基与氨的衍生物加成

醌具有羰基化合物的性质，其中的羰基可与一些亲核试剂发生加成反应。例如对苯醌与羟胺反应，可生成单肟和双肟。

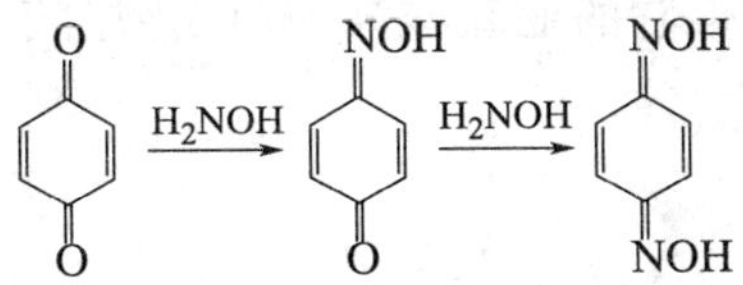

对苯醌单肟　对苯醌双肟

3. 1,4-共轭加成反应

醌具有 α,β-不饱和酮的结构，能与氢卤酸、氢氰等许多试剂发生 1,4-加成。例如：

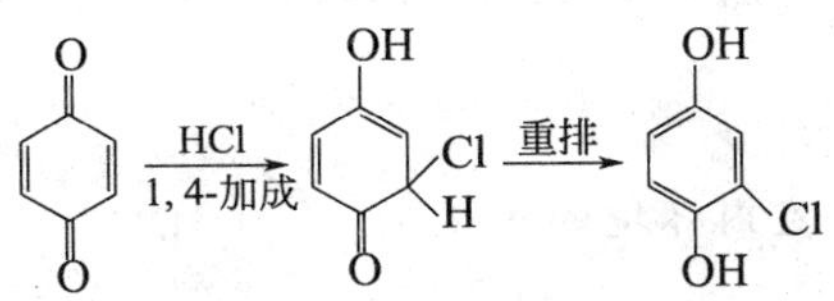

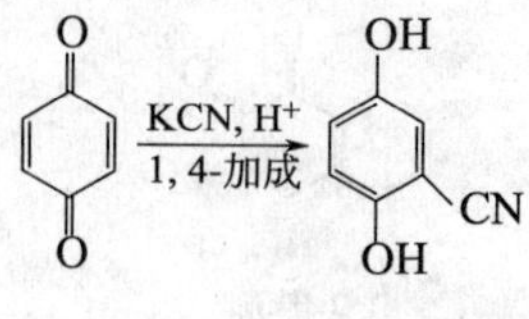

四、重要的醌

1. 对苯醌（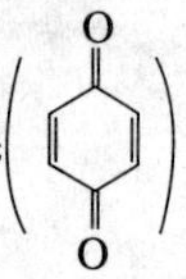）

对苯醌为黄色固体，微溶于水，具有特殊刺激性气味。缓慢加热下，对苯醌易升华成黄色晶体。对苯醌很容易与蛋白质结合着色，在制革工业上用作着色剂。

2. α-萘醌（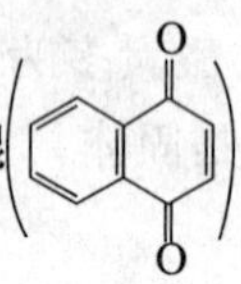）

α-萘醌是黄色结晶，熔点 125℃，微溶于水，易溶于乙醇和乙醚中，具有刺激性气味。α-萘醌的衍生物存在于很多植物色素和动物体内，许多具有药物功效。例如具有止血作用的维生素 K_1 和 K_2，就是 2-甲基-1,4-萘醌的衍生物。

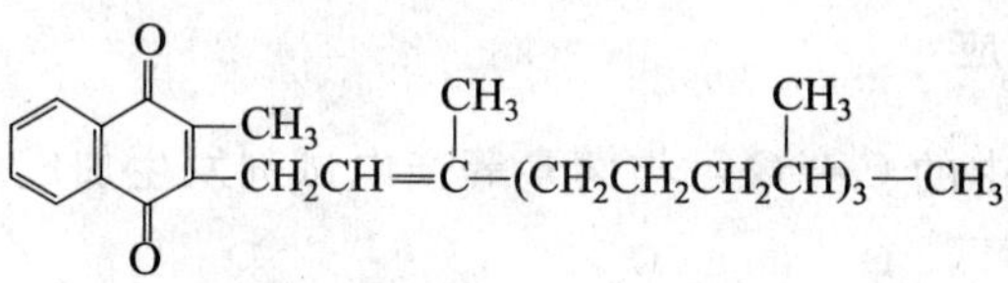

维生素K_1

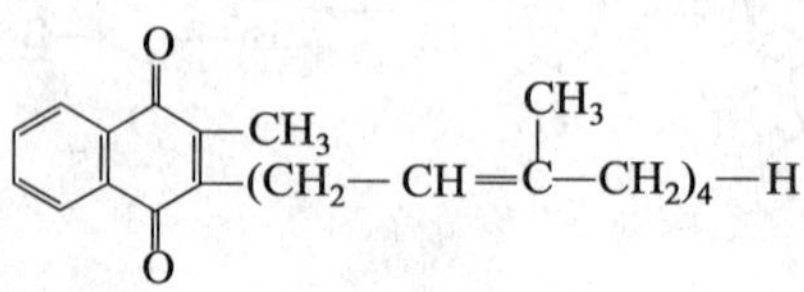

维生素K_2

有研究表明，2-甲基-1,4-萘醌比维生素 K_1、K_2 具有更强的凝血能力。它可由合成方法制得，是不溶于水的黄色固体，但它的亚硫酸氢钠加成物溶于水，可用于注射，医药上称为维生素 K_3，其结构为：

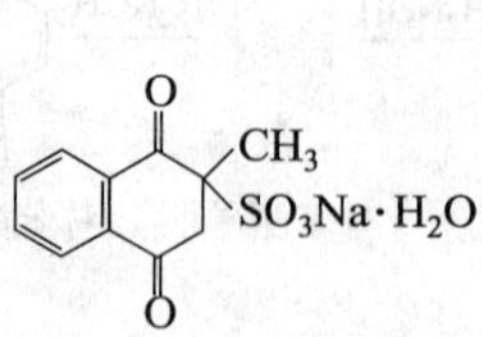

维生素K_3

维生素 K_3 的水溶性和凝血能力均强于天然的维生素 K_1 和 K_2。

文献查阅

查阅资料，了解甲醛对室内环境的污染。

学习小结

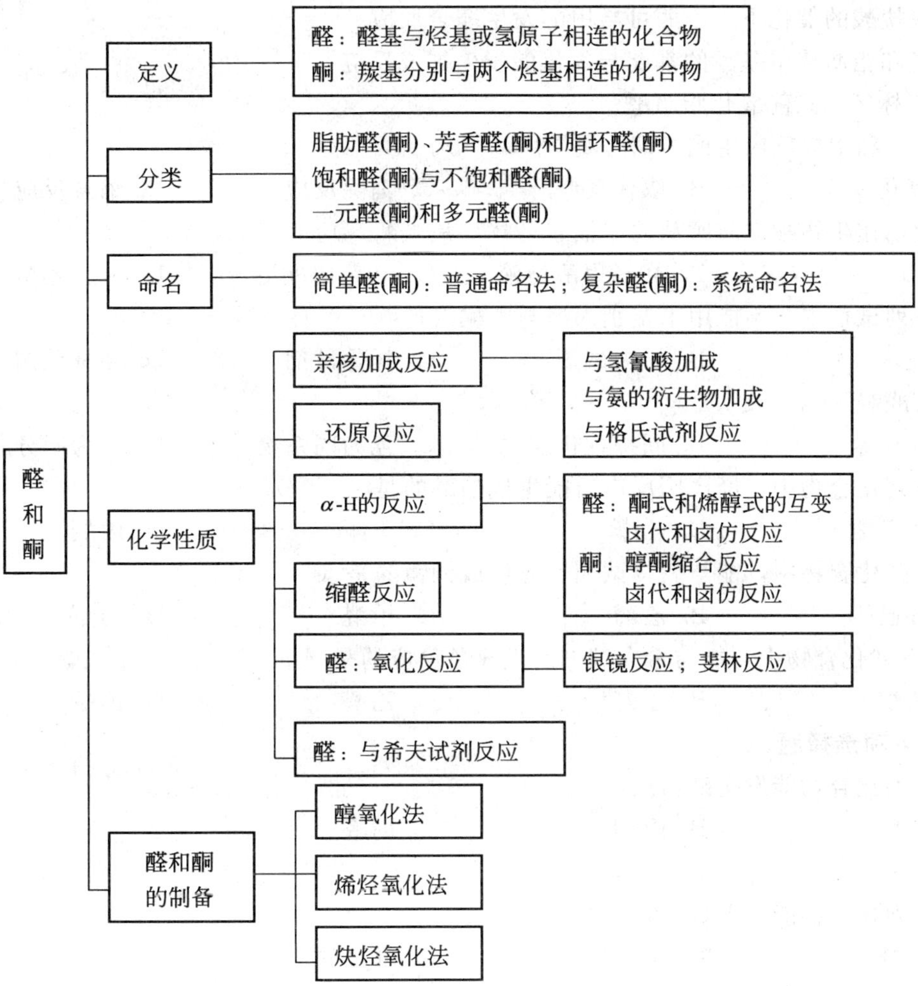

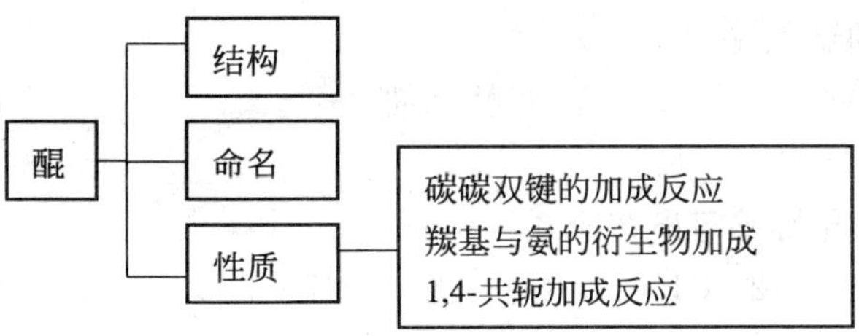

自我测评

一、单项选择题

1. 下列化合物中，能发生银镜反应的是（　　）。

A. 丙酮　　B. 苯甲醚　　C. 苯酚　　D. 苯甲醛

2. 下列各组物质中，能用斐林试剂来鉴别的是（　　）。

A. 苯甲醛和苯乙醛　　B. 乙醛和丙醛　　C. 丙醛和苯乙酮　　D. 甲醇和乙醇

3. 下列说法中，不正确的是（　　）。

A. 醛酮的催化加氢属于还原反应

B. 在盐酸的催化下，乙醛可与甲醇发生缩合反应

C. 醛和脂肪族甲基酮的都能与氢氰酸发生加成反应

D. 斐林试剂只能氧化脂肪醛

4. 乙醛和甲醇反应生成半缩醛属于（　　）。

A. 氧化反应　　B. 取代反应　　C. 消除反应　　D. 缩合反应

5. 常用作生物标本防腐剂的“福尔马林”是（　　）。

A. 40%甲醇溶液　　B. 40%甲醛溶液　　C. 40%丙酮溶液　　D. 40%乙醇溶液

6. 下列试剂中，不能用来鉴别丙醛与丙酮的是（　　）。

A. 溴水　　B. 希夫试剂　　C. 托伦试剂　　D. 斐林试剂

7. 丁醛和丁酮的关系是（　　）。

A. 同位素　　B. 同一种化合物　　C. 互为同系物　　D. 互为同分异构体

8. 下列化合物中，经还原反应后能生成伯醇的是（　　）。

A. 环己酮　　B. 乙醛　　C. 丁酮　　D. 丙酮

9. 下列化合物中，能与斐林试剂反应生成铜镜的是（　　）。

A. 环己酮　　B. 乙醛　　C. 甲醛　　D. 丙酮

10. 下列化合物中，能与希夫试剂发生显色反应的是（　　）。

A. 乙烷　　B. 乙醚　　C. 乙醛　　D. 丙酮

二、多项选择题

1. 下列化合物能发生碘仿反应的是（　　）。

A. 乙醛　　B. 丙酮　　C. 丙醛

D. 丁醛　　E. 乙醇

2. 下列化合物能与 HCN 反应的是（　　）。

A. 乙醛　　B. 苯甲醛　　C. 环己酮

D. 丙酮　　E. 3-戊酮

3. 可以用于鉴别甲醛和乙醛的试剂是（　　）。

A. 溴水　　B. 氯化铁　　C. 斐林试剂

D. 托伦试剂　　E. 希夫试剂

三、用系统命名法命名下列化合物或写出结构式

1. $CH_3CH(CH_3)CH_2COCH_3$　　2. $CH_3C(CH_3)_2CH{=}CHCHO$　　3. C_6H_5CHO

4. 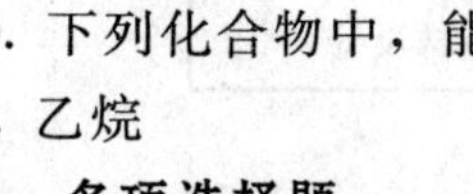　　5. 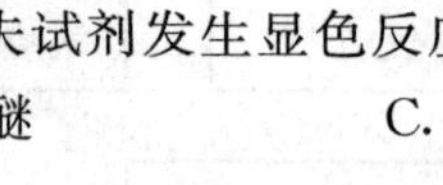　　6. 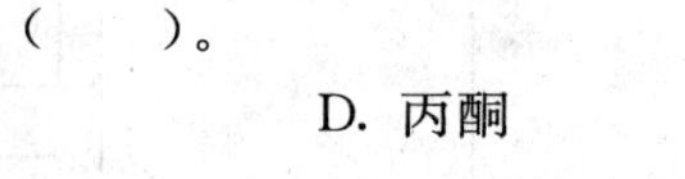

7. 4-甲基-3-戊烯-2-酮　　8. 异戊醛　　9. 2,4-戊二酮　　10. 邻乙基苯乙醛

四、用化学方法鉴别下列化合物

1. 苯甲醛、乙醛和环己酮

2. 戊醛、2-戊酮和 3-戊酮

五、完成下列反应式

(1) $CH_3CH_2COCH_3 + I_2 + NaOH \longrightarrow ?$

（2） $CH_3CH=CHCHO \xrightarrow[Pd]{H_2} ?$

（3） 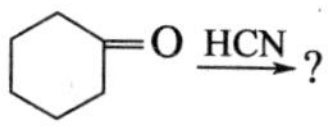

（4） 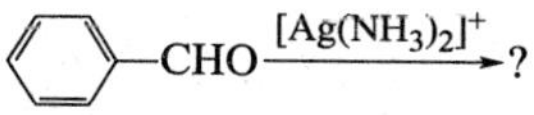

（5） $CH_3CH_2CHO \xrightarrow[\text{无水乙醚}]{CH_3CH_2MgCl} ? \xrightarrow{H_2O/H^+} ?$

六、由指定原料合成

1. 乙醛⟶ 2-丁烯-1-醇

2. 丙酮、溴乙烷→2-甲基-2-丁醇

七、推断题

某化合物化学式为 $C_5H_{12}O$(A)，A 氧化后得一产物 $C_5H_{10}O$(B)。B 可与亚硫酸氢钠饱和溶液作用，并有碘仿反应。A 经浓硫酸脱水得一烯烃 C，C 被氧化可得丙酮。写出 A 可能的结构式及有关反应式。

第七章

羧酸及其衍生物

学习目标

【知识目标】

1. 掌握羧酸及羧酸衍生物的分类、命名和主要化学性质；掌握重要的羧酸及其衍生物与药物的关系；

2. 熟悉羧酸的结构和羧酸的制备；

3. 了解羧酸及其衍生物的物理性质和碳酸衍生物。

【能力目标】

1. 熟练应用羧酸、酰卤、酸酐、酯、酰胺的命名法，命名重要羧酸及羧酸衍生物；

2. 学会用化学方法合成和鉴别常见的羧酸及其衍生物和比较羧酸的酸性强弱。

第一节 羧　酸

自然界中，羧酸常以游离态、羧酸盐或羧酸衍生物形式广泛存在于动植物体中，它们有些具有显著的生物活性，能防病、治病，有些还是有机合成、工农业生产和医药工业的原料。分子中含有羧基（—COOH）的化合物称为羧酸，一元羧酸可用通式（Ar）RCOOH（甲酸为 HCOOH）表示。

小贴士

具有抗炎、镇痛和解热作用的布洛芬，化学名称 2-(4-异丁基苯基）丙酸，属于羧酸类有机化合物。

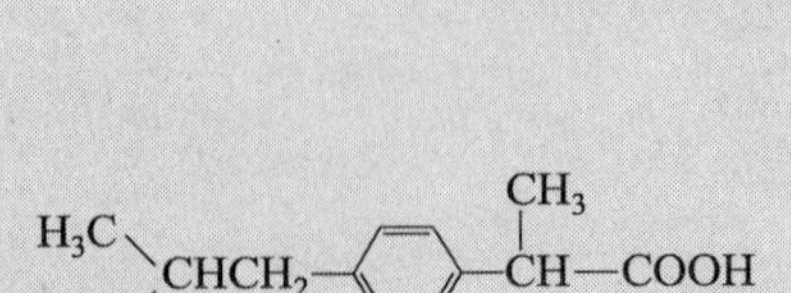

一、羧酸的结构、分类和命名

1. 羧酸的结构

羧酸的官能团是羧基，羧基由羰基和羟基组成，其构造式为：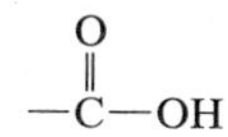（简写为—COOH）羧基中的碳原子为 sp^2 杂化，它的三个 sp^2 杂化轨道在一个平面内，键角约为 120°，三个 sp^2 杂化轨道分别与羰基氧原子、羟基氧原子、碳原子的原子轨道形成三个 σ 键。羰基碳原子的未杂化的 p 轨道与羰基氧原子的 p 轨道都垂直于 σ 键所在的平面，它们互相平行，肩并肩重叠形成一个 π 键，如图 7-1 所示。

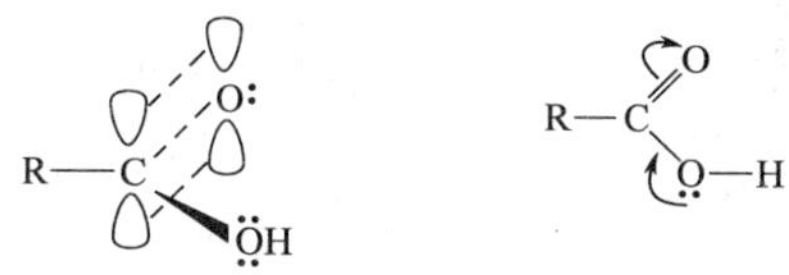

图 7-1 羧酸中的 p，π 共轭

羟基原子的未共用电子对所在的 p 轨道与碳氧双键的 π 轨道平行在侧面交盖，形成 p-π 共轭体系。在此共轭体系中，由于共轭效应的影响，体系的电子云密度平均化，结果使羟基氧原子上的电子云密度有所降低，羰基碳原子上的电子云密度有所增高。

2. 羧酸的分类

（1）根据羧酸分子中与羧基相连的烃基不同，羧酸可分为脂肪酸、脂环酸和芳香酸。例如：

CH_3COOH 乙酸(脂肪酸)

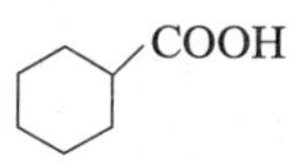

环己烷甲酸(脂环酸)

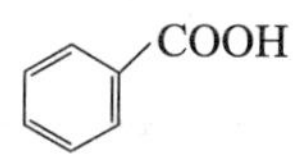

苯甲酸(芳香酸)

（2）根据烃基是否饱和可分为饱和羧酸与不饱和羧酸。例如：

CH_3CH_2COOH 丙酸(饱和羧酸)

$CH_2{=}CHCOOH$ 丙烯酸(不饱和羧酸)

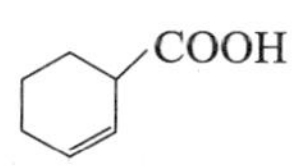

2-环己烯甲酸(不饱和脂环酸)

（3）根据羧酸分子中所含羧基的数目，羧酸可分为一元羧酸、二元羧酸和多元羧酸。例如：

$CH_3CH_2CH_2COOH$ 丁酸(一元酸)

$HOOCCH_2COOH$ 丙二酸(二元酸)

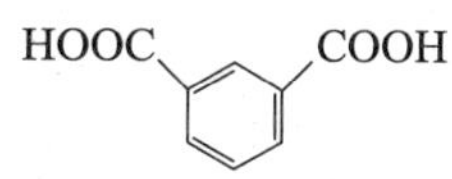

间苯二甲酸(二元酸)

3. 羧酸的命名

（1）俗名　许多羧酸具有俗名，是根据最初的来源而命名的，如甲酸最初来自于蚂蚁，故称为蚁酸；乙酸存在于食醋中，故称为醋酸；苯甲酸是由安息香胶制得的，因此也叫安息香酸。

（2）系统命名法

① 羧酸的系统命名法与醛相似，只要将“某醛”改为“某酸”即可。例如：

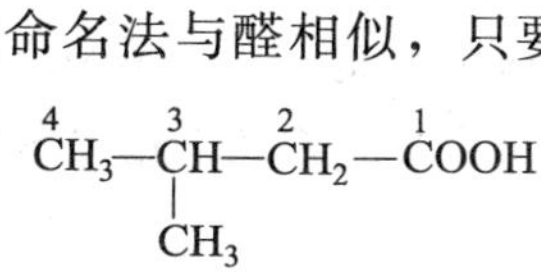

3-甲基丁酸

(β-甲基丁酸)

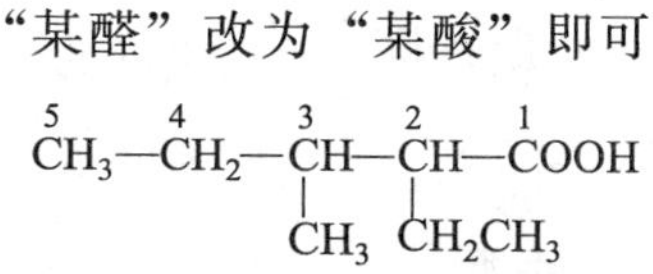

3-甲基-2-乙基戊酸

(β-甲基-α-乙基戊酸)

② 命名不饱和羧酸时，选择包含羧基和不饱和键的最长碳链为主链，称为“某烯（炔）酸”，同时标明不饱和键的位次。例如：

$$CH_3CH=CHCOOH$$

2-丁烯酸(α-丁烯酸)

③ 命名脂肪二元羧酸时，主链中应含有两个羧基，称为某二酸。例如：

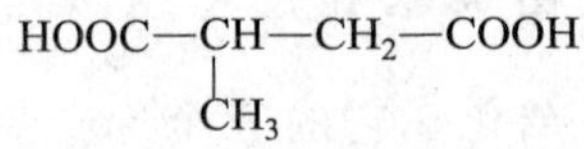

2-甲基丁二酸

④ 命名芳香酸和脂环酸时，将芳环或脂环看作取代基，以脂肪酸为母体进行命名。例如：

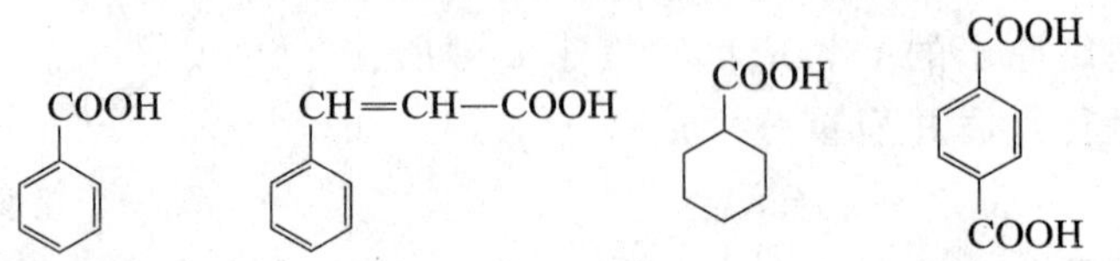

苯甲酸　3-苯基丙烯酸　环己基甲酸　对苯二甲酸

二、羧酸的物理性质

直链饱和脂肪酸中，C_1～C_3 酸为具有酸味的刺激性气体，C_4～C_9 酸为有腐败气味的油状液体，C_{10}以上的羧酸为石蜡状固体。芳香酸和脂肪族二元酸常温下都是结晶状固体。固态羧酸基本上没有气味。常见羧酸物理常数见表 7-1。

表 7-1　常见羧酸的物理常数

名称	熔点/℃	沸点/℃	溶解度/(g/100g H_2O)	pK_{a_1}
甲酸(蚁酸)	8.4	100.8	∞	3.76
乙酸(醋酸)	16.6	118.0	∞	4.76
丙酸(初油酸)	−20.8	140.7	∞	4.87
丁酸(酪酸)	−6.0	165.5	∞	4.82
戊酸(缬草酸)	−34.5	186.1	4.97	4.84
己酸(半油酸)	−3.0	205.0	0.978	4.88
十二酸(月桂酸)	44.0	179.0	0.006	—
十六酸(软脂酸)	63.0	351.5	0.0007	—
苯甲酸(安息香酸)	122.4	249.0	0.34	4.19
乙二酸(草酸)	186.6(分解)	157.0(升华)	10.00	1.27
丙二酸(蚁酸)	135.6	140.0(分解)	138.00	2.86
丁二酸(琥珀酸)	185.0	235.0(脱水分解)	4.21	4.21

直链饱和脂肪酸的沸点随相对分子质量增大而升高；熔点则随碳原子数增加而呈锯齿状变化，含偶数碳原子的羧酸的熔点比前、后两个相邻的奇数碳原子的羧酸的熔点都高。

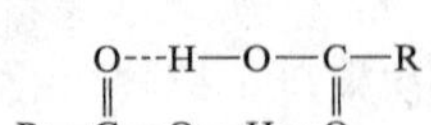

图 7-2　羧酸二聚体缔合

羧酸分子中羧基是亲水基团，可与水形成氢键，所以 C_1～C_4 酸能与水混溶。随着分子质量的增大，非极性的烃基愈来愈大，使羧酸在水中的溶解度逐渐减小，含 6 个碳原子以上的羧酸难溶于水而易溶于有机溶剂。

羧酸的熔点与沸点比相对分子质量相近的醇高，例如相对分子质量均为 46 的甲酸和乙醇沸点相差 22℃，这是由于羧酸分子间可以形成两个氢键而缔合成较稳定的二聚体（见图 7-2）。

三、羧酸的化学性质

羧酸的化学性质主要取决于其官能团羧基。羧基形式上是由羰基和羟基组成，所以在一定程度上反映了羰基和羟基的某些性质，但又与醛、酮中的羰基和醇中的羟基有明显的差别。由于羰基与羟基的相互作用，致使羧酸又具有某些特殊的性质。

1. 酸性

羧酸都具有酸性，在水溶液中可解离出 H^+，可使蓝色石蕊试纸变红。大多数一元酸 pK_a 在 3.5～5 范围内（见表 7-1），与无机强酸相比为弱酸，但比碳酸（$pK_a=6.38$）和酚（$pK_a\approx10$）强。这主要是因为当羧酸解离为羧酸根负离子时，氧原子上带有一个负电荷，这样就更容易供给电子和羰基键形成 p，π 共轭体系。电荷离域使负电荷平均分配于两个氧原子，增加了羧酸根负离子的稳定性，这也有利于羧酸解离成离子。

当羧基的烃基上（特别是 α-C 原子上）连有电负性大的基团时，由于它们的吸电子诱导效应，使 O—H 间电子云偏向氧原子，O—H 键的极性增强，促使氢的解离，使羧酸酸性增强。由于诱导效应随距离增大而迅速减弱，故取代基距离羧基越远，其对羧基的酸性影响就会越小，当与羧基距离 3～4 个 σ 键时，其影响已微不足道。所以取代基的电负性越大、取代基的数目越多、距羧基的位置越近，都会使吸电子诱导效应增强，则羧酸的酸性就越强。

由于两个羧基的相互影响，饱和的二元羧酸的酸性比一元酸强，特别是乙二酸，两个电负性大的羧基直接相连接，使酸性显著增强。乙二酸的 $pK_{a_1}=1.46$，其酸性比磷酸($pK_{a_1}=1.59$）还强。

取代基对芳香酸酸性的影响也有类似的规律。当羧基的对位连有硝基、卤素原子等吸电子基时，酸性增强；而对位连有甲基、甲氧基等斥电子基时，则酸性减弱。

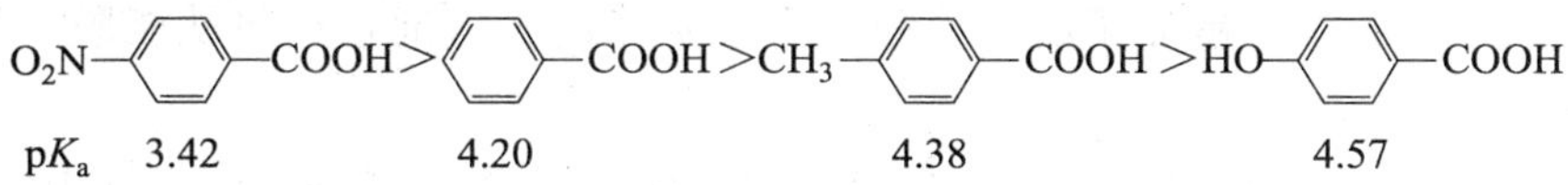

羧酸能与碱中和生成羧酸盐和水，能分解碳酸盐或碳酸氢盐放出二氧化碳；在羧酸盐中加入无机强酸时，羧酸又游离出来。利用这一性质，不仅可以区别羧酸和苯酚，还可用于来分离提纯有关化合物。

$$RCOOH+NaOH \longrightarrow RCOONa+H_2O$$
$$RCOOH+NaHCO_3 \longrightarrow RCOONa+H_2O+CO_2$$
$$2RCOOH+Na_2CO_3 \longrightarrow RCOONa+H_2O+CO_2$$

羧酸的钠盐、钾盐易溶于水，医药上常将一些含有羧基的、水溶性较差的药物转变成可溶性的羧酸盐，以便制成水剂或注射剂使用，如含有羧基的青霉素和氨苄青霉素临床使用的就是其钠盐或钾盐。

2. 羟基被取代的反应

羧基中的羟基可被其他原子或基团取代，生成羧酸衍生物。

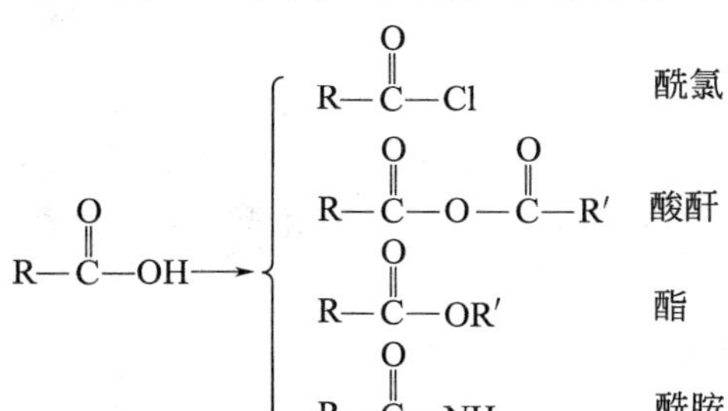

(1) 酰卤的生成　羧酸（除甲酸外）与 PCl_3、PCl_5、$SOCl_2$ 等反应生成相应的酰氯，但 HCl 不能使羧酸生产酰氯。

$$3RCOOH+PCl_3 \longrightarrow 3RCOCl+H_3PO_3$$
$$RCOOH+PCl_5 \longrightarrow RCOCl+POCl_3+HCl\uparrow$$
$$RCOOH+SOCl_2 \longrightarrow RCOCl+SO_2\uparrow+HCl\uparrow$$

由于酰氯是一种活泼的羧酸衍生物，很容易分解，所以反应需在无水条件下进行。在分离提纯时，一般采用减压蒸馏的方法。实验室常用羧酸与 $SOCl_2$ 反应制备酰氯，因为该反应的副产物都是气体，产物纯度好、产率高。例如：

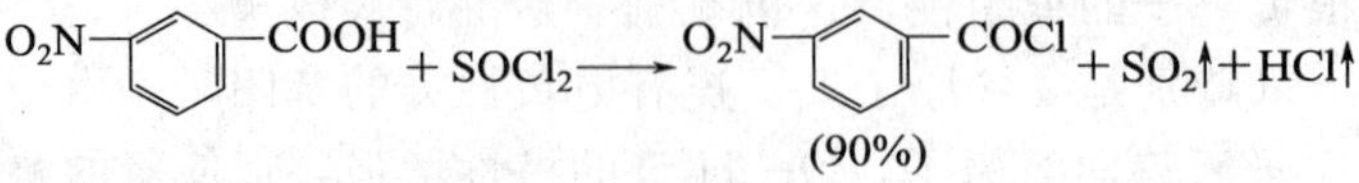

(2) 酸酐的生成　羧酸（除甲酸外）在脱水剂作用下，加热脱水生成酸酐。常用的脱水剂有五氧化二磷和乙酸酐等。

$$2CH_3COOH \xrightarrow[\triangle]{P_2O_5} (CH_3CO)_2O+H_2O$$

乙酸酐作为脱水剂时常用来制备其他高级酸酐，因为它能与水迅速反应，价格又较低廉，且与水反应生成沸点较低的乙酸可通过分馏除去。

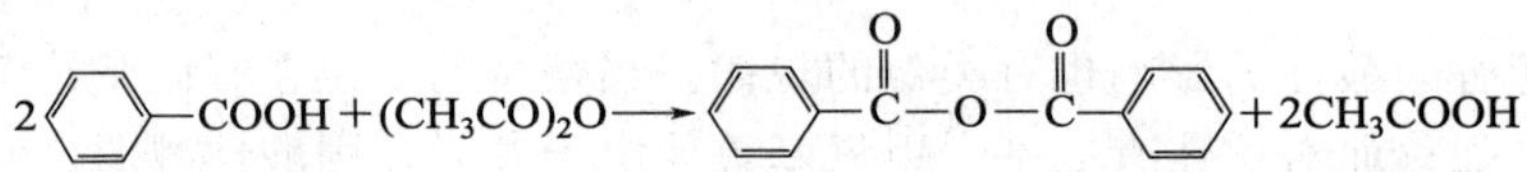

两个羧基相隔 2～3 个碳原子的二元酸，不需要任何脱水剂，加热就能脱水生成五元或六元环酐等。

(3) 酯的生成　在强酸（如浓 H_2SO_4、干 HCl、对甲基苯磺酸或强酸性离子交换树脂）的催化下，羧酸与醇作用生成羧酸酯的反应，称为酯化反应。这是制备酯的最重要的方法。

$$R-\overset{\overset{O}{\|}}{C}-H+HOR' \overset{H^+}{\rightleftharpoons} R-\overset{\overset{O}{\|}}{C}-OR'+H_2O$$

酯化反应是可逆反应。为了提高酯的产率，通常采用加过量的酸或醇，在大多数情况下，是加过量的醇，它既可作试剂又可作溶剂。

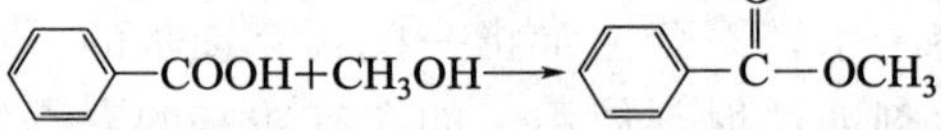

(4) 酰胺的生成　羧酸与氨或胺反应，首先生成铵盐，然后高温（150℃以上）分解得到酰胺。这个反应是可逆的，在反应过程中不断蒸出所生成的水，可使平衡右移，产率很高。

$$RCOOH \xrightarrow{NH_3} R\overset{\overset{O}{\|}}{C}-ONH_4 \xrightarrow[\triangle]{-H_2O} R\overset{\overset{O}{\|}}{C}-NH_2$$

例如：

$$CH_3-\overset{\overset{O}{\|}}{C}-OH+NH_3 \rightleftharpoons CH_3-\overset{\overset{O}{\|}}{C}-\overset{-}{O}\overset{+}{N}H_4 \xrightarrow[\triangle]{150℃} CH_3-\overset{\overset{O}{\|}}{C}-NH_2+H_2O$$

3. 脱羧反应

羧酸脱去 CO_2 的反应称为脱羧反应。低级羧酸的碱金属盐与碱石灰（NaOH＋CaO）共热，则发生脱羧生成烃，这是实验室用来制备甲烷的方法。

$$CH_3COONa+NaOH \xrightarrow[\triangle]{CaO} CH_4\uparrow +Na_2CO_3$$

脂肪羧酸的羧基较稳定，不易脱羧。长链脂肪酸的脱酸要求高温，并常伴有大量的分解产物，产率低，在合成上没有价值。唯有当羧酸或羧酸盐的 α-C 原子上连有强吸电子基团时，加热即可脱羧。芳基作为吸电子基，可使芳香酸的脱酸比脂肪酸容易。例如：

$$Cl_3CCOOH \xrightarrow[\triangle]{} CHCl_3+CO_2\uparrow$$

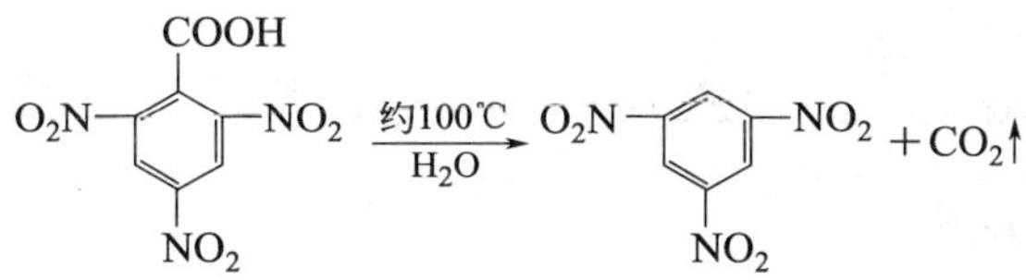

4. α-H 原子的取代反应

在羧基的影响下，α-H 原子活性增强，能被卤原子取代。但由于羧基的致活作用比羰基小，所以羧酸的 α-H 原子卤代反应需要在红磷或硫等催化剂存在下才能进行。

$$RCH_2COOH \xrightarrow[P或S]{X_2} R\underset{\underset{X}{|}}{C}HCOOH \xrightarrow[P或S]{X_2} R\overset{\overset{X}{|}}{\underset{\underset{X}{|}}{C}}COOH \quad (X_2=Cl_2，Br_2)$$

5. 还原反应

一般情况下羧基不容易被还原，但在强还原剂（如 $LiAlH_4$）作用下可还原羧酸为伯醇。

$$(CH_3)_3CCOOH+LiAlH_4 \xrightarrow[②H_2O]{①干醚} (CH_3)_3CCH_2OH \quad 92\%$$

$$CH_2{=}CH(CH_2)_4COOH+LiAlH_4 \xrightarrow[②H_2O]{①干醚} CH_2{=}CH(CH_2)_4CH_2OH \quad 83\%$$

用 $LiAlH_4$ 还原羧酸不仅可以获得高产率的伯醇，而且分子中的碳碳双键或三键均不受影响，但是由于其价格昂贵，仅限于实验室使用。

四、羧酸的制备

1. 伯醇或醛氧化

伯醇或醛氧化是制备羧酸的一种方法。常用的氧化剂有 $K_2Cr_2O_7$-稀 H_2SO_4、$KMnO_4$ 碱溶液等。

$$CH_3CH_2CH_2OH \xrightarrow[稀H_2SO_4]{K_2Cr_2O_7} CH_3CH_2COOH$$

$$CH_3(CH_2)_3\underset{\underset{CH_2CH_3}{|}}{C}HCHO \xrightarrow[H_2O]{KMnO_4,OH^-} CH_3(CH_2)_3\underset{\underset{CH_2CH_3}{|}}{C}HCOONa \xrightarrow{H_2O/H^+} CH_3(CH_2)_3\underset{\underset{CH_2CH_3}{|}}{C}HCOOH$$

2. 腈水解

脂肪腈和芳香腈在酸或碱溶液中水解得到相应的羧酸。脂肪腈常从卤代烃制得，故此法也可制备比原来卤代烃多一个碳原子的羧酸。例如：

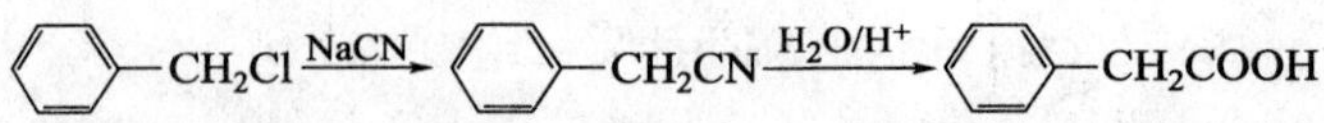

此法仅限于由伯卤代烃、苄基型和烯丙基型卤代烃制备腈，其产率很高。仲卤代烃、叔卤代烃因氰化钠有碱性，较强易发生消除反应成烯，卤代芳烃一般不与氰化钠反应。

3. 格氏试剂与 CO_2 作用

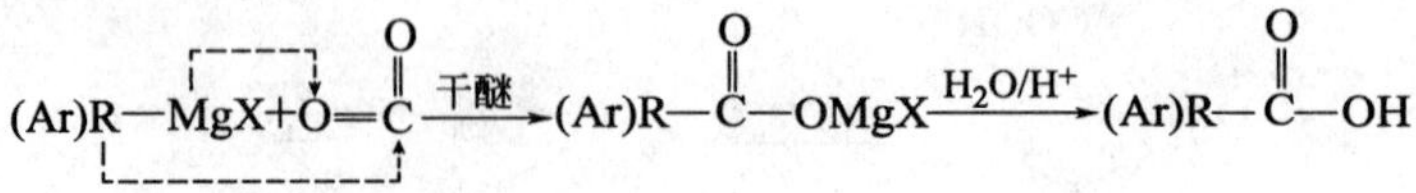

(X=Cl, Br, I)

例如：

$$(CH_3)_3C-OH \xrightarrow{HCl} (CH_3)_3C-Cl \xrightarrow[\text{干醚}]{Mg} (CH_3)_3C-MgCl \xrightarrow[\text{② } H_2O/H^+]{\text{① } CO_2,\text{干醚}} (CH_3)_3C-COOH$$

(79%～80%)

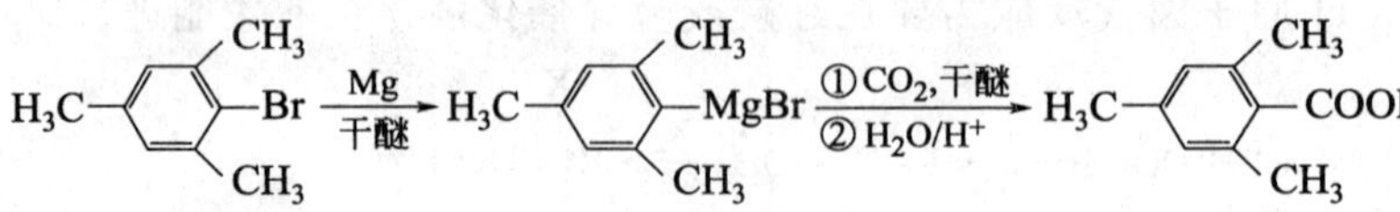

(60%)

制备时，一般是将格氏试剂的醚溶液倒入过量的干冰中，使格氏试剂与 CO_2 加成，再经水解即生成羧酸。此法可从卤代烃制备多一个碳原子的羧酸。

五、重要的羧酸

1. 甲酸（HCOOH）

甲酸俗称蚁酸，是具有刺激性臭味的无色液体，沸点 100.5℃，能与水、乙醇、乙醚混溶。甲酸的酸性较强（$pK_a=3.76$），是饱和一元酸中酸性最强的。甲酸的腐蚀性很强，能刺激皮肤起泡，使用时要避免与皮肤接触。它存在于红蚂蚁体液中，也是蜂毒的主要成分。

甲酸的结构比较特殊，羧基与氢原子相连，既有羧基结构，又有醛基结构。能被托伦试剂和斐林试剂氧化，也易被高锰酸钾等氧化剂氧化，生成二氧化碳和水，是一种良好的酸性还原剂。甲酸与浓硫酸等共热，分解生成一氧化碳和水，这是实验室制备一氧化碳的方法。

$$HCOOH \xrightarrow{\text{浓}H_2SO_4} CO+H_2O$$

甲酸在工业上用作酸性还原剂、媒染剂、防腐剂、消毒剂和橡胶凝聚剂等。

2. 乙酸（CH_3COOH）

乙酸俗称醋酸，是食醋的主要成分。常温时为无色透明具有刺激性气味的液体，沸点 118℃，熔点 16.6℃。当室温低于 16.6℃时，无水乙酸凝结成冰状固体，俗称冰醋酸。乙酸能与水、乙醇、乙醚、四氯化碳等混溶。

以低级烷烃为原料，以醋酸钴或醋酸锰为催化剂，用空气进行液相氧化是近年来制取乙酸的一种重要方法。

$$CH_3CH_2CH_2CH_3+5/2O_2 \xrightarrow[150\sim225℃,\text{约}5.5MPa]{(CH_3COO)_2Co} 2CH_3COOH+H_2O$$

乙酸是人类最早使用的有机酸，食醋中约含6%～8%的乙酸。乙酸在工业上应用很广，是重要的有机化工原料，可用来合成乙酸酐、乙酸酯、醋酸纤维、胶卷、喷漆溶剂和香料等，其稀溶液在医药上用作消毒防腐剂。

3. 乙二酸$\left(\begin{array}{c}\mathrm{COOH}\\ |\\ \mathrm{COOH}\end{array}\right)$

乙二酸俗称草酸，广泛存在于多种植物体内。为无色透明单斜晶体，常含两分子结晶水，其熔点为101.5℃，无水草酸的熔点为189.5℃。可溶于水和乙醇，不溶于乙醚。其酸性比一元酸和其他二元酸都强（$pK_a=1.23$）。

草酸分子中有两个羧基直接相连，碳碳单键稳定性降低，易被氧化成二氧化碳和水，因此可作为还原剂。例如：

$$5HOOC—COOH+2KMnO_4+3H_2SO_4 \longrightarrow K_2SO_4+2MnSO_4+10CO_2\uparrow+8H_2O$$

此反应是定量进行的，常用来标定高锰酸钾溶液的溶度。

草酸能与多种金属离子形成水溶性配位化合物（盐），例如草酸能与Fe^{3+}生成易溶于水的配离子，因此草酸在纺织、印染、服装工业中广泛用作除铁迹；大量用于稀土元素的提取；草酸及其铝盐、锑盐可作为媒染剂。

4. 苯甲酸（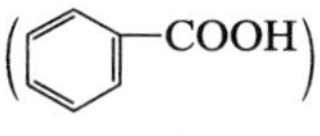）

苯甲酸俗称安息香酸，常以苯甲酸苄酯形式存在于安息香胶中。苯甲酸为无色晶体，略有特殊气味，熔点122℃，沸点250℃，100℃时可升华。微溶于水，能溶于乙醇、乙醚、氯仿等有机溶剂。苯甲酸的酸性（$pK_a=4.19$）比一般脂肪酸（除甲酸外）的酸性强。

苯甲酸具有抑菌防腐能力，且毒性低，故广泛用作食品、医药和日常化妆品的防腐，也作为治疗疥癣的药物。但由于苯甲酸的水溶性差，故常使用其钠盐。也是重要的有机合成原料，可用于制备染料、香料、药物、媒染剂和增塑剂等。

第二节 羧酸衍生物

羧酸衍生物是指羧酸分子中的羟基被其他原子或基团取代后的产物。羧酸衍生物在构造上的相同之处是分子中均含有酰基，也统称为酰基化合物。可分为酰卤、酸酐、酯和酰胺等。

一、羧酸衍生物的命名

1. 酰卤

酰卤的命名是将酰基的名称加上卤素的名称，但省略“基”字，称为“某酰卤”。例如：

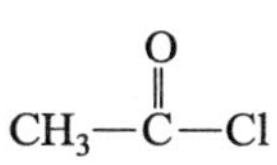

乙酰氯

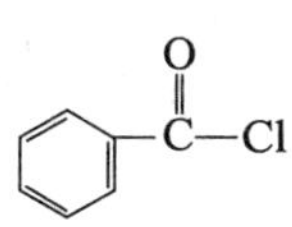

苯甲酰氯

2. 酸酐

酸酐是根据相应的酸命名为“某酸酐”，有时省略“酸”字，称为“某酐”。例如：

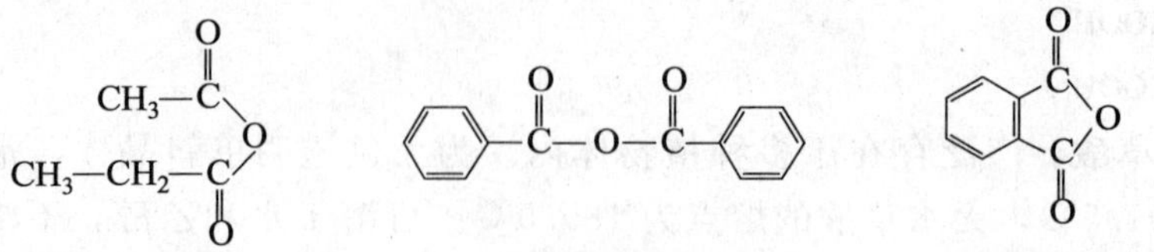

乙丙(酸)酐　　苯甲酸酐　　邻苯二甲酸酐

3. 酯

酯的命名是按照形成它的酸和醇称为某酸某酯，多元醇酯也可把酸的名称放在后面。若分子内形成的酯则称为“内酯”。

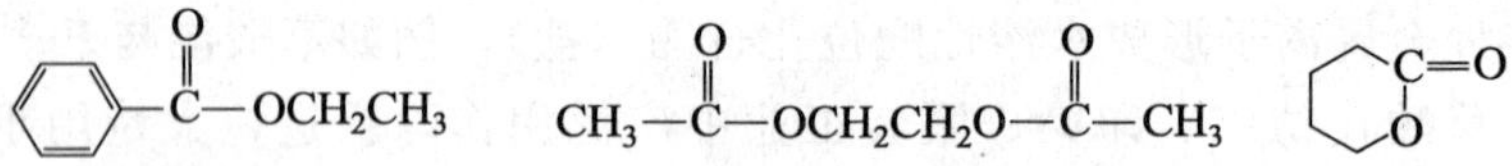

苯甲酸乙酯　　乙二醇二乙酸酯　　δ-戊内酯

4. 酰胺

酰胺是以其相应的酰基命名。例如：

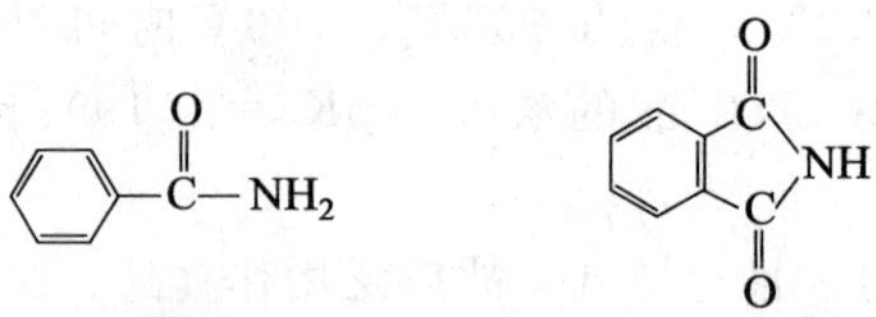

苯甲酰胺　　邻苯二甲酰亚胺

酰胺分子中氮原子上的氢原子被烃基取代后生成的取代酰胺命名时，在酰胺前冠以 *N*-烃基。例如：

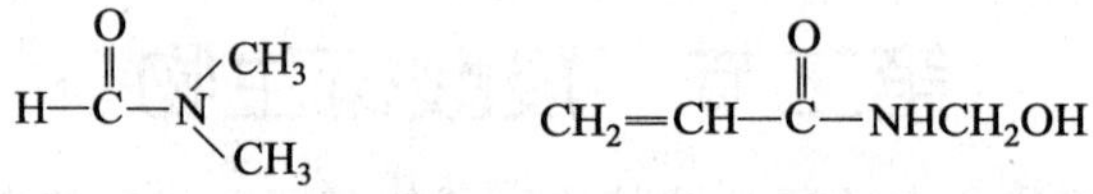

N,*N*-二甲基甲酰胺　　*N*-羟甲基丙烯酰胺

含有一个—CO—NH—基的环状酰胺称为内酰胺。例如：

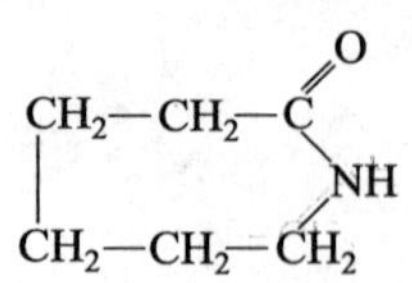

ε-己内酰胺

二、羧酸衍生物的物理性质

低级酰氯是无色有刺激性气味的液体，高级酰氯是白色固体，酰氯的沸点比原来的羧酸低。

低级酸酐是有刺激性气味的液体，壬酸酐以上的简单酸酐是固体。酸酐的沸点比相对分子质量相近的羧酸要低。

低级酯无色，具有果香气味，存在于水果中，可用作香料（如乙酸异戊酯等）。C_{14} 以下的羧酸甲酯、乙酯均为液体。高级酯为蜡状固体。酯的沸点比相对分子质量相近的醇和羧酸都要低。

除甲酰胺为高沸点液体以外，大多数酰胺和 N-取代酰胺在室温时是晶体。由于分子间的氢键缔合随氨基上氢原子逐步被取代而减少，故脂肪族 N，N-二取代酰胺常为液体。

酰胺由于分子间氢键缔合比羧酸强，故沸点比相应的羧酸高（图 7-3）；而酰氯、酸酐和酯则因分子间没有氢键缔合，它们的沸点比相对分子质量相近的羧酸低得多。例如，乙酰胺的沸点为 222℃，比乙酸（沸点 118℃）高得多，而乙酰氯的沸点为 52℃，比乙酸低得多。

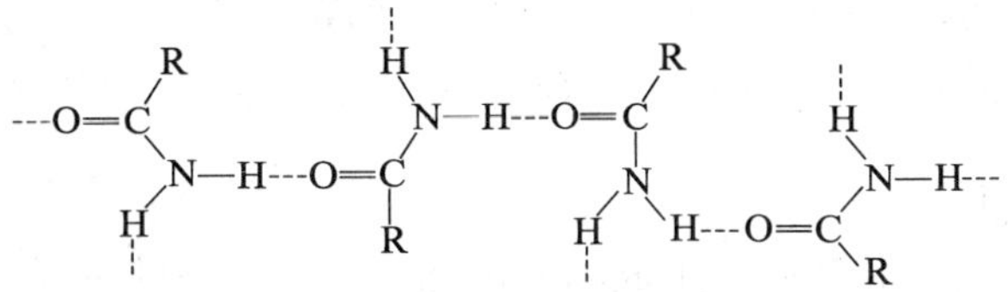

图 7-3 酰胺分子间氢键示意图

酰氯、酸酐的水溶性比相应的羧酸小，低级的遇水分解。低级酯（C_3-C_5）有一定的水溶性，但随着碳原子数的增加而大大降低。低级酰胺可溶于水。N,N-二甲基甲酰胺和 N，N-二甲基乙酰胺可与水混溶。

羧酸衍生物都可溶于有机溶剂。乙酸乙酯本身就是一种很好的有机溶剂，大量用于油漆工业。

三、羧酸衍生物的化学性质

由于羧酸衍生物分子中酰基所连的基团都是极性基团，故它们有相似的化学性质。

1. 取代反应

羧酸衍生物发生取代反应的相对活性为：

$$R-\overset{O}{\overset{\|}{C}}-Cl > R-\overset{O}{\overset{\|}{C}}-O-\overset{O}{\overset{\|}{C}}-R' > R-\overset{O}{\overset{\|}{C}}-OR' > R-\overset{O}{\overset{\|}{C}}-NH_2$$

羧酸衍生物可通过取代反应而相互转化，活性较低的酰基化合物可从活性较高的酰基化合物合成，而逆方向的反应常常是困难的。

（1）水解 酰卤、酸酐、酯和酰胺都可以与水反应，生成相应的羧酸。

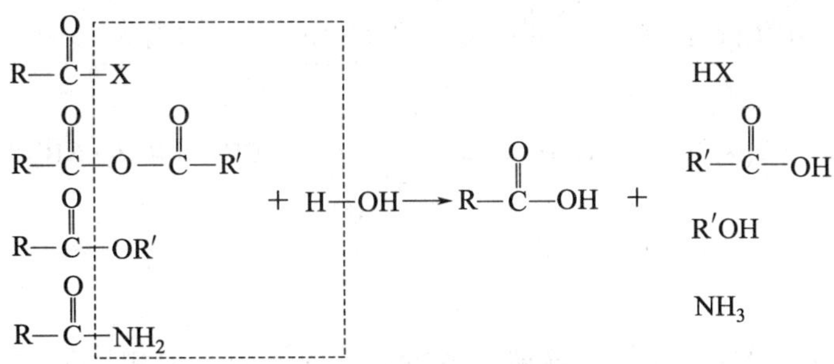

酰氯与水发生剧烈的放热反应。酸酐易与热水反应，在室温下与水反应速率很慢。酯的水解反应比较困难，需在酸或碱催化下加热才能进行，酯在碱性条件下发生的水解反应又称为“皂化反应”。

$$\underset{\large OH}{CH_3\overset{}{C}HCOOC_2H_5} + H_2O \underset{\triangle}{\rightleftharpoons} \underset{\large OH}{CH_3CHCOOH} + C_2H_5OH$$

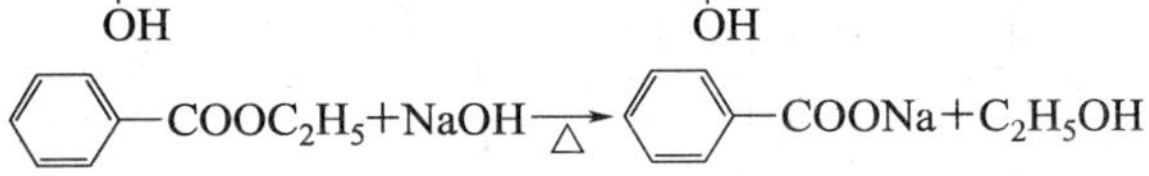

酰胺在酸性溶液中水解得到羧酸和铵盐；在碱性溶液中水解得到羧酸盐并放出氨。

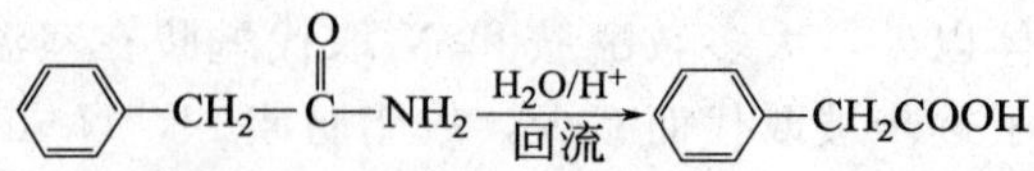

（2）醇解　酰卤、酸酐、酯都可以与醇反应，生成相应的酯。酰胺难进行醇解反应。

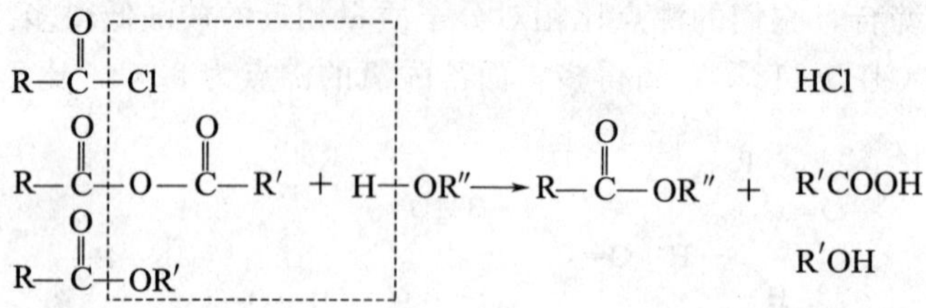

酰氯和酸酐可以直接与醇反应，生成相应的酯，这是制备酯的重要方法之一，尤其适用于其他方法难以合成的酯。例如：

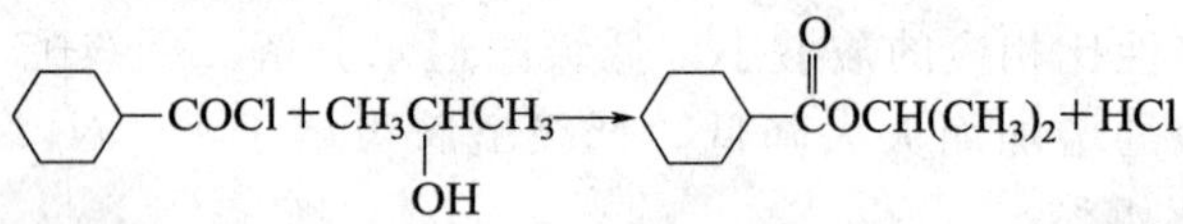

酯与醇的反应，需要在酸或碱催化下才能进行，反应生成新的酯和新的醇，所以酯的醇解又称为酯交换反应。例如：

$$CH_3COOC_2H_5 + CH_3(CH_2)_4CH_2OH \xrightarrow{H^+} CH_3COOCH_2(CH_2)_4CH_3 + C_2H_5OH$$

（3）氨解　酰卤、酸酐、酯都可以顺利与氨反应，生成相应的酰胺。

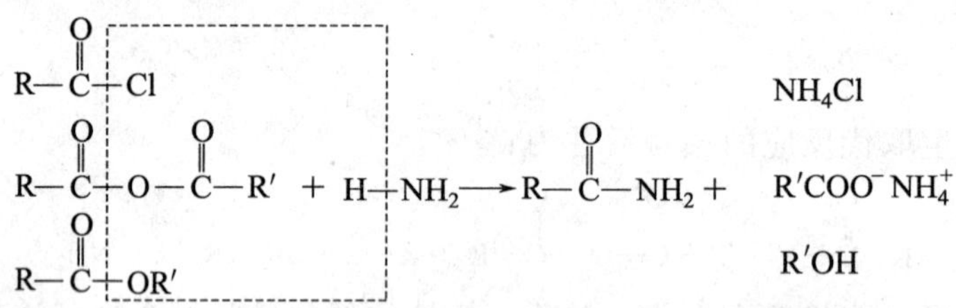

酰氯与浓氨水或胺（RNH_2、R_2NH）在室温或低于室温下反应是实验室制备酰胺或 *N*-取代酰胺的方法，反应迅速，产率高。酯与氨或胺的反应虽然较慢，但也常用于合成中。例如：

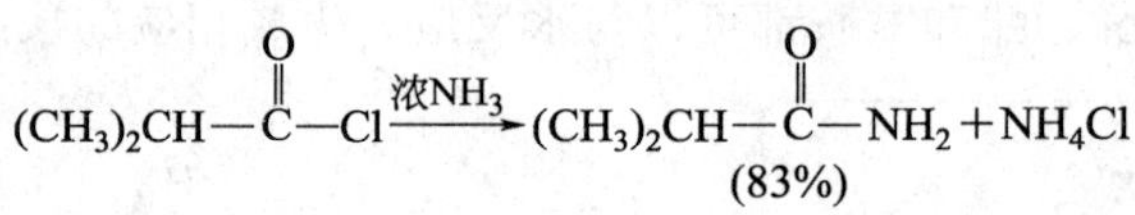

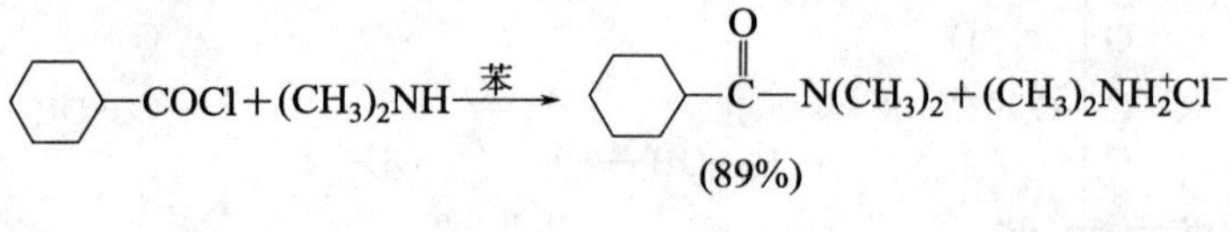

2. 还原反应

羧酸衍生物可被 $LiAlH_4$ 还原，酰卤、酸酐、酯还原后生成相应的伯醇，酰胺还原后生成相应的胺。

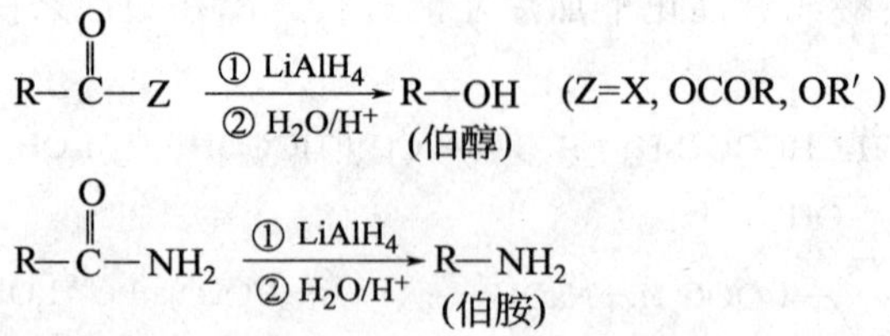

$$R-\overset{O}{\overset{\|}{C}}-NHR' \xrightarrow[\text{② } H_2O/H^+]{\text{① } LiAlH_4} \underset{(\text{仲胺})}{RCH_2NHR'}$$

$$R-\overset{O}{\overset{\|}{C}}-NR'_2 \xrightarrow[\text{② } H_2O/H^+]{\text{① } LiAlH_4} \underset{(\text{叔胺})}{RCH_2NR'_2}$$

3. 化学还原

酯的还原应用最为广泛，最常用的还原剂是 $LiAlH_4$，也可采用金属钠和无水乙醇还原剂。这两种还原剂都不影响分子中的碳碳双键。例如：

$$\underset{\text{月桂酸乙酯}}{n\text{-}C_{11}H_{23}-\overset{O}{\overset{\|}{C}}-OCH_3} \xrightarrow{Na+C_2H_5OH(\text{无水})} \underset{\text{月桂醇(65\%～75\%)}}{n\text{-}C_{11}H_{23}CH_2OH} + CH_3OH$$

4. 与格氏试剂的反应

酯与过量的格氏试剂在干醚中进行反应，然后水解，可以高产率得到醇。这是制备叔醇和仲醇（以甲酸酯为原料）的一种方法。例如：

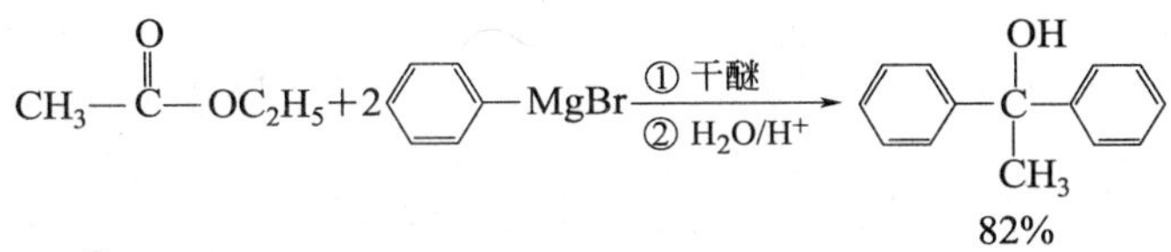

$$H-\overset{O}{\overset{\|}{C}}-OC_2H_5+2CH_3(CH_2)_3MgBr \xrightarrow[\text{② } H_2O/H^+]{\text{① 干醚}} \underset{85\%}{(CH_3CH_2CH_2CH_2)_2CHOH}$$

酰卤、酸酐和酰胺与格氏试剂的反应与酯类相似，产物都是醇。

5. 酰胺的特殊性质

（1）酰胺的酸碱性　酰胺分子中的氮原子与酰基形成 p，π 共轭体系，N 原子上的未共用电子对离域，电子云向羰基偏移，使其电子云密度降低，因而碱性减弱。当氮原子与两个酰基相连，形成酰亚胺时，表现出弱酸性。

酰亚胺能与氢氧化钠等强碱作用生成相应的酰亚胺盐。例如：

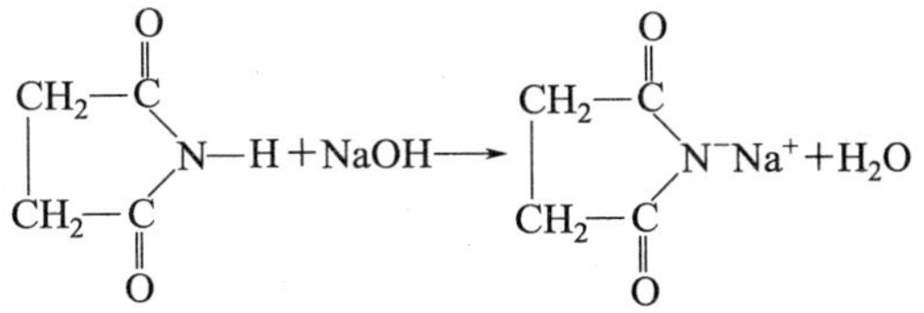

（2）脱水反应　酰胺与强脱水剂或高温加热，分子内脱水生成腈。这是制备腈的方法之一。常用脱水剂有五氧化二磷（P_2O_5）和亚硫酰氯（$SOCl_2$）等。

$$RCONH_2 \xrightarrow[\triangle]{P_2O_5} RCN+H_2O$$

（3）与亚硝酸的反应　酰胺与 HNO_3 作用，生成相应的羧酸并放出 N_2。

$$RCONH_2+HNO_2 \longrightarrow RCOOH+N_2\uparrow+H_2O$$

(4) 霍夫曼降解反应　伯酰胺与卤素的碱性溶液作用，脱去羰基生成伯胺，在反应中使碳链减少一个碳原子。这个反应称为霍夫曼（Hofmann）降解反应。可以利用此反应制备伯胺。例如：

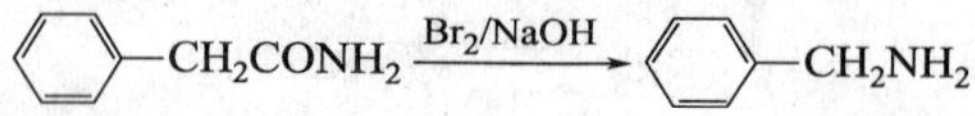

四、重要的羧酸衍生物

1. 乙酰氯（CH_3COCl）

乙酰氯是一种有刺激臭味的无色液体，沸点 52℃，相对密度 1.1051。乙酰氯能与乙醚、氯仿、冰醋酸、苯和汽油混溶。乙酰氯极易水解，并放出大量的热。由于空气中的水就能使之水解，所以在空气中会发烟。常用作乙酰化试剂。

2. 乙酸酐［$(CH_3CO)_2O$］

乙酸酐，又称醋酐，是有刺激性气味的无色液体，熔点－73℃，沸点 139℃，易溶于乙醚、苯和氯仿，微溶于水。乙酸酐是重要的乙酰化试剂。乙酸酐是重要的医药化工原料，可用于制造香料、纤维和药物等。

3. 乙酸乙酯（$CH_3COOCH_2CH_3$）

乙酸乙酯是可燃性的无色液体，有水果香味，熔点－83.6℃，沸点 71℃，微溶于水，溶于乙醇、乙醚和氯仿等有机溶剂。蒸气能形成爆炸性混合物，爆炸极限为 2.2%～11.2%（体积）。可用作清漆、人造革、硝酸纤维素塑料等的溶剂，也用于制造染料、药物和香料。

4. *N*,*N*-二甲基甲酰胺 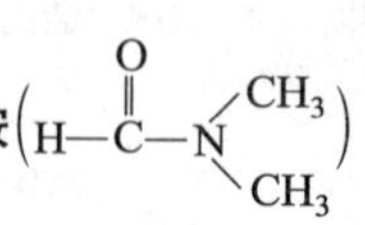

N,*N*-二甲基甲酰胺为无色液体，沸点－153℃。与水和大部分有机溶剂混溶，是典型的非质子型、强极性的有机溶剂，具有很强的溶解能力，被称为“万能溶剂”。

5. 邻苯二甲酸酐 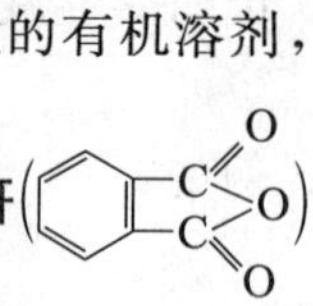

邻苯二甲酸酐为无色鳞片状晶体，熔点 131℃，沸点 284℃，易升华，难溶于冷水，可溶于热水、乙醇、乙醚、氯仿和苯等。是重要的有机化工原料，主要用于制备邻苯二甲酸二丁酯、二辛酯等。由一分子邻苯二甲酸酐与两分子酚类缩合而成的化合物称为酞类，这类化合物有许多是重要的染料、指示剂和药物。

第三节　碳酸衍生物

碳酸衍生物是指碳酸分子中的羟基被其他原子或基团（—X、—OR、—NH_2 等）取代后的产物。例如：

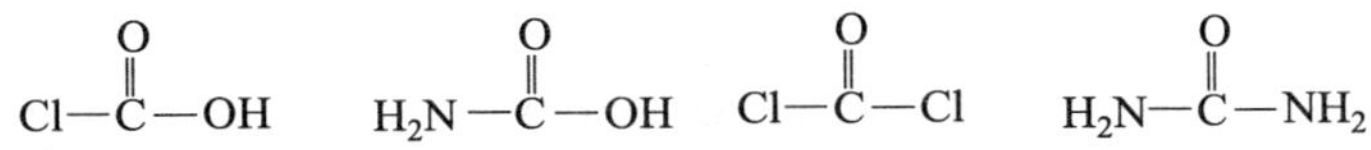

氯甲酸 氨基甲酸 碳酰氯 碳酰胺(脲)

碳酸一元衍生物不稳定，不能以游离状态存在，如氯甲酸、氨基甲酸、酸式碳酸酯等。而碳酸二元衍生物绝大多数比较稳定。许多碳酸衍生物都是有机合成、药物制备的重要试剂，现仅对部分常见的且较为重要的碳酸衍生物进行介绍。

一、碳酰氯

碳酰氯（$COCl_2$）可看作碳酸分子中两个羟基被氯原子取代后的产物，俗称光气。它是一种极毒带甜味的气体，有腐草臭味，熔点－118℃，相对密度 1.432（0℃）。光气具有酰氯的一般特性，能发生水解、醇解和氨解反应。

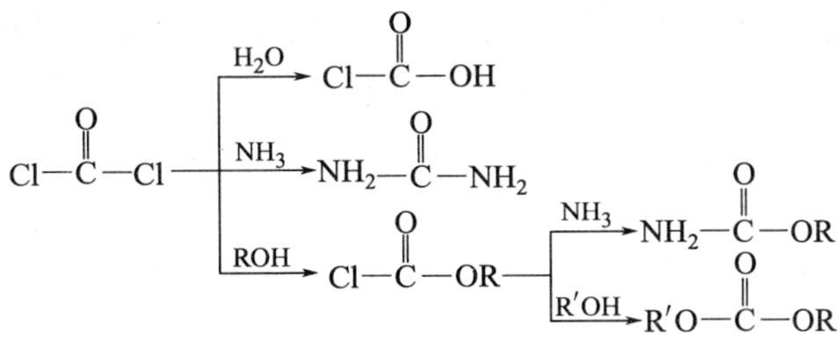

二、碳酰胺

碳酰胺［$CO(NH_2)_2$］俗称尿素或脲，是无色长棱形结晶，熔点 133℃。易溶于水及乙醇，难溶于乙醚。尿素是蛋白质在人或哺乳动物体内分解代谢的最终产物，成人每天从尿中排泄 25～30g 尿素。尿素具有酰胺的一般性质，但因两个氨基同时连在同一羰基碳上，因此也具有特殊的性质。

1. 弱碱性

尿素分子中由于两个氨基与羰基相连，因此两个氨基均能与羰基发生共轭效应，使其氮原子上的电子云密度比酰胺分子中氮原子上的电子云密度高，具有接受质子的能力，表现为弱碱性，与强酸作用生成盐。例如，在尿素的水溶液中加入浓硝酸，则析出硝酸脲的白色沉淀。

$$H_2N-\overset{\overset{\Large O}{\|}}{C}-NH_2+HNO_3(\text{浓})\longrightarrow H_2N-\overset{\overset{\Large O}{\|}}{C}-NH_2\cdot HNO_3\downarrow$$

2. 水解

尿素在酸、碱或尿素酶的催化下，可水解生成铵盐或氨。

$$H_2N-\overset{\overset{\Large O}{\|}}{C}-NH_2+H_2O+2HCl\xrightarrow[\triangle]{}CO_2+2NH_4Cl$$

$$H_2N-\overset{\overset{\Large O}{\|}}{C}-NH_2+2NaOH\xrightarrow[\triangle]{}Na_2CO_3+2NH_3\uparrow$$

3. 与亚硝酸反应

尿素与亚硝酸反应时，生成二氧化碳和水，定量放出氮气。通过测定氮气的量可以推断脲的含量。

$$H_2N-\overset{O}{\overset{\|}{C}}-NH_2+2HNO_2\longrightarrow CO_2\uparrow+2N_2\uparrow+3H_2O$$

由于生成产物为气体和水，不会对反应的后处理带来影响，因此在重氮化反应中为了除去过量的亚硝酸常常加入脲。

4. 缩二脲的生成及缩二脲反应

将固体尿素缓慢加热到超过其熔点（133℃）时，两分子尿素间脱去一分子氨，生成缩二脲。

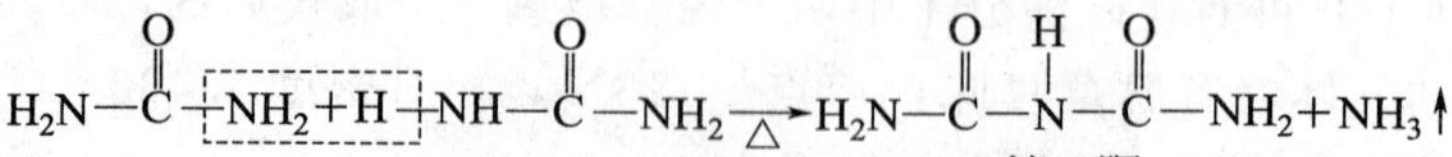

缩二脲

缩二脲为无色结晶，熔点 190℃，难溶于水，易溶于碱溶液。在缩二脲的碱性溶液中加入少量硫酸铜溶液，即呈紫色或紫红色，这个颜色反应称为缩二脲反应。不仅缩二脲能发生此反应，凡分子中含有两个或两个以上酰胺键$\left(-\overset{O}{\overset{\|}{C}}-NH-\right)$结构的化合物（如多肽和蛋白质）都能发生缩二脲反应。

5. 酰脲的生成

脲与酰氯、酸酐或酯作用，可生成酰脲。例如尿素与丙二酸二乙酯在乙醇钠的催化下进行缩合反应，生成丙二酰脲。丙二酰脲为无色晶体，熔点 245℃，微溶于水。

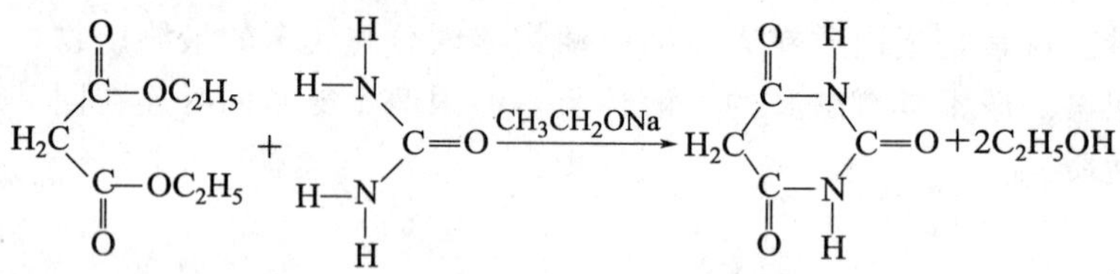

亚甲基上的两个 H 原子被烃基取代后所生成的衍生物，是一类对中枢神经系统起抑制作用的化合物，具有镇静、催眠和麻醉的作用，总称为巴比妥类药物。通式为：

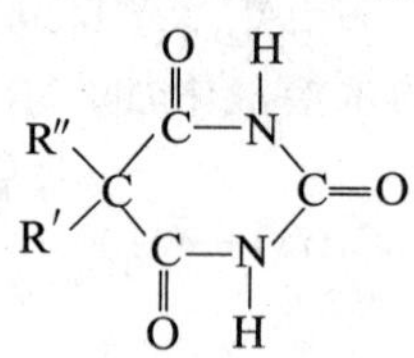

$R'=R''=C_2H_5$　巴比妥；$R'=C_2H_5$，$R''=C_6H_5$　苯巴比妥

巴比妥类药物有成瘾作用，用量过大会危及生命。

三、胍

胍在结构上可看作是尿素分子中的氧被亚氨基（—NH—）取代后所形成的化合物，故又称为亚氨基脲。胍分子中去掉氨基上的一个 H 原子后剩余部分称为胍基，去掉一个氨基后剩余的基团被称为脒基。

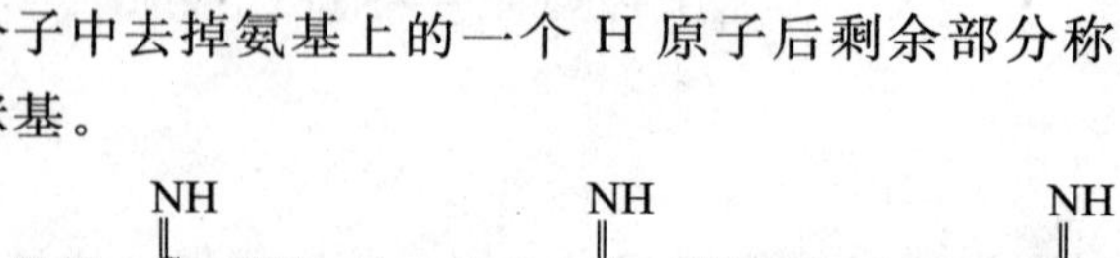

胍　　胍基　　脒基

胍为无色结晶状物质，熔点 50℃，吸湿性强，易溶于水。它是一个有机强碱，pK_b = 0.52，与 KOH 碱性相当，能吸收空气中的 CO_2，生成稳定的碳酸盐。

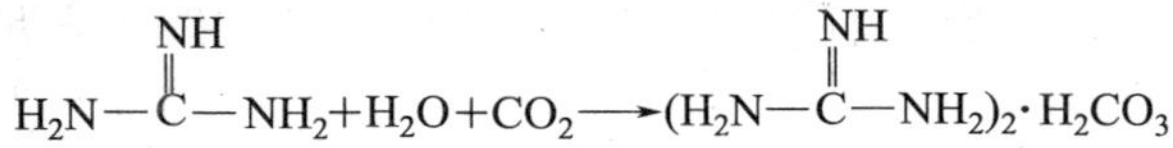

胍易水解，在 $Ba(OH)_2$ 溶液中加热，生成脲和氨。因此胍常以盐的形式保存。

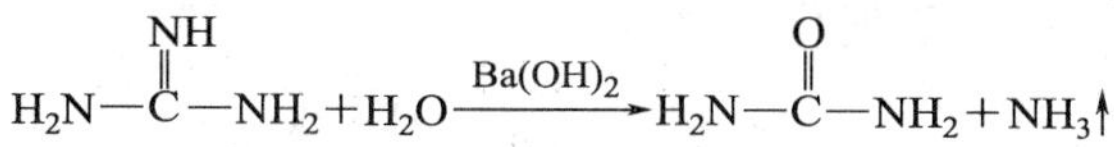

文献查阅

查阅文献，了解 β-内酰胺类抗菌药物的种类及性能。

学习小结

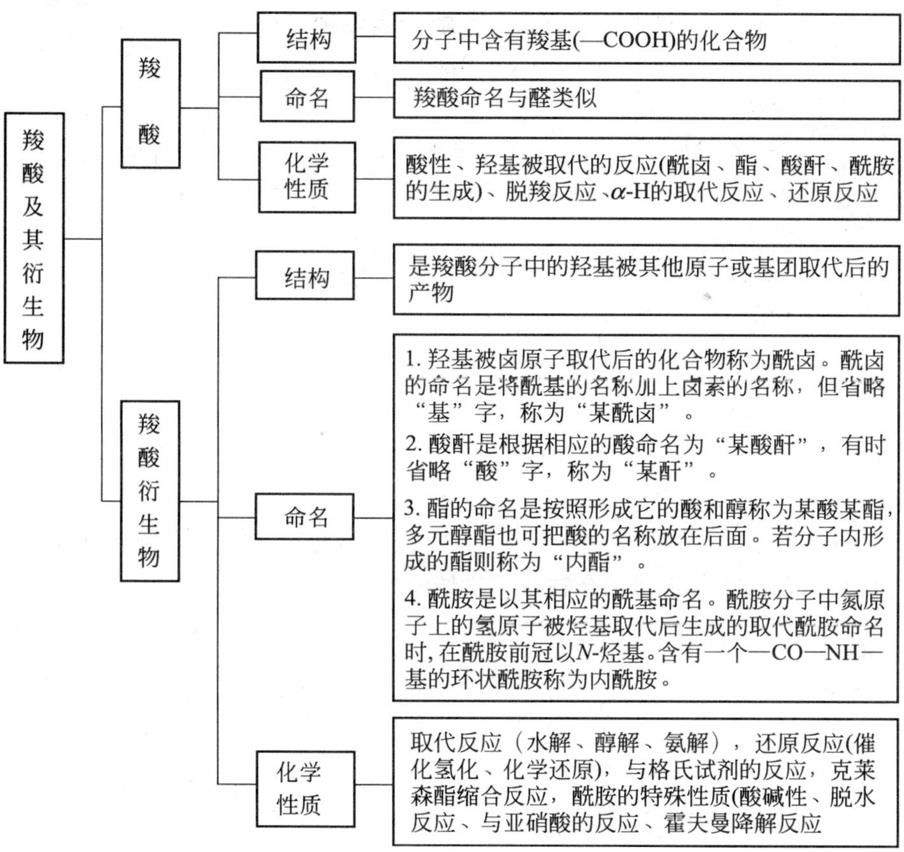

自我测评

一、单项选择题

1. 下列化合物中，酸性最强的是（　　）。

A. $ClCH_2COOH$　　B. Cl_3CCOOH　　C. CH_3COOH　　D. $Cl_2CHCOOH$

2. 下列化合物中沸点最高的是（　　）。

A. 丙酸　　B. 丙酰胺　　C. 丙酰氯　　D. 甲酸乙酯

3. 某饱和一元酸 3g 与足量的碳酸钠反应，生成的二氧化碳通入足量的澄清石灰水中可产生 2.5g 的碳酸钙，则该化合物是（　　）。

A. HCOOH　　B. CH_3COOH　　C. C_2H_5COOH　　D. C_3H_7COOH

4. 脂肪酸的 α-卤代反应中的催化剂是（　　）。

A. $FeCl_3$　　B. P　　C. $AlCl_3$　　D. Ni

5. 下列化合物中，既能使高锰酸钾溶液褪色，又能使溴水褪色，还能与 NaOH 发生中和反应的化合物是（　　）。

A. $CH_2{=}CH{-}COOH$　　B. $CH_3{-}CH_3$

C. $CH_2{=}CH_2$　　D. CH_3CH_2OH

6. 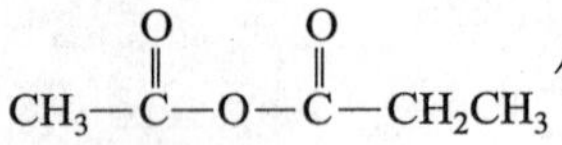化学名称是（　　）。

A. 乙丙酸酯　　B. 乙丙酸酐　　C. 乙酰丙酸酯　　D. 乙酸丙酯

7. 下列物质中既能与托伦试剂发生银镜反应，又能与碳酸钠反应的是（　　）。

A. 乙醇　　B. 乙醛　　C. 甲酸　　D. 乙二酸

8. 鉴别甲酸和乙酸不能用的试剂是（　　）。

A. $KMnO_4$　　B. 托伦试剂　　C. 溴水　　D. 菲林试剂

二、多项选择题

1. 能发生缩二脲反应的是（　　）。

A. 乙酰胺　　B. 缩二脲　　C. 蛋白质　　D. 脲

2. 加热可脱水生成环状酐的二元酸有（　　）。

A. 丁二酸　　B. 己二酸　　C. 戊二酸　　D. 丙二酸

3. 下列物质中不属于羧酸衍生物的是（　　）。

A. 乙酰胺　　B. α-氨基丙酸　　C. 油脂　　D. 尿素

4. 下列化合物属于碳酸衍生物的是（　　）。

A. 氨基甲酸　　B. 碳酰氯　　C. 碳酰胺　　D. 氯甲酸

三、用系统命名法命名下列化合物或写出结构式

1. 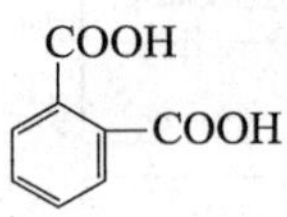

2. 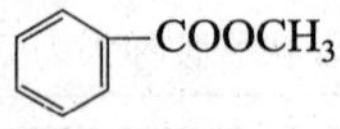

3. 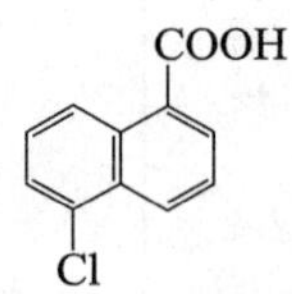

4. 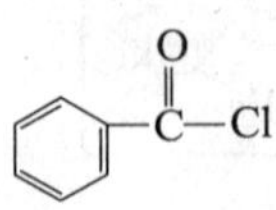

5. 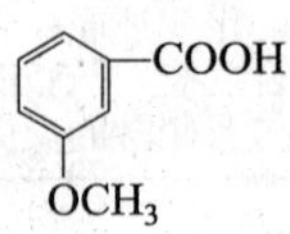

6. 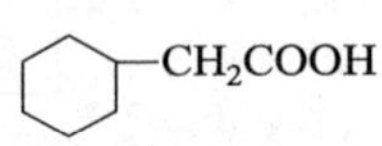

7. 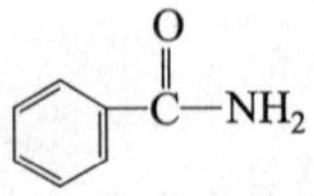

8. 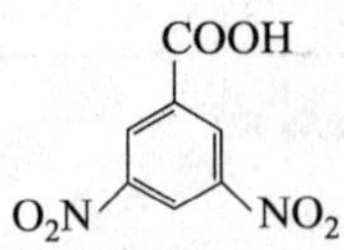

9. 2,2-二甲基戊酸　　10. α-萘乙酸　　11. *N*-乙基乙酰胺

12. *N*-甲基-*N*-乙基对异丙基苯甲酰胺　　13. 邻苯二甲酸酐

14. 邻羟基苯甲酸苄酯　15. 对乙酰氧基苯甲酰氯　16. 顺-丁烯二酸

四、用化学方法鉴别下列化合物

1. 乙醛、乙酸和乙醇　2. 甲酸、乙酸和丙烯酸　3. 苯酚、苯甲醛和苯乙酮

五、完成下列反应式

(1) 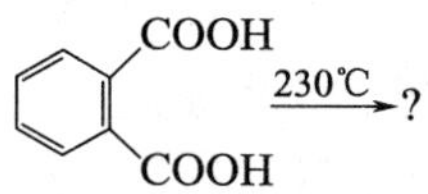

(2) $HCOOH + CH_3OH \xrightleftharpoons[\triangle]{浓\ H_2SO_4} ?$

(3) 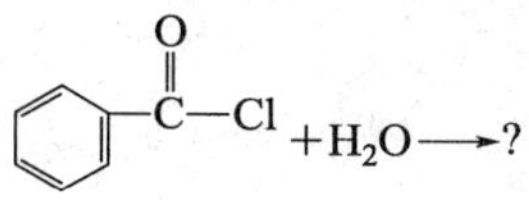

(4) 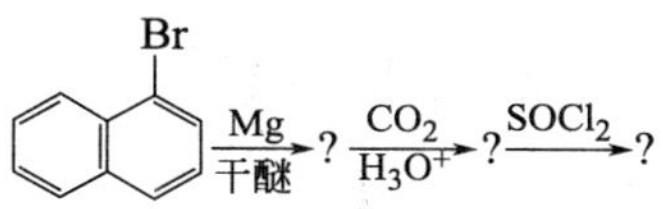

(5) $CH_3CH_2COOH \xrightarrow[P]{Br_2} ? \xrightarrow[醇溶液]{NaCN} ? \xrightarrow{?} CH_3CH_2\underset{\displaystyle COOH}{\underset{|}{C}H}COOH$

(6) 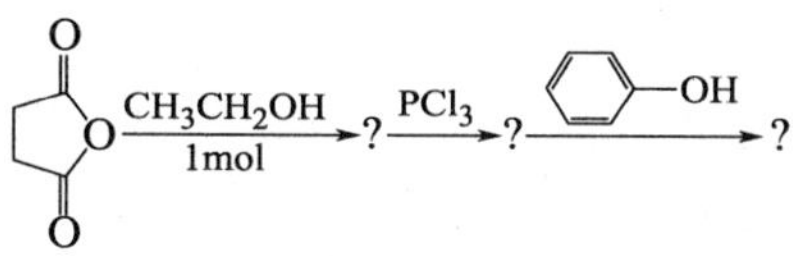

(7) $CH_2=CHCH_2CH_2COOH \xrightarrow[②H_2O/H^+]{①LiAlH_4} ?$

六、由指定原料合成

(1) 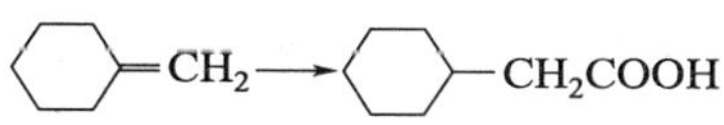

(2) 甲苯⟶苯甲酰胺

七、推断题

1. 有一种有机化合物，相对分子质量为 88，即能与金属钠反应放出氢气；又能发生酯化反应，生成有香味的液体；还能与碳酸钠反应。

(1) 推断该物质属于哪类有机化合物。

(2) 写出该物质的分子式。

(3) 写出可能有的同分异构体。

2. 化合物 A 的分子式为 $C_5H_6O_3$，它能与 1molC_2H_5OH 作用得到两个互为异构体的化合物 B 和 C。将 B 和 C 分别与亚硫酰氯作用后再加入乙醇得到相同的化合物 D。写出 A、B、C、D 的结构式及有关反应式。

第八章

取代羧酸

学习目标

【知识目标】

1. 掌握取代酸的结构、分类、命名和主要化学性质。
2. 熟悉羟基酸的制备。
3. 了解乙酰乙酸乙酯性质及其在合成中的应用。

【能力目标】

1. 熟练地根据取代酸的结构特点，判断并能比较其酸性强弱；
2. 学会鉴别醇酸、酚酸和酮酸；
3. 学会利用乙酰乙酸乙酯制备相关化合物。

羧酸分子中烃基或芳环上的氢原子被其他原子或基团取代生成的化合物叫做取代羧酸

第一节 羟 基 酸

羟基酸是羧酸分子中烃基上的氢原子被羟基取代而生成的化合物。或分子中既有羟基又有羧基的化合物。

一、羟基酸的分类和命名

1. 羟基酸的分类

（1）根据羟基的不同可以为分醇酸和酚酸两类。羟基与脂肪烃基相连的为醇酸；羟基与芳环相连的称为酚酸。例如：

醇酸　　酚酸

（2）根据羟基与羧基的位置不同，醇酸可分为 α-羟基酸、β-羟基酸、γ-羟基酸、…ω-羟基酸（羟基连在碳链末端时，称为 ω-羟基酸）等。例如：

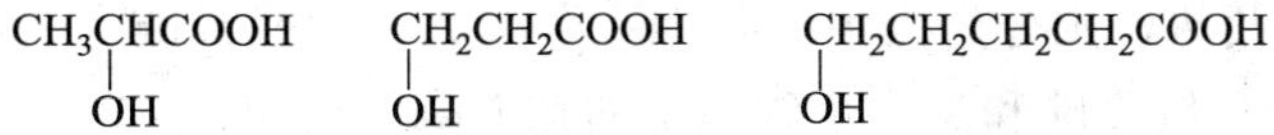

α-羟基丙酸　　β-羟基丙酸　　δ-羟基戊酸

2. 羟基酸的命名

羟基酸的命名以羧酸为母体，羟基为取代基来命名，取代基的位置用阿拉伯数字或希腊字母表示。许多羟基酸是天然产物，常根据其来源而采用俗名。例如：

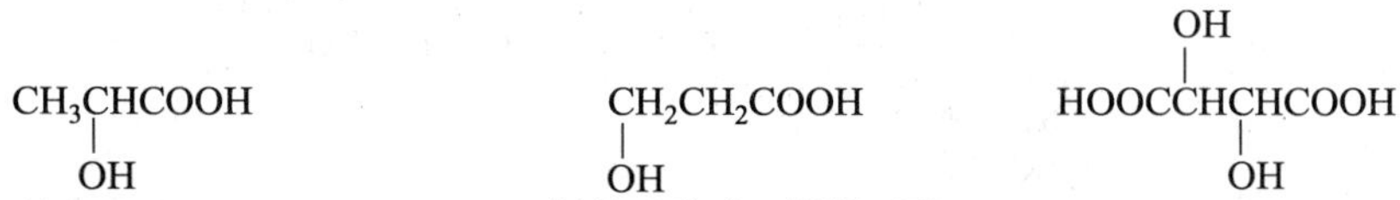

2-羟基丙酸或α-羟基丙酸（乳酸）　　3-羟基丙酸或β-羟基丙酸　　2,3-二羟基丁二酸（酒石酸）

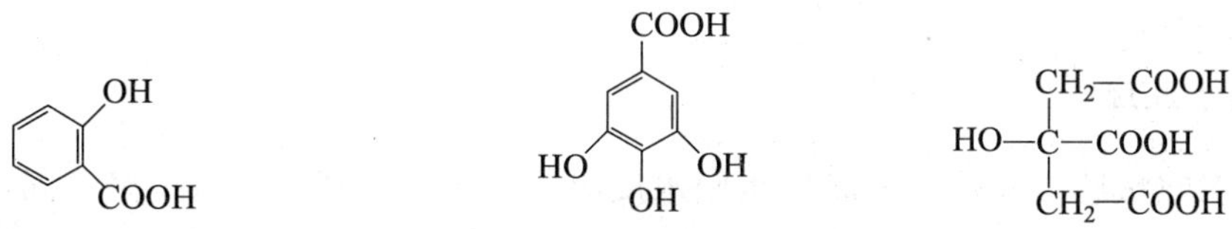

2-羟基苯甲酸或邻羟基苯甲酸（水杨酸）　　3,4,5-三羟基苯甲酸（没食子酸）　　3-羟基-3-羧基戊二酸（柠檬酸）

二、醇酸的化学性质

醇酸分子中含有醇羟基和羧基两种官能团，故兼有醇羟基和羧基的一般性质，如醇羟基上可发生氧化、酯化、脱水等反应。羧基可成盐、成酯等。又由于羟基与羧基的相互影响，而使得醇酸表现出一些特殊的性质，而且这些特殊的性质因羟基与羧基的位置不同而表现出一定的差异。

1. 酸性

羟基连在脂肪烃基上时，由于羟基是吸电子基团，因此醇酸的酸性比相应的羧酸强，但随羟基和羧基的距离增大，这种影响依次减小，酸性逐渐减弱。例如：

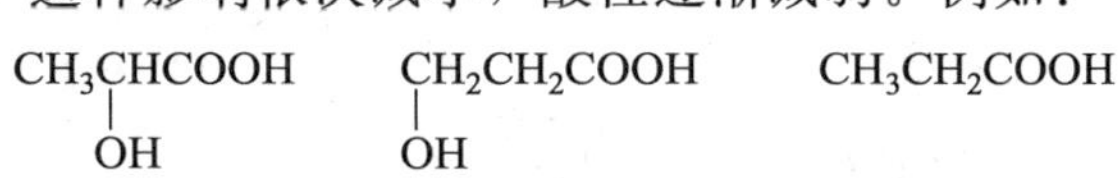

pK_a　　3.87　　4.51　　4.86

2. 氧化反应

醇酸分子中羟基受到羧基的影响更容易被氧化。如托伦试剂、稀硝酸不能氧化醇，却能将醇酸氧化成醛或酮酸。例：

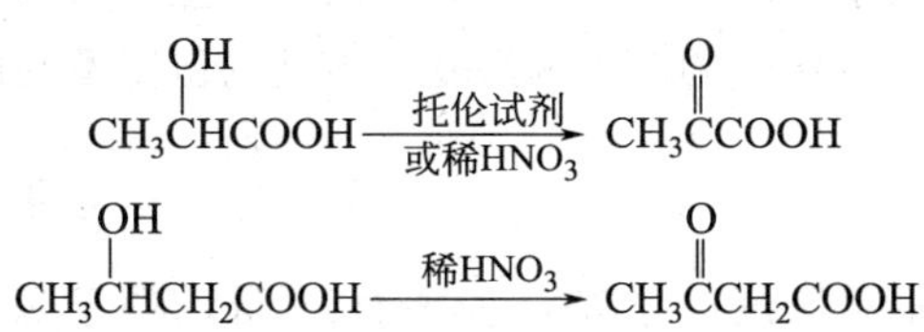

3. 分解反应

α-醇酸与稀硫酸共热，则分解为甲酸和少一个碳原子的醛或酮。α-醇酸与酸性高锰酸钾溶液共热，则分解为二氧化碳和少一个碳原子的酸或酮。例如：

$$RCH(OH)COOH \xrightarrow[\triangle]{稀H_2SO_4} RCHO + HCOOH$$

$$R—C(R')(OH)COOH \xrightarrow[\triangle]{稀H_2SO_4} R—\overset{O}{\overset{\|}{C}}—R' + HCOOH$$

$$RCH(OH)COOH \xrightarrow[\triangle]{KMnO_4/H^+} RCOOH + CO_2\uparrow + H_2O$$

$$R—C(R')(OH)COOH \xrightarrow[\triangle]{KMnO_4/H^+} R—\overset{O}{\overset{\|}{C}}—R' + CO_2\uparrow + H_2O$$

4. 脱水反应

醇酸对热敏感，加热时容易发生脱水反应。羟基和羧基的相对位置不同，其脱水方式和脱水产物也不同。

（1）α-醇酸　α-醇酸受热时，两分子间交叉脱水，相互酯化，生成交酯。

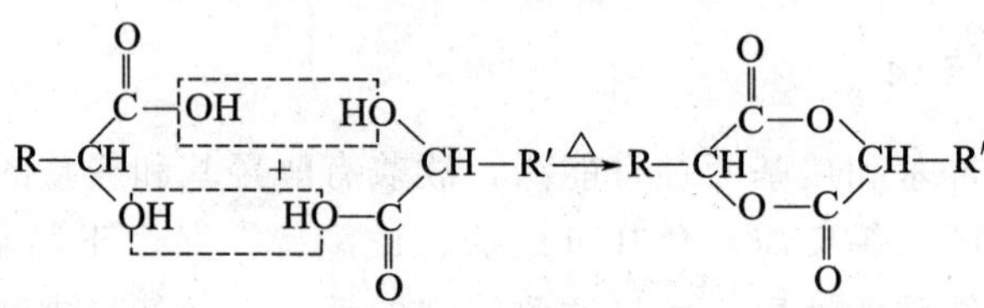

（2）β-醇酸　β-醇酸受热发生分子内脱水，主要生成α,β-不饱和羧酸。

$$R—CH(OH)—CH_2COOH \xrightarrow{\triangle} R—CH{=}CHCOOH + H_2O$$

（3）γ-醇酸和δ-醇酸　γ-醇酸和δ-醇酸受热，生成五元和六元环内酯。

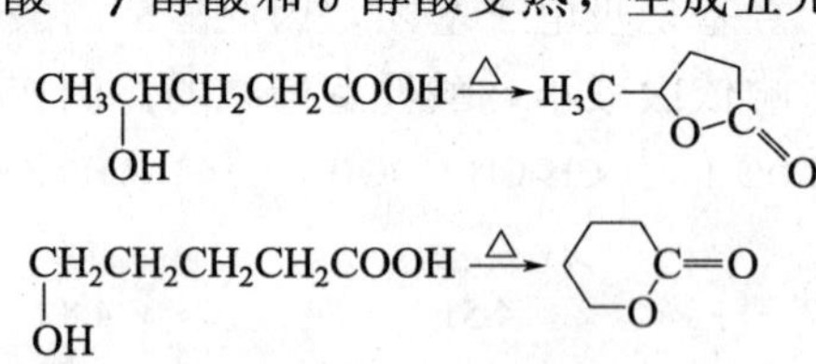

(γ-丁内酯)

(δ-戊内酯)

三、酚酸的化学性质

酚酸分子中含有酚羟基和羧基两种官能团，故兼有酚羟基和羧基的一般性质。如酚羟基具有酸性并能使氯化铁显紫色，羧基可成盐、成酯等。又由于羟基与羧基的相互影响，而使得酚酸表现出一些特殊的性质，而且这些特殊的性质因羟基与羧基的位置不同而表现出一定的差异。

1. 酸性

在酚酸中，羟基处于对位是供电子基，使酸性减弱，处于邻位由于氢键作用使酸性增强。例如：

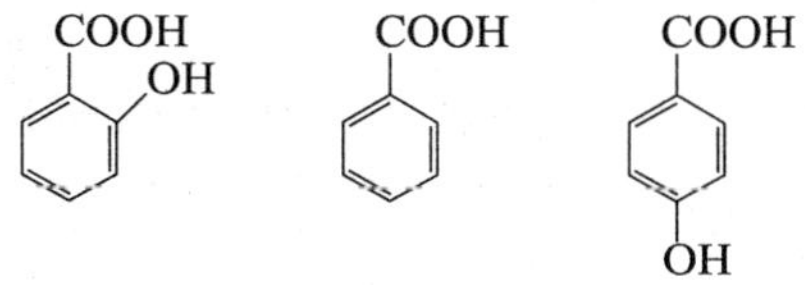

pK_a	2.98	4.17	4.57

2. 酚酸的脱羧

羟基处于邻对位的酚酸，对热不稳定，当加热到熔点以上时，则脱去羧基生成酚。例如：

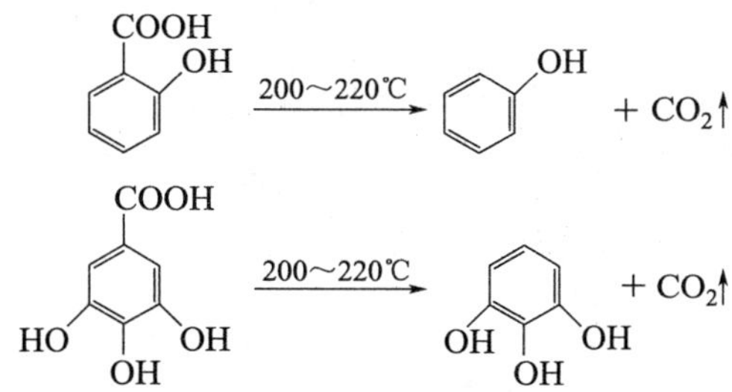

四、羟基酸的制备

1. 醇酸的制备

（1）卤代酸水解　由卤代酸水解可以得到羟基酸，这在卤代酸的性质中已介绍过，因不同的卤代酸水解产物不同，只有 α-卤代酸水解生成 α-羟基酸，且产率也高。例如：

$$\underset{\displaystyle Cl}{CH_2}-COOH+H_2O\xrightarrow{\triangle}\underset{\displaystyle OH}{CH_2}-COOH+HCl$$

（2）羟基腈水解　醛或酮与氢氰酸起加成反应，生成羟基腈，羟基腈再水解，就得 α-羟基酸。这是制备 α-羟基酸的常用方法。例如：

$$RCHO+HCN\longrightarrow R-\overset{\displaystyle OH}{\underset{\displaystyle H}{C}}-CN\xrightarrow[H^+]{H_2O}R-\overset{\displaystyle OH}{\underset{\displaystyle H}{C}}-COOH$$

$$R-\overset{\displaystyle O}{\overset{\|}{C}}-R'+HCN\longrightarrow R-\overset{\displaystyle OH}{\underset{\displaystyle R'}{C}}-CN\xrightarrow[H^+]{H_2O}R-\overset{\displaystyle OH}{\underset{\displaystyle R'}{C}}-COOH$$

也可用烯烃与次氯酸加成后再与氰化钾作用制得 β-羟基腈，β-羟基腈经水解得到了 β-羟基酸。例如：

$$RCH=CH_2\xrightarrow{HOCl}\overset{\displaystyle OH}{RCH}-\overset{\displaystyle Cl}{CH_2}\xrightarrow{KCN}\overset{\displaystyle OH}{RCH}-\overset{\displaystyle CN}{CH_2}\xrightarrow[H^+]{H_2O}\overset{\displaystyle OH}{RCH}-CH_2COOH$$

芳香族羟基酸也可由羟基腈制得。例如：

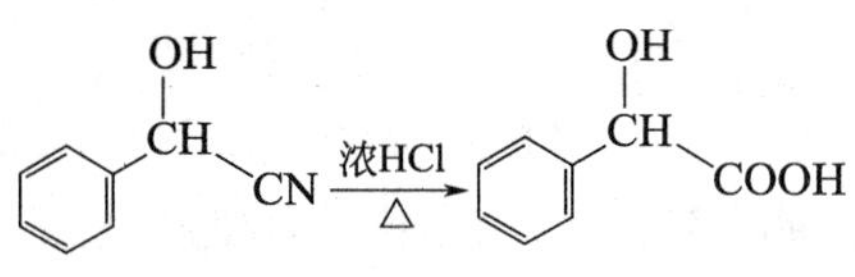

2. 酚酸的制备

酚酸的制备一般采用柯尔贝-许密特（Kolbe-Schmidt）反应，此法是将干燥的苯酚钠与二氧化碳在 405～709kPa 和 120～140℃下作用，最后酸化产物，即可得到水杨酸。

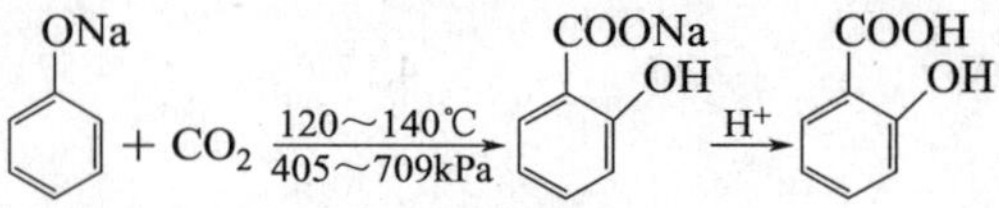

产物中含有少量对位异构体。如果反应温度在 140℃以上，或用酚的钾盐为原料，则主要是对-羟基苯甲酸：

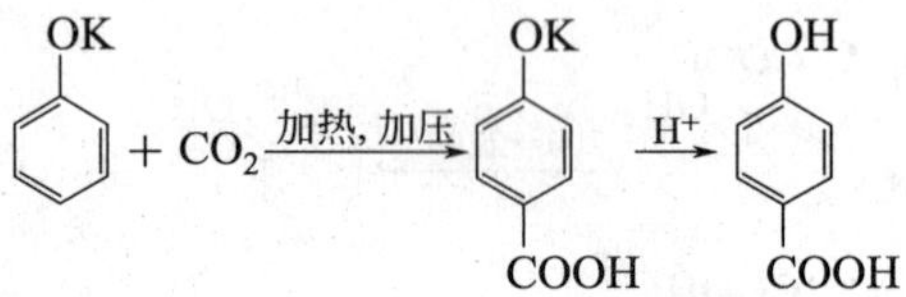

其他的酚酸也可以用上述方法制备，只是反应的难易和条件有所不同。

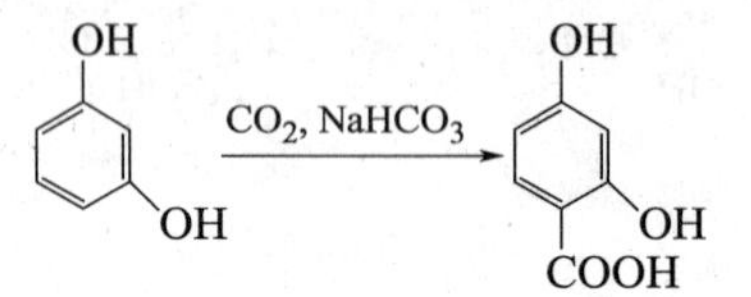

五、重要的羟基酸

1. 乳酸（$CH_3\underset{\mathrm{OH}}{\underset{|}{C}}HCOOH$）

化学名称为 α-羟基丙酸，最初是从变酸的牛奶中发现的，所以俗名叫乳酸。乳酸也存在于动物的肌肉中，特别是肌肉经过剧烈活动后含乳酸更多，因此肌肉感觉酸胀。由肌肉中得来的乳酸称为肌乳酸。乳酸在工业上是由糖经乳酸菌作用发酵而制得。

$$C_6H_{12}O_6 \xrightarrow[35\sim45℃]{\text{乳酸菌}} 2CH_3\overset{\mathrm{OH}}{\overset{|}{C}}HCOOH$$

乳酸是无色黏稠液体，溶于水、乙醇和乙醚中，但不溶于氯仿和油脂，吸湿性强，有旋光性。在医药上，乳酸可作为消毒剂和外用防腐剂，用于治疗阴道滴虫。乳酸的钙盐治疗佝偻病等一般缺钙症；乳酸的钠盐用于纠正酸中毒。

2. 酒石酸（$HOOC\overset{\mathrm{OH}}{\overset{|}{C}}H\underset{\mathrm{OH}}{\underset{|}{C}}HCOOH$）

化学名称为 2,3-二羟基丁二酸，广泛分布于植物中，尤其以葡萄中的含量最多，常以游离态或盐的形式存在。

自然界中的酒石酸是巨大的透明结晶，不含结晶水，熔点 170℃极易溶于水，不溶于有机溶剂。酒石酸常用于配制饮料，它的盐类如酒石酸氢钾是配制发酵粉的原料。用氢氧化钠将酒石酸氢钾中和，即得酒石酸钾钠。酒石酸钾钠可用作泻药和用于配制斐林试剂。酒石酸锑钾又称吐酒石，医药上用作催吐剂，也广泛用于治疗血吸虫病。

3. 苹果酸（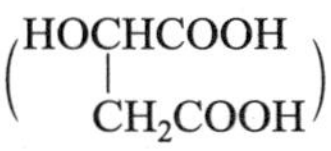）

化学名称为α-羟基丁二酸，广泛存在于植物中，尤其是在未成熟的苹果中含量最多，所以称为苹果酸。其他果实如山楂、杨梅、葡萄、番茄等都含有苹果酸。

苹果酸受热后，易脱水生成丁烯二酸：

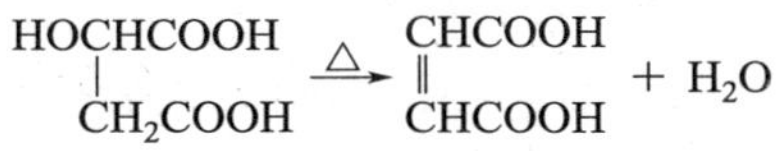

天然苹果酸为无色针状晶体，熔点100℃，易溶于水和乙醇，是人体代谢的中间产物。苹果酸的钠盐可作为禁盐病人的食盐代用品。

4. 水杨酸（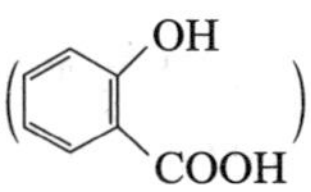）

水杨酸也称柳酸，化学名称为邻羟基苯甲酸，存在于柳树或水杨树皮中。水杨酸为白色针状结晶，熔点为159℃，微溶于冷水，易溶于热水、乙醇和乙醚中。水杨酸分子中含酚羟基，遇氯化铁溶液显紫红色，水杨酸具有杀菌、防腐作用，用作消毒剂和食品防腐剂。由于直接内服对胃有强烈的刺激性作用，常用其衍生物乙酰水杨酸（阿司匹林）作解热镇痛剂和抗风湿药物。由水杨酸与乙酐在醋酸中加热到80℃进行酰化而制得：

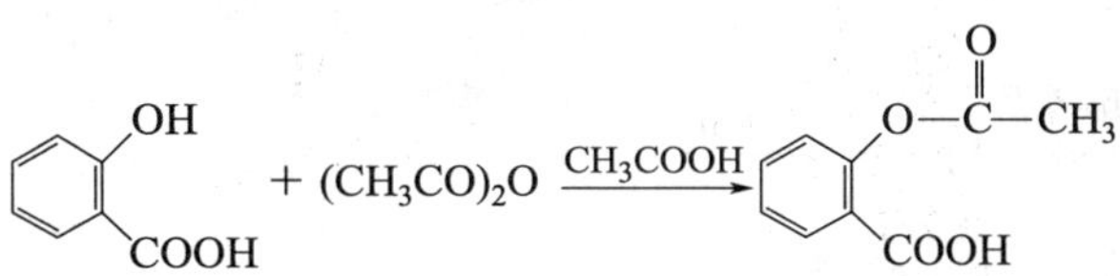
（阿司匹林）

由阿司匹林、非那西丁与咖啡三者配制的制剂为复方阿司匹林，常称为APC。近年来阿司匹林多用治疗和预防心血管疾病，是典型的老药新用的例子。

5. 柠檬酸（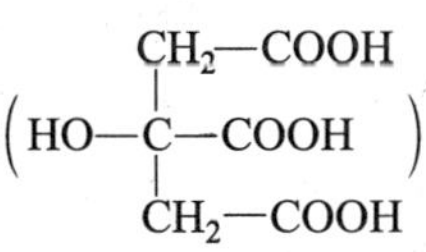）

柠檬酸也称枸橼酸，化学名称为3-羟基-3-羧基戊二酸，存在于柑橘、山楂、乌梅等的水果中，尤以柠檬中含量最多。柠檬酸为无色结晶或结晶性粉末，无臭、味酸，易溶于水和醇，内服有清凉解渴作用，常用作调味剂、清凉剂。可用来配制饮料。柠檬酸的钾盐，用作祛痰剂和利尿剂。柠檬酸的钠盐也有防止血液凝固的作用，医药上用作抗凝血剂。柠檬酸的铁铵常用作补血剂，治疗缺铁性贫血。

第二节 羰 基 酸

羰基酸又称氧代酸，是羧酸分子中烃基上的氢原子被羰基取代而生成的化合物。或分子中既有羰基又有羧基的化合物。

一、羰基酸的分类和命名

1. 羰基酸的分类

(1) 根据官能团的不同可以为分醛酸和酮酸两大类。羰基连在碳链端位的称为醛酸，羰基连在碳链中其他位置的称为酮酸。例：

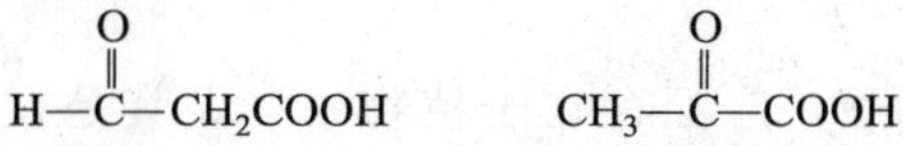

醛酸　　酮酸

（2）根据羰基与羧基的位置不同，酮酸可分为α-酮酸、β-酮酸、γ-酮酸等。例如：

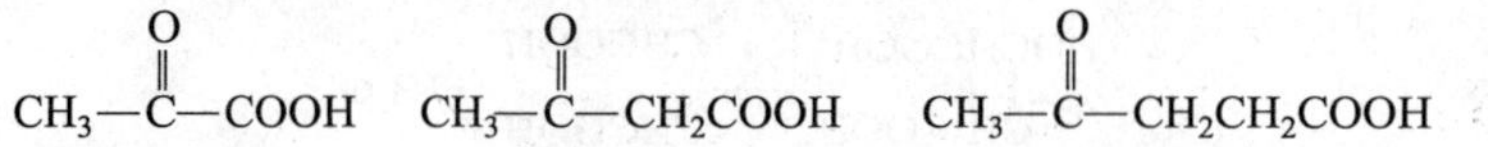

α-酮酸　　β-酮酸　　γ-酮酸

2. 羰基酸的命名

羰基酸的命名以羧酸为母体，羰基为取代基来命名，取代基的位置用阿拉伯数字或希腊字母表示。称为“某醛酸”或“某酮酸”。命名酮酸时，应把酮基的位置标在“某酮酸”之前。许多酮酸也常使用俗名来命名。例：

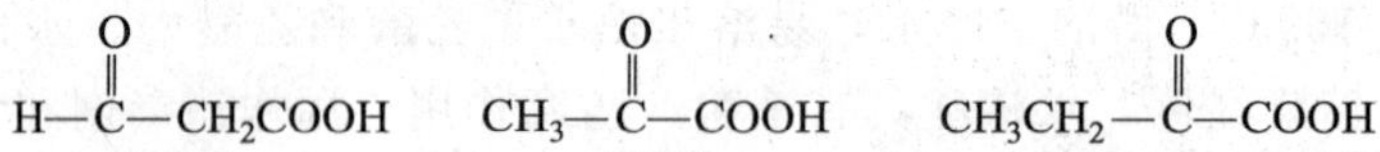

丙醛酸　　丙酮酸　　2-丁酮酸或α-丁酮酸

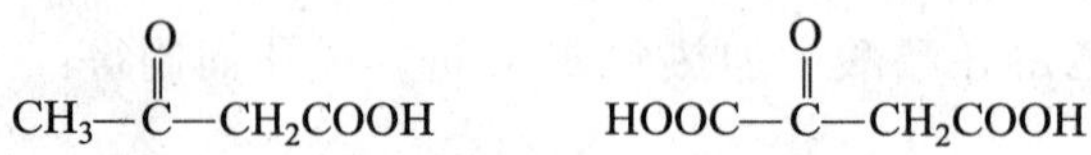

3-丁酮酸或β-丁酮酸（乙酰乙酸）　　α-丁酮二酸（草酰乙酸）

二、酮酸的化学性质

酮酸分子中含有酮基和羧基两种官能团，故兼有酮基和羧基的一般性质，如酮基可发生加成、还原、与羰基试剂等反应。羧基可成盐、成酯等。又由于酮基与羧基的相互影响，而使得酮酸表现出一些特殊的性质，而且这些特殊的性质因酮基与羧基的位置不同而表现出一定的差异。

1. 酸性

由于羰基的吸电子基团，故酮酸的酸性要大于相同碳原子的羧酸，又由于羰基吸电子能力大于羟基，因此羰基酸的酸性大于相应的羟基酸。结构不同的羰基酸，其分子中羰基距羧基越近，酸性越强。例：

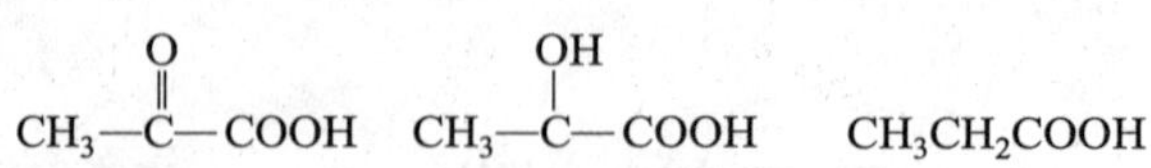

pK_a　　2.50　　3.87　　4.87

2. 分解反应

（1）α-酮酸　α-酮酸的C—C键容易断裂，与稀硫酸或浓硫酸共热时可发生分解反应。

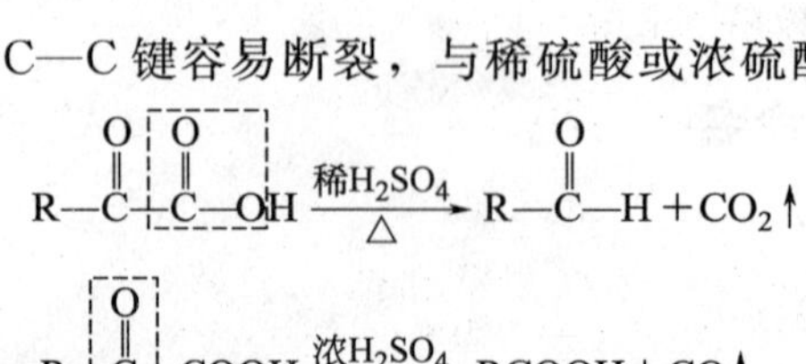

（2）β-酮酸 β-酮酸与浓碱共热时，在 α-C 原子与 β-C 原子之间发生 σ 键断裂，生成两分子羧酸盐，称为 β-酮酸的酸式分解。

$$R-\overset{\overset{O}{\|}}{C}\!\!+\!CH_2COOH+2NaOH\xrightarrow{\triangle}RCOONa+CH_3COONa+H_2O\ \text{(酸式分解)}$$

β-酮酸受热脱羧生成酮，称为 β-酮酸的酮式分解。

$$R-\overset{\overset{O}{\|}}{C}-CH_2COOH\xrightarrow{\triangle}R-\overset{\overset{O}{\|}}{C}-CH_3+CO_2\uparrow\ \text{(酮式分解)}$$

三、重要的羰基酸及其酯

1. 丙酮酸$\left(CH_3\overset{\overset{O}{\|}}{C}COOH\right)$

丙酮酸是最简单的 α-酮酸。它是动植物体内糖类化合物和蛋白质代谢过程的中间产物。丙酮酸是无色、有刺激性臭味的液体，沸点 165℃（分解）。易溶于水、乙醇和醚，除有一般羧酸和酮的典型性质外，还具有 α-酮酸的特殊性质。

例如，和稀硫酸共热则发生脱羧作用，得到乙醛。

$$CH_3\overset{\overset{O}{\|}}{C}COOH\xrightarrow[\triangle]{\text{稀}H_2SO_4}CH_3CHO+CO_2\uparrow$$

但是与浓硫酸共热就发生脱羰作用，得到乙酸：

$$CH_3\overset{\overset{O}{\|}}{C}COOH\xrightarrow[\triangle]{\text{浓}H_2SO_4}CH_3COOH+CO\uparrow$$

2. β-丁酮酸$\left(CH_3-\overset{\overset{O}{\|}}{C}-CH_2COOH\right)$

β-丁酮酸又叫乙酰乙酸，是最简单的 β-酮酸。乙酰乙酸是生物体内脂肪代谢的中间产物，为黏稠的液体。β-丁酮酸本身并不重要，但 β-丁酮酸的酯在理论及应用上都具有重要意义。

丙酮、β-丁酮酸和 β-羟基丁酸总称为酮体。酮体存在于糖尿病患者的小便和血液中，并能引起患者的昏迷和死亡。所以临床上对于进入昏迷状态的糖尿病患者，除检查小便中含葡萄糖外，还需要检查是否有酮体的存在。

3. 乙酰乙酸乙酯

乙酰乙酸乙酯又叫 β-丁酮酸乙酯。它是一个具有清香气的无色透明液体，熔点 45℃，沸点 181℃，稍溶于水，易溶于乙醇、乙醚、氯仿等有机溶剂。结构简式如下：

$$\underset{\text{乙酰乙酸乙酯}}{CH_3\overset{\overset{O}{\|}}{C}-CH_2-\overset{\overset{O}{\|}}{C}-OC_2H_5}$$

实验证明，乙酰乙酸乙酯既具有酮的性质，又具有烯醇的性质。因此，它的分子中既有酮式结构，又有烯醇式结构，并且，酮式与烯醇式两种结构可以不断地相互转变，并以一定比例呈动态平衡同时共存。

$$\underset{\text{酮式}}{CH_3-\overset{\overset{O}{\|}}{C}-CH_2-\overset{\overset{O}{\|}}{C}-OC_2H_5}\rightleftharpoons\underset{\text{烯醇式}}{CH_3-\overset{\overset{OH}{|}}{C}=CH-\overset{\overset{O}{\|}}{C}-OC_2H_5}$$

像这样两种或两种以上异构体相互转变，并以动态平衡同时共存的现象称为互变异构现象，酮式和烯醇式称为互变异构体。在有机化学中普遍存在异构现象。

乙酰乙酸乙酯钠盐与卤代烃（一级卤代烷或烯丙型卤代烃）反应生成烃基取代的乙酰乙酸乙酯，再经酸式分解生成羧酸或经酮式分解生成β-酮酸，β-酮酸受热脱羧生成甲基酮。

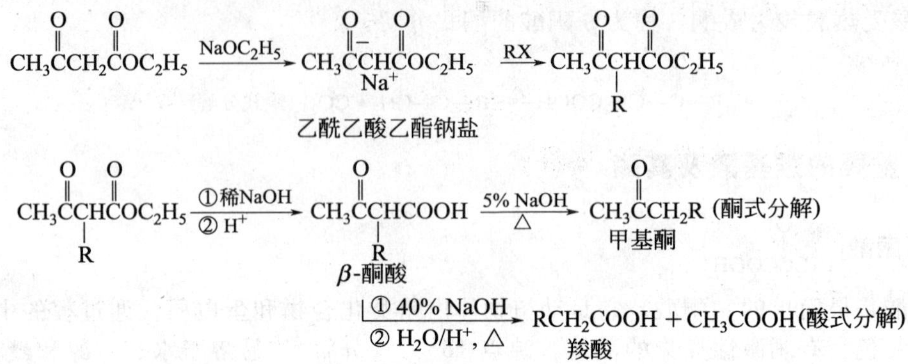

这是有机合成上制酮和酸的重要方法之一。

文献查阅

查阅资料，了解纳米技术在医药领域的应用。

学习小结

- 取代羧酸
  - 羟基酸
    - 分类：根据羟基种类不同分为醇酸和酚酸。醇酸根据羟基与羧基位置不同分为α、β、γ…ω羟基酸
    - 命名：系统命名法(羧酸为母体，羟基为取代基来命名)、俗名
    - 化学性质：醇酸具有酸性、氧化反应、分解反应、脱水反应等。酚酸具有酸性、脱羧反应等。
    - 制备：醇酸由卤代酸、羟基腈水解得到。酚酸由柯尔贝-许密特反应得到。
    - 重要的羟基酸：乳酸、苹果酸、酒石酸、柠檬酸、水杨酸
  - 酮酸
    - 分类：根据官能团不同分为醛酸和酮酸。酮酸根据羰基与羧基位置不同分为α、β、γ…ω酮酸
    - 命名：系统命名法(羧酸为母体，羰基为取代基来命名)、俗名
    - 化学性质：酮酸具有酸性、α-酮酸具有脱羧、脱羰分解反应等。β-酮酸具有酮式、酸式分解反应等
    - 乙酰乙酸乙酯：1. 乙酰乙酸乙酯的特性(互变异构、亚甲基α-H的活性)。2. 用于合成羧酸、甲基酮、β-酮酸、β-二羰基化合物

自我测评

一、单项选择题

1. 下列化合物不能使 2,4-二硝基苯肼产生沉淀的是(　　)。

A. $CH_3\overset{\overset{O}{\|}}{C}CH_2CH_3$　　B. $CH_3\overset{\overset{O}{\|}}{C}CH_2COOH$

C. $CH_3CH_2CH_2COOH$　　D. 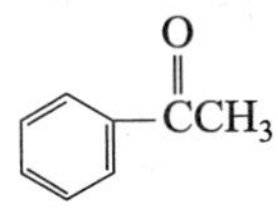

2. 水杨酸和乙酸酐反应的主要产物是(　　)。

A. 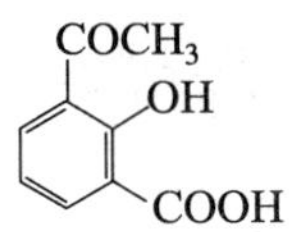　B. 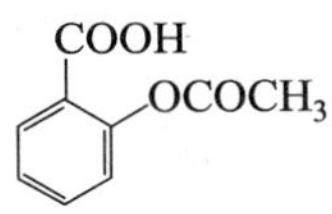　C. 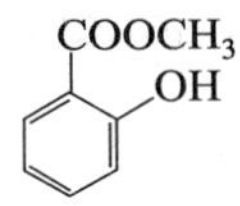　D. 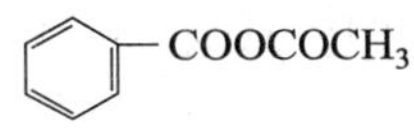

3. 下列化合物酸性最强的是(　　)。

A. HCOOH　　B. CH_3CH_2COOH

C. $CH_3\underset{\underset{OH}{|}}{C}HCOOH$　　D. $CH_3\underset{\underset{O}{\|}}{C}COOH$

4. 关于醇酸的脱水反应叙述不正确的是(　　)。

A. α-醇酸受热时,两分子间交叉脱水,相互酯化,生成交酯

B. β-醇酸受热发生分子内脱水,主要生成 α,β-不饱和羧酸

C. γ-醇酸和 δ-醇酸受热,生成五元和六元环内酯

D. α-醇酸受热时发生分子内脱水,主要生成 α,β-不饱和羧酸

5. 下列两个化合物的关系为(　　)。

$$CH_3\overset{\overset{O}{\|}}{C}CH_2\overset{\overset{O}{\|}}{C}OC_2H_5 \rightleftharpoons CH_3\overset{\overset{OH}{|}}{C}=CH\overset{\overset{O}{\|}}{C}OC_2H_5$$

A. 互变异构　B. 位置异构　C. 官能团异构　D. 碳链异构

6. $CH_3\overset{\overset{O}{\|}}{C}CH_2COOH$ 命名不正确的为(　　)。

A. 3-丁酮酸　B. β-丁酮酸　C. 乙酰乙酸　D. α-丁酮酸

7. 对乙酰乙酸乙酯的叙述不正确的是(　　)。

A. 能与氯化铁发生显色反应　　B. 能使溴水或溴的四氯化碳溶液褪色

C. 能发生碘仿反应　　D. 可与氢氧化钾成盐

8. 乙酰乙酸乙酯用稀碱加热水解并酸化后的产物是(　　)。

A. 乙酰乙酸　B. 乙酸乙酯　C. 丙酮　D. 乙酸

二、多项选择题

1. 下列属于取代羧酸的是(　　)。

A. CH_3CH_2COOH　　B. $CH_3CH_2\underset{\underset{O}{\|}}{C}COOH$

C. 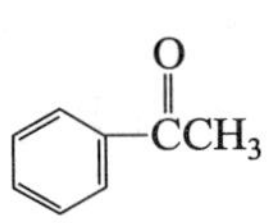　　D. $CH_3CH_2\underset{\underset{OH}{|}}{C}HCOOH$

2. 能与氯化铁发生显色反应的是(　　)。

A. 乙酰乙酸乙酯　　B. 水杨酸　　C. 丙烯酸　　D. 乳酸

3. 关于酮酸化学性质的说法正确的是(　　)。

A. 酮酸的酸性要大于相同碳原子的羧酸

B. α-酮酸与浓硫酸共热发生脱羰反应

C. β-酮酸受热发生脱羧反应

D. β-酮酸与浓碱共热发生酸式分解

4. 乙酰乙酸乙酯能够用来合成(　　)。

A. 羧酸　　B. 甲基酮　　C. β-酮酸

三、用系统命名法命名下列化合物或写出结构式

1. CCl_3COOH　　2. $CH_3\underset{OH}{\underset{|}{C}}HCOOH$　　3. 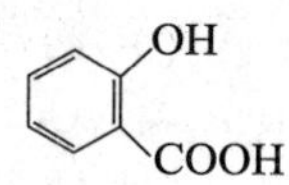

4. $CH_3\overset{O}{\overset{\|}{C}}CH_2COOH$　　5. $HOOC\overset{OH}{\overset{|}{C}}HCH\underset{OH}{\underset{|}{C}}HCOOH$　　6. 丙酮酸　　7. 乙酰水杨酸

8. β-羟基丁酸　　9. 乙酰乙酸乙酯　　10. γ-溴代戊酸

四、用化学方法鉴别下列化合物

乙酰乙酸乙酯、乙酰乙酸和丙酮

五、完成下列反应式

1. $CH_3\overset{OH}{\overset{|}{C}}HCH_2COOH \xrightarrow{\triangle} ?$

2. 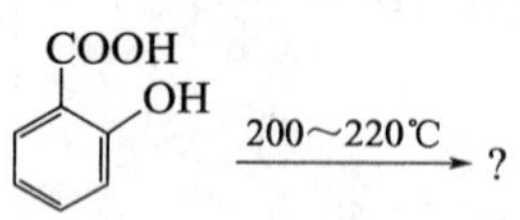

3. $CH_3\overset{O}{\overset{\|}{C}}COOH \xrightarrow[\triangle]{稀H_2SO_4} ?$

4. $CH_3\overset{O}{\overset{\|}{C}}CH_2\overset{O}{\overset{\|}{C}}OC_2H_5 \xrightarrow[②\ H^+]{①\ 稀NaOH} ? \xrightarrow{\triangle} ?$

六、由指定原料合成

由乙酰乙酸乙酯及其他原料合成4-甲基-2-丁酮及3-甲基丁酸

七、推断题

1. 某化合物A分子式为$C_7H_{10}O_3$,可与2,4-二硝基苯肼反应产生沉淀;A加热后生成环酮B并放出CO_2气体,B与肼反应生成环已酮腙,试写出A、B的结构式和有关的反应式。

2. 分子式为$C_4H_8O_3$的两种同分异构体A和B,A与稀硫酸共热,得到分子式为C_3H_6O的化合物C和另一化合物D,C、D均能与托伦试剂反应产生银镜。B加热脱水生成分子式为$C_4H_6O_2$的化合物E,E能使饱和溴水褪色,催化氢化后生成分子式为$C_4H_8O_2$的直链羧酸F。试推断A、B、C、D、E、F的结构式。

第九章

立体化学基础

学习目标

【知识目标】

1. 掌握对映体、旋光度、比旋光度、手性碳原子等概念以及分子结构与手性的关系，对映体的D/L构型和R/S构型的标示法；分子的对称性与对称因素等知识；

2. 熟悉费歇尔投影式的书写方法；熟悉环烷烃的构象；

3. 了解旋光仪的原理和构造；了解内消旋体、外消旋体的含义及外消旋体的拆分。

【能力目标】

1. 熟练地判断对映体的D/L构型和R/S；

2. 能认识手性（左旋体、右旋体）与药物活性的关系。

立体异构是指分子中原子的连接次序虽然相同，但由于在空间相互位置不同而产生的同分异构现象，包括构型异构和构象异构。构型异构是指分子的空间结构不同而产生的同分异构现象，如顺反异构和对映异构；构象异构是指具有相同的构型，但由于分子内单键的旋转而产生的异构现象。

研究有机化合物分子的立体异构及由此而引起的理化性质变化的化学称为立体化学。

第一节　对映异构

对映异构是构型异构的一种类型，由于这类异构体之间对光的作用不同，亦称为旋光异构或光学异构。

一、偏振光和物质的旋光性

1. 偏振光

光是一种电磁波，其振动方向与前进方向垂直，且在垂直于传播方向的各个方向上的振动的光量是相等的。如图 9-1 所示，当自然光通过 Nicol 棱晶后，光强明显减弱，这是因为只有与 Nicol 棱晶上光栅平行的光才能通过，而其他方向上振动的光不能通过，这时所得到的光的振动平面只在一个方向上，把这种光称为平面偏振光，简称偏振光。

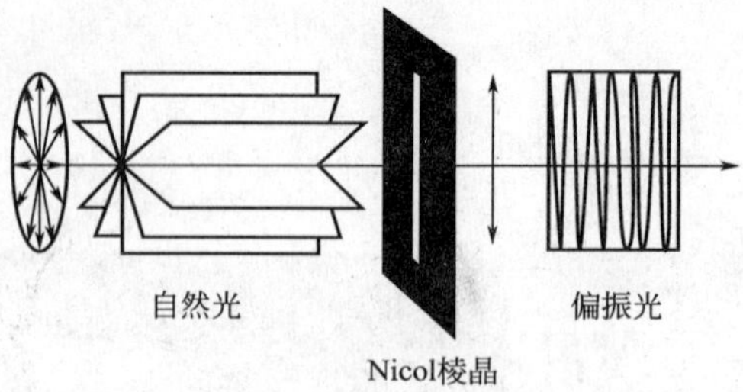

图 9-1 偏振光的产生示意图

2. 物质的旋光性

实验发现，当偏振光通过某些天然有机物（如糖、酒石酸等）的溶液时会发生了一定角度的偏转。这种能使偏振光的振动平面发生旋转的性质称为旋光性。具有旋光性的物质称为旋光性物质或光活性物质。有些物质能使偏振光的振动方向向右旋转（顺时针方向），称为右旋物质，用“＋”表示；向左旋转（逆时针方向）的称为左旋物质，用“－”表示。例如，从自然界得到的葡萄糖为右旋葡萄糖，或（＋）-葡萄糖；从自然界得到的果糖为左旋果糖，或（－）-果糖；从肌肉中得到的乳酸为右旋乳酸，或（＋）-乳酸；葡萄糖发酵得到的乳酸为左旋乳酸，或（－）-乳酸。

二、旋光仪

旋光物质使偏振光振动平面转动的角度和方向，可用旋光仪测定。图 9-2 为旋光仪示意图。

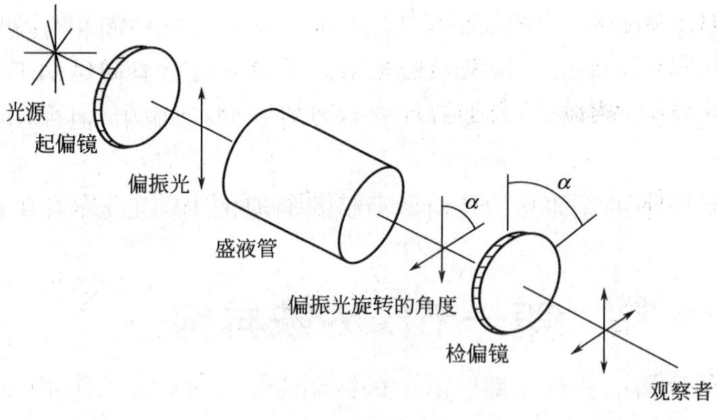

图 9-2 旋光仪示意图

旋光仪主要元器件包括一个单色光源、两个 Nicol 棱晶和一个盛测试液的盛液管。从光源发生的一定波长的光通过第一个 Nicol 棱晶（起偏镜）后变成偏振光，偏振光通过盛有旋光性物质的溶液试样液管后，其振动平面发生偏转，然后旋转第二个 Nicol 棱晶（检偏镜），使旋转的角度与偏振光的偏转角度相等（这时通过第二个 Nicol 棱晶的光最强），检偏镜旋转的角度和方向就是偏振光旋转的角度和方向。检偏镜与刻度盘相连，相关的数值可从刻度盘上读出。

三、旋光度和比旋光度

当偏振光通过旋光物质时，偏振光的振动平面被转动的角度，称为旋光度，通常用 α 表示。测定旋光物质的旋光度时，盛液管的长度、溶液的浓度、光源的波长、测定时的温度以及所用的溶剂都会影响旋光度的数值，甚至改变旋光的方向。为了消除这些因素的影响，通常用比旋光度进行表示。即在一定温度下用一定波长的光，通过 1dm 长盛满浓度为 1g/ml 旋光性物质的盛液管时所测定的旋光度，称为比旋光度，用 $[\alpha]_\lambda^t$ 表示。公式如下：

$$[\alpha]_\lambda^t=\frac{\alpha}{\rho_B l}$$

式中，$[\alpha]$ 代表比旋光度；t 是测定时的温度；λ 是所用光源的波长；α 是旋光仪中测出的旋光度；ρ_B 是溶液的质量浓度，g/ml；l 是盛液管的长度，dm。光源一般是钠光，波长为 589.3nm，用 D 表示；实验温度常为 20℃ 或 25℃。所以 $[\alpha]_\lambda^t$ 通常表示成 $[\alpha]_D^{20}$ 或 $[\alpha]_D^{25}$。

> **小贴士**
>
> 物质的旋光性很早就被发现，如石英晶体等无机晶体的旋光性早被人们所知。但对有机化合物旋光性的认识则较晚。1815 年，法国人比奥（Jeam Baptiste Biot，1774～1862）发现松节油、樟脑和酒石酸都具有旋光性。1848 年，著名微生物学家、化学家路易·巴斯德（Louis Pasteur，1822—1895）对酒石酸钠铵晶体的研究，为旋光异构现象即对映异构现象奠定了理论基础。

通过旋光度的测定可计算出比旋光度，再根据比旋光度的值鉴定某未知的旋光性物质。例如某物质的水溶液浓度为 0.05g/ml，在 1dm 长的盛液管内，温度为 20℃，光源为钠光，用旋光仪测出其旋光度为 $-4.64°$。依据上述公式可计算出比旋光度为 $-92.8°$；而根据比旋光度查知，果糖的比旋光度为 $-93°$，因此该物质可能为果糖。

另可根据测定已知旋光物质的旋光度和从手册查知的比旋光度，也可计算出该物质溶液的浓度。如一葡萄糖溶液在 1dm 长的盛液管中测出其旋光度 $+3.4°$，而它的比旋光度查知为 $+52.5°$，按以上比旋光度公式即可计算出此葡萄糖溶液的浓度为 0.0647g/ml。制糖工业经常利用旋光度控制糖的浓度。

值得注意的是，当旋光物质是纯液体，可直接测定。但在计算比旋光度时，需将公式中的 ρ_B 改换成该液体的密度 ρ。

四、手性分子和旋光性

1. 手性的概念

有些物质具有旋光性，而另一些物质不具有旋光性，这与物质的分子是否具有手性有关。如果把左手放在一面镜子前，可以观察到镜子里的镜像与右手完全一样。所以左手和右手具有互为实物与镜像的关系，两者不能重合（如图 9-3、图 9-4 所示）。因此把这种物体与其镜像不能重合的性质称为手性。任何不能与其镜像重合的分子称为手性分子。

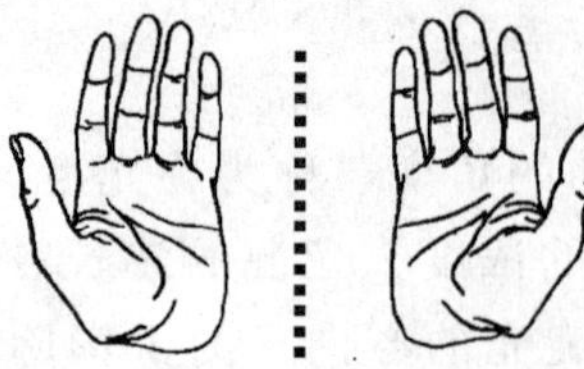

图 9-3　左右手互为镜像图

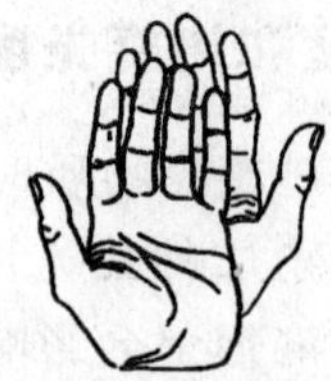

图 9-4　左右手不能重合

把两种呈对映关系的空间异构体，称为对映异构体，简称对映体。大量的实验事实表明，相同条件下，一对对映体使偏振光的振动方向发生改变的角度相等，但是方向相反。例如：

(＋)-乳酸，$[\alpha]_D^{20}=+3.8°$；(－)-乳酸，$[\alpha]_D^{20}=-3.8°$。由于旋光性的不同，对映体之间又可称为旋光异构体或光学异构体。

具有手性的分子必然具有旋光性，所以分子的手性是产生旋光性的先决条件。

2. 含一个手性碳原子的化合物

(1) 构型表示法　在二维的纸面上表示三维的分子构型，通常是用模型、透视式或费舍尔投影式。下面主要介绍透视式和费舍尔投影式。

① 透视式　主要运用不同形状的线表示基团的伸展方向。将手性碳原子表示在纸面上，用实线表示在纸面上的键，虚线表示伸向纸后方的键，用楔形实线表示伸向纸前方的键（见图 9-5）。这种表示法清晰直观，但书写较麻烦。

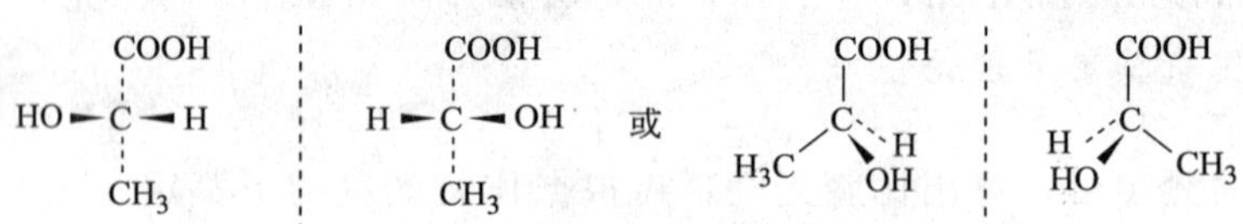

图 9-5　乳酸两种构型的透视式

② 费舍尔投影式　费舍尔（Fischer）投影式是采用投影的方式将分子的构型表示在纸面上（见图 9-6）。投影的规则是：手性碳原子置于纸面内，用横竖两线的交点代表这个手性碳原子，横向的两个原子或基团指向纸面的前面，竖向的两个原子或基团指向纸面的后

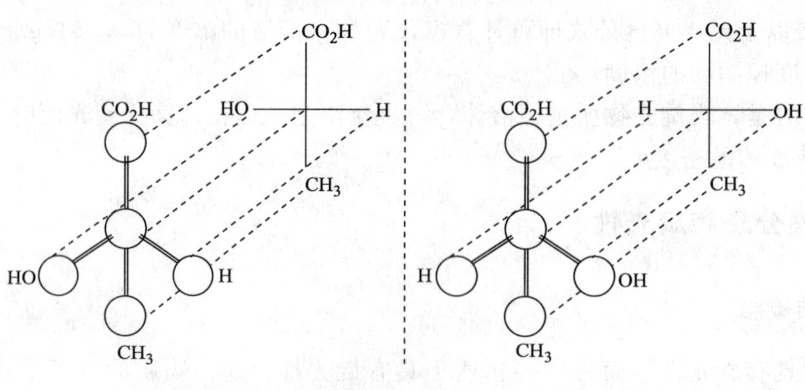

图 9-6　乳酸两种构型的费舍尔投影式

面。投影时，把含手性碳原子的主链放在竖向方向，并把命名时编号最小的碳原子放在上端，其他原子或基团放在水平方向上。

使用费舍尔投影式时，要注意投影式不能离开纸面翻转，可以在纸面上旋转180°，但不能旋转90°或170°。

(2) 构型的标记　目前，标记旋光异构体的方法有D/L标记法和*R*/*S*（*R*是拉丁文Rectus的缩写，右的意思；*S*是拉丁文Sinister的缩写，左的意思）标记法两种，但*R*/*S*构型标记法是普遍使用的一种方法。

① D/L标记法　在使用*R*/*S*标记法之前，人们使用D/L标记法。因为在1951年以前，没有实验方法可测定分子中基团在空间的排列状况，为了避免混淆，曾以甘油醛为准作了人为的规定。甘油醛有如下两种构型：

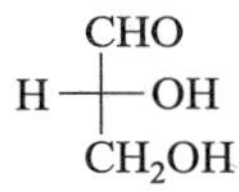

(Ⅰ) D-(+)-甘油醛

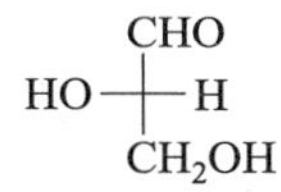

(Ⅱ) L-(−)-甘油醛

人为规定右旋甘油醛以（Ⅰ）的形式进行表示，左旋甘油醛以（Ⅱ）的形式进行表示。并把投影式中手性碳原子上的羟基在右边的称为D-型；在左边的称为L-型。由于甘油醛的构型是人为规定而不是实际测出的，所以叫相对构型；由甘油醛衍生出来的化合物也是相对构型，如乳酸的构型。其他分子的D/L构型是通过与标准甘油醛进行各种直接或间接的方式相联系而确定。但1951年人们利用X射线结构分析，实际测出了酒石酸的绝对构型，并由此推出人为规定的甘油醛的构型与实际构型正巧相符，因此甘油醛的相对构型以及由此而来的D/L构型标记法，实际上就是它们的绝对构型。

D/L构型标记法有一定的局限性，它只能标记一个手性碳原子的构型，而对于含多个手性碳原子的化合物就无能为力了，现以很少使用。由于长期习惯，现在糖类和氨基酸类化合物尚沿用D/L构型标记法。1970年以来，国际上根据纯粹化学和应用化学联合会（IUPAC）的建议，逐渐采用*R*/*S*标记法。

② *R*/*S*标记法　*R*/*S*标记法可以标记化合物中任何一个手性碳原子的构型。其主要内容如下：

a. 次序规则　如图9-7所示，将手性碳原子上连接的四个不同原子或基团a、b、c、d，按优先次序进行排列，并假设它们的优先次序为a>b>c>d（“>”表示优先于）。

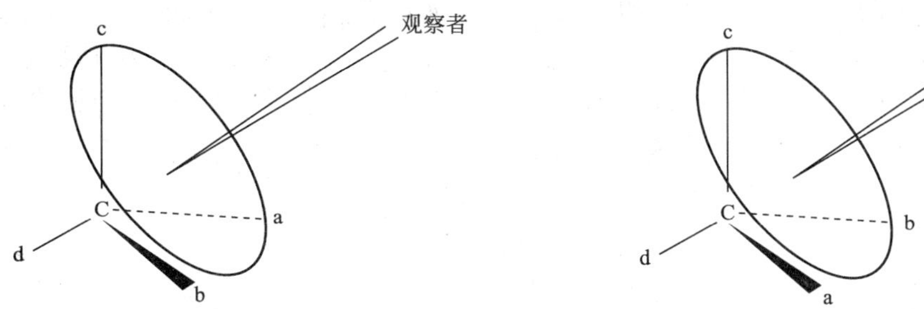

a→b→c 顺时针(*R*型)　　a→b→c 逆时针(*S*型)

图9-7　*R*/*S*标记法

b. 手性碳原子构型的判断规则　在d与手性碳原子两线的延长线上来观察其余三个原子或基团的排列情况，即以a→b→c的顺序划圆，如果为顺时针，则该手性碳原子为*R*构型；如果为逆时针，则该手性碳原子为 S 构型。

对于一个给定的费舍尔投影式，可以按下述方法标记其构型。如果按次序规则排列在最后的原子或基团 d 位于投影式的竖线上（如图 9-8 所示），而其余三个原子或基团 a→b→c 为顺时针，则该投影式代表的构型为 R 型；反之，a→b→c 为逆时针方向，则为 S 型。如果 d 在横线上，其余三个原子或基团 a→b→c 为顺时针，则该投影式代表的构型为 S 型；反之，a→b→c 为逆时针方向，则为 R 型。

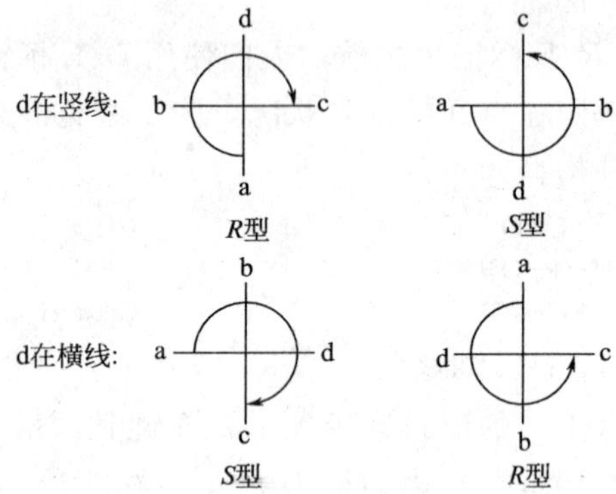

图 9-8 投影式的标记（a＞b＞c＞d）

例如：

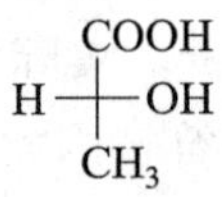

(R)-乳酸

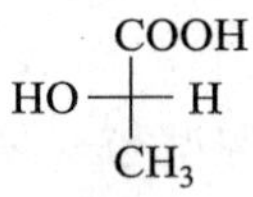

(S)-乳酸

R/S 标记法是基于手性碳原子的实际构型的，因此所标示的是绝对构型。

值得注意的是，D/L 构型、R/S 构型以及旋光方向之间并没有必然的相应关系。旋光化合物的完整系统命名，应该标出构型和旋光方向。例如，右旋乳酸应写作（S）－（＋）-2-羟基丙酸；左旋乳酸应写作（R）-（－）-2-羟基丙酸；外消旋体应写作（±）-2-羟基丙酸。

3. 含两个手性碳原子的化合物

随着分子中手性碳原子的增多，旋光异构体的数目也会增多，且立体异构会变得更复杂。

（1）含两个相同手性碳原子的化合物　这类化合物中具有两个手性碳原子，而这两个手性碳原子连接完全相同的四个不同基团。例如 2,3-二羟基丁二酸（酒石酸），分子中具有两个手性碳原子，C*-2 与 C*-3 连接的四个基团都是—OH、—COOH、—CH(OH)COOH 和—H，所以酒石酸是含有两个相同手性碳原子的化合物，其只有三种构型，费舍尔投影式如下：

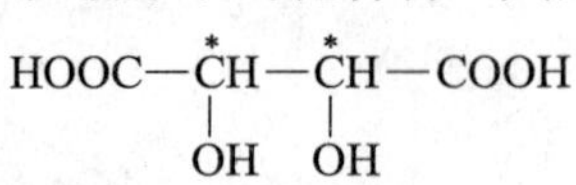

2,3-二羟基丁二酸

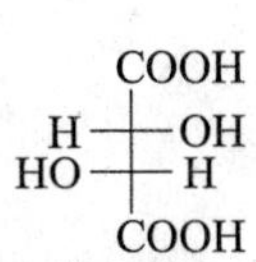

Ⅰ

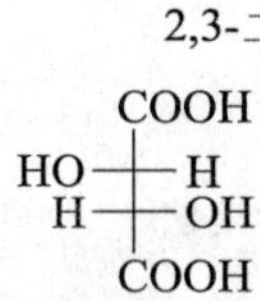

Ⅱ

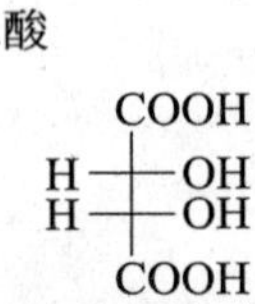

Ⅲ

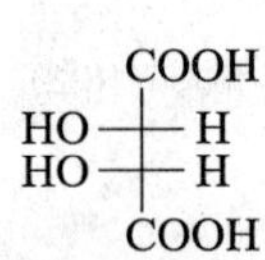

Ⅳ

Ⅰ为(2R,3R)-2,3-二羟基丁酸；Ⅱ(2S,3S)-2,3-二羟基丁酸；Ⅲ和Ⅳ为(2R,3S)或(2S,3R)-2,3-二羟基丁酸

Ⅰ和Ⅱ均具有旋光性，互为对映体。而Ⅲ和Ⅳ是同一种化合物（Ⅲ在纸平面上旋转180°就变成了Ⅳ），在这两个构型中，由于分子两个手性碳原子所决定的构型的旋光能力相同、方向相反，使得它们的旋光作用正好抵消，导致整个分子没有旋光性，称为内消旋体，内消旋体和外消旋体是两个不同的概念。外消旋体是指一对对映体的等量混合物，不表现旋光性。虽然两者都不显旋光性，但前者是纯净化合物，而后者是等量对映体的混合物，外消旋体可以拆分成纯净的左旋体和右旋体，而内消旋体是不能拆分的。

（2）含两个不相同手性碳原子的化合物　这类化合物中具有两个手性碳原子，而这两个手性碳原子所连接的四个原子或基团不完全相同。例如2，3，4-三羟基丁醛，其分子中含两个不同的手性碳原子（C*-2、C*-3）。由于每个手性碳原子有两种构型，因此该化合物共有四种构型，如下所示：

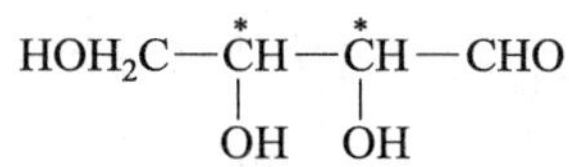

2,3,4-三羟基丁酸

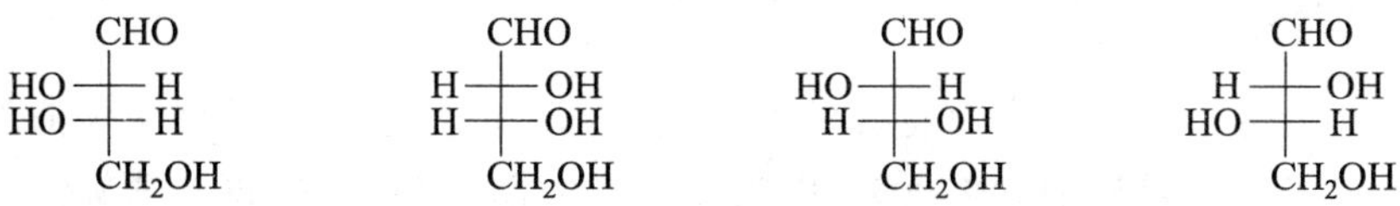

Ⅰ　　　Ⅱ　　　Ⅲ　　　Ⅳ

Ⅰ(2S,3S)-2,3,4-三羟基丁醛；Ⅱ(2R,3R)-2,3,4-三羟基丁醛；
Ⅲ(2R,3S)-2,3,4-三羟基丁醛；Ⅳ(2S,3R)-2,3,4-三羟基丁醛

由投影式可以看出，含2个不同手性碳原子的分子存在着2对对映体，其中Ⅰ与Ⅱ呈一对对映体，Ⅲ与Ⅳ是另一对对映体。但Ⅰ与Ⅲ、Ⅰ与Ⅳ或Ⅱ与Ⅲ、Ⅱ与Ⅳ尽管呈立体异构，但并不是对映体，这种不呈镜像对映关系的立体异构体，称为非对映异构体，简称非对映体。非对映体之间除了旋光性不同外，理化性质也有一定的差异。

有机化合物中，随着手性碳原子数目的增多，其立体异构体的数目也增多。当分子中含有 n 个不同的手性碳原子时，就可以有 2^n 个对映异构体，组成 2^{n-1} 对对映体。

五、外消旋体的拆分

具有光学活性的药物中，一对对映体往往只有一个疗效显著，而另一个几乎疗效甚微甚至无效，有的甚至相反。但在这些药物的合成中，得到的是左旋体和右旋体的等量混合物——外消旋体。例如以邻苯二酚为原料合成肾上腺素，得到的是不显旋光性的外消旋体。

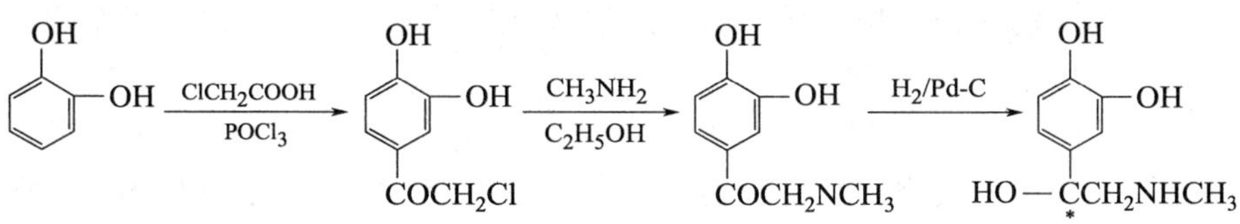

(*dl*)-肾上腺线

为了得到疗效显著的药物，就必须将这对对映体分离开来。对映体之间的分离称为拆分。由于对映体之间的理化性质基本相同，常用的分离方法（如分馏、重结晶等）无法将它们分离出来，而必须采用化学拆分法、诱导结晶法和生物化学拆分法等特殊方法。

1. 化学拆分法

化学拆分法是选用化学方法将对映体转化为非对映体，利用非对映体之间物理性质的差

异，通过重结晶、蒸馏等物理方法将非对映体分离，然后再恢复为单纯的左旋体或右旋体的过程。

例如，一对有机酸外消旋体与单纯的左旋体胺或右旋体胺进行反应，得到非对映的有机酸铵盐。再通过重结晶可将二者分离开来，再分别进行酸化，得到左旋酸和右旋酸。

2. 诱导结晶法

这种方法是在需要拆分的外消旋体过饱和溶液中，加入一定量的左旋体或右旋体的晶种，则与晶种相同的异构体便优先析出。例如向某一过饱和的外消旋体溶液中，加入一定量的右旋体晶种，一部分右旋体便结晶析出，过滤得到部分右旋体；因此时滤液中左旋体过量，需向溶液中加入外消旋体混合物，致使一部分左旋体结晶析出，过滤得到部分的左旋体。如此反复多次，可将大部分的左旋体和右旋体分理出来。目前生产（一)-氯霉素的中间体（一)-氨基醇就是采用此法进行拆分的。

3. 生物化学拆分法

酶具有旋光活性，且对反应有特殊的专一性。利用酶的这种性质可从外消旋体中把一种对映体分离拆分出来。以外消旋体丙氨酸的拆分说明此过程：首先将外消旋体乙酰化，然后利用猪肾酰化酶对其进行选择性水解，其中一种对映体的酰化物水解速率较另一种快得多，结果得 L-和 D-*N*-乙酰丙氨酸的混合物。由于两者结构不同，溶解性差异较大，很易分离。用乙酸乙酯提取，D-*N*-乙酰丙氨酸进入乙酸乙酯层，将 L-留在母液中。再分别处理，就可以分别得到左旋体丙氨酸和右旋体丙氨酸。

第二节　构象异构

一、乙烷的构象

烷烃分子中的 σ 键，其特点之一就是成键的原子之间可沿键轴任意旋转。将乙烷分子中的一个甲基固定不动，而使另一个甲基绕 C—Cσ 键旋转时，可以看到 2 个甲基中的 H 原子的相对位置在不断改变，产生许多种不同的空间排列方式。这种由于围绕 σ 键的键轴旋转所产生的分子中原子或基团在空间的不同排列形式称为构象。由此产生的异构体称为构象异构体，属于立体异构体的一种。构象异构体之间的区别只是原子或原子团在三维空间的相对位置或排列方式不同。

乙烷分子中，由于 C—Cσ 键的旋转，可以产生无数个构象异构体。其中交叉式构象和重叠式构象是乙烷的两种典型构象，常用锯架式和纽曼投影式来表示（如图 9-9 所示）。

在乙烷分子的交叉式构象中，两个 C 原子上的 H 原子之间距离最远，因此相互间排斥力最小，能量最低，分子最稳定，这种构象称为乙烷的优势构象。而重叠式构象中，两个 C 原子上的 H 原子距离最近，排斥力最大，能量最高，分子最不稳定。乙烷分子的重叠式和交叉式构象间的能量差为 $12.6kJ \cdot mol^{-1}$，室温下，乙烷分子间相互碰撞产生的能量已超过此能量差，足以使 C—Cσ 键自由旋转，各种构象间在不断地迅速地相互转化，不可能分离出单一构象的乙烷分子。因此室温下的乙烷分子是各种构象的动态平衡混合体系，达到平衡时，交叉式构象（优势构象）所占比例较大。

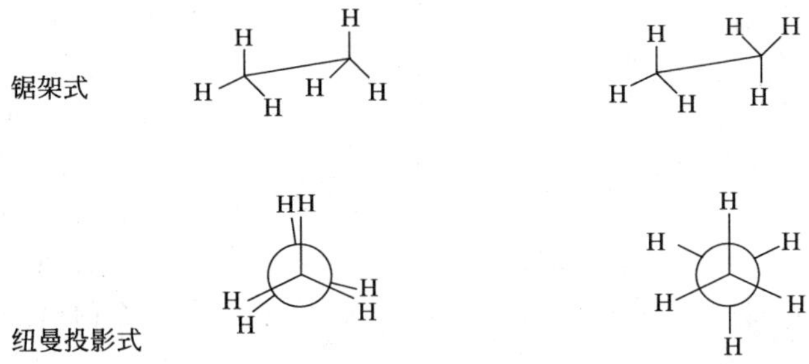

(a) 重叠式　　(b) 交叉式

图 9-9　乙烷的典型构象

二、环己烷的构象

环己烷因为环上 C 原子不在同一平面上，环内所有的 C—C 键角均接近正常的四面体键角，几乎无角张力。能量最低、最稳定构象是椅式构象，在椅式构象中，所有键角为 109°28′，所有相邻两个 C 原子上所连的 H 原子都处于交叉式构象（优势构象）。

环己烷的船式构象比椅式构象能量高。因为在船式构象中存在着全重叠式构象，H 原子之间排斥力较大。另外船式构象中船头两个 H 原子相距较近，约为 0.183nm，远小于它们的范德华半径之和 240nm，所以非键斥力比较大，使得船式能量升高，所以椅式构象是环己烷的优势构象（如图 9-10 所示）。

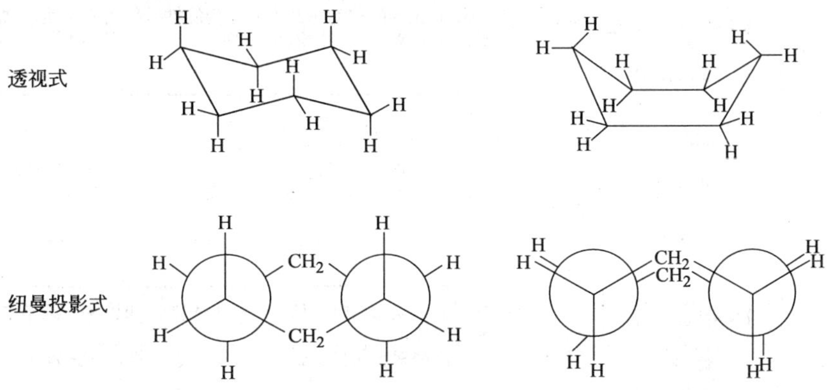

(a) 椅式构象　　(b) 船式构象

图 9-10　环己烷的透视式和纽曼投影式

在环己烷的椅式构象中，12 个 C—H 键分为两种情况，一种是 6 个 C—C 键与环己烷分子的对称轴平行，称为 *a* 键（竖键）。另一种是 6 个 C—C 键与对称轴成 109°28′的夹角，称为 *e* 键（横键）。环己烷的 6 个 *a* 键中，3 个向上 3 个向下交替排列，6 个 *e* 键中，3 个向上斜伸，3 个向下斜伸交替排列，如图 9-11 所示。

环己烷的船式构象和椅式构象之间能相互转换（见图 9-12），通常环己烷就处于这两种构象的转换平衡中。

由于船式构象远没有椅式构象稳定，环己烷几乎都是以椅式构象存在，因此在讨论环己烷结构时通常只考虑椅式构象。

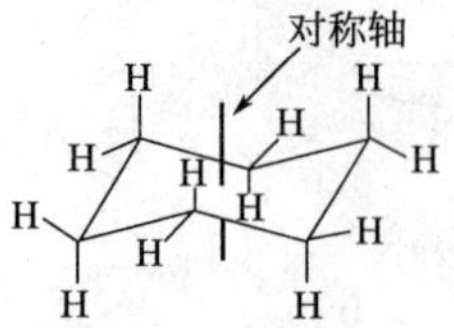

图 9-11　环己烷的椅式构象中的 *a* 键（竖键）和 *e* 键（横键）

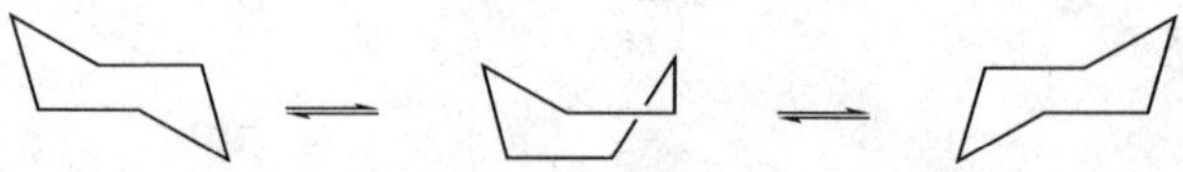

图 9-12　环己烷船式构象和椅式构象的相互转换

从很多实验事实可以总结出如下规律：

（1）环己烷一元取代衍生物中，取代基在 *e* 键的构象最稳定。

（2）环己烷多元取代物最稳定的构象是 *e* 键取代基最多的构象。

（3）环上有不同取代基时，大的取代基在 *e* 键的构象最稳定。

文献查阅

查阅资料，了解更多手性药物的知识。

学习小结

- 立体化学基础
  - 对映异构
    - 偏振光和物质的旋光性：当光通过Nicol棱晶后，所得到的光的振动平面只在一个方向上，这种光即称为偏振光。物质能使偏振光的振动平面发生旋转的性质称为旋光性。如果偏振光向顺时针方向旋转即是右旋(+)，该物质称为右旋体；若向逆时针方向旋转即是左旋(−)，该物质称为左旋体
    - 旋光度和比旋光度：当偏振光通过旋光物质时，偏振光的振动平面被转动的角度，称为旋光度；在一定温度下用一定波长的光，通过1dm长盛满浓度为1g/ml旋光性物质的盛液管时所测定的旋光度，称为比旋光度
    - 手性分子与构型的标记：当某分子与其镜像不能重合时，该分子称为手性。把两种呈对映关系的空间异构体，称为对映异构体。手性分子的构型常用费舍尔投影式表示。标记构型的方法有D/L标记法和*R*/*S*标记法
    - 外消旋体拆分：等量的左旋体和右旋体混合，它们对偏振光的作用相互抵消，从而不具有旋光性，这样的混合物称为外消旋体。外消旋体可通过化学拆分法、诱导结晶法、生物化学拆分法等方法进行拆分
  - 乙烷和环己烷的构象
    - 乙烷的构象：交叉式构象和重叠式构象是乙烷的两种典型构象，常用锯架式和纽曼投影式来表示。乙烷的交叉式构象是优势构象，而重叠式构象是最不稳定的构象
    - 环己烷的构象：椅式构象是环己烷能量最低、最稳定的构象；环己烷的船式构象比椅式构象能量高。在椅式构象中，6个C—C键与环己烷分子的对称轴平行，称为*a*键(竖键)；另外6个C—C键与对称轴成109°28′的夹角，称为*e*键(横键)。椅式环己烷可发生转环变为另一种椅式构象

自我测评

一、单项选择题

1. 用绝对构型标记对映体的方法是（　　）。

A. 楔形式　B. 费舍尔投影式　C. D/L 标记法　D. R/S 标记法

2. 属于费舍尔投影式构型特点的是（　　）。

A. 楔形线表示伸向纸面前方　B. 横后竖前碳纸面

C. 立体式　D. 最小编号的碳原子在上端

二、标记命名下列化合物（R/S 标记法）

1. 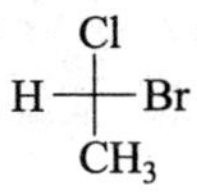

2. 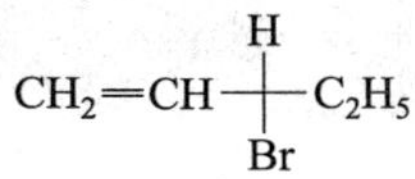

3. 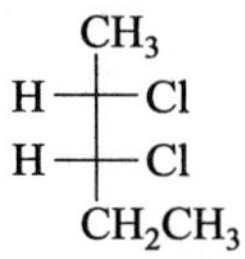

4. 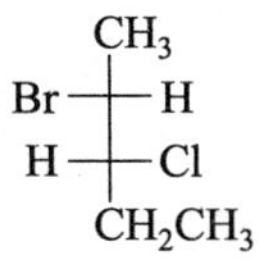

三、计算题

将麦芽糖的溶液转入 10cm 长的盛液管中，用钠光作为光源，测得其旋光度为＋42.3°，求这种溶液的浓度（麦芽糖的比旋光度为＋130.8°）。

四、推断题

1. 旋光化合物 A（C_6H_{10}），能与硝酸银氨溶液生成白色沉淀 B（C_6H_9Ag）。将 A 催化加氢生成 C（C_6H_{14}），C 没有旋光性。写出 A、B、C 的结构式。

2. 化合物的 A 分子式均为 C_6H_{12}，能使溴水褪色，没有旋光性。A 在酸性条件下加 1molH_2O 可得到一个有旋光性的醇 B，B 的分子式 $C_6H_{14}O$；若 A 在碱性条件被 $KMnO_4$ 氧化，得到一个内消旋的二元醇 C，分子式为 $C_6H_{14}O_2$。推测 A、B、C 的结构式。

第十章

含氮化合物

学习目标

【知识目标】

1. 掌握胺的结构、分类、命名和主要化学性质；
2. 熟悉硝基化合物结构和命名以及季铵、重氮、偶氮化合物的结构特点；
3. 了解硝基化合物的分类。常见的胺及其衍生物。

【能力目标】

1. 熟练应用胺、重氮和偶氮化合物的命名法命名其名称；
2. 学会判断胺的碱性、酰化反应和重氮盐的重氮化、偶联反应规律；
3. 能应用胺与亚硝酸反应或兴斯堡反应，鉴别伯、仲、叔三级胺。

分子中含有氮元素的有机化合物，统称为含氮化合物。硝基化合物、胺、重氮化合物和偶氮化合物等都是含氮的化合物。这是一类含有碳氮键的有机化合物，是合成药物、农药及高分子化合物的重要原料。临床上的许多药物都是含氮化合物，如巴比妥类，磺胺类药物。

第一节　硝基化合物

一、硝基化合物的结构、分类和命名

1. 硝基化合物的结构和分类

分子中含有硝基（$—NO_2$）官能团的化合物叫做硝基化合物。从结构上可以将硝基化合物看作是烃分子中的 H 原子被$—NO_2$ 取代后所形成的化合物。

（1）根据分子中烃基的种类不同，硝基化合物可分为脂肪族硝基化合物和芳香族硝基化合物。

脂肪族硝基化合物，通式为 $R—NO_2$ 例如：

$CH_3—NO_2$ 硝基甲烷　　$CH_3CH_2CH_2—NO_2$ 硝基丙烷

芳香族硝基化合物，通式为 Ar—NO_2 例如：

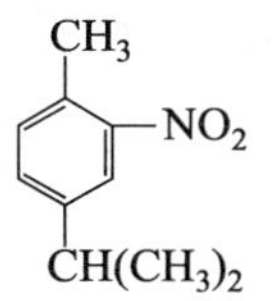
2-硝基-4-异丙基甲苯

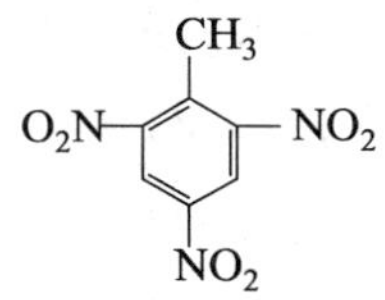
2, 4, 6-三硝基甲苯

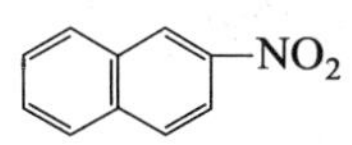
2-硝基萘

（2）根据分子中硝基的数目不同，硝基化合物可分为一元硝基化合物、二元硝基化合物和多元硝基化合物。

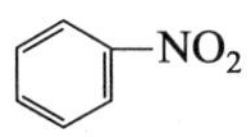
硝基苯

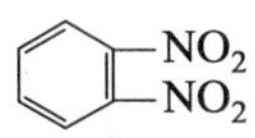
邻二硝基苯

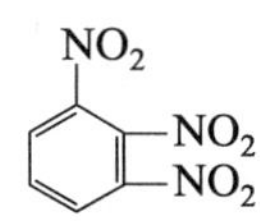
1, 2, 3-三硝基苯

2. 硝基化合物的命名

硝基化合物的命名与卤代烃相似。以烃为母体，把硝基作为取代基，称为硝基某烷。例如：

CH_3NO_2 硝基甲烷　　$CH_3CH_2CH_2NO_2$ 硝基丙烷

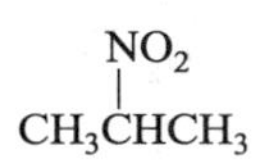
2-硝基丙烷

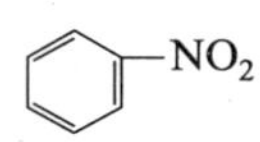
硝基苯

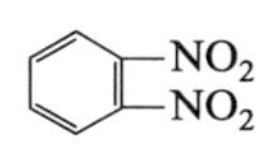
邻二硝基苯

二、硝基化合物的物理性质

因为硝基具有强极性，所以硝基化合物是极性分子，有较高的沸点和密度。脂肪族硝基化合物多数是油状液体，芳香族硝基化合物除了硝基苯是高沸点液体外，其余多是淡黄色固体。有苦杏仁气味，味苦。不溶于水，溶于有机溶剂和浓硫酸。多数硝基化合物有毒，它的蒸汽能透过皮肤被机体吸收中毒，无论吸入或皮肤接触都能引起肝肾和中枢神经及血液中毒，在使用时应注意防护，故生产上应尽可能不用它作溶剂。

小贴士

鞋油中含有硝基苯。硝基苯毒性较强，吸入大量蒸汽或皮肤大量沾染，能引起急性中毒。正常情况下，血红蛋白与氧气结合成氧合血红蛋白（铁为二价）并随血液流到各个组织，将氧放出，以供人体物质氧化。放出氧后的血红蛋白，回到肺部再继续输送氧气。当人体吸入硝基苯后，由于硝基苯的氧化作用，使血红蛋白变成高铁血红蛋白，大大阻止了血红蛋白输送氧的作用，从而引发中毒。所以，擦鞋时可不用鞋油，用棉布蘸橄榄油，再加几滴柠檬汁，涂抹在鞋子上，几分钟后擦干净即可。

随着分子中硝基数目的增加，其熔点、沸点和密度增大、苦味增加，对热稳定性降低，有些是制做炸药的原料，受热易分解爆炸（如三硝基甲苯是烈性炸药）。

三、硝基化合物的化学性质

1. 酸性

硝基为强吸电子基，能使 α-H 原子活性增强，从而具有一定的酸性。例如硝基甲烷、硝基乙烷、2-硝基丙烷的 $\mathrm{p}K_a$ 值分别为：10.2、8.5、7.8。

2. 还原反应

硝基容易被还原，尤其直接连在芳环上的硝基更容易被还原，还原产物随还原条件及介质的不同而有所不同。硝基苯在酸性条件下，可用铁等金属还原为芳香族伯胺。例如：

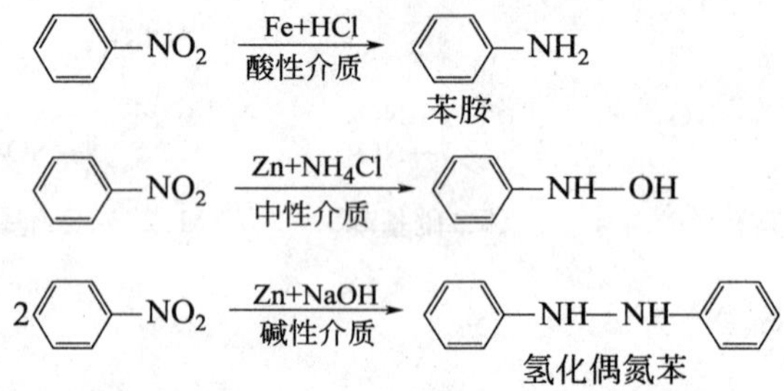

用催化氢化的方法也可还原硝基化合物。例如：

$$R—NO_2+3H_2 \xrightarrow{Ni} R—NH_2$$

四、硝基对苯环上其他基团的影响

硝基同苯环相连后，对苯环呈现出强的吸电子诱导效应和吸电子共轭效应，使苯环上的电子云密度大为降低，亲电取代反应变得困难，但硝基可使邻位基团的反应活性（亲核取代）增加。

1. 使卤苯易水解、氨解、烷基化

氯苯分子中的氯原子并不活泼，将氯苯与氢氧化钠溶液共热到 200℃，也不能水解生成苯酚。若在氯苯的邻位或对位有硝基时，氯原子就比较活泼。邻硝基氯苯与碳酸氢钠加热到 130℃左右，就能水解生成相应的硝基苯酚。如果邻、对位上硝基数目越多，氯原子就更活泼。例如：2,4-二硝基氯苯与碳酸氢钠在 100℃左右就能水解生成相应的硝基苯酚；2,4,6三硝基氯苯与碳酸氢钠 35℃左右就能水解生成相应的硝基苯酚。

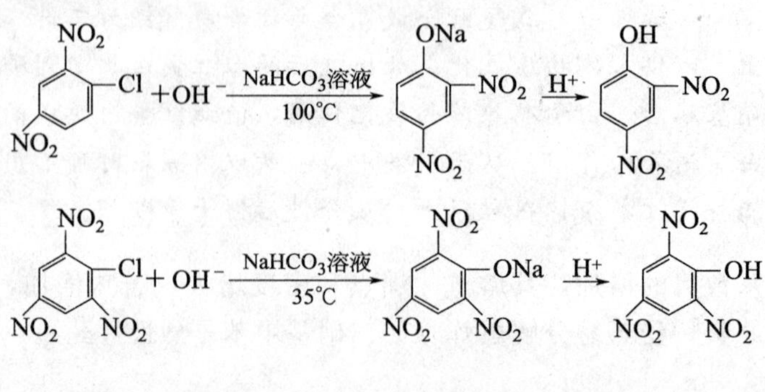

卤素直接连接在苯环上很难被氨基、烷氧基取代，当苯环上有硝基存在时，则卤代苯的氨化、烷基化在没有催化剂条件下即可发生。

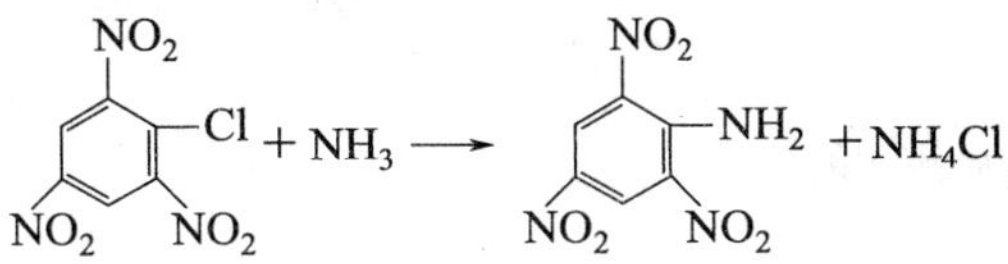

2. 使酚的酸性增强

苯酚的酸性比碳酸还弱，它呈弱酸性。但在苯环上引入硝基时，能增强酚的酸性。苯环上的硝基数目越多，则对苯环上羟基或羧基的酸性影响越大。例如：2,4,6-三硝基苯酚的酸性已接近无机强酸。

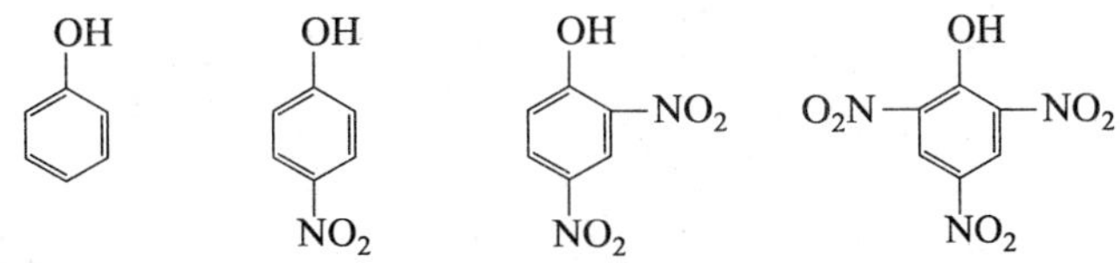

pK_a 9.89 7.15 4.09 0.38

五、重要的硝基化合物

1. 硝基甲烷（CH_3NO_2）

硝基甲烷是无色液体，有毒，熔点－29℃，沸点 101℃，可溶于水和有机溶剂，其蒸气与空气可形成爆炸性混合物，可用作火箭燃料和硝酸纤维素、醋酸纤维素的溶剂。可由甲烷气相消化而制得。

2. 硝基苯（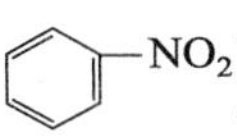）

硝基苯是浅黄色具有苦杏仁味的油状液体，蒸气有毒，不溶于水。硝基苯是一种重要的工业原料，用于制苯胺、染料和药物。可由苯直接硝化而制得。

3. 2,4,6-三硝基甲苯（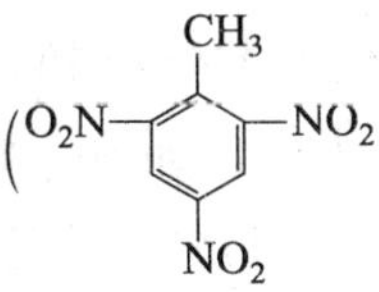）

常称 TNT，黄色结晶，熔融不分解（240℃才分解），熔点 80.6℃，可由甲苯硝化而制得。是重要的烈性炸药，国际上常以它作为衡量其他炸药爆破能力的标准。

4. 2,4,6-三硝基苯酚（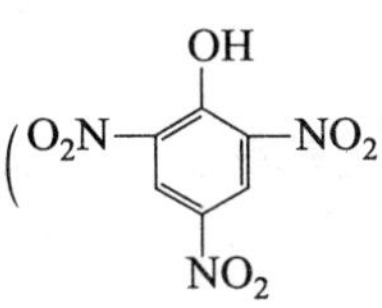）

俗名苦味酸，黄色片状结晶，溶于热水、乙醇、乙醚中，熔点 122℃，它是多硝基化合物，是烈性炸药。具有强酸性，能与有机碱如胺、含氮杂环和生物碱等生成难溶性的苦味酸盐晶体，或形成稳定的复盐，因此可作生物碱沉淀试剂。

第二节 胺

一、胺的结构、分类和命名

1. 胺的结构及分类

胺与氨的结构相似，可以看作是氨的烃基衍生物，即氨分子中的氢原子被一个或几个烃基取代而生成的化合物。

（1）根据分子中氮原子所连烃基种类不同，胺可分为脂肪胺和芳香胺。氮原子与脂肪烃基相连称为脂肪胺；氮原子直接与芳香环相连称为芳香胺。

CH_3-NH_2 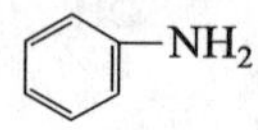

脂肪胺　　芳香胺

（2）根据胺分子中与氮原子相连的烃基数目不同，胺可分为伯胺（1°胺）、仲胺（2°胺）、叔胺（3°胺）。例如：

$CH_3CH_2NH_2$　　$CH_3NHCH_2CH_3$　　$(CH_3)_3N$

伯胺　　仲胺　　叔胺

应该注意到，将胺分为伯、仲、叔胺和将醇分为伯、仲、叔醇的分类依据是不同的。伯、仲、叔醇是指它们的羟基分别与伯、仲、叔碳原子相连接，而伯、仲、叔胺是根据氮原子所连接的烃基数目确定的。如叔丁醇和叔丁胺，两者均有叔丁基，但前者是叔醇，后者是伯胺。

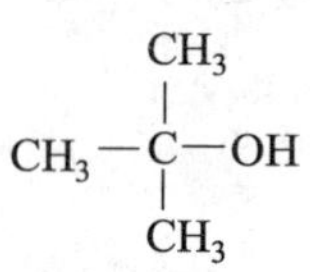

叔丁醇(叔醇)

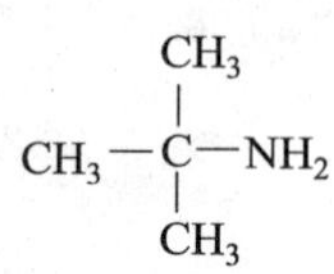

叔丁胺(伯胺)

还应该注意到，"氨"、"胺"及"铵"字的用法也是不同的。"氨"用来表示氨的基团，如气态氨或氨基（$-NH_2$）等；"胺"用来表示氨的烃基衍生物，如甲胺（CH_3NH_2）；而"铵"是用来表示 NH_4^+ 或其中的氢被烃基取代后的产物，如卤化铵、季铵盐、季铵碱

（3）根据分子中氨基的数目不同胺还可分为一元胺和多元胺等。例如：

$CH_3CH_2CH_2NH_2$　　$NH_2CH_2CH_2NH_2$

一元胺　　二元胺

2. 胺的命名

（1）简单胺命名时，以胺为母体，烃基作为取代基称为"某胺"。例如：

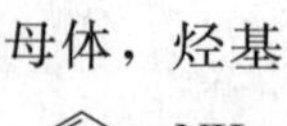　　CH_3-NH_2

苯胺　　甲胺

（2）氮原子上连有两个或三个相同烃基的胺，在"胺"字前加上烃基的名称和数目。例如：

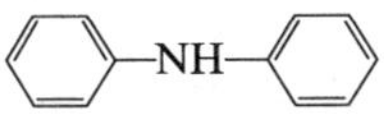
二苯胺

$CH_3CH_2—NH—CH_2CH_3$
二乙胺

$$\begin{array}{c} CH_3 \\ | \\ H_3C—N—CH_3 \end{array}$$
三甲胺

如果所连烃基不同，则把简单的烃基名称写在前面。例如

$$\begin{array}{c} CH_3 \\ | \\ H_3C—N—CH_2CH_3 \end{array}$$
二甲乙胺

$$\begin{array}{l} CH_3CH_2 \diagdown \\ \qquad\qquad\quad NH \\ CH_3CH_2CH_2 \diagup \end{array}$$
乙丙胺

（3）芳香胺的氮原子上连有烃基时，以芳香胺为母体，在脂肪烃基的前面加上字母“*N*”，表示该脂肪烃基直接连接在氮原子上。如

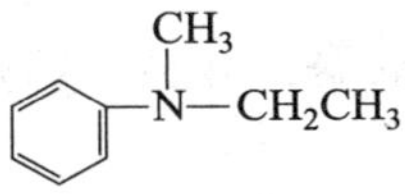
N-甲基-*N*-乙基苯胺

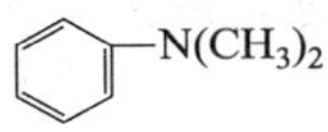
N, *N*-二甲基苯胺

（4）含有两个氨基的二元胺称“某二胺”，如

$H_2NCH_2CH_2NH_2$
乙二胺

$H_2NCH_2)_4NH_2$
1,4-丁二胺

（5）复杂胺的命名，以烃基作为母体，氨基作为取代基。例如：

$$\begin{array}{l} CH_3CHCH_2CHCH_3 \\ \quad\;\;| \qquad\quad | \\ \quad CH_3 \quad NH_2 \end{array}$$
4-甲基-2-氨基戊烷

（6）季铵盐和季铵碱的命名原则与“铵盐”和“碱”的命名相同。命名季铵盐时，将负离子和烃基名称放在“铵”字之前。如

$(CH_3)_4\overset{+}{N}\overset{-}{Cl}$
氯化四甲铵

$[(CH_3)_3\overset{+}{N}(C_2H_5)]Br^-$
溴化三甲基乙基铵

季铵碱的名称与季铵盐相似。如

$(CH_3CH_2)_4\overset{+}{N}OH^-$
氢氧化四乙铵

$[HO—CH_2CH_2—N(CH_3)_3]^+OH^-$
氢氧化三甲基-2-羟基乙胺(胆碱)

二、胺的物理性质

脂肪胺中甲胺、二甲胺、三甲胺等在常温下是气体，其他低级胺是液体，能溶于水。高级胺是固体。低级胺有氨的刺激性气味及腥臭味，高级胺为无臭固体，不溶于水。芳香胺是无色液体或固体，有特殊臭味，有毒，不仅其蒸气可吸入人体，液体也能透过皮肤而被吸收，使用时应注意。

胺和氨一样是极性分子，伯胺、仲胺分子间都可形成分子间氢键，沸点比相对分子质量相近的烷烃高，但比相应的醇和羧酸低。

低级胺能与水形成氢键而易溶于水，随着相对分子质量的增加，溶解度降低。

芳香胺是无色液体或固体，有特殊臭味，有毒，使用时应予注意。

三、胺的化学性质

胺与氨相似，都含有未共用电子对的氮原子，所以它们的化学性质有相似之处。

1. 碱性

胺和氨相似，分子中氮原子上都有未共用电子对，能接受质子，因此水溶液呈碱性。

$$CH_3—NH_2 + HOH \rightleftharpoons CH_3—\overset{+}{N}H_3 + OH^-$$

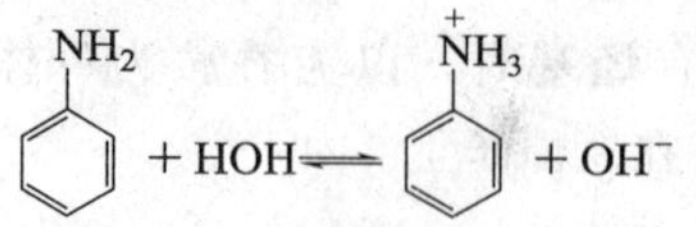

脂肪族胺中仲胺碱性最强，伯胺次之，叔胺最弱，并且它们的碱性都比氨强。其碱性按大小顺序排列如下：

$$(CH_3)_2NH > CH_3NH_2 > (CH_3)_3NH > NH_3$$

从供电子诱导效应看，氮原子上烃基数目增多，则氮原子上电子云密度增大，碱性增强。因此脂肪族仲胺碱性比伯胺强，它们碱性都比氨强，但从烃基的空间效应看，烃基数目增多，空间阻碍也相应增大，三甲胺中三个甲基的空间效应比供电子作用更显著，所以三甲胺的碱性比甲胺还要弱。

芳胺的碱性比氨弱，而且三苯胺的碱性比二苯胺弱，二苯胺比苯胺弱。这是由于苯环与氮原子核发生吸电子共轭效应，使氮原子电子云密度降低，同时阻碍氮原子接受质子的空间效应增大，而且这两种作用都随着氮原子上所连接的苯环数目增加而增大。因此芳胺的碱性是：

NH_3>苯胺>二苯胺>三苯胺

2. 酰化反应和磺酰化反应

（1）酰化反应　伯胺或仲胺均能跟酰氯（RCOCl）或酸酐作用生成酰胺，此反应称为酰化反应。反应时，氨基氮原子上的氢原子被酰基取代，使胺分子中引入一个酰基，生成酰胺。叔胺上的氮因无氢原子，不能发生此类反应。

$$RNH_2 \xrightarrow[\text{或}(R'CO)_2O]{R'COCl} RNHCOR'$$

$$R_2NH \xrightarrow{R'COCl} R_2NCOR'$$

芳胺也容易与酸酐或酰氯作用，生成酰胺。

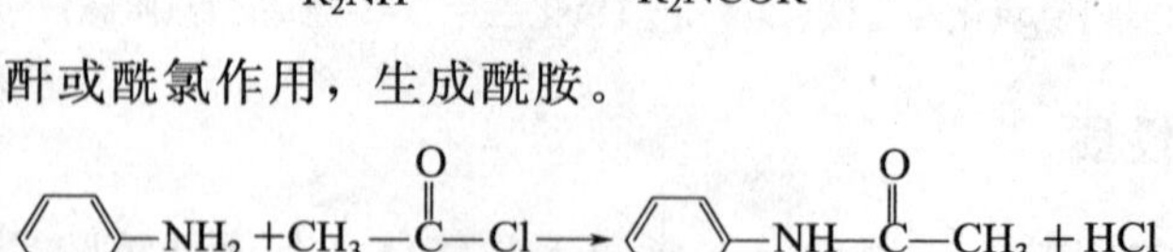

苯胺　　乙酰氯　　乙酰苯胺

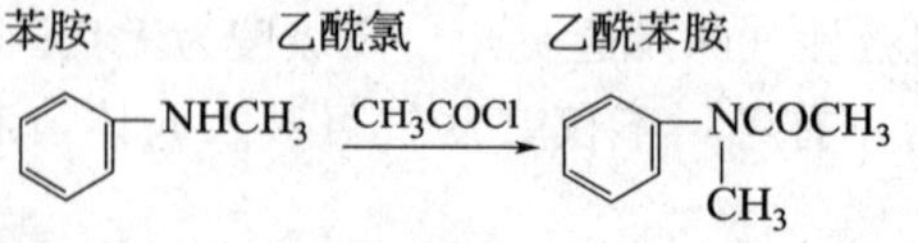

原来为液体的胺经酰化后生成的酰胺是具有一定熔点的固体，而且比较稳定，在强酸或强碱的水溶液中加热易水解生成原来的胺。因此，酰化反应常用于胺类的分离、提纯和鉴定。另外此反应在有机合成上还常用来保护芳环上活泼的氨基（先把芳胺酰化，把氨基保护起来，再进行其他反应，然后使酰胺水解再变为胺）。

（2）磺酰化反应　胺与磺酰化试剂反应生成磺酰胺的反应叫做磺酰化反应，也叫兴斯堡（Hinsberg）反应。常用的磺酰化试剂是苯磺酰氯和对甲基苯磺酰氯

苯磺酰氯　　对甲基苯磺酰氯

苯磺酰氯可与伯胺、仲胺发生苯磺酰化反应，叔胺因氮上无 H 原子而不反应。

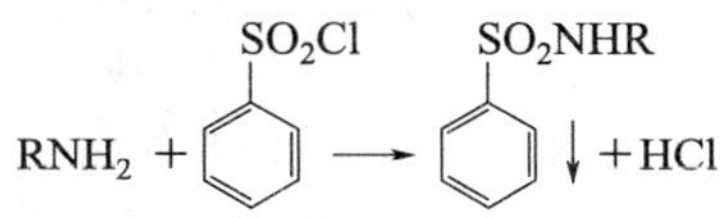

伯胺　苯磺酰氯　苯磺酰伯胺

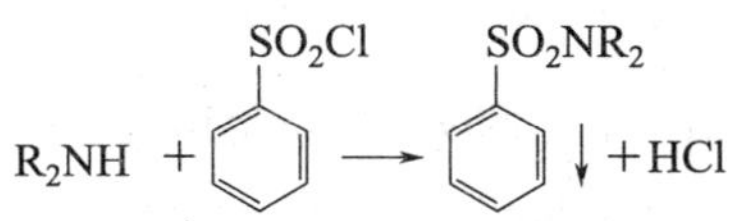

仲胺　苯磺酰氯　苯磺酰仲胺

反应须在碱性介质中进行，反应生成的苯磺酰伯胺，因其氮原子上还有一个氢原子，受苯磺酰基的强吸电子诱导效应的影响显示弱酸性，可在反应体系的碱性溶液中生成盐而溶解。仲胺生成的苯磺酰胺，由于氮原子上没有 H 原子，所以不能溶于碱性溶液而成固体析出。叔胺不发生反应，利用这些性质可以鉴别和分离三种胺类。

3. 与亚硝酸的反应

胺可与亚硝酸反应，不同的胺各有不同的反应产物和现象。由于亚硝酸不稳定，在反应中实际使用的是亚硝酸钠与盐酸的混合物。

（1）伯胺　脂肪伯胺与亚硝酸反应能定量地放出氮气，可用于脂肪胺和其他有机化合物中氨基的测定。

$$RNH_2 + HNO_2 \longrightarrow ROH + N_2\uparrow + H_2O$$

芳香伯胺与亚硝酸在过量无机酸和低温下反应，生成芳香重氮盐，这个反应称为重氮化反应。

$$ArNH_2 \xrightarrow{NaNO_2+HX} \underset{\text{重氮盐}}{Ar\overset{+}{N_2}\overset{-}{X}} + NaX + H_2O$$

小贴士

亚硝基胺是黄色物质，遇稀盐酸加热可分解为原来的胺。亚硝基胺是致癌物质。大多数经加工的肉制品多含亚硝酸钠（着色剂、防腐剂），进入胃中与胃酸反应形成亚硝酸，再与体内存在的仲胺反应，生成致癌的亚硝基胺。服用维生素 C 可因它的还原性，阻断亚硝基胺在体内的合成。

重氮盐不稳定，温度升高，重氮盐即分解成酚和氮气，其结果与脂肪族伯胺相似，但脂肪族伯胺即使在 0℃也能放出氮气，可以鉴别芳香族伯胺与脂肪族伯胺。

$$Ar\overset{+}{N_2}\overset{-}{X} + H_2O \xrightarrow{\triangle} ArOH + N_2\uparrow + H_2O$$

（2）仲胺　脂肪肿胺或芳香仲胺与亚硝酸作用都生成 N-亚硝基胺。

例如：

$$(CH_3)_2NH + HNO_2 \longrightarrow (CH_3)_2N-NO + H_2O$$

N-亚硝基二甲胺
(黄色油状液体)

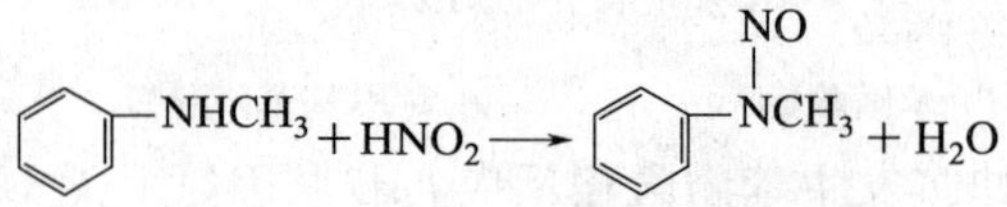

N-亚硝基-N-甲基苯胺
(棕黄色固体)

N-亚硝基胺与稀盐酸共热时，则水解而成原来的仲胺，可用来分离和提纯仲胺。

(3) 叔胺与亚硝酸的反应　脂肪叔胺因氮上无 H 原子，一般无上述类似的反应。虽然在低温时能与亚硝酸生成盐，但是这个盐不稳定，很容易水解，加碱后可重新得到游离的叔胺。

$$(CH_3)_3N + HNO_2 \longrightarrow [(CH_3)_3\overset{+}{N}H]NO_2^-$$

芳香叔胺虽氮上无 H 原子，但芳香环上有氢，可与亚硝基发生亚硝化反应。生成芳香环上有亚硝基取代的产物。

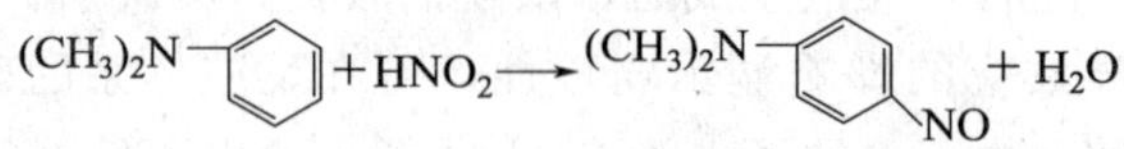

对-亚硝基-N, N-二甲基苯胺
(绿色片状晶体)

上述反应产物在碱性溶液中呈翠绿色，在酸性溶液中呈橘黄色。

综上所述，利用不同胺类与亚硝酸反应的不同，可用来鉴别脂肪族或芳香族伯、仲、叔胺。亚硝基化合物一般都具有致癌毒性。

4. 胺的氧化

胺易被氧化，芳香胺更易被氧化。久置后，空气中的氧可使苯胺由无色透明→黄→浅棕→红棕。

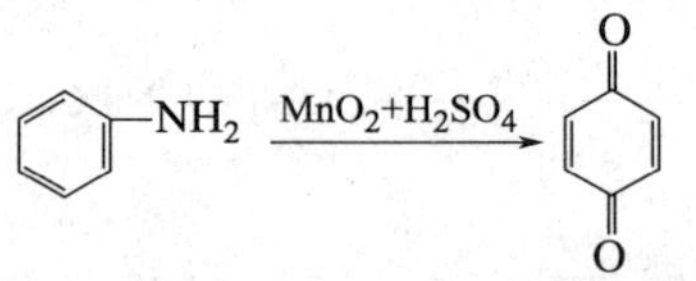

5. 芳环上的取代反应

氨基是很强的邻对位定位基，在邻、对位上容易发生亲电取代反应。

(1) 卤化　苯胺在水溶液中与卤素的反应很迅速，溴化生成 2,4,6-三溴苯胺的白色沉淀，可用于检验苯胺，与苯酚相似。

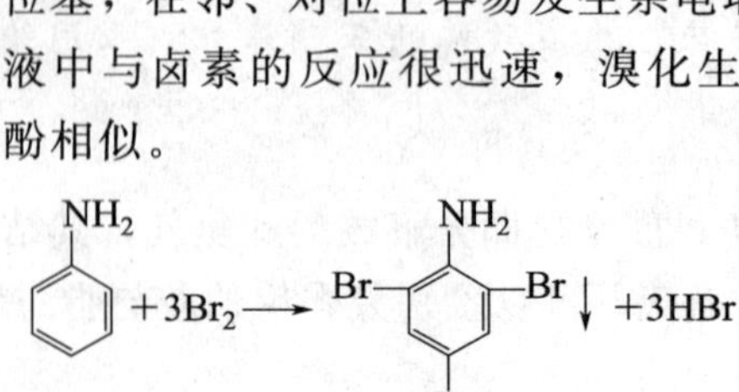

2, 4, 6-三溴苯胺
(白色)

若想得到一元溴代产物，必须使苯胺先乙酰化，生成的乙酰苯胺再溴化，可得主要产物对溴乙酰苯胺，然后水解即得对溴苯胺。例如：

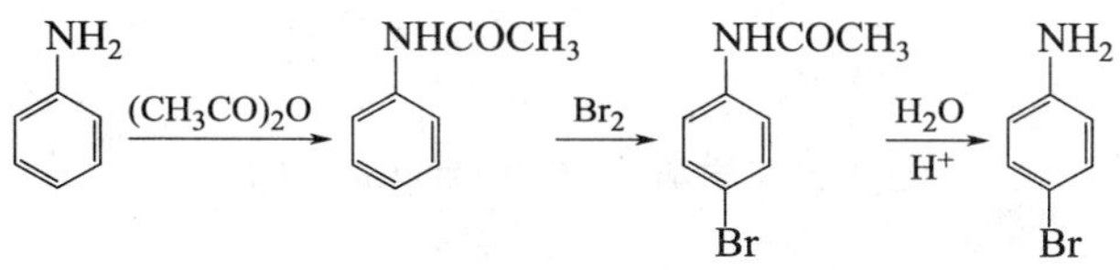

（2）硝化　苯胺极易被氧化，所以不宜直接硝化，而应“先保护氨基”。根据产物的不同要求，选择不同的保护方法。

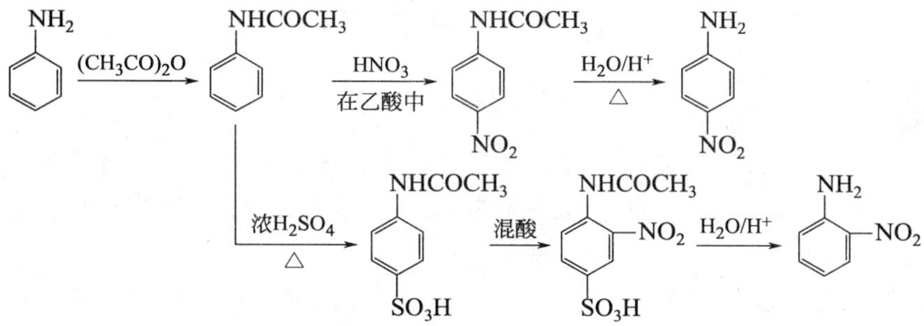

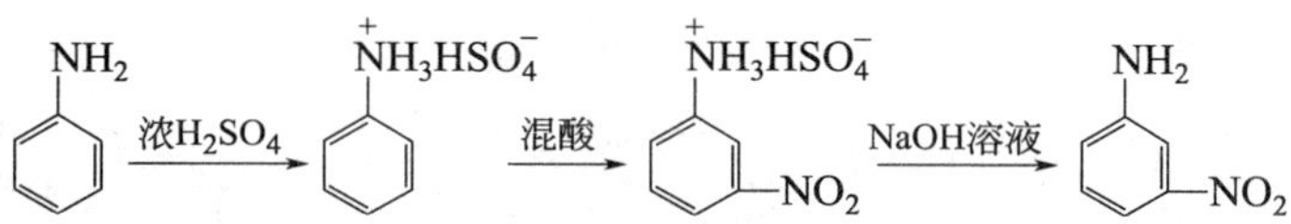

（3）磺化　将苯胺溶于浓硫酸，先生成苯胺硫酸盐，此盐在高温下加热脱水，发生分子内重排，生成对氨基苯磺酸，其分子内同时存在的碱性氨基和酸性磺酸基可发生质子的转移，形成内盐。例如：

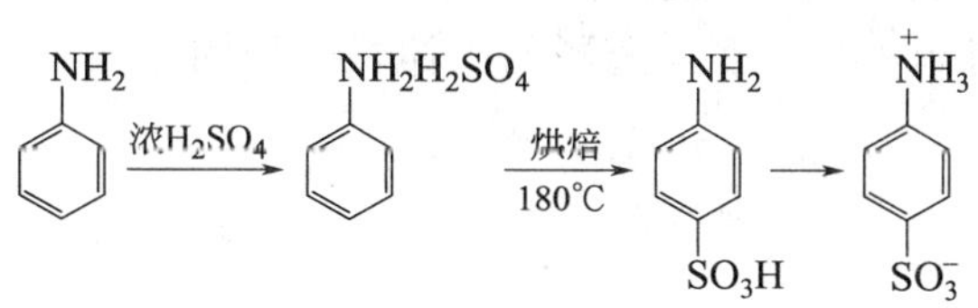

四、季铵盐和季铵碱

1. 季铵盐

季铵盐（$R_4N^+X^-$）可看作是无机铵盐（$H_4N^+X^-$）中的四个 H 原子都被烃基取代的产物。通式为 $R_4N^+X^-$，其中四个烃基可以相同，也可以各不相同；X^- 可以是卤离子，也可以是其他的酸根离子。

季铵盐可由叔胺与卤代烷反应生成：

$$R_3N + RX \longrightarrow R_4\overset{+}{N}\overset{-}{X}$$

季铵盐是结晶性固体，为离子型化合物。具有盐的性质，易溶于水，不溶于非极性溶剂，水溶液能导电。季铵盐的用途很广，有的是常用的试剂，如阴离子交换树脂、阳离子表面活性剂。在临床上，常用的消毒剂新洁尔灭和杜米芬是季铵盐，其中新洁尔灭是溴化二甲基十二烷基苄铵，杜米芬的化学名为溴化二甲基十二烷基（2-苯氧乙基）铵。

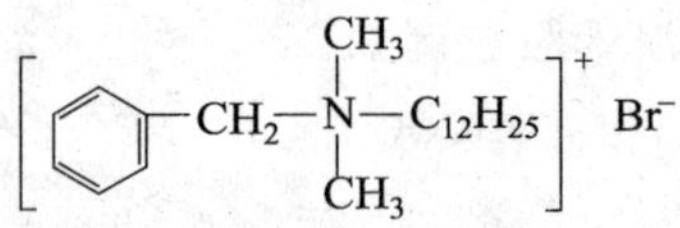

溴化二甲基十二烷苄铵(新洁尔灭)

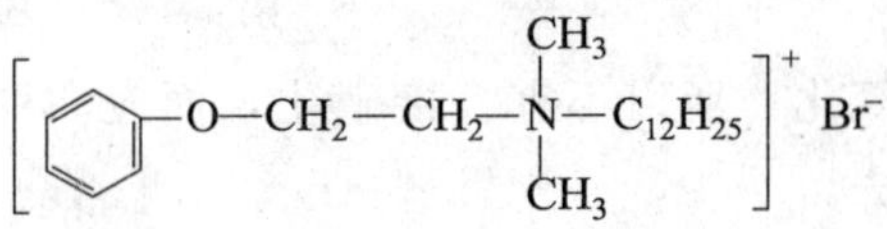

溴化二甲基十二烷基-(2-苯氧乙基)铵

小贴士

新洁尔灭为淡黄色胶状液体，有芳香气味，味极苦、易溶于水、有较强的杀菌和去污作用，毒性低，刺激性小，价格低廉。其 1g/L 水溶液常用于手术前洗手、皮肤和外科器械消毒。

杜米芬为白色或微黄色片状晶体。毒性更小，可用于口腔、咽喉感染的辅助治疗和皮肤及器械消毒。

2. 季铵碱

季铵碱（$R_4N^+OH^-$）可看做氢氧化铵（$H_4N^+OH^-$）分子中铵根离子（NH_4^+）的 4 个氢原子都被烃基取代的产物。通式为 $R_4N^+OH^-$，其中四个烃基可以相同，也可以不同。

季铵碱可由卤化季铵盐与氢氧化钠醇溶液混合反应，生成的卤化钠不溶于醇，滤去沉淀，把滤液减压蒸发，得到一种不含卤离子的固体，这种固体就是季铵碱。

$$R_4\overset{+}{N}X^- + NaOH \xrightarrow{\text{醇}} R_4\overset{+}{N}OH^- + NaX$$

季铵碱也是离子化合物，结晶性固体，溶于水，具有强碱性，其碱性与氢氧化钠、氢氧化钾相当。

季铵碱的名称与季铵盐相似。如

$(CH_3CH_2)_4\overset{+}{N}OH^-$	$[HO-CH_2CH_2-N(CH_3)_3]^+OH^-$
氢氧化四乙铵	氢氧化三甲基-2-羟基乙铵(胆碱)

五、重要的胺

1. 乙二胺（$H_2N-CH_2-CH_2-NH_2$）

乙二胺为无色透明液体，沸点 116.65℃，溶于水和醇，有类似氨的臭味。乙二胺具有扩张血管的作用，乙二胺的正酸盐可用于治疗动脉硬化。

2. 苯胺（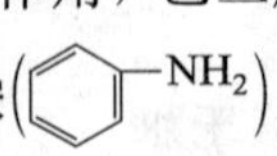）

苯胺是最简单的芳伯胺，常温下是无色油状液体，微溶于水，易溶于有机溶剂。具有特殊气味，有毒，能通过皮肤或其蒸气被吸入都会使人中毒，若空气中苯胺的浓度达到万分之一时，过几个小时就会出现中毒症状，使人头晕，全身无力面目苍白，这是因为苯胺能使血红蛋白氧化为高铁血红蛋白，使中枢神经系统受到抑制。

3. 胆碱（$[HO—CH_2CH_2—N(CH_3)_3]^+OH^-$）

化学名称是氢氧化三甲基-2-羟基乙铵，是易吸湿的白色结晶，易溶于水和醇，不溶于乙醚、三氯甲烷。具有碱性，因为它最初是从胆汁中发现的，故而称为胆碱。在脑组织和蛋黄中含量很高，是α-卵磷脂的组成部分，胆碱在体内参加脂肪代谢，有抗脂肪肝的作用，临床上用胆碱治疗肝炎、肝中毒等疾病。

胆碱分子的羟基乙酰化产物，称为乙酰胆碱。它的结构式是：

$$[CH_3—COO—CH_2CH_2N(CH_3)_3]^+OH^-$$

乙酰胆碱是横纹肌松弛药，存在于相邻的神经细胞之间，它通过神经节传导神经刺激，是一种重要传递神经冲动的化学物质，也称为神经递质。

4. 对氨基水杨酸（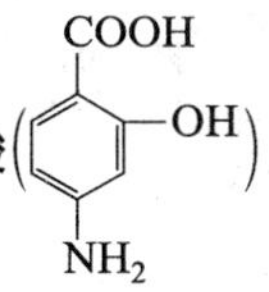）

对氨基水杨酸（简称 PAS）是白色粉末，微溶于水，显酸性。PAS 是抗结核药物，用于治疗各种结核病，对肠结核疗效较好。为增强疗效，常与链霉素、异烟肼等抗结核药并用。它与碳酸氢钠作用生成钠盐，可作针剂使用，但稳定性差，易变质，故在使用时临时配制。

5. 麻黄素（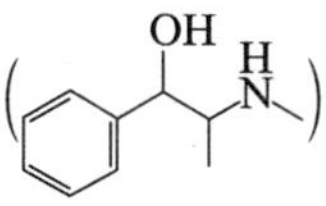）

麻黄素是从植物中提取的一种生物碱。分子中含有两个手性碳原子，有四个旋光异构体，其有效成分是左旋麻黄素。麻黄素在临床上主治支气管哮喘及鼻黏膜肿胀等，作用和肾上腺素类似。

6. 新洁尔灭（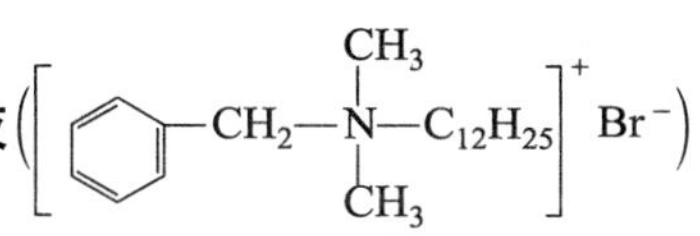）

化学名称是溴化二甲基十二烷苄铵，又叫溴化苄烷胺。常温下是一种淡黄色的胶体，芳香而味苦，吸湿性强，易溶于水和乙醇。结构中含有长链烷基的季铵盐，既含有憎水的烷基又含有亲水的季铵离子，所以在水溶液中，可以降低溶液的表面张力，乳化脂肪，起到去污清洁作用，又能渗入细菌内部，引起细胞破裂或溶解，起到抑制或杀菌作用；由于无刺激性，又不污染衣物，因而是一种较好的消毒防腐药，临床上多用于皮肤、黏膜、创面、器皿及手术前手的消毒。

第三节　重氮化合物和偶氮化合物

一、重氮化合物和偶氮化合物的结构和命名

1. 重氮化合物和偶氮化合物的结构

重氮化合物和偶氮化合物分子中都含有$—N_2—$官能团。$—N_2—$的一端与烃基相连，另一

端与其他非碳原子或原子团直接相连的化合物称为重氮化合物。—N_2—的两边都连接烃基的称为偶氮化合物。偶氮化合物的两个氮原子相同，都是3价的，是共价化合物，不带电荷，偶氮化合物的官能团是—N═N—叫偶氮基；重氮化合物的两个氮原子则不同，其中有一个带正电荷的是5价的，与铵盐中的N原子相似，是离子化合物，官能团 $-\overset{+}{N}\equiv N$ 叫重氮基。

2. 重氮化合物和偶氮化合物的命名

重氮化合物　　　　偶氮化合物

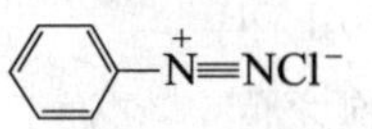
氯化重氮苯

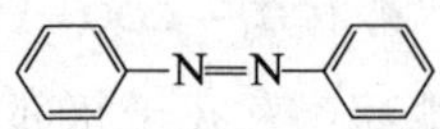
偶氮苯

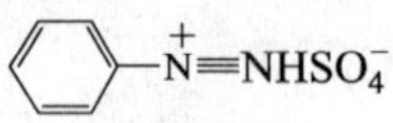
硫酸氢重氮苯

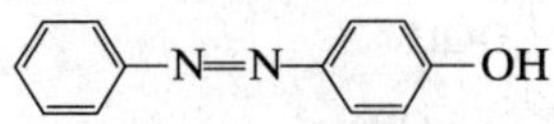
对羟基偶氮苯

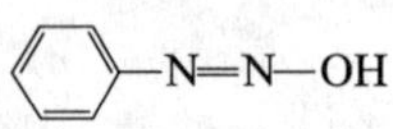
苯基重氮酸

$H_3C-N=N-CH_3$
偶氮甲烷

二、重氮盐的制备

在低温（一般0～5℃）和无机强酸性溶液中，芳香伯胺与亚硝酸作用，生成重氮盐的反应称为重氮化反应。

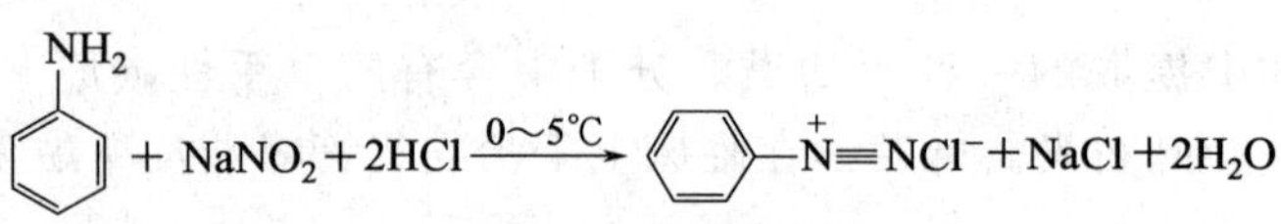
氯化重氮苯

因为重氮盐对热不稳定，所以反应在低温下进行。

三、重氮盐的性质

重氮盐是离子型化合物，具有盐的性质，易溶于水，不溶于有机溶剂。干燥的重氮盐在受热或振动时容易发生爆炸。重氮盐化学性质很活泼，可发生很多反应。可以把它的化学反应归纳成两大类：①放氮反应——重氮基被取代的反应；②保留氮的反应——还原反应和偶联反应。

1. 放氮反应

重氮盐分子中的重氮基被其他原子或基团所取代，同时放出氮气的反应称为放氮反应。通过放氮反应，可以把一些难以引入芳环的基团，方便地连接到芳环上，合成许多化合物。

（1）被羟基取代　将重氮盐的酸性水溶液加热，即发生水解，放出N_2，并有酚生成。

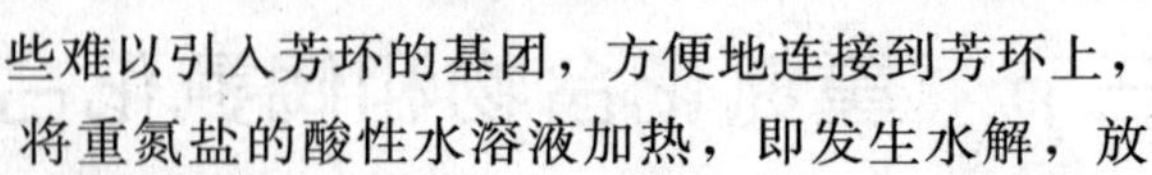

该反应一般是在硫酸溶液中进行。另外重氮苯盐酸盐不适用于这个反应，因为有氯的衍生物等副产物生成。

（2）被氢原子取代　重氮盐与还原剂次磷酸（H_3PO_2）或乙醇作用，则重氮基可被H

原子所取代。

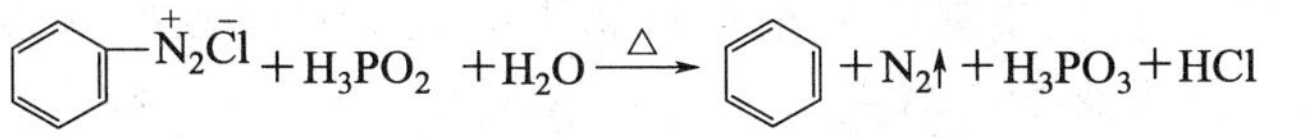

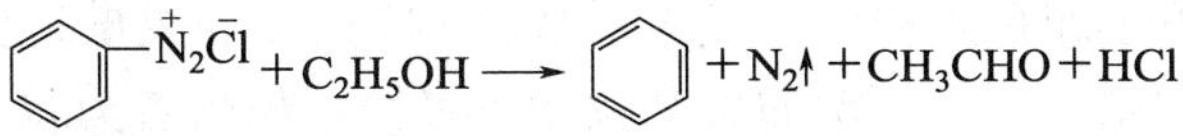

（3）被卤原子取代　重氮盐的水溶液和碘化钾一起加热，重氮基即被碘所取代，生成碘化物并放出氮气，这是将碘原子引入苯环的一个好方法。

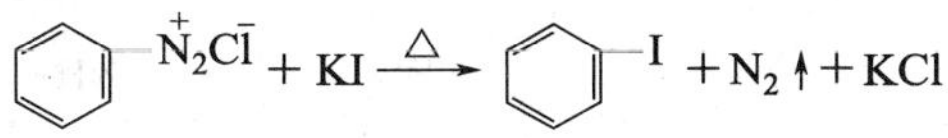

（4）被氰基取代

2. 保留氮的反应

（1）还原反应　重氮盐以氯化亚锡和盐酸还原，可得到苯肼盐酸盐，再加碱即得苯肼。苯肼是常用的羰基试剂，也是合成药物和染料的原料。

（2）偶联反应　重氮盐在低温下，与酚或芳胺作用，生成有色偶氮化合物的反应称为偶联（或偶合）反应。

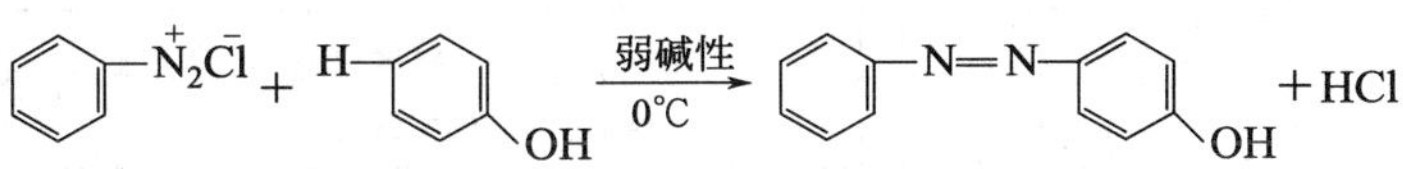

对羟基偶氮苯(橘黄色)

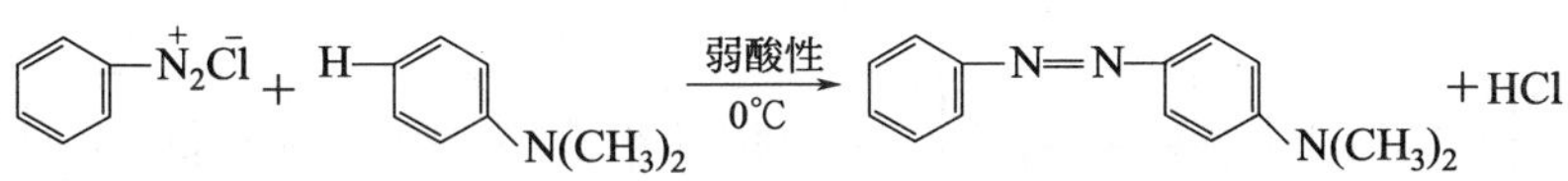

对*N*, *N*-二甲氨基偶氮苯(黄色)

苯酚和苯胺容易发生偶联反应，偶联反应一般发生在羟基或氨基的对位；若对位已有取代基，则偶联发生在邻位。例如：

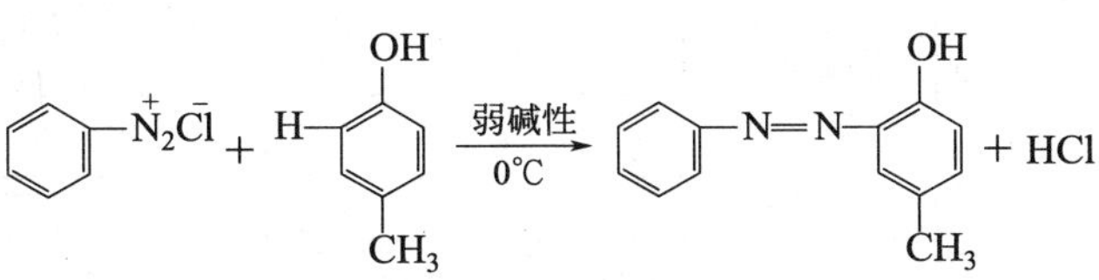

5-甲基-2-羟基偶氮苯

重氮盐与酚类的偶联反应通常在弱碱性（pH8～10）溶液中进行，与芳胺的偶联反应则通常在弱酸性或中性（pH5～7）溶液中进行。偶联反应主要用于制取偶氮染料。

四、偶氮化合物

芳香族偶氮化合物都具有颜色，性质稳定，可广泛地用作染料，称为偶氮染料。偶氮染料是最大的一类化学合成染料，约有几千个化合物，这些染料大多是含有一个或几个偶氮基（—N═N—）的化合物。古代染料多数是从植物中提取的，少数珍贵染料如海螺紫等是从动物体内提取的，现在绝大多数染料是人工合成的。

有些偶氮染料由于颜色不稳定，随着溶液的 pH 改变而灵敏地变色，只可作分析化学的酸碱指示剂，而不宜用作染料。例如甲基橙颜色鲜艳，但附着力差，不能用作染料，然而它在 pH＝3.0～4.4 的溶液中能显示不同的颜色，因此甲基橙在分析化学中常用作酸碱指示剂。

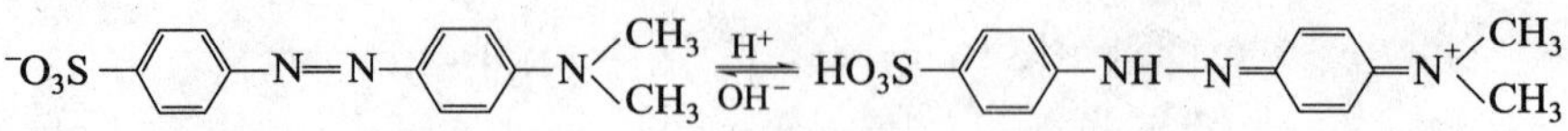

甲基橙 pH>4.4(黄色)　　　　甲基橙 pH<3.1(红色)

文献查阅

查阅资料，了解磺胺类药物的结构及性能。

学习小结

- 含氮化合物
  - 硝基化合物
    - 结构：烃分子中的氢原子，被硝基取代后所形成的化合物
    - 命名：与卤代烃相似，以烃为母体，把硝基作为取代基，称为硝基某烷
    - 化学性质：酸性，还原反应，硝基使卤苯易水解、氨解、烷基化，使酚的酸性增强
  - 胺
    - 结构：可以看作是氨的烃基衍生物，即氨分子中的氢原子被一个或几个烃基取代而生成的化合物
    - 分类：
      1. 根据胺分子中氮原子所连烃基种类不同分为脂肪胺和芳香胺
      2. 根据胺分子中与氮相连的烃基数目不同分为伯胺(1°胺)、仲胺(2°胺)、叔胺(3°胺)
      3. 根据分子中氨基的数目不同分为一元胺和多元胺
    - 命名：
      1. 简单胺　胺为母体，烃基作为取代基
      2. 复杂胺　烃基为母体，氨基作为取代基
      3. 芳香胺　芳胺为母体，“N”+脂肪烃基名
    - 化学性质：碱性，酰化反应和磺酰化反应，与亚硝酸的反应，氧化反应，芳环上的取代反应，
  - 重氮和偶氮化合物
    - 结构：基团—N_2—的一端与烃基相连，另一端与其他非碳原子或基团直接相连的化合物称为重氮化合物，两边都连接烃基的称为偶氮化合物
    - 化学性质：取代反应，还原反应，偶联反应

自我测评

一、单项选择题

1. 下列物质不能与溴水反应的是（　　）。

A. 乙烯　　B. 苯酚　　C. 乙醚　　D. 苯胺

2. 下列属于伯胺的是（　　）。

A. 乙胺　　B. 二乙胺　　C. 三乙胺　　D. *N*-乙基苯胺

3. 下列化合物不能发生酰化反应的是（　　）。

A. 甲胺　　B. 二甲胺　　C. 三甲胺　　D. N-乙基苯胺

4. 能与苯胺反应生成白色沉淀的是（　　）。

A. 盐酸　　B. 溴水　　C. 乙酰氯　　D. 亚硝酸

5. 甲胺的官能团是（　　）。

A. 甲基　　B. 氨基　　C. 亚氨基　　D. 次氨基

6. 氨、甲胺、苯胺三者碱性相比较，由强到弱排列正确的是（　　）。

A. 甲胺、氨、苯胺　　B. 甲胺、苯胺、氨

C. 苯胺、氨、甲胺　　D. 氨、苯胺、甲胺

7. 下列化合物在低温下和亚硝酸反应能得到重氮盐的是（　　）。

A. 脂肪族伯胺　　B. 脂肪族仲胺　　C. 脂肪族叔胺　　D. 芳香族伯胺

8. 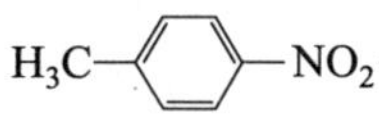命名为（　　）。

A. 2-硝基丁烷　　B. 1-甲基-4-硝基萘　　C. 对硝基甲苯　　D. 苯胺

9. 对苯胺的叙述不正确的是（　　）。

A. 有剧毒　　B. 可发生取代反应

C. 是合成磺胺类药物的原料　　D. 可与氢氧化钠成盐

10. 重氮盐与芳胺发生偶联反应，需提供的介质是（　　）。

A. 强酸性　　B. 弱酸性　　C. 强碱性　　D. 弱碱性

二、多项选择题

1. 下列属于季铵类化合物的是（　　）。

A. 碘化四甲铵　　B. 硝基苯　　C. 氢氧化四甲胺　　D. 二乙胺

2. 下列对人体有毒害的物质是（　　）。

A. 苯胺　　B. 甲胺　　C. 氮气　　D. 乙醇

3. 能与溴水反应生成白色沉淀的是（　　）。

A. 苯胺　　B. 丁烷　　C. 硝基苯　　D. 苯酚

4. 不能与亚硝酸反应放出氮气的是（　　）。

A. 伯胺　　B. 仲胺　　C. 叔胺　　D. 苯酚

三、用系统命名法命名下列化合物或写出结构式

1. $(CH_3)_3N$　　2. $H_2N-CH_2-CH_2-NH_2$　　3. $CH_3-CH(NO_2)-CH_2-CH_3$

4. 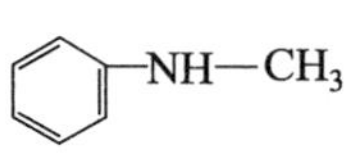　　5. $[(CH_3CH_2)_4N]^+OH^-$　　6. 乙胺　　7. 碘化四甲铵

8. 苯胺　　9. 邻甲基苯胺　　10. 硝基苯

四、用化学方法鉴别下列化合物

1. 苯胺、苯酚和苯甲醛　　　　2. 甲胺、二甲胺和三甲胺

五、完成下列反应式

1. $CH_3NH_2 + HNO_2 \longrightarrow ?$

2. 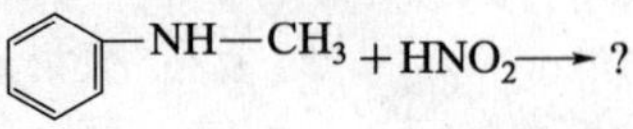

3. 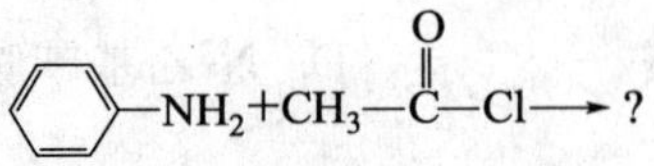

4. 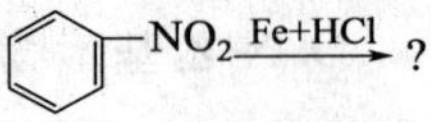

5. 

六、由指定原料合成

1. 乙醇→正丙胺

2. 苯→对硝基苯胺

3. 苯→1,3,5-三溴苯

七、推断题

A、B两个化合物是同分异构体，分子式为 C_3H_9N，与亚硝酸作用时，A和B都可得到醇，由A得到的醇氧化得羧酸，由B得到的醇氧化得酮。试推断化合物A和B的结构式。

第十一章 杂环化合物和生物碱

学习目标

【知识目标】

1. 掌握杂环化合物的分类和命名；五元杂环、六元杂环和稠杂环的结构和性质；
2. 熟悉生物碱的基本概念及分类；
3. 了解生物碱的一般性质、提取方法及重要的生物碱。

【能力目标】

1. 熟练应用杂环化合物的命名法能说出常见杂环化合物的名称；
2. 学会判断五元杂环、六元杂环化合物的重要反应规律；学会用化学方法鉴别常见杂环化合物。

分子中含有由碳原子和其他原子共同组成的环的化合物称为杂环化合物。杂环中除碳原子外的其他原子称为杂原子，最常见的杂原子有 N、O、S 等。杂环可以是脂环（如四氢呋喃），也可以是芳环（如吡啶）。而脂环的性质与含杂原子的链烃相近，因此，一般不放在杂环化合物中讨论。本章讨论的是环系比较稳定，并且在性质上具有一定芳香性的杂环化合物。

第一节 杂环化合物

一、杂环化合物的结构和分类

环状有机化合物中，构成环的原子除碳原子外还含有其他原子，且这种环具有芳香结构，则这种环状化合物叫做杂环化合物。组成杂环的原子，除碳以外的都叫做杂原子。常见的杂原子有氧、硫、氮等。前面学习过的环醚、内酯、内酐和内酰胺等都含有杂原子，但它们容易开环，性质上又与开链化合物相似，所以不把它们放在杂环化合物中讨论。

根据杂环母体中所含环的数目，将杂环化合物分为单杂环和稠杂环两大类。最常见的单杂环按环的大小分五元环和六元环。稠杂环按稠合环的形式分苯稠杂环化合物和杂环稠杂环化合物。另外，可根据单杂环中杂原子的数目不同分为含一个杂原子的单杂环、含两个杂原子的单杂环等。常见杂环化合物的结构见表 11-1。

表 11-1 常见杂环化合物的结构和名称

单杂环	五元杂环	 呋喃 (furan)	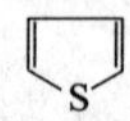 噻吩 (thiophene)	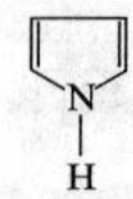 吡咯 (pyrrole)		
		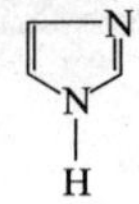 咪唑 (imidazole)	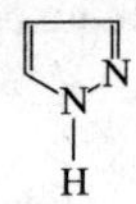 吡唑 (pyrazole)	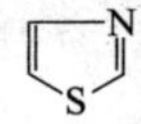 噻唑 (thiazole)	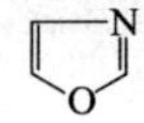 噁唑 (oxazole)	
	六元杂环	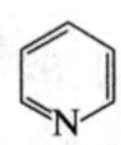 吡啶 (pyridine)	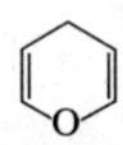 吡喃 (pyrane)	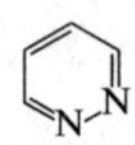 哒嗪 (pyridazine)	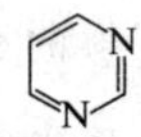 嘧啶 (pyrimidine)	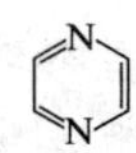 吡嗪 (pyrazine)
稠杂环		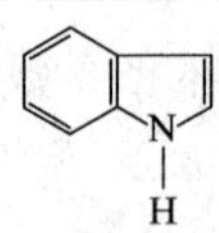 吲哚 (indole)	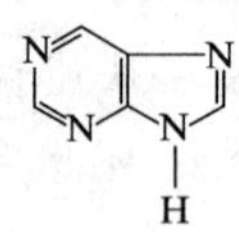 嘌呤 (purine)	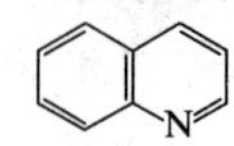 喹啉 (quinoline)		
		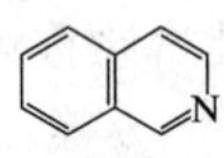 异喹啉 (iso-quinoline)	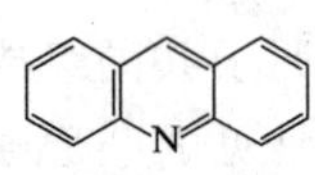 吖啶 (acridine)	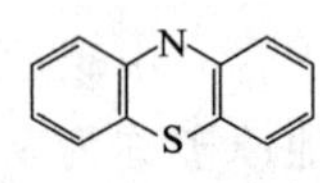 吩噻嗪 (phenothiazine)		

二、杂环化合物的命名

1. 译音法

杂环化合物习惯采用“译音法”命名，即根据杂环化合物英文名称的读音译成同音汉字，并加上“口”字旁作为杂环母环的音译名称。例如：

 呋喃 furan

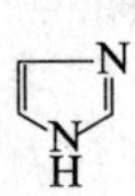 咪唑 imidazole

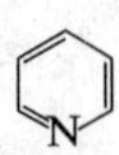 吡啶 pyridine

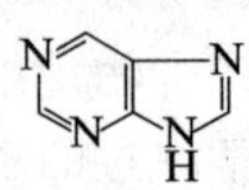 嘌呤 purine

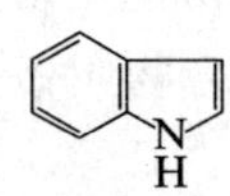 吲哚 indole

常见杂环化合物的名称见表 11-1。

2. 杂环上有取代基的命名

当杂环化合物上有取代基时，需先将杂环母环进行编号，以标明取代基的位次。

（1）杂环上有取代基时，以杂环为母体，将环编号以注明取代基的位次。编号一般是从杂原子开始。含有两个或两个以上相同杂原子的单杂环编号时，把连有 H 原子的杂原子编为 1，并使其余杂原子的位次尽可能小；如果环上有多个不同杂原子时，按 O、S、N 的顺序编号。例如：

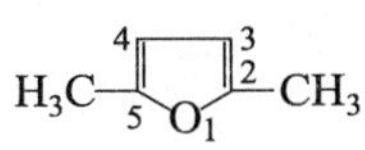
2,5-二甲基呋喃

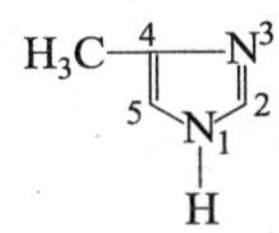
4-甲基咪唑

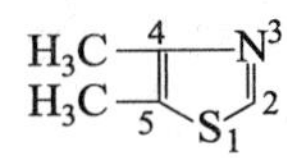
4,5-二甲基噻唑

当只有 1 个杂原子时，也可用希腊字母编号，靠近杂原子的第一个位置是 α-位，其次为 β-位、γ-位等。例如：

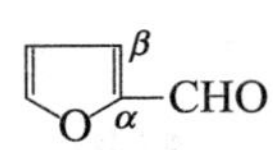
α-呋喃甲醛

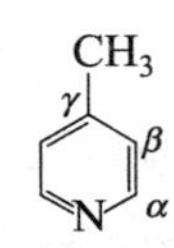
γ-甲基吡啶

（2）当环上连有不同取代基时，编号根据“次序规则”和“最低系列”原则。结构复杂的杂环化合物是将杂环当做取代基来命名。例如：

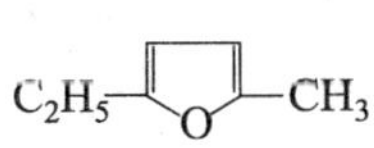
2-甲基-5-乙基呋喃

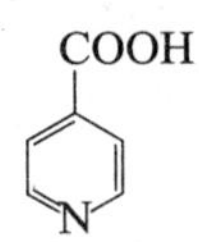
4-吡啶甲酸

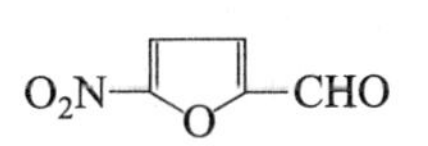
5-硝基-2-呋喃甲醛

（3）稠杂环的编号一般和稠环芳烃相同，但有少数稠杂环有特殊的编号顺序。例如：

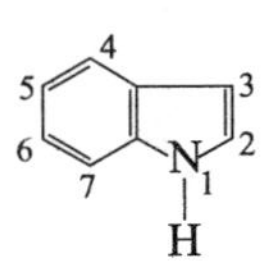
吲哚

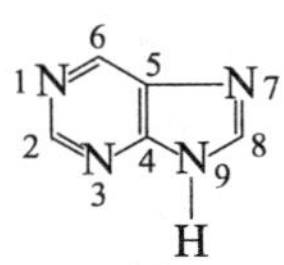
嘌呤

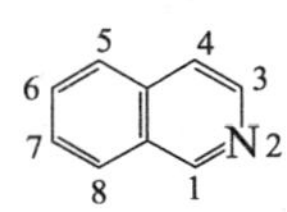
异喹啉

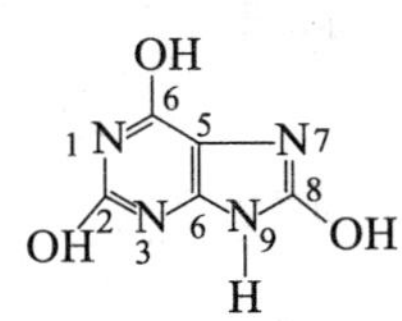
2,6,8-三羟基嘌呤

三、五元杂环化合物

1. 五元杂环化合物的结构与芳香性

五元杂环化合物中最重要的是呋喃、噻吩、吡咯及它们的衍生物。

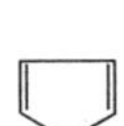
呋喃

噻吩

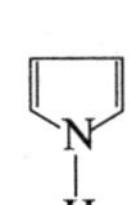
吡咯

查阅文献

查阅资料，了解血红素的结构及性质。

血红素是重要的吡咯衍生物。其分子结构中有一个基本骨架卟吩。卟吩环是由四个吡咯环的 α 碳原子通过四个次甲基（—CH═）相连而成的共轭体系。二价铁离子在卟吩环的中间空穴处通过共价键及配位键与卟吩环形成配合物，同时四个吡咯环的 β-位还各有不同的取代基。

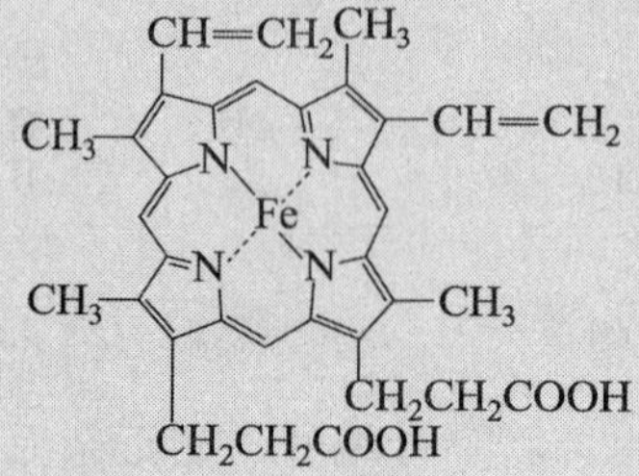

血红素

血红素与蛋白质结合成为血红蛋白，存在于红细胞中，是运输氧气、二氧化碳的物质。

杂原子氧、硫、氮的电负性比碳原子大，使环上电子云密度分布不像苯环那样均匀，所以呋喃、噻吩、吡咯分子中各原子间的键长并不完全相等，因此芳香性比苯差。由于杂原子的电负性强弱顺序是：氧＞氮＞硫，所以芳香性强弱顺序如下：苯＞噻吩＞吡咯＞呋喃。

2. 五元杂环化合物的性质

（1）溶解性　吡咯、呋喃和噻吩在水中溶解度都不大，而易溶于有机溶剂。溶解 1 份吡咯、呋喃及噻吩，分别需要 17、35、700 份的水。吡咯之所以比呋喃易溶于水，是由于吡咯氮原子上连接的氢原子，可与水形成氢键；呋喃环上的氧也能与水形成氢键，但相对较弱；而噻吩环上的硫不能与水形成氢键，所以水溶性最差。

（2）取代反应　多电子共轭体系能发生取代反应。其亲电取代反应主要发生在电子云密度更为集中的 α-位上，而且比苯容易。

① 卤代反应　呋喃、噻吩、吡咯比苯活泼，一般不需催化剂就可直接卤代。

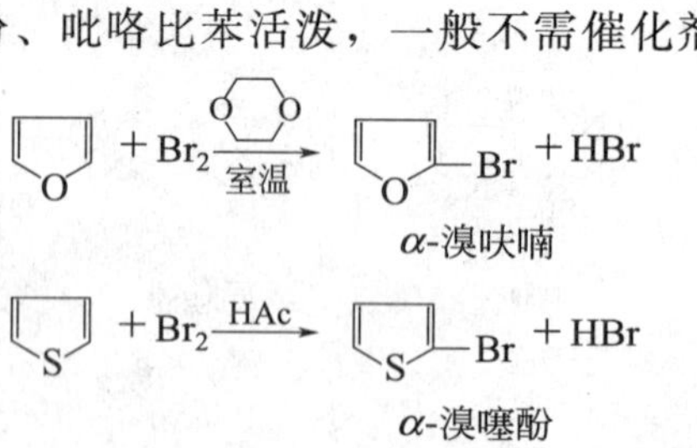

吡咯极易卤代，例如与 I_2-KI 溶液作用，生成的不是一元取代产物，而是四碘吡咯。

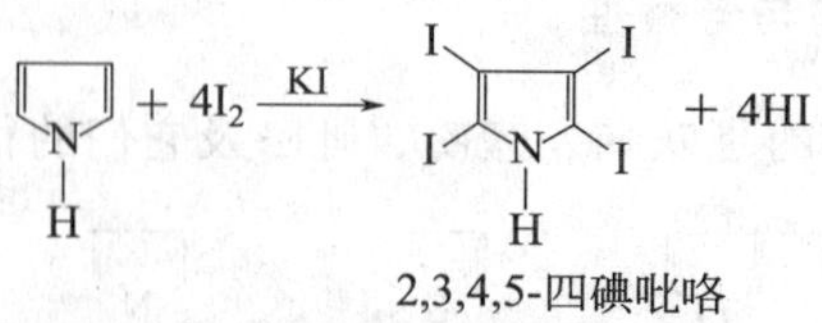

2,3,4,5-四碘吡咯

② 硝化反应　五元杂环的硝化，一般用比较温和的非质子硝化剂——乙酰基硝酸酯（CH_3COONO_2）和在低温度下进行，硝基主要进入 α-位。

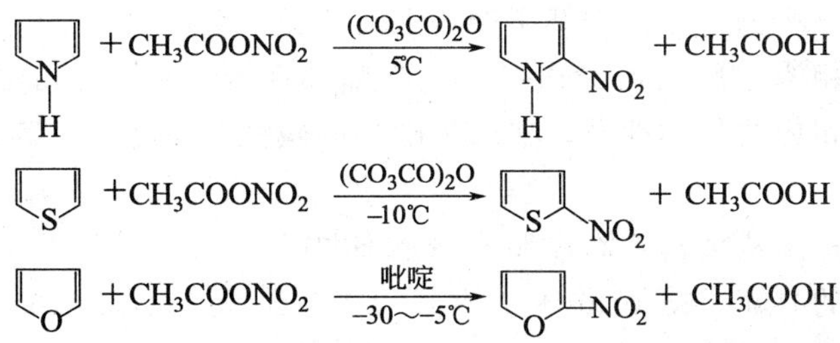

③ 磺化反应 呋喃、吡咯对酸较敏感，因此常用温和的非质子磺化试剂，如用吡啶与三氧化硫的加合物作为磺化剂进行反应。

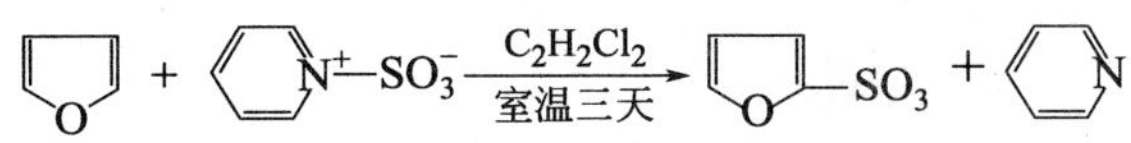

α-呋喃磺酸

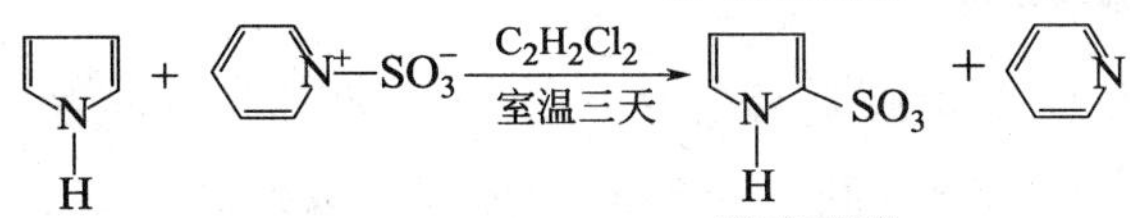

α-吡咯磺酸

噻吩对酸比较稳定，室温下可与浓硫酸发生磺化反应。

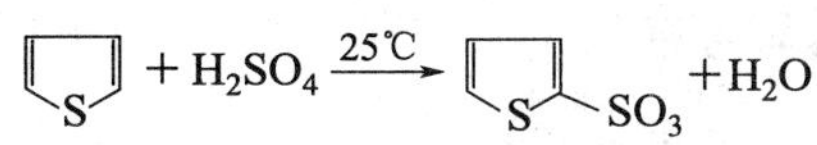

α-噻吩磺酸

从煤焦油所得的粗苯中常含有少量的噻吩，由于苯和噻吩的沸点相近，用分馏法很难除去噻吩，因此可利用苯在同样条件下不发生反应，可将噻吩从粗苯中除去。

④ 傅-克反应 傅-克酰基化反应常采用较温和的催化剂如 $SnCl_4$、BF_3 等，对活性较大的吡咯可不用催化剂，直接用酸酐酰化。

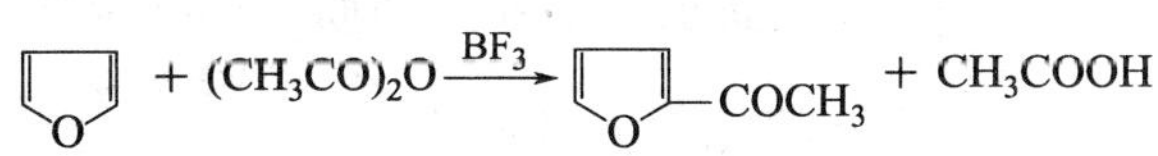

α-乙酰基呋喃

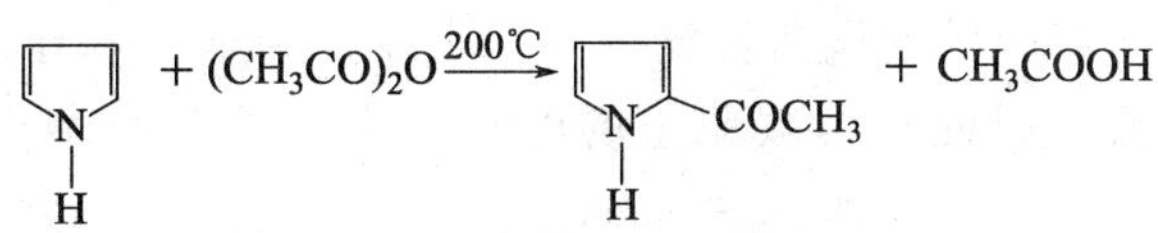

α-乙酰基吡咯

(3) 氢化反应 呋喃、噻吩、吡咯均可进行催化加氢反应，产物是失去芳香性的饱和杂环化合物。呋喃、吡咯可用一般催化剂还原。噻吩中的硫能使催化剂中毒，不能用催化氢化的方法还原，需使用特殊催化剂。

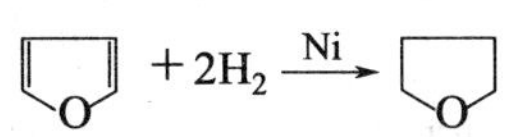

四氢呋喃

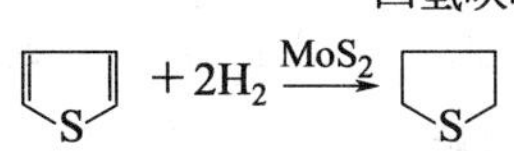

四氢噻吩

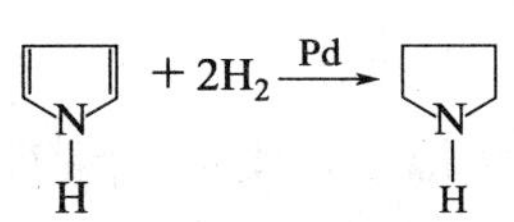

四氢吡咯

杂环化合物的氢化产物，因为破坏了杂环上的共轭体系而失去了芳香性，成为脂杂环化合物，因此四氢吡咯相当于脂肪族仲胺，四氢呋喃和四氢噻吩相当于脂肪族醚和脂肪族硫醚，从而表现出它们相应的化学性质。如四氢吡咯的碱性比吡咯强，其碱性也和脂肪族仲胺相当。

（4）吡咯的弱酸性　从结构上看吡咯是环状仲胺，应具碱性，但由于N原子上的未共用电子对参与了环上的共轭，使N原子上原子云密度降低，不易与H^+结合，因此吡咯不显碱性，反而呈弱酸性，可与碱金属、氢氧化钾或氢氧化钠作用生成盐。

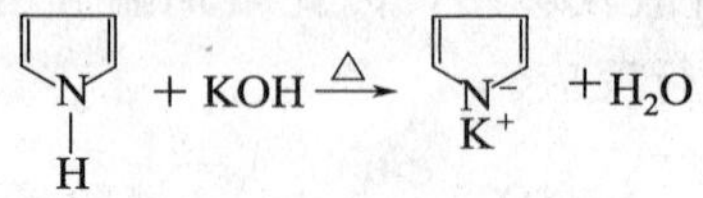

四、六元杂环化合物

六元杂环化合物是杂环类化合物最重要的部分，尤其是含氮的六元杂环化合物，如吡啶、嘧啶等，他们的衍生物广泛存在于自然界，很多合成药物也含有吡啶环和嘧啶环。六元杂环化合物包括含一个杂原子的六元杂环；含两个杂原子的六元杂环；以及六元稠杂环等。

1. 六元杂环化合物的结构与芳香性

六元杂环化合物中最重要的是吡啶。吡啶的分子结构从形式上看与苯十分相似，可以看作是苯分子中的一个CH基团被N原子取代后的产物。吡啶分子中5个C原子和1个N原子都是经过sp^2杂化而成键的，像苯分子一样，分子中所有原子都处在同一平面上。与吡咯不同的是，N原子的三个未成对电子，两个处于sp^2轨道中，与相邻碳原子形成σ键，另一个处在p轨道中，与5个碳原子的p轨道平行，侧面重叠形成一个闭合的共轭体系。N原子尚有一对未共用电子对，处在sp^2杂化轨道中与环共平面。其结构如下所示：

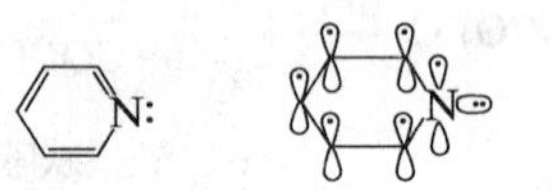

在吡啶分子中，由于氮原子的电负性比碳大，表现出吸电子诱导效应，使吡啶环上碳原子的电子云密度相对降低，因此环中碳原子的电子云密度相对地小于苯中碳原子的电子云密度。

2. 六元杂环化合物的性质

（1）溶解性　吡啶分子中氮原子上的未共用电子对不参与形成闭合的共轭体系，氮原子可与水分子形成分子间氢键，加之吡啶是极性分子，所以吡啶在水中的溶解度比吡咯和苯大得多，吡啶能与水混溶。

（2）弱碱性　吡啶氮原子上的未共用电子对不参与环的共轭体系，它能与H^+结合成盐，所以吡啶显弱碱性，比苯胺碱性强，但比脂肪胺及氨的碱性弱得多。

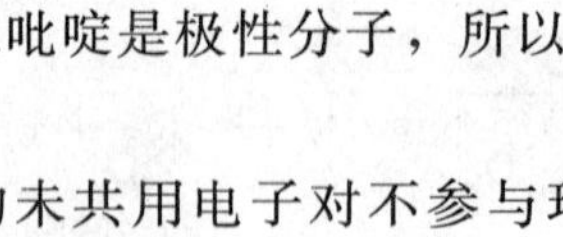

（3）氧化反应　吡啶对氧化剂相当稳定，比苯还难氧化。当吡啶环带有侧链时，侧链被氧化，生成吡啶甲酸。

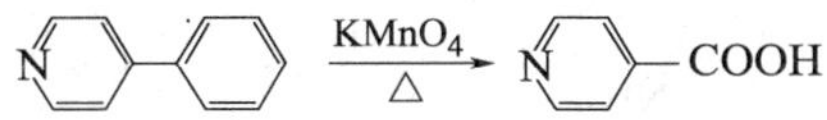

γ-吡啶甲酸

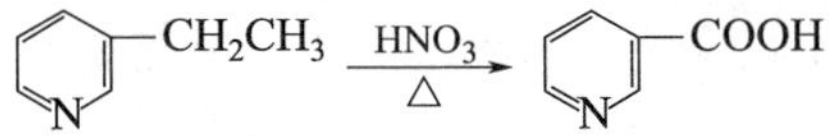

β-吡啶甲酸

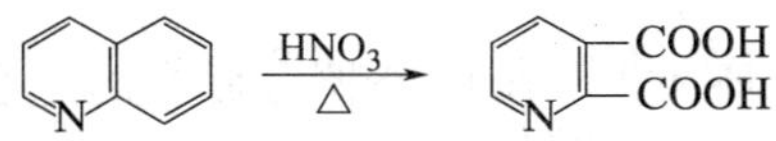

α,β-吡啶二甲酸

（4）取代反应　由于吡啶环上N原子的存在，使环上C原子的电子云密度降低。因此，要在比较强烈的条件下才能发生亲电取代反应，且一般发生在β-位上。

① 卤代反应　吡啶的卤代反应比苯难，不但需要催化剂，而且要在较高温度下进行。

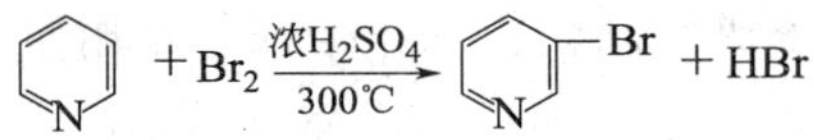

3-溴吡啶

② 硝化反应　吡啶的硝化反应需在浓酸和高温下才能进行，硝基主要进β-位。

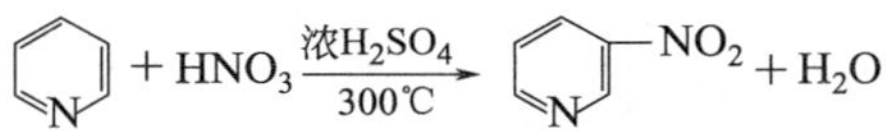

β-硝基吡啶

③ 磺化反应　吡啶在硫酸汞催化和加热的条件下才能发生磺化反应。

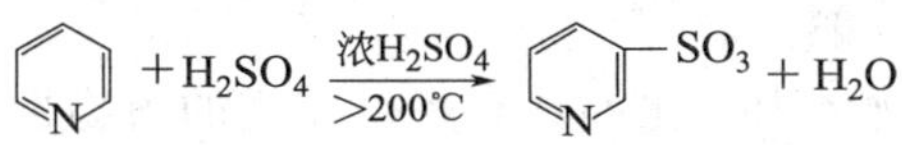

β-吡啶磺酸

（5）还原反应　吡啶的还原反应比苯易，如金属钠和乙醇就可使其氢化。

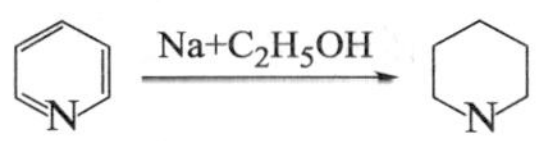

六氢吡啶

五、稠杂环化合物

1. 吲哚

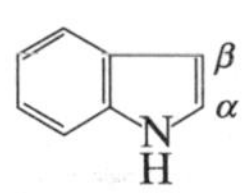

吲哚

吲哚存在于煤焦油中，纯品为无色片状结晶，熔点25℃，不溶于水，可溶于热水、乙醇及乙醚中。纯吲哚在浓度极稀时，具有花的香味，可用作香料。蛋白质腐败时能产生吲哚和3-甲基吲哚（粪臭素）存在于粪便中，有极臭的气味。

吲哚结构可看成苯环并吡咯环，与吡咯的性质相似，如吲哚具有弱酸性和弱碱性，其碱性比吡咯稍弱些。也能发生亲电取代反应，反应活性比苯高，取代基主要进入β-位。与吡咯的松木片反应一样，吲哚遇盐酸浸过的松木片也显红色。

吲哚环系在自然界分布很广，如蛋白质水解得色氨酸，天然植物激素β-吲哚乙酸（也是一类消炎镇痛药物的结构）、蟾蜍素、利舍平、毒扁豆碱等都是吲哚衍生物。吲哚的许多衍生物具有生理与药理活性，如5-羟色胺（5-HT）、褪黑素等。

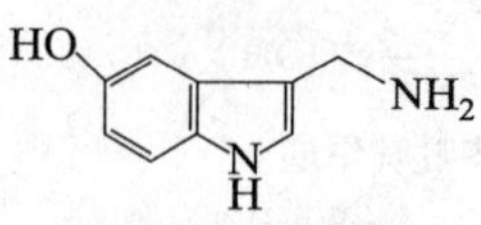
5-HT

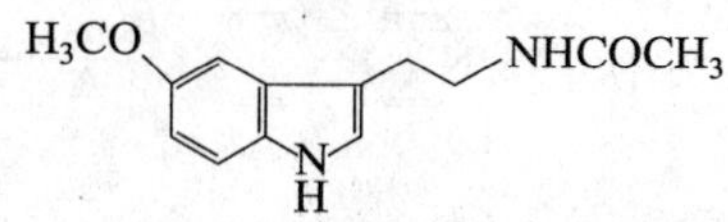
褪黑素

2. 喹啉和异喹啉

喹啉和异喹啉都是由 1 个苯环和 1 个吡啶环稠合而成的化合物。

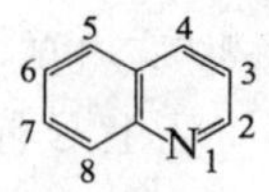
喹啉

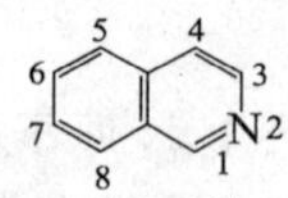
异喹林

喹啉为无色液体，沸点 238℃。异喹啉为低熔点的固体，沸点 243℃。它们都难溶于水，易溶于有机溶剂。喹啉分子中含吡啶结构，其化学性质有相似之处，能在 C-5 位和 C-8 位上发生亲电取代反应，反应比吡啶容易；喹啉具有碱性（$pK_b=9.1$），但其碱性不及吡啶强。异喹啉是喹啉的同分异构体，化学性质与喹啉相似。许多重要的生物碱如吗啡、小檗碱等，其分子中都有异喹啉或氢化异喹啉结构。

3. 嘌呤

嘌呤是由一个嘧啶环和一个咪唑环稠合成的稠杂环化合物，它存在于能起着合成蛋白质和遗传信息作用的核酸和核苷酸中。

嘌呤还广泛存在于动植物体内，比如具有兴奋作用的植物性生物碱咖啡因、茶碱、可可碱都含有嘌呤环系。嘌呤环类化合物还有抗肿瘤、抗病毒、抗过敏、降胆固醇、利尿、强心、扩张支气管等作用。因此嘌呤衍生物在生命过程中起着非常重要的作用。

嘌呤环存在着互变异构现象（由于有咪唑环系），它有 9H 和 7H 两种异构体。

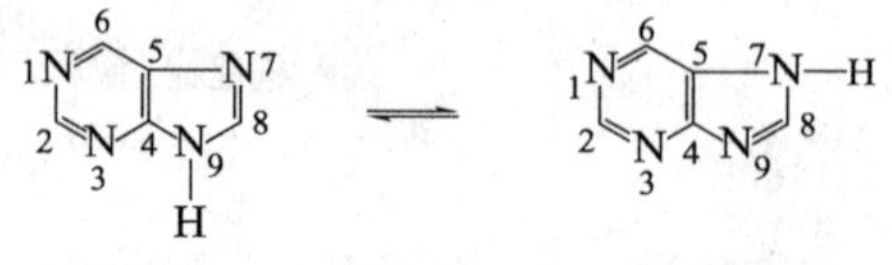
9H-嘌呤　　7H-嘌呤

2,6-二羟基-7H-嘌呤称为黄嘌呤，有两种互变异构形式，其衍生物常以酮的形式存在。

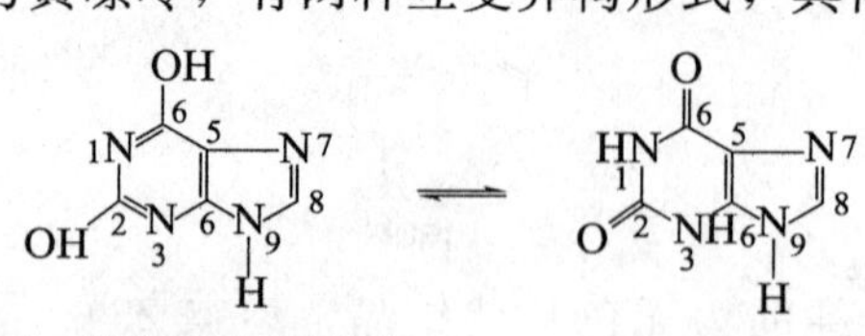
2,6-二羟基嘌呤(烯醇式)
(黄嘌呤)　　酮式

黄嘌呤的甲基衍生物在自然界存在广泛，如咖啡因、茶碱和可可碱存在于茶叶或可可豆中。具有利尿和兴奋神经的作用，其中咖啡因和茶碱供药用。

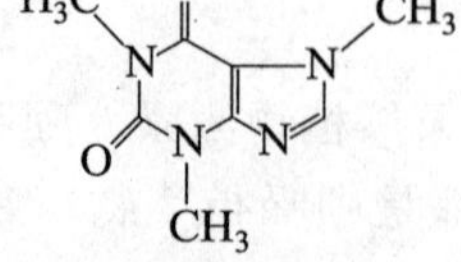
咖啡因

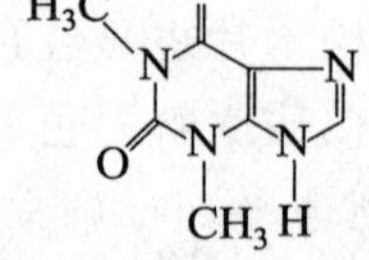
茶碱

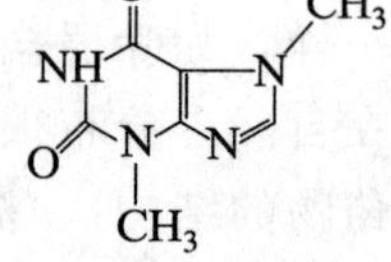
可可碱

4. 蝶啶

蝶啶由嘧啶环和吡嗪环稠合而成。因最早发现于蝴蝶翅膀色素中而得名。

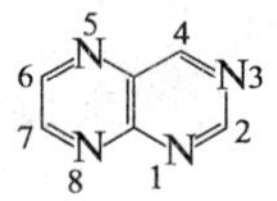

蝶啶为黄色片状结晶，熔点 140℃。具有弱碱性（pK_a4.05），其碱性比嘧啶和吡嗪都强。蝶啶环系也广泛存在于动植物体内，是天然药物的有效成分。如叶酸及维生素 B_2 的分子中都有蝶啶环的结构。

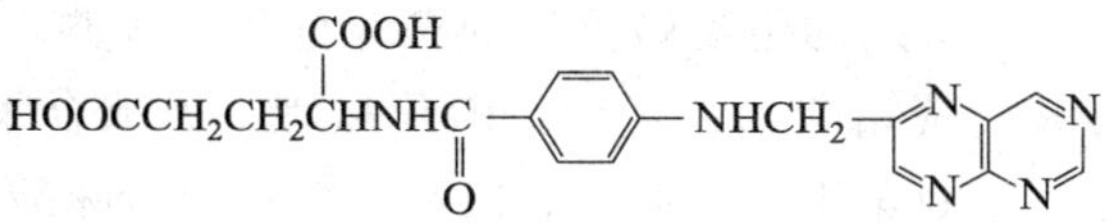

叶酸

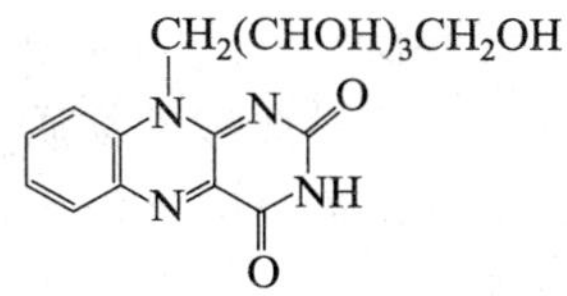

维生素B_2(核黄素)

第二节 生物碱

一、生物碱概述

生物碱是一类存在于生物体内具有明显生理活性的含氮碱性有机物。由于生物碱主要是从植物中得到的，所以又称植物碱。生物碱分子中通常有含氮的杂环结构，是中草药的重要的有效成分。它们多数以与有机酸结合成盐的形式存在，少数以游离碱、酯或苷的形式存在。

多数生物碱具有一定的生理作用和药用价值。例如黄连中的小檗碱（黄连素）具有抗菌、止痢的作用；麻黄中的麻黄碱能发汗解热，平喘止咳；吗啡有镇痛作用；长春花中的长春新碱和长春碱具有抗癌的作用；喜树碱有显著的抗癌活性。我国在生物碱方面进行了大量的研究工作，并取得了可喜的成果。

对生物碱结构和性质的研究，是寻找新药的捷径。例如，从金鸡纳树皮中提取奎宁，到抗疟疾药物的合成，从研究鸦片中的吗啡到人工合成镇痛药等，都与生物碱的研究息息相关。生物碱的毒性很大，量小可以治疗疾病，量大会引起中毒。因此，使用时必须注意剂量。

到目前为止，已知结构的生物碱就已达两千多种，其分类方法有很多，常根据化学结构进行分类为：有机胺类、吡咯衍生物类、喹啉类衍生物类等十几种类。也可根据来源进行分类，如石蒜生物碱、长春花生物碱等。

生物碱多根据其来源命名，如麻黄碱来源于麻黄，烟碱来源于烟草等。此外也可采用国际通用名称的译音，如烟碱又名尼古丁等。

二、生物碱的性质

生物碱绝大多数是无色或白色固体，个别为液体，有的有颜色。如尼古丁为液体，黄连素为黄色。生物碱大多难溶于水，易溶于有机溶剂，也可溶于稀酸而生成盐类。大多数生物碱具有旋光性，且多为左旋体。

1. 碱性

生物碱一般具有弱碱性，可与酸结合成盐。生物碱的盐类一般易溶于水和乙醇，难溶于其他有机溶剂。生物碱的盐类遇强碱又可重新生成游离的生物碱。利用此性质可以提取生物碱。

2. 沉淀反应

生物碱或生物碱盐的水溶液能与一些试剂生成难溶性的盐或配合物而沉淀。这些能使生物碱发生沉淀反应的试剂称为生物碱沉淀剂。常用的生物碱沉淀剂多为重金属盐类、摩尔质量较大的复盐及一些酸性物质等。如磷钨酸、磷钼酸、苦味酸、碘化铋钾、四碘合汞（Ⅱ）酸钾等。生物碱遇鞣酸溶液生成棕黄色沉淀，遇氯化汞溶液生成白色沉淀，遇苦味酸溶液生成黄色沉淀。

根据沉淀反应可检查某些植物中是否含有生物碱，并利用沉淀反应的颜色和形状等来鉴别生物碱，也可利用沉淀反应提取或精制生物碱。

3. 显色反应

生物碱或生物碱盐能与某些试剂产生颜色反应。这些能使生物碱发生显色反应的试剂称为生物碱显色剂。例如吗啡与甲醛-浓硫酸溶液作用呈紫色；可待因与甲醛-浓硫酸溶液作用呈蓝色。常用的生物碱显色剂还有硝酸-浓硫酸溶液，重铬酸钾或高锰酸钾的浓硫酸溶液，钼酸铵-浓硫酸溶液等。这些显色剂可用于一般生物碱的鉴别。

三、重要的生物碱

大多数生物碱具有生理活性，是中草药的有效成分。

1. 麻黄碱

麻黄碱存在于麻黄中。游离的麻黄碱为无色似蜡状的固体或结晶形固体或为颗粒，无臭。常见的多含有半分子结晶水，熔点为40℃，易溶于水或乙醇，可溶于氯仿、乙醚及苯。其水溶液具有碱性，能与无机酸或强有机酸结合成盐。

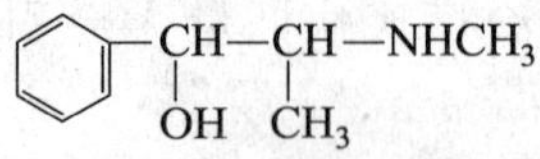

麻黄碱

麻黄碱属于芳烃胺类，氮原子在侧链上，因此与一般生物碱的性质不完全相同。如游离的麻黄碱有挥发性，在水和有机溶剂中均能溶解，与多种生物碱沉淀剂不易产生沉淀等。

麻黄碱有类似肾上腺素的作用，能扩张支气管，收缩黏膜血管，兴奋交感神经，增高血压等。临床上常用其盐酸盐治疗支气管哮喘，过敏性反应、鼻黏膜肿胀和低血压等。

2. 烟碱

烟碱又名尼古丁，是存在于烟草中的一种吡啶类生物碱。烟碱为无色油状液体，沸点246℃，能溶于水和一般有机溶剂，有旋光性，天然存在的为左旋体。烟碱有毒，少量可使中枢神经兴奋，呼吸增强，血压升高。大量则抑制中枢神经，出现恶心、呕吐、头痛、使心脏停搏以致死亡。

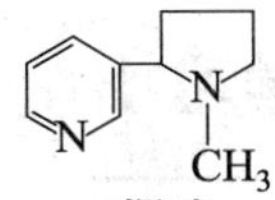

烟碱

3. 莨菪碱

莨菪碱存在于颠茄、莨菪、曼陀罗、洋金花等茄科植物中，莨菪碱是莨菪醇和莨菪酸所形成的酯。莨菪碱为左旋体，在碱性条件下或受热时易消旋化，消旋化的莨菪碱即阿托品。临床上用硫酸阿托品治疗平滑肌痉挛、胃及十二指肠溃疡、散瞳、盗汗和胃酸过多等，也可用于麻醉前给药、有机磷农药中毒和锑引起的阿斯综合征。

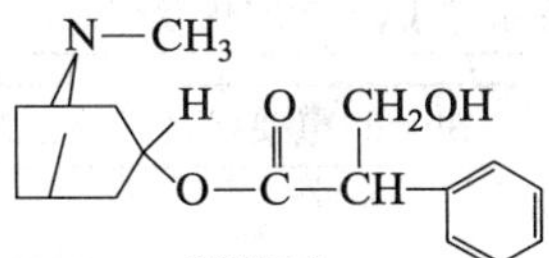

莨菪碱

4. 吗啡

吗啡存在于鸦片中。吗啡为白色结晶，微溶于水，味苦。吗啡对中枢神经有麻醉作用，镇痛作用强，但易成瘾，使用时必须严格控制。

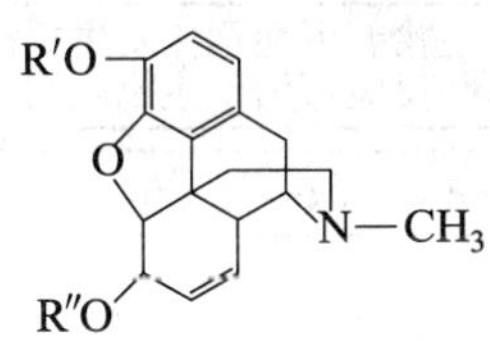

吗啡　$R'=R''=H$

可待因　$R'=CH_3, R''=H$

海洛因　$R'=R''=CH_3C(=O)-$

吗啡的甲基衍生物称为可待因，白色晶体，难溶于水。可待因的生理作用与吗啡相似，虽然镇痛作用比吗啡弱，成瘾性较吗啡小，但仍不宜滥用。临床上用于治疗严重干咳等。吗啡分子中的羟基经乙酰化反应生成的二乙酰吗啡即海洛因，不存在于自然界，是作用和毒性都比吗啡强得多，从不作为药用，是对人类危害最大的毒品之一。

5. 小檗碱

小檗碱又名黄连素，是黄连、黄柏、三颗针等中草药的主要有效成分，属于异喹啉类生物碱。游离的小檗碱主要以季铵碱的形式存在，在植物中常以盐酸盐的形式存在。小檗碱为黄色针状结晶，能缓慢溶于水和乙醇，较易溶于热水和热乙醇，几乎不溶于乙醚。

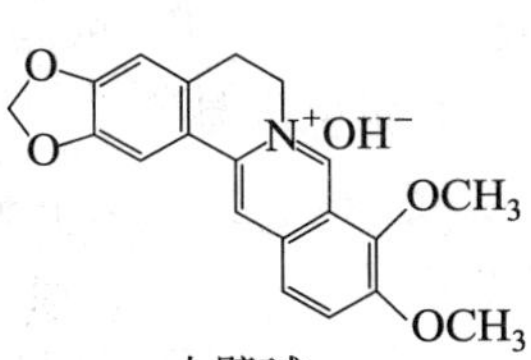

小檗碱

小蘗碱有显著的抗菌作用，对痢疾杆菌、葡萄球菌、链球菌均有抑制作用。临床上常用其盐酸盐来治疗细菌性痢疾和肠炎等。

学习小结

- 杂环化合物和生物碱
  - 分类
    - 单杂环:五元杂环化合物,六元杂环化合物
    - 稠杂环
  - 命名
    - 译音法
  - 结构与芳香性
    - 五元杂环形成5个原子6个电子的共轭体系,具有一定芳香性,芳香性:苯＞噻＞吡咯＞呋喃;六元杂环形成6个原子6个电子的共轭体系,具有一定芳香性。两者芳香性都比苯弱
  - 五元杂环化合物
    - 吡咯、呋喃和噻吩能发生卤代、硝化、磺化、傅-克等取代反应;在一定条件下,也能发生氢化反应,吡咯有弱酸性
    - 含二个杂原子的重要化合物-吡唑、咪唑和噻唑
  - 六元杂环化合物
    - 吡啶的碱性比脂肪胺和氨弱,比苯胺略强；吡啶能发生氧化及还原反应,也能发生卤代、硝化、磺化等取代反应,但反应活性较苯弱
  - 稠杂环化合物
    - 嘌呤、蝶啶和吲哚及其衍生物的结构、存在及用途
  - 生物碱
    - 生物碱具有碱性,能与生物碱沉淀剂作用生成沉淀,也能与生物碱显色剂发生显色反应,这些反应可用于生物碱的分离及鉴定
    - 重要的生物碱有麻黄碱、烟碱、莨菪碱、吗啡和小檗碱

自我测评

一、单项选择题

1. 下列化合物中碱性最强的是（　　）。

A. 3-羟基吡啶　B. 3-硝基吡啶　C. 吡啶　D. 六氢吡啶

2. 下列化合物中水溶性最大的是（　　）。

A. 2-羟基吡咯　B. 2-硝基吡咯　C. 2-甲基吡咯　D. 吡咯

3. 下列杂环化合物芳香性顺序为（　　）。

A. 呋喃＞噻吩＞吡咯　B. 吡咯＞呋喃＞噻吩

C. 噻吩＞吡咯＞呋喃　D. 吡咯＞噻吩＞呋喃

4. 除去苯中混有的少量噻吩，可选用的试剂是（　　）。

A. 浓盐酸　B. 浓硫酸　C. 浓硝酸　D. 冰醋酸

5. 下列物质中，能使高锰酸钾溶液褪色的是（　　）。

A. 苯　B. 2-硝基吡啶　C. 3-甲基吡啶　D. 吡啶

6. 下列化合物不属于五元杂环的是（　　）。

A. 呋喃　B. 吡啶　C. 噻吩　D. 吡咯

7. 下列化合物不属于六元杂环的是（　　）。

A. 吡喃　　B. 吡啶　　C. 噻吩　　D. 嘧啶

8. 下列属于稠杂环化合物的是（　　）。

A. 吡喃　　B. 吡啶　　C. 嘌呤　　D. 嘧啶

9. 下列物质中不属于稠杂环化合物的是（　　）。

A. 吲哚　　B. 噻吩　　C. 喹啉　　D. 嘌呤

二、命名下列化合物或写出结构式

1. 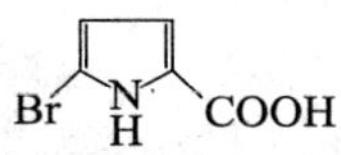
2. 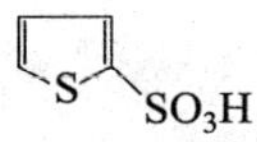
3. 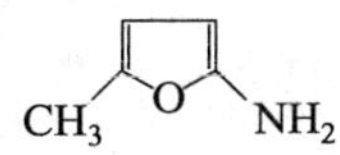
4. 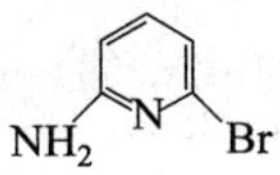
5. 4-吡啶甲酸甲酯
6. 2-吡咯乙酸
7. 3-吡咯甲酰胺
8. 2-甲氧基噻吩

三、完成下列反应式

1. 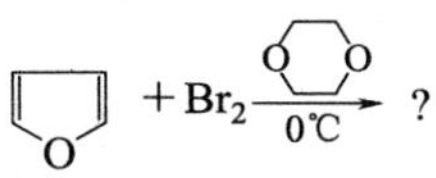

2. 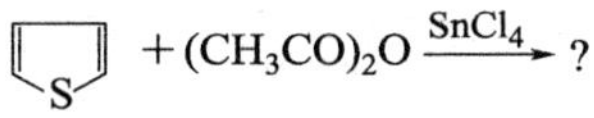

3. 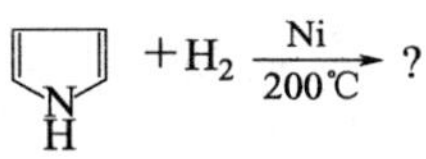

4. 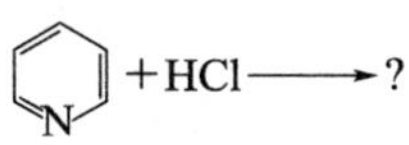

5. 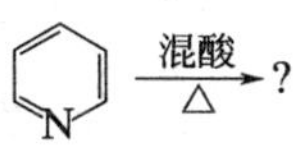

6. 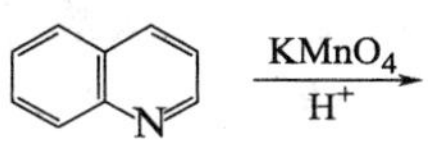

第十二章

氨基酸和蛋白质

学习目标

【知识目标】

1. 掌握氨基酸的结构、分类、命名和主要化学性质；
2. 熟悉蛋白质的组成和主要化学性质。

【能力目标】

1. 学会判断不同酸碱性溶液中氨基酸，蛋白质的存在方式；
2. 学会鉴别 α-氨基酸。

分子中既含有氨基又含有羧基的化合物称为氨基酸。它是构成蛋白质的基本组成单位，有些可直接用作药物。蛋白质是存在于一切细胞中的生物高分子化合物。它与核酸等其他生物大分子共同构成生命的物质基础。蛋白质参与基因表达的调控、神经传递以及学习和记忆等多种生命活动过程。核酸是生物遗传的物质基础，各种生物的生长、繁殖以及体现生命的代谢模式等特征都是由核酸决定的。

第一节 氨 基 酸

一、氨基酸的结构、分类和命名

1. 氨基酸的结构

氨基酸是羧酸分子中烃基上的氢原子被氨基取代而形成的化合物。氨基酸分子中同时含有氨基和羧基两种基团，是具有复合官能团的化合物。例如：

H_2NCH_2COOH　　$CH_3\underset{\displaystyle NH_2}{\underset{|}{C}}HCOOH$　　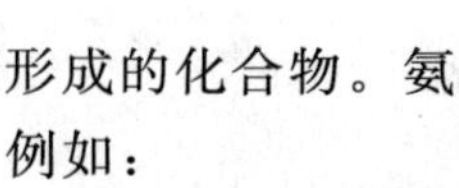

氨基酸是构成蛋白质的基本单位。当蛋白质在酸、碱或酶的作用下水解时，逐步降解为较简单的分子，最终转变成各种不同的 α-氨基酸的混合物。

自然界存在的氨基酸约有 300 种，但由蛋白质水解得到的氨基酸约 20 余种（见表 12-1)，这 20 余种氨基酸都具有特异的遗传密码，故有编码氨基酸之说。各种蛋白质中所含氨基酸的种类和数量各不相同。有 8 种氨基酸在人体内不能合成，但又是人体所必需的，只有依靠食物供给，称为必需氨基酸（见表 12-1 中带 * 者)。因此，人们不能偏食，保证食物的多样化以获得足够的人体必需氨基酸。

2. 氨基酸的分类

根据氨基和羧基的相对位置不同，氨基酸可分为 α-氨基酸、β-氨基酸、γ-氨基酸等。构成蛋白质的氨基酸都是 α-氨基酸，其结构通式为：

$$\underset{\displaystyle NH_2}{RCHCOOH}$$

根据分子中烃基的结构不同，氨基酸可分为脂肪族氨基酸、芳香族氨基酸和杂环氨基酸。

根据分子中所含氨基和羧基的相对数目不同，氨基酸又可分为中性氨基酸（氨基和羧基的数目相等)、碱性氨基酸（氨基的数目多于羧基的数目)、酸性氨基酸（羧基的数目多于氨基的数目)。现将重要的 α-氨基酸分类介绍如表 12-1。

表 12-1 常见的 α-氨基酸

名称	缩写符号	结构式	等电点
中性氨基酸			
甘氨酸(氨基乙酸)	甘或 Gly	$CH_2(NH_2)COOH$	5.97
丙氨酸(α-氨基丙酸)	丙或 Ala	$CH_3CH(NH_2)COOH$	6.00
丝氨酸(α-氨基-β-羟基丙酸)	丝或 Ser	$CH_2(OH)CH(NH_2)COOH$	5.68
半胱氨酸(α-氨基-β-巯基丙酸)	半胱或 Cys	$CH_2(SH)CH(NH_2)COOH$	5.05
胱氨酸(双-β-硫代-α-氨基丙酸)	胱或 Cys-Cys	$S{-}CH_2CH(NH_2)COOH$ $S{-}CH_2CH(NH_2)COOH$	4.80
* 苏氨酸(α-氨基-β-羟基丁酸)	苏或 Thr	$CH_3CH(OH)CH(NH_2)COOH$	5.70
* 蛋氨酸(α-氨基-γ-甲硫基丁酸)	蛋或 Met	$CH_3SCH_2CH_2CH(NH_2)COOH$	5.74
* 缬氨酸(α-氨基-β-甲基丁酸)	缬或 Val	$(CH_3)_2CHCH(NH_2)COOH$	5.96
* 亮氨酸(α-氨基-γ-甲基戊酸)	亮或 Leu	$(CH_3)_2CHCH_2CH(NH_2)COOH$	6.02
* 异亮氨酸(α-氨基-β-甲基戊酸)	异亮或 Ile	$CH_3CH_2CH(CH_3)CH(NH_2)COOH$	5.98
* 苯丙氨酸(α-氨基-β-苯基丙酸)	苯丙或 Phe	$C_6H_5CH_2CH(NH_2)COOH$	5.48
酪氨酸(α-氨基-β-对羟苯基丙酸)	酪或 Tyr	$p{-}HOC_6H_4CH_2CH(NH_2)COOH$	5.66
脯氨酸(α-吡咯啶甲酸)	脯或 Pro	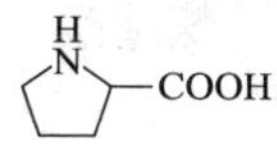	6.30
* 色氨酸[α-氨基-β-(3-吲哚)丙酸]	色或 Try	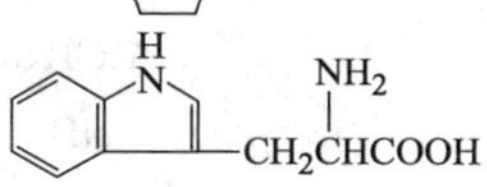	5.80
酸性氨基酸			
天门冬氨酸(α-氨基丁二酸)	天门冬或 Asp	$\underset{\displaystyle NH_2}{HOOCCH_2CHCOOH}$	2.77
谷氨酸(α-氨基戊二酸)	谷或 Glu	$\underset{\displaystyle NH_2}{HOOCCH_2CH_2CHCOOH}$	3.22
碱性氨基酸			
* 赖氨酸(α,ω-二氨基己酸)	赖或 Lys	$\underset{\displaystyle NH_2}{H_2NCH_2(CH_2)_3CHCOOH}$	9.74
精氨酸(α-氨基-δ-胍基戊酸)	精或 Arg	$H_2N\underset{\displaystyle NH}{C}NH(CH_2)_3\underset{\displaystyle NH_2}{CHCOOH}$	10.76
组氨酸[α-氨基-β-(5-咪唑)丙酸]	组或 His	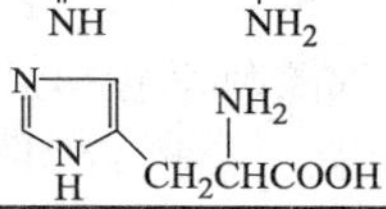	7.59

表中带 * 者为必需氨基酸

3. 氨基酸的命名

氨基酸的系统命名法与羟基酸相同。一般以羧酸为母体（其碳原子的位次以阿拉伯数字标示，习惯用希腊字母 α、β、γ 等标示），氨基作为取代基来命名。但氨基酸通常根据其来源或某些特性而采用俗名，如天门冬氨酸源于天门冬植物；甘氨酸因具甜味而得名；胱氨酸最先得自尿结石。

自然界中存在的氨基酸，除甘氨酸外，分子中的 α-C 原子都是手性碳原子，具有旋光性。以甘油醛为参照标准，凡氨基酸分子中 α-氨基位置与 L-甘油醛手性碳原子上—OH 的位置相同者为 L-型。氨基酸的构型习惯采用 D/L 标记法，由蛋白质水解得到的氨基酸都是 L-型的，因此 L 常常省略不写。

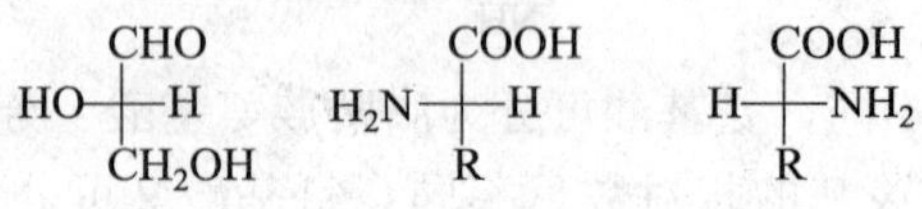

L-甘油醛　　L-氨基酸　　D-氨基酸

二、氨基酸的物理性质

α-氨基酸都是无色晶体，熔点较高，一般在 200～300℃之间，加热至熔点易分解脱羧放出 CO_2，其味有鲜、甜、苦及无味等。如谷氨酸的钠盐有鲜味，是味精的主要成分。它们都能溶于酸或碱中，除少数外，一般能溶于水，难溶于乙醇、乙醚、石油醚、苯等有机溶剂。除甘氨酸外，都具有旋光性，天然蛋白质水解得到的氨基酸都是 L-型。

三、氨基酸的化学性质

氨基酸分子中既含有羧基又含有氨基，因此具有酸和胺的一些典型性质。但由于羧基和氨基的相互影响，氨基酸又具有一些特殊性质。

1. 羧基的反应

(1) 成盐反应　氨基酸分子中具有酸性的羧基，能与强碱 NaOH 反应，生成氨基酸的钠盐。例如：

$$\underset{\displaystyle NH_2}{\underset{|}{RCH}}COOH + NaOH \longrightarrow \underset{\displaystyle NH_2}{\underset{|}{RCH}}COONa + H_2O$$

(2) 脱羧反应　氨基酸在 $Ba(OH)_2$ 存在下加热或在脱羧酶作用下，可脱羧生成胺。

$$\underset{\displaystyle NH_2}{\underset{|}{RCH}}COOH \xrightarrow[\triangle]{Ba(OH)_2} RCH_2NH_2 + CO_2\uparrow$$

小贴士

海产鱼中的青皮红鱼类，如鲐鱼、青鱼、秋刀鱼、鲣鱼、鱼参、沙丁鱼、金枪鱼等及河产鱼鲫鱼中富含组氨酸。当鱼不新鲜或发生腐败时，细菌在其中大量生产繁殖，鱼体内游离的组氨酸经脱羧酶作用脱去羧基变成组胺。一般食用 0.5～1h 就可出现中毒症状，最快的 5min，最慢的 4h。此外，腌制咸鱼时，如原料不新鲜或腌得不透，鱼体内也会含较多的组胺，人食用后可能会中毒。

(3) 酯化反应 在少量酸的存在下，氨基酸能与醇发生酯化反应。

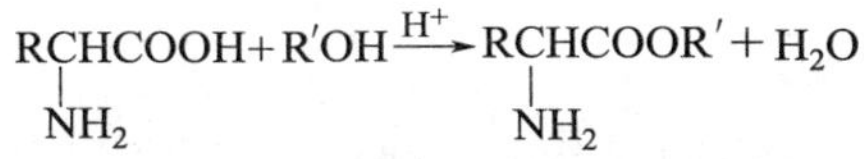

2. 氨基的反应

(1) 成盐反应 氨基酸分子的氨基与氨分子相似，氮原子上有一对未共用电子对，可以接受质子，表现出碱性。因此，氨基酸可与酸反应生成盐。

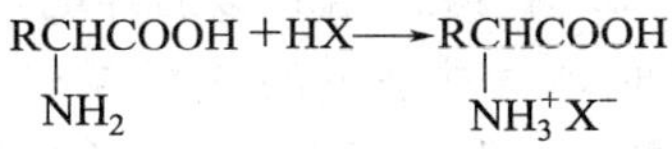

(2) 与亚硝酸反应 α-氨基酸中的氨基（伯胺），能与亚硝酸反应放出氮气，并生成α-羟基酸。

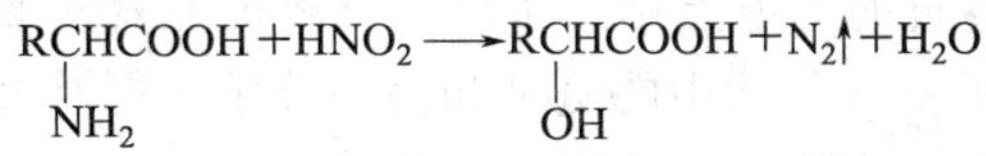

由于此反应可定量释放出氮气，故可计算出氨基酸分子中氨基的含量，也可测定蛋白质分子中的游离氨基含量，此法称范斯莱克（VanSlyke）氨基测定法。

(3) 氧化脱氨反应 氨基酸通过氧化脱氢可先生成α-亚氨基酸，再水解得到α-酮酸和氨。

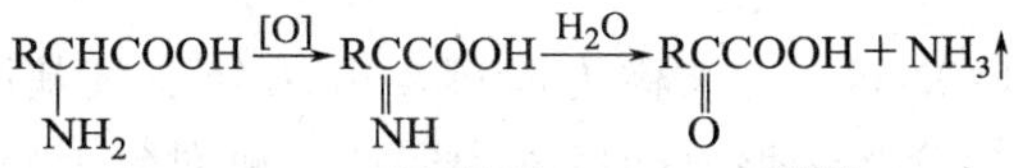

α-亚氨基酸 α-酮酸

该反应是生物体内氨基酸分解代谢的重要途径之一。

3. 氨基酸的特性

(1) 两性解离和等电点 氨基酸分子中含有酸性的羧基和碱性的氨基，故既可以与碱反应又可与酸反应，是两性化合物。氨基酸分子中的羧基与氨基可以相互作用而成盐，这种由内部酸性基团和碱性基团相互作用所形成的盐，称为内盐（或称两性离子、偶极离子）。

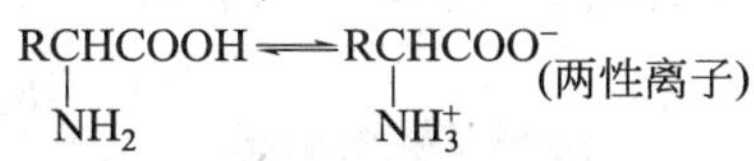

在水溶液中氨基酸可以发生酸式和碱式解离。

酸式解离：

碱式解离：

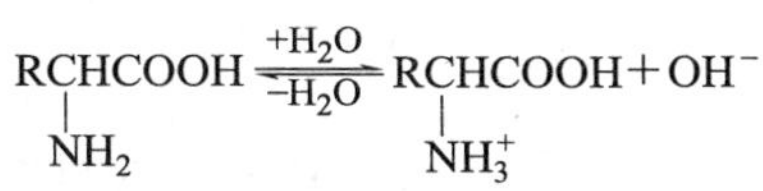

氨基酸水溶液中的两性离子、阴离子、阳离子这 3 种存在方式的比例，可以通过调节溶液的 pH 来改变其主要存在方式。酸性溶液中主要以阳离子形式存在，在电场中向负极移动；碱性溶液中主要以阴离子形式存在，在电场中向正极移动。当将溶液的 pH 调节到某一特定值时，氨基酸的碱式解离和酸式解离程度相等，分子中的阳离子数和阴离子数相等，氨基酸主要以两性离子的形式存在，在电场中既不向负极移动又不向正极移动，这个特定的 pH 就称为氨基酸的等电点，常用 pI 表示。

氨基酸在水溶液的存在形式随 pH 的变化可表示如下：

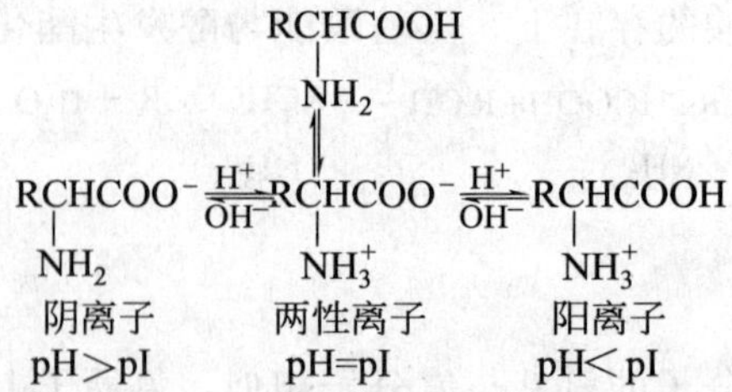

等电点是氨基酸的一个重要理化常数，不同结构的氨基酸等电点不同（见表 12-1）。一般酸性氨基酸的等电点约为 2.8～3.2；碱性氨基酸的等电点约为 7.6～10.8；中性氨基酸的等电点约为 5.0～6.5。在等电点时，氨基酸的酸式解离和碱式解离程度相等，氨基酸是电中性的，但其水溶液不是电中性的，pH 不等于 7。在等电点时，氨基酸的溶解度最小，最易从溶液中析出沉淀。因此，根据不同氨基酸具有不同的等电点这一特性，可通过调节溶液的 pH 使不同的氨基酸在各自的等电点结晶析出以分离提纯氨基酸。

（2）成肽反应　一分子 α-氨基酸中的氨基和另一分子 α-氨基酸中的羧基之间脱水缩合所形成的化合物，称为肽。该反应称为成肽反应。例如：

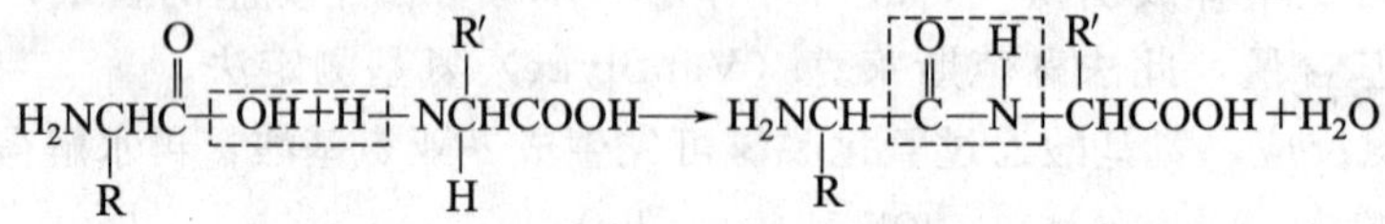

分子中的酰胺键（—CONH—）又称为肽键。由两分子氨基酸形成的肽称为二肽。两个以上氨基酸由多个肽键结合起来形成的肽称为多肽，相对分子质量高于 10000 的肽一般称为蛋白质。

在多肽中，常将带有游离氨基的一端写在左边称为 N-端，带有游离羧基的一端写在右边称为 C-端。多肽中的每个氨基酸单位称为氨基酸残基，氨基酸残基的数目等于成肽的氨基酸分子数目。多肽命名时以含有完整羧基的氨基酸（即 C-端氨基酸）为母体，从 N-端开始，将其他氨基酸的“酸”字改为“酰”字，依次列在母体名称前，称为某氨酰某氨酸。如：

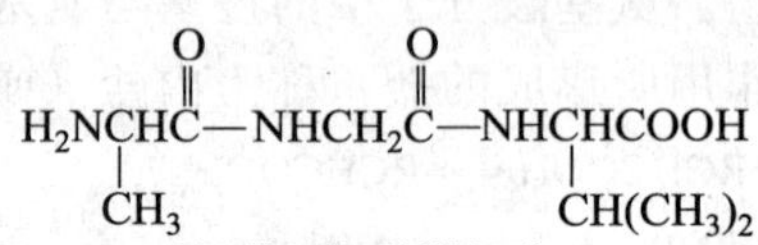

丙氨酰甘氨酰缬氨酸

为简便起见，也可用氨基酸的中文词头或英文缩写符号表示，氨基酸之间用“-”或“·”隔开。如上述三肽的名称可简写为丙-甘-缬或丙·甘·缬（Ala·Gly·Val）。对于较复杂的多肽一般只用俗名。

4. 与茚三酮的显色反应

α-氨基酸与茚三酮的水合物在溶液中共热，发生一系列反应，最终生成蓝紫色的化合物（称为罗曼紫），并放出 CO_2。但含有亚氨基的氨基酸，如脯氨酸与茚三酮反应呈黄色。这是鉴别 α-氨基酸最灵敏、最简便的方法。凡含有 α-氨酰基结构的化合物，如多肽和蛋白质都能发生此显色反应。

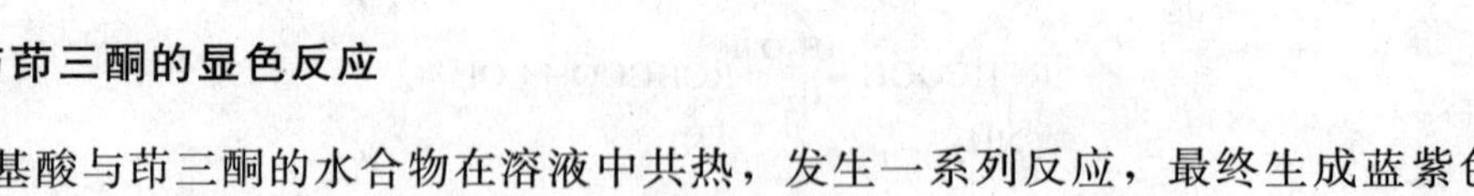

水合茚三酮　　(蓝紫色)

该反应释放的 CO_2 量与氨基酸的量成正比，故又可作为氨基酸的定量分析方法。

小贴士

在医药上氨基酸主要用来制备复方氨基酸注射液，由多种氨基酸组成的复方制剂在现代静脉营养液以及“要素饮食”疗法中占有非常重要的地位，对维持危重病人的营养，抢救患者生命起到积极作用，成为现代医学中不可少的医药品种之一。

第二节 蛋 白 质

一、蛋白质的组成和分类

1. 蛋白质的组成

蛋白质是由多种 α-氨基酸通过肽键连接而成的化合物。不同来源的蛋白质，组成元素都很相似，主要有：碳 50%～55%，氢 6%～7%，氧 19%～24%，氮 13%～19%，硫 0%～4%；有些蛋白质还含有磷、铁、碘、镁、锌、铜等元素。

2. 蛋白质的分类

蛋白质的种类繁多，分类方法不一，主要有以下三种。

(1) 根据分子形状不同分类

① 纤维蛋白　纤维蛋白的外形近似于细棒或纤维状，多是构成机体的结构材料。大多不溶于水，如丝蛋白、角蛋白、胶原蛋白等。

② 球蛋白　球蛋白的形状近似于球形或椭圆形，生物界中的大多数蛋白质为球蛋白。一般可溶于水或酸、碱、盐溶液，如酪蛋白、蛋清蛋白、血红蛋白等。

(2) 根据化学组成不同分类

① 单纯蛋白质　单纯蛋白质是完全由 α-氨基酸通过肽键结合而成的蛋白质，其水解的最终产物都是 α-氨基酸。如蛋清蛋白、角蛋白。

② 结合蛋白质　结合蛋白质是由单纯蛋白质和非蛋白质（又称辅基）组成的蛋白质，这类蛋白质完全水解后，除生成 α-氨基酸外，还含有糖、脂肪、色素和含磷、含铁化合物等。根据辅基不同，结合蛋白质又可分为核蛋白、脂肪蛋白、糖蛋白、磷蛋白、血红素蛋白等。

(3) 根据功能不同分类

① 活性蛋白质　指生命活动中具有一定特殊生理活性的蛋白质，如酶、蛋白质激素、受体蛋白质等。活性蛋白质占蛋白质的绝大部分。

② 非活性蛋白质　指生物体中起保护或支撑作用的蛋白质，如胶原蛋白、角蛋白、弹性蛋白等。

二、蛋白质的性质

蛋白质由氨基酸组成，因此，蛋白质具有一些与氨基酸相似的性质，如两性解离、等电点及某些颜色反应等。蛋白质是一种高分子化合物，相对分子质量大，有复杂的空间结构，故又有其特有的性质，如胶体性质、沉淀、变性等。

1. 两性解离和等电点

蛋白质是由氨基酸组成，不论肽链多长，在其链的两端总会有未结合的氨基和羧基存在。因此，和氨基酸一样也产生两性解离。调节蛋白质溶液 pH 至某适宜值，使酸式解离和碱式解离程度相等，则蛋白质主要以两性离子形式存在，此时溶液的 pH 称为该溶液的等电点，用 pI 表示。

若用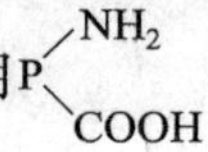代表蛋白质分子，则它在不同 pH 时的解离情况如下：

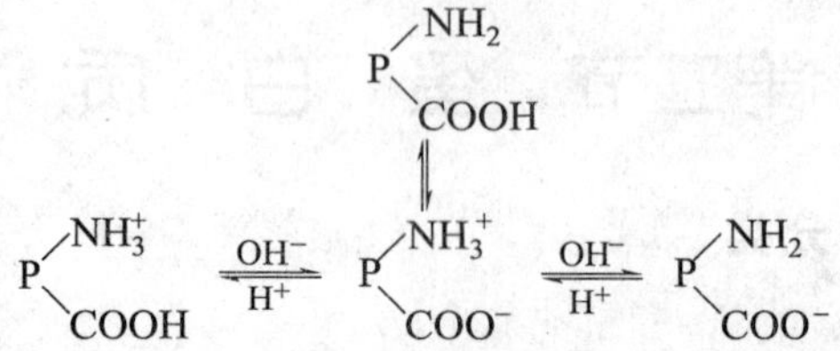

蛋白质阳离子 $pH<pI$　　蛋白质两性离子 $pH=pI$　　蛋白质阴离子 $pH>pI$

每种蛋白质因其所含游离的氨基和羧基数目不同，故其等电点也不同（见表 12-2）。在等电点时，蛋白质分子呈电中性，其溶解度、黏度、渗透压和膨胀性都最小，用于分离、纯化和分析鉴定蛋白质。如血清蛋白电泳是临床检验中常用的项目之一。大多数蛋白质的 pI 在 5 左右。因此，在人的体液和血液、组织液中（pH 约为 7.4），大多数蛋白质以阴离子形式存在，与体内的 K^+、Na^+、Ca^{2+}、Mg^{2+} 等阳离子结合成盐。

表 12-2　一些蛋白质的等电点

蛋白质	来源	等电点	蛋白质	来源	等电点
白明胶	动物皮	4.8～4.85	血清蛋白	马血	4.8
乳球蛋白	牛乳	4.5～5.5	血清球蛋白	马血	5.4～5.5
酪蛋白	牛乳	4.6	胃蛋白酶	猪胃	2.75～3.0
卵清蛋白	鸡卵	4.84～4.90	胰蛋白酶	胰液	5.0～8.0

2. 蛋白质的沉淀

蛋白质是高分子化合物，其分子颗粒直径在 1～100nm 的胶粒范围内，因此蛋白质溶液具有胶体溶液的性质。蛋白质分子在溶液中常带有相同电荷（一般酸性介质中带正电荷，碱性介质中带负电荷），由于同性相斥，使蛋白质分子不易凝聚，另外蛋白质多肽链上含有多种亲水基团（如肽键、氨基、羧基、羟基等），使蛋白质颗粒外面形成一层水化膜，这是蛋白质溶液稳定的两个主要因素。

如果改变这种相对稳定的条件，如除去蛋白质外层的水化膜或者中和蛋白质离子的电荷，蛋白质分子就会聚集而沉淀。使蛋白质沉淀的方法有以下几种。

(1) 盐析　向蛋白质溶液中加入大量的无机盐（如硫酸铵、硫酸镁、氯化钠等），蛋白质从溶液中沉淀析出的现象称为蛋白质的盐析。盐析是个可逆过程，盐析出来的蛋白质仍可溶于水。因此，采用盐析可以分离提纯蛋白质。

不同的蛋白质，盐析需要盐的浓度不同，可用不同浓度的盐溶液，使同一溶液中的不同蛋白质分段析出，达到分离的目的，这种方法称为分段盐析。如血清中加硫酸铵至 50%饱和度，则球蛋白先沉淀析出，继续加硫酸铵至饱和，则清蛋白沉淀析出。盐析时，若先把蛋白质溶液的 pH 调到等电点附近，则盐析效果会更好。

（2）脱水剂沉淀法　甲醇、乙醇、丙酮等极性较大的有机溶剂，对水的亲和力较大，能破坏蛋白质分子的水化膜。在等电点时加入这些脱水剂可使蛋白质沉淀析出。沉淀后若迅速将蛋白质与脱水剂分离，仍可保持蛋白质原来的性质。95%酒精比75%酒精脱水能力强，但95%酒精与细菌接触时，其表面的蛋白质立即凝固，使得酒精不能继续扩散到细胞内部，细菌只是暂时丧失活性，并未死亡，而75%酒精可继续扩散到细菌内部，故消毒效果好。

（3）重金属盐沉淀法　蛋白质在其 pH＞pI 的溶液中带负电荷，可与 Hg^{2+}、Pb^{2+}、Cu^{2+}、Ag^{+} 等重金属离子结合，生成不溶性沉淀物质。

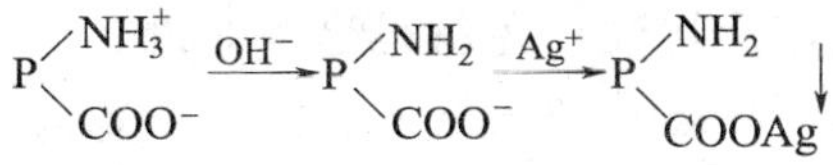

重金属的杀菌作用是由于它能沉淀蛋白质，蛋清或牛乳对重金属中毒的解毒作用，也是利用了这一点。

（4）生物碱试剂沉淀法　蛋白质在其 pH＜pI 的溶液中带正电荷，可与苦味酸、鞣酸、三氯醋酸、磷钨酸等生物碱沉淀剂的酸根（用 Y^- 表示）结合，生成不溶性蛋白质盐。

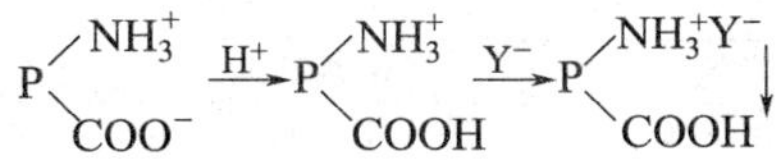

3. 蛋白质的变性

蛋白质分子受某些物理因素（如加热、高压、紫外线、X 射线、超声波等）和化学因素（如酸、碱、有机溶剂、重金属盐、尿素、表面活性剂等）的影响，使蛋白质分子的空间结构发生改变，从而导致其理化性质的改变和生物活性的丧失，这种现象称为蛋白质的变性。变性后的蛋白质称为变性蛋白质。变性蛋白质比天然蛋白质易于消化吸收。

蛋白质的变性应用广泛，如在医药上，采用酒精、加热、高压、紫外线、消毒剂等消毒杀菌，加热法检查胃蛋白等；在食品加工中，制做豆腐时利用钙盐使大豆蛋白质凝固，制做干酪时利用凝乳酶使酪蛋白凝固等；在制备或保存具有生物活性的蛋白质制品（酶、疫苗、免疫血清等）时，应选择适宜的条件，以防失去活性。

小贴士

蛋白质的变性条件如果不剧烈，其变性作用是可逆的，说明蛋白质分子内部结构变化不大。这时，若除去变性因素，在适当条件下变性蛋白质可恢复天然构象和生物活性，这种现象称为蛋白质的复性。如蛋白酶加热至80～90℃时，失去溶解性，也无消化蛋白质的能力，若其温度再降低到37℃，则又可恢复其溶解性和消化蛋白质的能力。

4. 蛋白质的水解

蛋白质在酸、碱的水溶液中加热或在酶的催化作用下能够水解，经过一系列中间产物后，最终生成 α-氨基酸。其水解过程如下：

蛋白质→䏧（初解蛋白质）→胨（消化蛋白质）→多肽→二肽→α-氨基酸

蛋白质的水解反应，对研究蛋白质及其在生物体中的代谢都具有十分重要的意义。

5. 蛋白质的颜色反应

蛋白质分子是由 α-氨基酸通过肽键构成，其分子中的肽键和氨基酸残基能与某些试剂发生作用，生成有颜色的化合物。利用蛋白质的这些性质，可对蛋白质进行定性鉴定和定量分析。

（1）缩二脲反应　蛋白质分子结构中含有多个肽键，故能发生缩二脲反应，即蛋白质在碱性溶液中与硫酸铜溶液作用呈红紫色。

（2）茚三酮反应　蛋白质分子中仍存在 α-氨基酸残基，故能与茚三酮水溶液共热呈现蓝紫色。

（3）黄蛋白反应　蛋白质分子中含有苯丙氨酸、色氨酸、酪氨酸等含有苯环的氨基酸残基时，在其溶液中加入浓硝酸，则产生沉淀，再加热，沉淀变为黄色，此反应称为黄蛋白反应。这是因为氨基酸残基中的苯环与浓硝酸发生硝化反应，生成黄色的硝基化合物。

指甲、皮肤不慎接触浓硝酸会出现黄色就是这个原因。

（4）米伦反应　蛋白质分子中含有酪氨酸残基时，在其溶液中加入米伦试剂（硝酸汞和硝酸亚汞的硝酸溶液）即产生白色沉淀，再加热则变暗红色，此反应称为米伦反应。这是酪氨酸分子中酚羟基所特有的反应。多数蛋白质都含有酪氨酸残基，故此反应也可以鉴别蛋白质。蛋白质重要的颜色反应见表 12-3。

表 12-3　蛋白质的颜色反应

反应名称	试剂	颜色	反应基团	产生反应的蛋白质
茚三酮	茚三酮试剂	蓝紫色	α-氨基酸	全部
缩二脲	$CuSO_4$-NaOH 溶液	紫色或紫红色	两个以上肽键	全部
黄蛋白	浓硝酸	黄色	苯基	含苯丙氨酸、酪氨酸、色氨酸的蛋白质
米伦反应	米伦试剂	白色→暗红色	酚羟基	含酪氨酸的蛋白质

学习小结

- 氨基酸和蛋白质
  - 氨基酸
    - 结构：同时含有氨基和羧基的化合物
    - 分类：
      1. 分子结构不同分为脂肪族、芳香族、杂环氨基酸
      2. 分子中氨基和羧基的数目不同分为中性、酸性、碱性氨基酸
      3. 分子中氨基和羧基相对位置不同分 α-氨基酸、β-氨基酸、γ-氨基酸等
    - 命名：其系统命名法同羟基酸，即以羧酸为母体，氨基作取代基命名
    - 化学性质：羧基反应：成盐反应、脱羧反应、酯化反应；氨基反应：成盐反应、与亚硝酸反应、氧化脱氨反应；氨基酸的特性：两性解离和等电点、成肽反应；氨基酸的显色反应：茚三酮反应
  - 蛋白质
    - 组成：蛋白质的组成元素有C、H、O、N、S等，其重要特征是含氮元素
    - 分类：
      1. 分子形状不同分为纤维蛋白质、球蛋白质
      2. 化学组成不同分为单纯蛋白质、结合蛋白质
      3. 功能不同分为活性蛋白质、非活性蛋白质
    - 化学性质：两性解离和等电点、蛋白质的沉淀、蛋白质的变性、蛋白质的水解、蛋白质的颜色反应

自我测评

一、单项选择题

1. 组成蛋白质的氨基酸是（　　）。

A. α-氨基酸　　B. β-氨基酸　　C. γ-氨基酸　　D. δ-氨基酸

2. 谷氨酸（pI＝3.22）在 pH 为 5 的介质中的主要存在形式是（　　）。

A. 阳离子　　B. 阴离子　　C. 偶极离子　　D. 中性分子

3. 含有酚羟基结构的蛋白质的特征颜色反应是（　　）。

A. 米伦反应　　B. 茚三酮反应　　C. 缩二脲反应　　D. 黄蛋白反应

4. 氨基酸与 $Ba(OH)_2$ 共热或在脱羧酶的作用下，发生（　　）。

A. 脱羧反应　　B. 酯化反应　　C. 酰化反应　　D. 缩二脲反应

5. 下列物质与茚三酮水溶液共热生成蓝紫色物质的是（　　）。

A. 非 *N*-取代的 α-氨基酸　　B. β-氨基酸

C. γ-氨基酸　　D. *N*-取代的 α-氨基酸

6. 用缩二脲反应可以证明下列何种物质已经水解完全（　　）。

A. 淀粉　　B. 蛋白质　　C. 核酸　　D. 油脂

7. 重金属盐使人体中毒的原因是由于它使人体内的蛋白质（　　）。

A. 发生了盐析作用　　B. 发生了水解

C. 产生了不可逆沉淀　　D. 发生了颜色反应

8. 下列关于蛋白质的叙述不正确的是（　　）。

A. 在等电点时溶解度最小　　B. 氯化钠可用于分离提纯蛋白质

C. 加热变性的蛋白质可再次溶于水　　D. 70％～75％的酒精可用于消毒杀菌

二、多项选择题

1. 能使蛋白质不可逆沉淀的物质是（　　）。

A. 加入 NaCl　　B. $(NH_4)_2SO_4$　　C. Hg^{2+}　　D. Pb^{2+}

2. 能用于区分蛋白质和氨基酸的试剂是（　　）。

A. 茚三酮试剂　　B. 米伦试剂

C. 浓硝酸　　D. NaOH，$CuSO_4$

3. 下列物质中能发生缩二脲反应的是（　　）。

A. α-氨基酸　　B. 蛋白质　　C. 多肽　　D. 核酸

4. 下列物质中同时含有氨基和羧基的是（　　）。

A. α-氨基酸　　B. 蛋白质　　C. 多糖　　D. 核酸

三、用系统命名法命名下列化合物或写出结构式

1. $CH_3CH(OH)CH(NH_2)COOH$　　2. $H_2NCH(CH_3)\underset{\underset{\displaystyle O}{\|}}{C}-\underset{\underset{\displaystyle H}{|}}{N}CH_2COOH$

3. $CH_3CH_2CH(NH_2)COOC_2H_5$　　4. $C_6H_5-CH_2CH(NH_2)COOH$

5. α-氨基戊二酸　　6. α-氨基-β-巯基丙酸

7. α-氨基酸偶极离子　　8. 甘氨酰丙氨酸

四、填空题

1. α-氨基酸中除了______以外，都有旋光性。

2. 氨基酸强酸性溶液中是以______形式存在的。

3. 我们平时所吃的食物中，一般都含有蛋白质，肉、蛋、奶和大豆制品中蛋白质含量尤其丰富。蛋白质必须经过消化，成为各种______，才能被人体吸收和利用。

4. 蛋白质在某些理化因素作用下，其空间结构发生改变，使理化性质和生物活性发生变化，这种现象称为蛋白质的______。

5. 分离和提纯蛋白质的方法是______。

五、判断题

1. 中性氨基酸的水溶液一定是中性的。

2. 在氨基酸中，只有 α-氨基酸才能发生茚三酮反应。

3. 凡分子中含有肽键的物质，都能发生缩二脲反应。

4. 蛋白质的变性就是变质，因此变性后的蛋白质不能食用。

5. 蛋白质在等电点时不稳定，溶解度最小，容易析出沉淀。

6. 因氨基酸是组成蛋白质的基本结构单位，因此二者都能发生缩二脲反应。

7. 在人和动物的组织和体液中，蛋白质多数以阴离子形式存在。

六、用化学方法鉴别下列化合物

1. 淀粉、纤维素和酪氨酸　　2. 甘氨酸、色氨酸和蛋白质

第十三章 糖类

学习目标

【知识目标】

1. 掌握糖的定义、分类及结构特点；掌握单糖的氧化反应、成苷反应、变旋光现象；
2. 熟悉典型双糖的结构及主要化学性质；
3. 了解淀粉、糖原、纤维素的结构、性质及其重要的糖在医药上的应用。

【能力目标】

1. 熟练书写葡萄糖、果糖的链状结构和葡萄糖的环状哈沃斯透视式；
2. 学会区分醛糖与酮糖、还原性糖与非还原性糖、淀粉与糖原，及糖类化合物的检验。

糖类是自然界中广泛分布的一类重要的有机化合物，是一切生命体维持生命活动所需能量的主要来源。糖类是多羟基醛、多羟基酮及其脱水缩合物，根据水解情况可分为三类：单糖、低聚糖、多糖。

第一节 单 糖

糖类化合物由 C、H、O 三种元素组成，大部分糖类化合物分子中氢原子和氧原子的数目是 2∶1，与水中氢和氧的原子比例一致，所以曾经把糖类物质称为“碳水化合物”，组成通式为 $C_m(H_2O)_n$。但是后来的结构研究发现，糖类化合物是多羟基醛、多羟基酮及其脱水缩合物。有些糖类物质如岩藻糖或鼠李糖（$C_6H_{12}O_5$）、脱氧核糖（$C_5H_{10}O_4$），其分子中氢原子和氧原子数目比不等于 2∶1，不符合“碳水化合物”组成通式；而有些不具有糖类性质的化合物如羧酸类物质醋酸（$C_2H_4O_2$）、醛类物质甲醛（CH_2O），其分子组成却符合 $C_m(H_2O)_n$。因此，把糖称为“碳水化合物”是不够确切的，但由于习惯，这一名称现在仍然使用。

一、单糖的组成和结构

1. 单糖的组成

单糖是不能水解、含有 3～6 个碳原子的多羟基醛或多羟基酮。根据所含碳原子数目，单糖可分为丙糖、丁糖、戊糖、己糖等；根据结构可分为醛糖和酮糖。自然界所发现的单糖，主要是戊糖（如核糖和脱氧核糖）和己糖（如葡萄糖和果糖）。最简单的单糖是丙糖：甘油醛和1,3-二羟基丙酮。

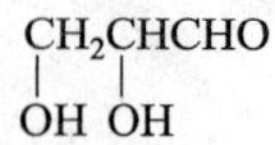
甘油醛

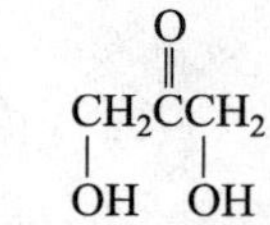
1,3-二羟基丙酮

2. 单糖的结构

（1）单糖的开链结构及构型　葡萄糖分子式为 $C_6H_{12}O_6$，是一个五羟基己醛糖，分子中6个碳原子连接成直链，有4个不相同的手性碳原子，理论上有16个光学异构体。

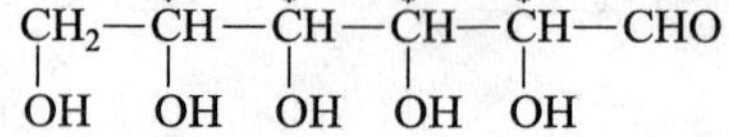

果糖分子式为 $C_6H_{12}O_6$，和葡萄糖互为同分异构体。果糖是一个直链型五羟基己酮糖，有3个手性碳原子。

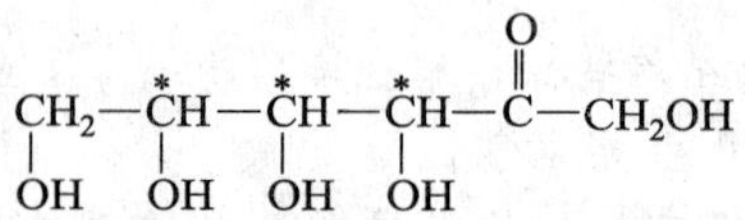

糖类化合物的开链结构一般用费歇尔投影式表示，将碳链垂直放置，醛基或酮基放在上方，省略中间手性碳原子，把氢原子和羟基分列在碳链两侧；可以简略地书写为竖线代表碳链，每一横线代表一个羟基，标在羟基所在的一侧，省略手性碳原子上的氢；进一步简化，用“△”代表醛基，用“○”代表羟甲基（$—CH_2OH$）。则葡萄糖开链结构的费歇尔投影式的3种表示方法如下：

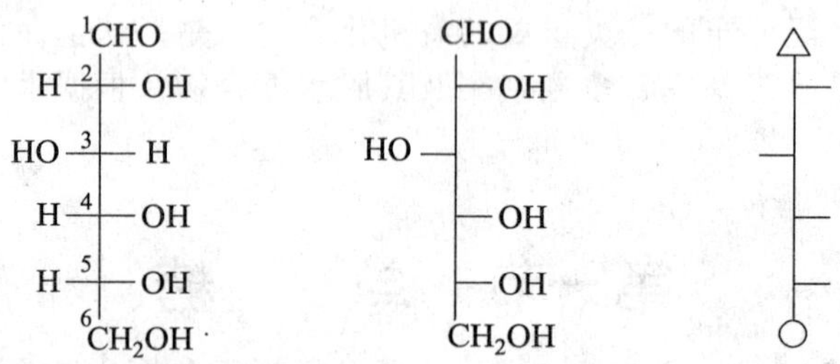

果糖开链结构的费歇尔投影式表示如下：

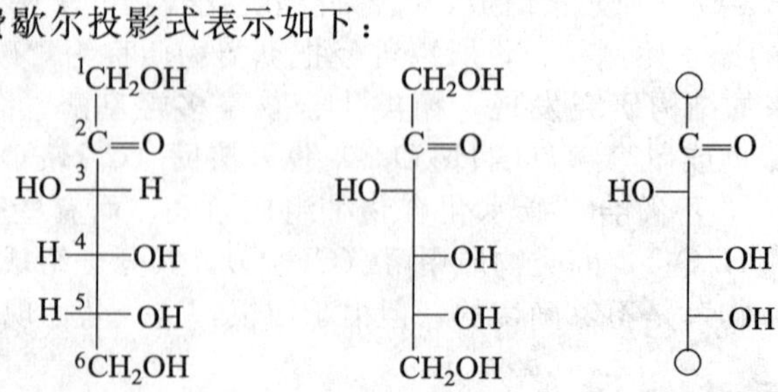

糖分子中编号最大的手性碳（即C-5）的构型和D-甘油醛构型相同者（羟基在右），称为D型。所以葡萄糖和果糖均为D-构型，分别称D-葡萄糖、D-果糖。此外，D-核糖、D-脱氧核糖也是单糖。

（2）环状结构　新配制的葡萄糖溶液，随着时间变化，比旋光度逐渐减小或增大，最后达到恒定值+52.7°，这种现象称为变旋光现象。葡萄糖分子中含有醛基，但却不与希夫试剂发生显色反应；在无水酸性条件下，1分子葡萄糖只与1分子甲醇反应。葡萄糖的这些性质都是其开链式结构无法解释的。研究发现，葡萄糖分子中同时存在着醛基和羟基，可以发生分子内反应，C-5上的羟基与醛基反应，生成具有半缩醛结构的含氧六元环状化合物，有α-和β-两种光学异构体。糖分子中的半缩醛羟基称为苷羟基。通常把苷羟基和C-5上原羟基在同侧的称为α-型，异侧的称为β-型。这两种异构体在溶液中可以通过开链式结构相互转变，达到平衡。

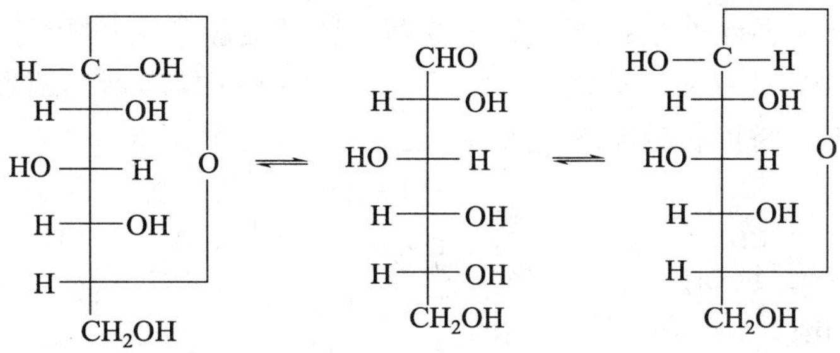

α-D-葡萄糖　$[\alpha]_D=+112°$　36.4%

开链式D-葡萄糖　$[\alpha]_D=+52.7°$　<0.01%

β-D-葡萄糖　$[\alpha]_D=+18.7°$　63.6%

葡萄糖的含氧六元环状结构与六元杂环吡喃相似，称为吡喃葡萄糖，一般用哈沃斯(Haworth)透视式表示。葡萄糖哈沃斯式的写法是：①画一个含1个氧原子的六边形平面，环平面垂直于纸平面，纸平面正前方用粗线，两侧用楔形线，纸平面后方用细线；②环上碳原子省略，氧原子写在环平面的后右上方，按顺时针方向从氧原子右下侧的碳原子开始编号；③将费歇尔投影式中位于碳链左侧的基团写在环平面上方，碳链右侧的基团写在环平面下方。C-1上的半缩醛羟基与C-5上的羟甲基在环的异侧的为α-型，在环的同侧的为β-型。

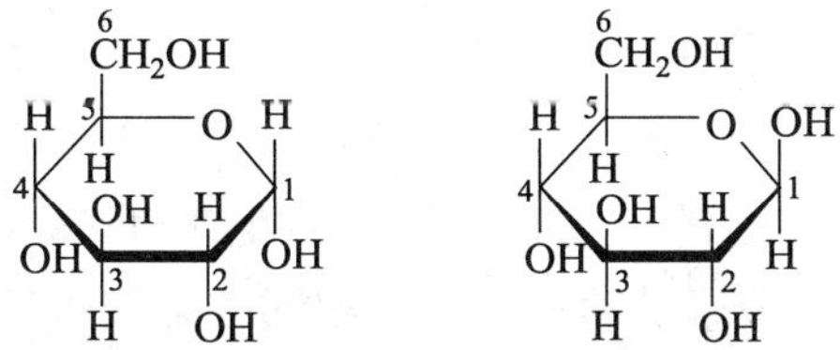

α-D-吡喃葡萄糖　　β-D-吡喃葡萄糖

与葡萄糖相似，果糖也主要以氧环式结构存在，当酮基与C-6上的羟基结合形成六元环状半缩酮，具有吡喃结构，称为D-吡喃果糖；当酮基与C-5上的羟基结合形成五元环状半缩酮，具有呋喃结构，称为D-呋喃果糖。

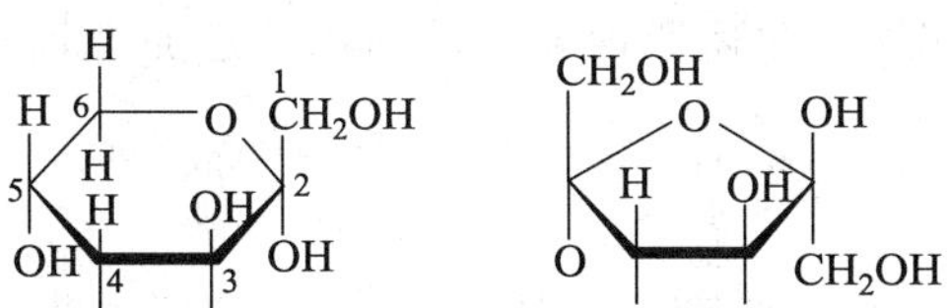

α-D-吡喃果糖　　β-D-呋喃果糖

二、单糖的性质

1. 单糖的物理性质

单糖都是无色晶体，有甜味，具有吸湿性，易溶于水，难溶于乙醇等有机溶剂。除丙酮糖外，单糖都具有旋光性，溶于水时出现变旋光现象。

2. 单糖的化学性质

单糖是多羟基醛或多羟基酮，为多官能团化合物。由于单糖水溶液中存在开链结构与环状结构的互变平衡，所以既具有开链醛（酮）的性质，可进行加成和氧化还原等反应；也具有环状半缩醛（酮）的性质，可进一步生成缩醛（酮），即成苷反应。

（1）差向异构化　在碱性条件下，D-葡萄糖、D-甘露糖和D-果糖可通过烯二醇中间体相互转化，生成3种糖的互变平衡混合物。D-葡萄糖和D-甘露糖为醛糖，D-果糖为酮糖，可见，在碱性条件下，醛糖和酮糖之间可以相互转化。

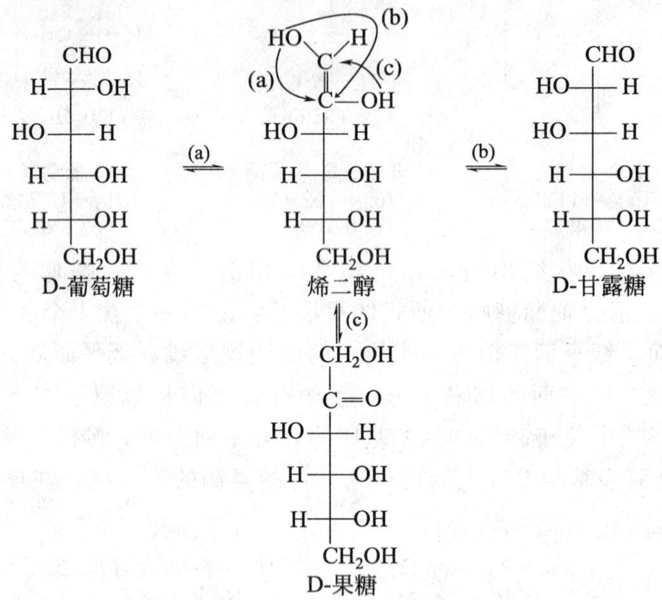

D-葡萄糖和D-甘露糖仅C-2构型不同，其他手性碳原子构型都相同，这种仅一个手性碳原子的构型不同，其余手性碳原子的构型完全相同的异构体互称为差向异构体，它们之间的转化称为差向异构化。这种转化在生物体内酶的催化下也可进行。如在体内糖代谢过程中，在酶的催化下，6-磷酸葡萄糖可异构化为6-磷酸果糖。

（2）氧化反应　单糖都能被碱性的弱氧化剂如托伦试剂、斐林试剂和班氏试剂所氧化，分别生成银镜和砖红色的氧化亚铜沉淀，说明单糖具有较强的还原性。具有还原性的糖称为还原性糖，没有还原性的糖称为非还原性糖，单糖都是还原性糖。

$$\text{单糖} + \underset{\text{托伦试剂}}{[Ag(NH_3)_2]OH} \xrightarrow[\triangle]{OH^-} Ag\downarrow + \text{复杂的氧化产物}$$

$$\text{单糖} + \underset{\text{班氏试剂}}{Cu^{2+}(\text{配离子})} \xrightarrow[\triangle]{OH^-} Cu_2O\downarrow + \text{复杂的氧化产物}$$

斐林试剂使用时一般为现用现配。班氏试剂是斐林溶液的改良试剂，含有Cu^{2+}配离子，它与醛或醛（酮）糖反应也生成Cu_2O砖红色沉淀。班氏试剂是由硫酸铜、碳酸钠和柠檬酸钠配制成的蓝色溶液，比斐林试剂稳定，可存放备用，不需要临时配制，使用方便。临床上常用它来检验糖尿病患者的尿液中是否含有葡萄糖，并根据产生的Cu_2O沉淀的颜色深浅以及量的多少来判断葡萄糖的含量。

醛糖可在酸性条件下被溴水氧化为糖酸，溴水褪色，酮糖则不被氧化，可以此来区分醛糖和酮糖。

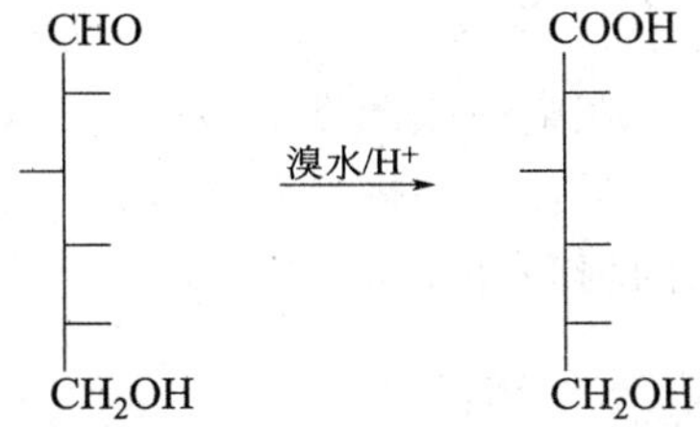

葡萄糖　　葡萄糖酸

葡萄糖酸系列产品是食品、医药等产业用途极为广泛的一种产品，在人体新陈代谢中起着重要作用，如葡萄糖酸钾、葡萄糖酸钠、葡萄糖酸钙、葡萄糖酸锌等作为人体营养强化剂及药用补充剂，均有很好的治疗效果。

在体内酶催化下，葡萄糖的伯醇羟基可以被氧化为羧基，生成葡萄糖醛酸。葡萄糖醛酸能与肝、胆中的有毒物质如醇、酚等结合成无毒化合物，随尿排出体外，因此葡萄糖醛酸是体内重要的解毒物质。

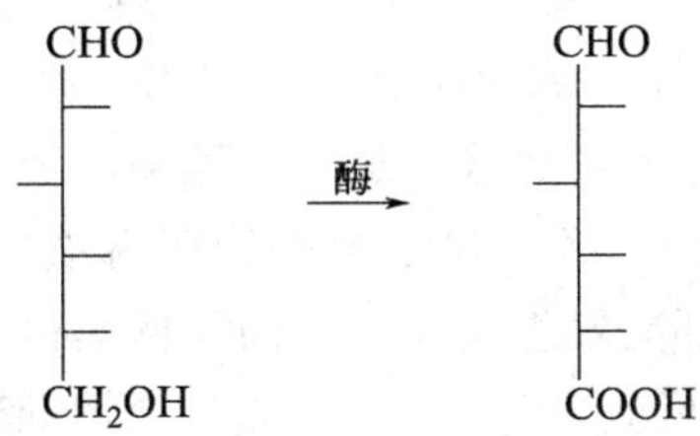

葡萄糖　　葡萄糖醛酸

（3）成酯反应　单糖分子中的多个羟基都可以被酯化。例如，人体内的葡萄糖在体内酶的作用下可与磷酸作用生成葡萄糖-1-磷酸酯（俗称 1-磷酸葡萄糖）、葡萄糖-6-磷酸酯（俗称 6-磷酸葡萄糖）。

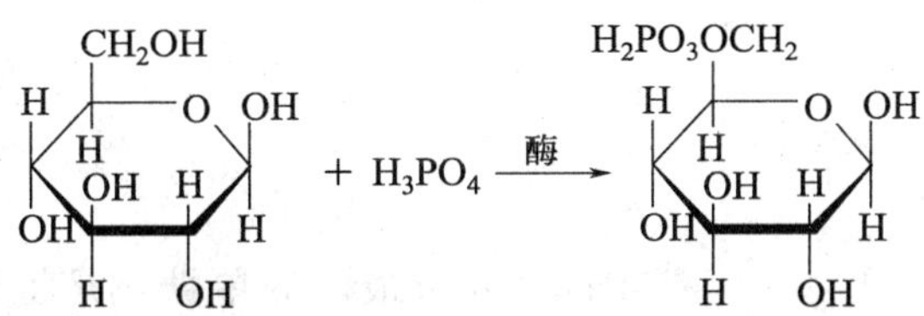

β-D-葡萄糖　　β-D-6-磷酸葡萄糖

糖在体内的代谢过程中，首先要经过磷酸酯化，然后才能进行一系列的化学反应。例如，1-磷酸葡萄糖是体内合成糖原的原料，同时也是糖原在体内分解的最初产物。因此，糖的磷酸酯化是体内糖原储存和分解的基本步骤之一，在生命过程中具有很重要的意义。

（4）成苷反应　与半缩醛（酮）一样，单糖环状结构中的半缩醛（酮）羟基（即苷羟基）较活泼，能与一些含有羟基的化合物脱水生成缩醛（酮）形式的产物，称为糖苷。例如，D-葡萄糖在干燥 HCl 的条件下，与甲醇回流加热，生成 α-型和 β-型的 D-葡萄糖甲苷的混合物。

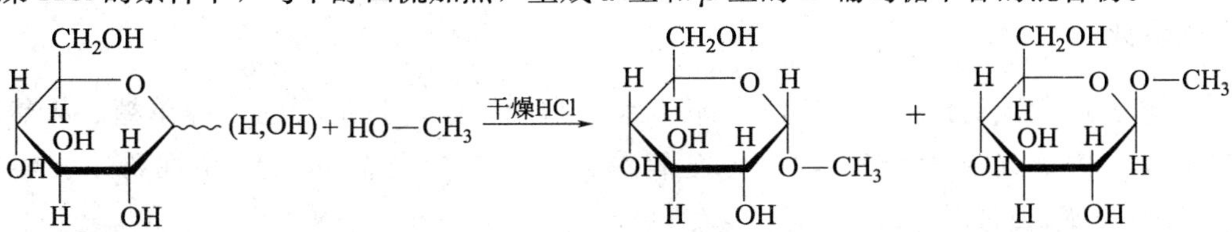

D-吡喃葡萄糖　　α-D-吡喃葡萄糖甲苷　　β-D-吡喃葡萄糖甲苷

糖苷通常由糖和非糖两部分组成，糖的部分称为糖苷基，非糖部分称为苷元或配糖基，二者通过氧原子相连的键称为氧苷键。根据成苷的半缩醛羟基是α-型或β-型，可将苷键分为α-苷键和β-苷键两类。

糖苷分子中没有半缩醛羟基，在中性或碱性溶液中较稳定，不能转变成开链式结构，因此没有变旋光现象和还原性，不能与托伦试剂、斐林试剂、班氏试剂发生反应。但在稀酸或酶的催化作用下，易水解成原来的糖和苷元。

小贴士

糖苷广泛存在于自然界中，大多具有生物活性，是许多中草药的有效成分。例如，苦杏仁中含有的苦杏仁苷有止咳作用；葛根中的葛根黄素具有明显的扩张冠状动脉作用，临床上用于冠心病、心绞痛的辅助治疗；夹竹桃科植物黄花夹竹桃果仁中含的甾体苷类化合物，是临床上用来治疗心力衰竭和心律失常的药物，称为“强心灵”；人参中的人参皂苷有较强的抑制肿瘤细胞生长作用，能够促进癌细胞再分化并逆转为非癌细胞。

（5）颜色反应　糖能与某些试剂发生特殊的颜色反应，常用于糖类物质的鉴别。

① 莫立许（Molisch）反应　用浓硫酸作脱水剂，用α-萘酚作显色剂，生成紫色缩合物称为莫立许反应。具体操作是：在糖的水溶液中加入α-萘酚的酒精溶液，然后沿容器壁慢慢加入浓硫酸，不得振摇，使浓硫酸沉到底部，在浓硫酸和糖溶液的交界面很快出现紫色环。所有糖，包括单糖、低聚糖和多糖，都能发生此反应，而且反应很灵敏，常用于糖类物质的鉴别。

② 塞利凡诺夫（Seliwanoff）反应　用盐酸作脱水剂，用间苯二酚作显色剂，生成鲜红色缩合物的反应称为塞利凡诺夫反应。间苯二酚的盐酸溶液称为塞利凡诺夫试剂。具体操作是：在酮糖（游离酮糖或双糖分子中的酮糖）的溶液中，加入塞利凡诺夫试剂，加热，很快出现红色。在相同条件下，醛糖缓慢显现淡红色，或观察不到变化。所以，可用此反应来鉴别酮糖和醛糖。

三、重要的单糖

1. D-葡萄糖

D-葡萄糖分子式为$C_6H_{12}O_6$，是自然界分布最广的单糖，是植物光合作用的产物，因在葡萄中含量丰富而得名。葡萄糖为白色结晶性粉末，熔点为146℃，易溶于水，微溶于酒精，难溶于乙醚等有机溶剂，甜度为蔗糖的60%。葡萄糖具有右旋性，是一种右旋糖，其比旋光度为+52.7°。工业上用淀粉水解来制取葡萄糖。

人体血液中的葡萄糖称为血糖，是人体所需能量的主要来源，中枢神经系统几乎全部依赖血糖提供能量。正常人血糖浓度为3.9～6.1mmol/L，保持血糖浓度的恒定具有重要的生理意义。葡萄糖具有强心、利尿和解毒作用，在医学上主要用作注射用营养剂，其浓度为50g/L。

2. D-果糖

D-果糖分子式为$C_6H_{12}O_6$，广泛分布于水果和蜂蜜中，是最甜的一种单糖。天然果糖具有左旋性，比旋光度为－92°，称为左旋糖。果糖是白色晶体或结晶性粉末，熔点为102℃，易溶于水，可溶于乙醇。

人体内果糖也能与磷酸形成酯，如果糖-6-磷酸酯和果糖-1,6-二磷酸酯，是体内糖代谢的中间产物，在糖代谢过程中有着重要作用。果糖-1,6-二磷酸酯还是一种高能营养性药物，有增强细胞活力和保护细胞的功能，可作为心肌梗死及各类休克的辅助药物。含有42%果糖和58%葡萄糖的混合物称为果葡糖浆或高果糖浆，它是用淀粉作原料生产出来的，成本低，且具有天然蜂蜜的香味，在食品工业中有着广泛用途。

3. D-核糖和D-脱氧核糖

D-核糖的分子式为$C_5H_{10}O_5$，D-脱氧核糖的分子式为$C_5H_{10}O_4$，它们是生物体内重要的戊醛糖，均为结晶固体，具有左旋性，比旋光度分别为－21.5°和－60°。在自然界中均不以游离态存在，常与磷酸和一些有机含氮杂环结合而存在于核蛋白中，是组成核糖核酸（RNA）和脱氧核糖核酸（DNA）的重要成分，在细胞中起遗传作用，与生命现象有着密切联系。在核酸中核糖和脱氧核糖都以β-呋喃糖存在，称为β-D-呋喃核糖和β-D-呋喃脱氧核糖。

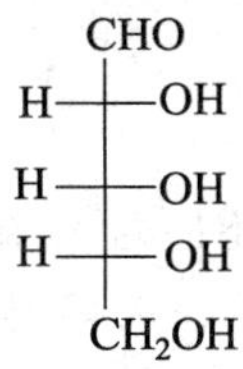
D-核糖

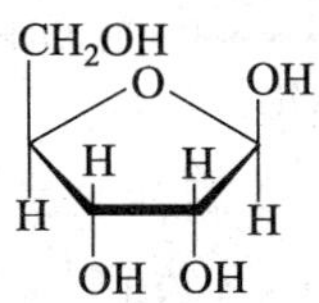
β-D-呋喃核糖

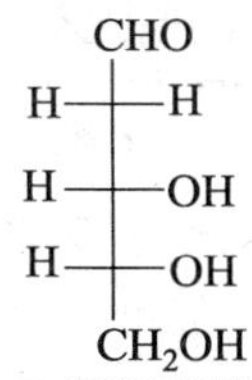
D-脱氧核糖

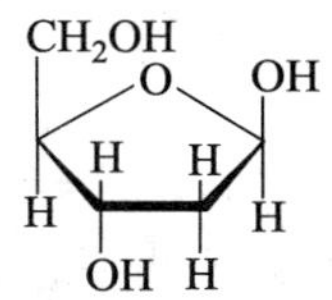
β-D-呋喃脱氧核糖

4. D-半乳糖

D-半乳糖的分子式为$C_6H_{12}O_6$，是D-葡萄糖的C-4差向异构体，是乳糖、琼脂、树胶等的组成成分。半乳糖为无色结晶，熔点为165～166℃，能溶于水和乙醇，其水溶液比旋光度为＋83.8°。

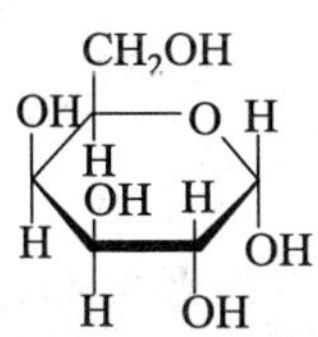
α-D-吡喃半乳糖

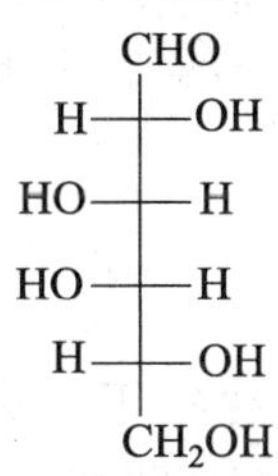
D-半乳糖

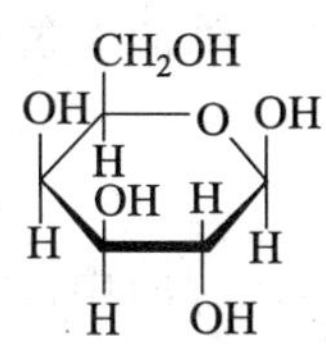
β-D-吡喃半乳糖

奶和乳制品含有的乳糖是饮食中半乳糖的主要来源。半乳糖通过转化为葡萄糖-1-磷酸为细胞代谢提供能量，但是体内某些酶的缺失可引起血液中半乳糖水平升高，即半乳糖血症。

第二节 低聚糖

由2～9个单糖通过苷键结合而成的糖称为低聚糖。根据分子中所含单糖个数，可将低聚糖分为二糖、三糖、四糖等。二糖又称为双糖，是最简单的低聚糖，它是一分子单糖的半缩醛羟基与另一分子单糖的羟基脱水缩合而成的产物。双糖也是成苷反应的产物，只是其配糖基为另一分子单糖而已。如果双糖分子是通过一分子单糖的苷羟基与另一分子单糖的非苷羟基之间脱水缩合而成的，双糖分子中的配糖基部分仍保留有一个苷羟基，则在溶液中可以开环转变为开链式结构，并形成开链结构与环状结构的互变平衡，这样的双糖具有还原性和变旋光现象。如果两个单糖分子通过两个苷羟基之间脱水缩合形成双糖，其分子中不再有苷羟基，则没有还原性，也没有变旋光现象。

双糖广泛存在于自然界，其物理性质类似于单糖，能形成结晶，易溶于水，有甜味，有旋光性等。常见的较重要的双糖有蔗糖、麦芽糖、乳糖等，它们的分子式都是 $C_{12}H_{22}O_{11}$。

一、蔗糖

蔗糖就是普通的食用糖，是自然界中分布最广的双糖，因在甘蔗和甜菜中含量较高，又称甜菜糖。蔗糖为白色晶体，熔点 186℃，甜度仅次于果糖，易溶于水而难溶于乙醇，具有右旋性，在水溶液中的比旋光度为+66.7°。

蔗糖是由 1 分子 α-D-吡喃葡萄糖 C-1 上的苷羟基与 1 分子 β-D-呋喃果糖 C-2 上的苷羟基通过 α-1,2-苷键结合而成的双糖。其结构式为：

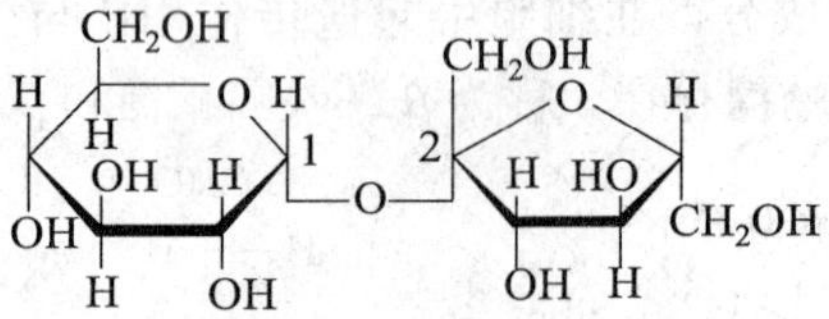

蔗糖分子中无苷羟基，因而没有还原性，无变旋光现象，为非还原性双糖，不能被托伦试剂、斐林试剂、班氏试剂氧化。蔗糖在酸或转化酶的作用下，水解生成等量的葡萄糖和果糖的混合物，其比旋光度为−19.7°。蔗糖具有右旋性，而水解后的混合物是左旋的，因此常将蔗糖的水解反应称为蔗糖的转化，水解产物称为转化糖。蜂蜜中大部分是转化糖。

$$\text{蔗糖} + H_2O \xrightarrow{\text{酸或酶}} \text{葡萄糖} + \text{果糖}$$

蔗糖主要供食用，在医药上主要用作矫味剂和配制糖浆。蔗糖高浓度时能抑制细菌生长，因此又可作食品、药品的防腐剂和抗氧剂。将蔗糖加热到 200℃以上，可得到褐色焦糖，常用作饮料和食品的着色剂。

二、麦芽糖

麦芽糖是淀粉水解的中间产物，主要存在于麦芽中。淀粉先经淀粉酶作用水解成麦芽糖，然后再经麦芽糖酶的作用水解成葡萄糖。米饭、馒头在嘴里慢慢咀嚼会有甜味，就是因为唾液里有唾液淀粉酶，唾液淀粉酶可以把淀粉水解成麦芽糖，所以觉得甜。

麦芽糖为白色晶体，易溶于水，甜度约为蔗糖的 70%，具有右旋性，在水溶液中的比旋光度为+136°。

麦芽糖由一分子 α-D-吡喃葡萄糖 C-1 上的苷羟基与另一分子 α-D-吡喃葡萄糖 C-4 上的醇羟基脱水，通过 α-1,4-苷键结合而成。在酸或酶的作用下，麦芽糖可水解生成两分子葡萄糖。麦芽糖结构为：

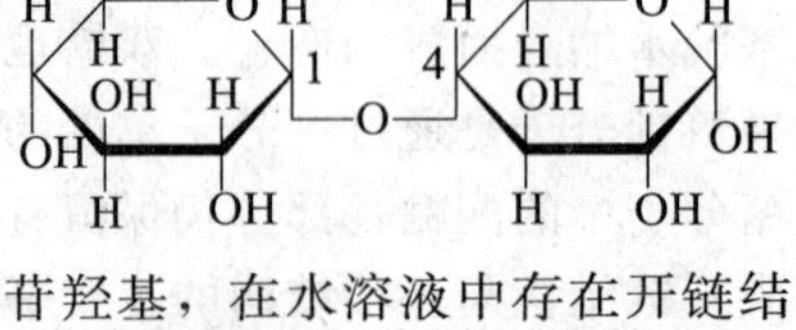

麦芽糖分子中还保留 1 个苷羟基，在水溶液中存在开链结构与环状结构的互变平衡，因而具有变旋光现象和还原性，是还原性双糖，能与弱氧化剂托伦试剂、斐林试剂、班氏试剂等反应。

麦芽糖有营养价值，可作糖果，是市售饴糖的主要成分，还可用作细菌的培养基。以淀粉为原料，在麦芽中的淀粉酶作用下，可制得麦芽糖。

三、乳糖

乳糖存在于哺乳动物的乳汁中，人乳中约含6%～8%，牛乳中约含4%～6%，是婴儿发育必需的营养物质，工业上可从乳酪的副产品乳清中得到。

乳糖为白色晶体，微甜，水溶性较小，无吸湿性。

乳糖由1分子β-D-吡喃半乳糖C-1上的苷羟基与一分子D-吡喃葡萄糖C-4的醇羟基脱水，通过β-1,4-苷键结合而成，在稀酸或酶的作用下，乳糖水解生成半乳糖和葡萄糖。乳糖结构如下：

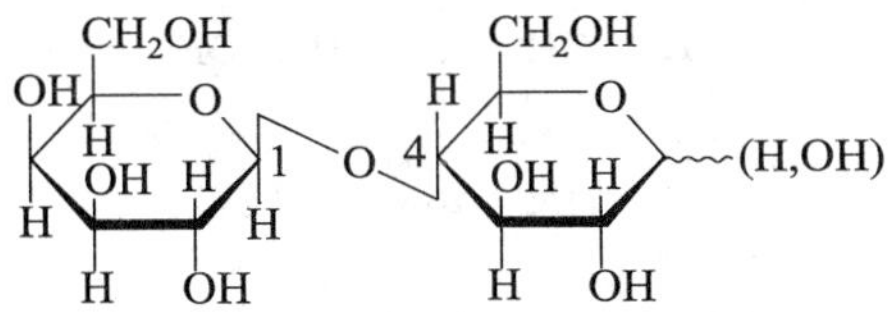

乳糖分子中的葡萄糖部分仍保留有苷羟基，所以乳糖具有还原性，是还原性双糖，有变旋光现象，比旋光度为+53.5°。

在食品工业中，乳糖用于婴儿食品及炼乳中；在医药上，用作散剂和片剂的填充剂。

第三节 多　糖

多糖是天然高分子化合物，由成千上万个单糖分子之间脱水通过苷键缩合而成，相对分子质量几万甚至更多。由同种单糖组成的多糖称均多糖，如淀粉、纤维素、糖原等，它们都是由葡萄糖分子脱水缩合而成；由不同种单糖组成的多糖称杂多糖，如魔芋甘露聚糖，它由甘露糖和葡萄糖组成。

多糖分子中的苷羟基几乎都被结合成苷键，因此，多糖的性质与单糖、双糖的性质有较大的差别。多糖一般为白色粉末，没有甜味，大多数不溶于水，少数能溶于水形成胶体溶液。多糖没有还原性，也没有变旋光现象，可在酸或酶的作用下逐步水解，水解的最终产物为单糖。

多糖具有重要的生理功能，与生命现象密切相关。如淀粉和糖原是植物和动物体内葡萄糖的储存形式；纤维素和甲壳质是动植物体的骨架；许多酶和激素的作用也与其所含的糖有关；人参、黄芪、灵芝、银耳、香菇中含有的多糖具有抗肿瘤、增强免疫、降血脂、降血糖、抗肝炎、抗衰老等广泛的生物活性。

一、淀粉

淀粉是人类最主要的食物之一，也是绿色植物光合作用的产物，广泛存在于植物的茎、块根和种子中，是植物储存的养分。稻米、小麦、玉米及薯类中淀粉含量较丰富。淀粉是无臭无味的白色粉末状物质，是由α-D-葡萄糖脱水缩合而成的多糖。

淀粉用热水处理后，可溶解部分为直链淀粉，又称为糖淀粉或可溶性淀粉；不溶而膨胀的部分为支链淀粉，又称为胶淀粉。一般淀粉中含直链淀粉10%～30%，支链淀粉含量

70％～90％。

1. 直链淀粉

直链淀粉存在于淀粉的内层，难溶于冷水，可溶于热水，由几百个或上千个 α-D-吡喃葡萄糖通过 α-1,4-苷键结合而成。直链淀粉的多糖链很少有分支，但也不是直线型的，而是卷曲成有规则的螺旋状，如图 13-1 所示，这是由于分子内氢键的作用。每个螺旋圈含六个 D-葡萄糖单位。直链淀粉的分子结构如下：

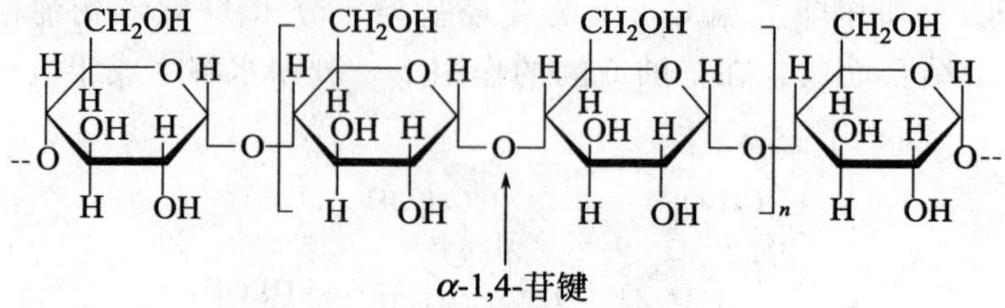

直链淀粉的分子结构

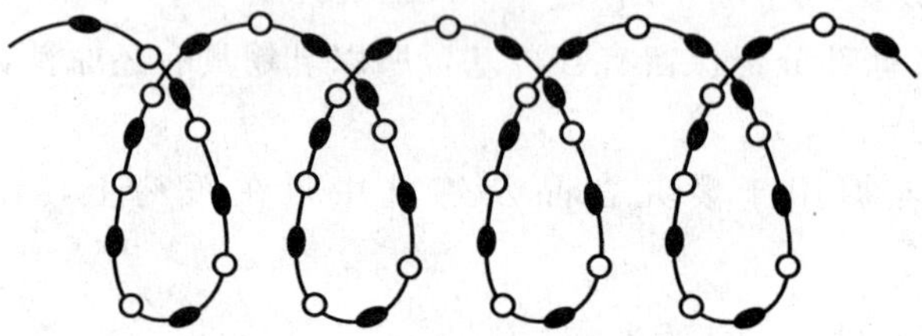

图 13-1　直链淀粉结构示意图

直链淀粉溶液遇碘显深蓝色，加热后颜色消失，冷却后蓝色复现。利用这个性质，可以定性鉴别淀粉。

2. 支链淀粉

支链淀粉存在于淀粉的外层，组成淀粉的皮质，难溶于热水，可膨胀成糊状。支链淀粉所含葡萄糖单位比直链淀粉多，一般有 1000～300000 个，相对分子质量也更大，有的可达几百万。支链淀粉的结构非常复杂，具有树枝形分支，如图 13-2 所示，它是由几十个 α-D-吡喃葡萄糖通过 α-1,4-苷键结合成短的直链，此直链上又可通过 α-1,6-苷键形成侧链，在侧链上又会出现另一个分支侧链，每一个支链平均含有约 15～18 个葡萄糖单位。支链淀粉遇碘显蓝紫色。支链淀粉的分子结构如下：

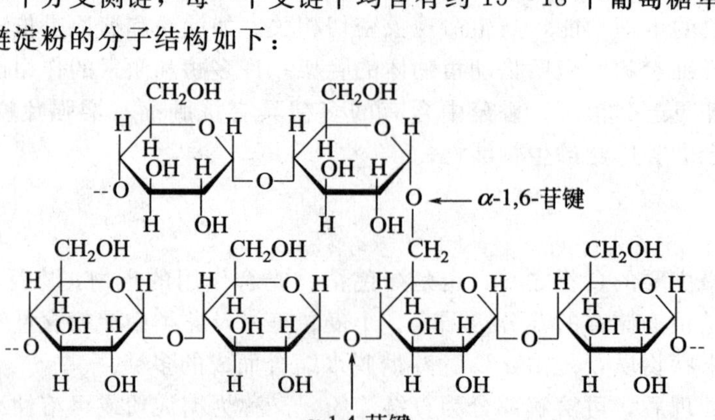

支链淀粉的结构

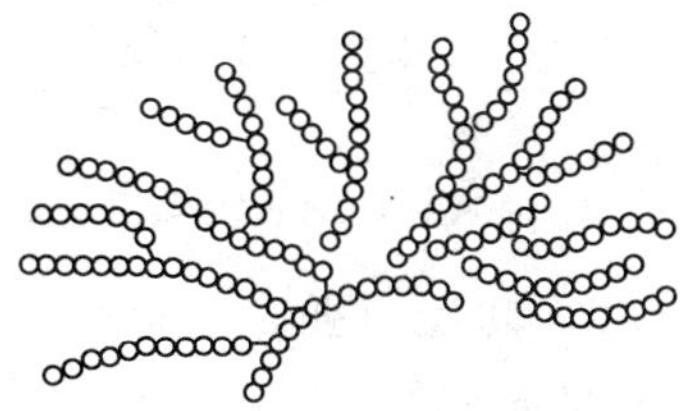

图 13-2 支链淀粉结构示意图

淀粉在酸或酶的作用下可逐步水解，先生成相对分子质量比淀粉小的多糖（糊精），最终生成 α-D-葡萄糖。

$$\underset{\text{淀粉}}{(C_6H_{10}O_5)_n} \longrightarrow \underset{\text{糊精}}{(C_6H_{10}O_5)_m} \longrightarrow \underset{\text{麦芽糖}}{C_{12}H_{22}O_{11}} \longrightarrow \underset{\text{葡萄糖}}{C_6H_{12}O_6}$$

糊精是淀粉水解的中间产物，它是白色或淡黄色粉末，溶于冷水，有黏性，可作黏合剂。淀粉无明显药理作用，大量用作制取葡萄糖，在药物制剂中常作赋形剂、润滑剂等。

二、糖原

糖原是在人和动物体内储存的一种多糖，又称动物淀粉或肝糖，主要储存于肝脏和骨骼肌中，分别称为肝糖原和肌糖原。肝糖原分解主要维持血糖浓度，当血糖浓度增高时，多余的葡萄糖就聚合成糖原储存于肝内；当血糖浓度降低时，肝糖原就会分解成葡萄糖进入血液，以保持血糖浓度正常，为各组织提供能量。肌糖原分解为肌肉自身收缩供给能量。正常成年人体内约含糖原 400g。

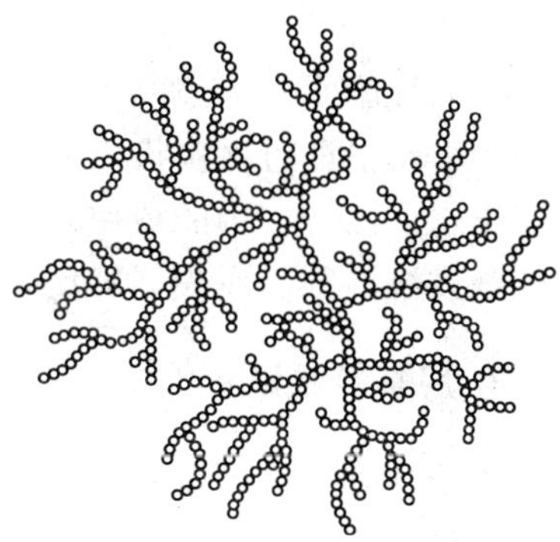

图 13-3 糖原结构示意图

糖原的结构与支链淀粉相似，如图 13-3 所示，也是由 α-D-吡喃葡萄糖通过 α-1,4-苷键和 α-1,6-苷键结合而成，但其分支程度更高，每隔 3～4 个葡萄糖单位就出现一个分支，其相对分子质量在几百万至几千万之间。

糖原是白色无定形粉末，可溶于热水而形成透明胶体溶液，遇碘显红色。

三、纤维素

纤维素是自然界中分布最广、含量最多的多糖，它是植物细胞壁的主要成分。木材中纤维素含量约为 50%～70%，棉花中高达 90%以上。纯的纤维素用棉纤维获得，医用脱脂棉和纱布、实验用滤纸几乎是纯的纤维素制品。

纤维素是由几千至上万个 β-D-葡萄糖单位通过 β-1,4-苷键结合而成的直链分子，无分支。纤维素分子链通过氢键相互扭合形成绳索状纤维素链，如图 13-4 所示。纤维素的结构如下：

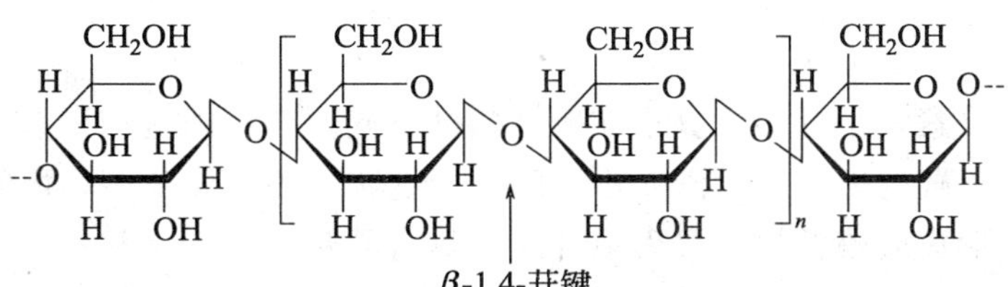

纤维素的分子结构

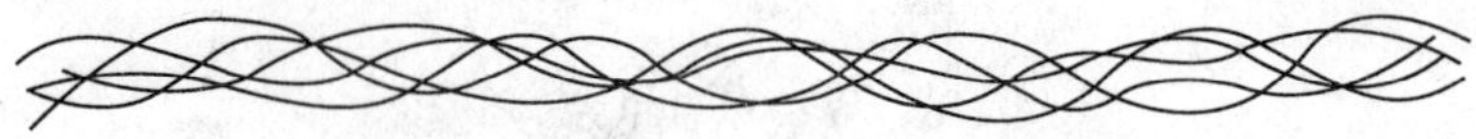

图 13-4　绳索状纤维素链结构示意图

纤维素是白色固体，不溶于水，韧性很强，在高温、高压下经酸水解的最终产物是β-D-葡萄糖。虽然纤维素和淀粉一样都是由 D-葡萄糖组成，但由于人体内的淀粉酶只能水解 α-1,4-苷键，不能水解 β-1,4-苷键，因此，纤维素不能被人体消化吸收，不可直接作为人体的营养物质。但纤维素有刺激胃肠蠕动、抗肠癌、防止便秘、降低血清胆固醇等作用，所以食物中保持一定量的纤维素有益于人体健康。食草动物如牛、马、羊等胃中的微生物能分泌出水解 β-1,4-苷键的酶，将纤维素水解成葡萄糖，所以纤维素可作为食草动物的饲料。

纤维素及其衍生物的用途很广，在纺织、化工、国防、食品、医药等均有应用。在药物制剂中，纤维素可用作片剂的黏合剂、填充剂、崩解剂、润滑剂和赋形剂。临床上，纤维素可用作医用脱脂棉和纱布。下面介绍几种与医药有关的纤维素和纤维素衍生物。

1. 微晶纤维素

微晶纤维素是天然纤维素在强酸性条件下水解，相对分子质量降低到一定的范围，成为大小 10μm 左右的颗粒状粉末，分子由排列规则的微小结晶区域组成。白色，无臭，无味，不溶于水、乙醇、丙酮或甲苯。微晶纤维素的黏合力很强，可用作片剂的黏合剂、填充剂、崩解剂或润滑剂、胶囊稀释剂，又是良好的赋形剂，可直接用于干粉压片。

2. 甲基纤维素

甲基纤维素是纤维素的甲基醚，是纤维素中的部分或全部羟基上的氢被甲基取代的产物。白色粉末，无臭，无味，在水中溶胀成胶体溶液，在无水乙醇、氯仿或乙醚中不溶。甲基纤维素具有良好的成膜性、表面耐磨性、稳定性，可用作片剂的黏合剂、液体药剂的增稠剂、稳定剂、薄膜包衣材料等。

3. 乙基纤维素

乙基纤维素是纤维素的乙基醚，是纤维素中的部分或全部羟基上的氢被乙基取代的产物。白色或浅灰色粉末，无臭，不溶于水，溶于苯、甲苯、甲醇、乙醇等有机溶剂。乙基纤维素具有良好的韧性、耐寒性、成膜性、热稳定性，广泛用于缓释制剂的制备，如用作包囊辅料制备缓释微囊，也可用作固体分散物的载体，适用于对水敏感的药物，还可用作片剂黏合剂和薄膜包衣材料等。

4. 羟丙基甲基纤维素

又称羟丙甲纤维素，是纤维素分子在碱性条件下同时与羟丙基和甲氧基醚化的产物。白色粉末，无嗅无味，羟丙甲纤维素溶于水及醇水混合物，不溶于乙醚、丙酮、无水乙醇。冷水中溶胀，加热后形成凝胶析出。羟丙甲纤维素具有乳化、增稠、黏合、成膜等特性，可用于制备混合材料骨架缓释片、缓释胶囊、片剂黏合剂、包衣成膜剂等。

学习小结

- 糖类化合物
  - 单糖
    - 结构：是不能水解的、含有3～6个碳原子的多羟基醛或多羟基酮。在水溶液中，单糖的开链结构与环状结构可以互变，其环状结构有α-和β-两种构型
    - 分类：按分子中碳原子数可分为丙糖、丁糖、戊糖、已糖等，按分子中的官能团不同可分为醛糖和酮糖
    - 性质：具有旋光性和变旋光现象；在稀碱溶液可发生差向异构化反应；具有还原性，能被弱氧化剂氧化；可发生成酯反应和成苷反应；可用莫立许反应来鉴别糖类化合物
  - 双糖
    - 结构：是由一分子单糖的半缩醛羟基与另一分子单糖的羟基脱水缩合而成的产物
    - 蔗糖：是由1分子葡萄糖与1分子果糖通过苷键结合而成的双糖。具有右旋性，无变旋光现象，可水解
    - 麦芽糖：是由两分子葡萄糖通过苷键结合而的双糖，有右旋性和变旋光现象，有还原性，可水解
    - 乳糖：是由1分子半乳糖与1分子葡萄糖通过苷键结合而成的双糖，有右旋性和变旋光现象，有还原性，可水解
  - 多糖
    - 结构性质：多糖是由成千上万个单糖分子之间脱水通过苷键缩合而成的天然高分子化合物。无甜味，无还原性、旋光性；可水解生成单糖
    - 淀粉：由α-D-葡萄糖脱水缩合而成，有直链淀粉和支链淀粉之分，前者可溶于水，遇碘显蓝色；后者不溶于水，与碘反应显紫红色
    - 糖原：是由α-D-葡萄糖脱水缩合而成的支链结构的多糖。可溶于热水，遇碘显红色。对人体血糖浓度有着重要的调节作用
    - 纤维素：是由β-D-葡萄糖脱水缩合而成的直链结构的多糖。虽然不能被人体消化吸收，但有刺激胃肠蠕动、防止便秘、排除有害物质等重要作用

自我测评

一、单项选择题

1. 下列说法正确的是（　　）。

A. 糖类都符合通式 $C_m(H_2O)_n$　　B. 糖类都有甜味

C. 糖类一般都含有碳、氢、氧三种元素　　D. 糖类都能发生水解反应

2. 自然界存在的葡萄糖都是（　　）。

A. D-构型　　B. 绝大数是 D-构型

C. L-构型　　D. 绝大多数是L-构型

3. 下列糖属于酮糖的是（　　）。

A. 葡萄糖　　B. 果糖　　C. D-半乳糖　　D. 核糖

4. 可用于区分葡萄糖和果糖的试剂是（　　）。

A. 托伦试剂　　B. 斐林试剂

C. 塞诺凡利夫试剂　　D. 莫立许试剂

5. 下列糖中最甜的是（　　）。

A. 葡萄糖　　B. 果糖　　C. 蔗糖　　D. 核糖

6. 血糖通常是指血液中的（　　）。

A. 葡萄糖　　B. 果糖　　C. 半乳糖　　D. 糖原

7. 下列糖属于非还原性糖的是（　　）。

A. 蔗糖　　B. 葡萄糖　　C. 麦芽糖　　D. 果糖

8. 临床上检验糖尿病患者尿糖的常用试剂是（　　）。

A. 班氏试剂　　B. 托伦试剂　　C. 溴水　　D. 斐林试剂

9. 下列化合物存在苷羟基的是（　　）。

A. β-D-吡喃葡萄糖　　B. α-D-吡喃葡萄糖-1-磷酸酯

C. β-D-吡喃葡萄糖甲苷　　D. 蔗糖

10. 蔗糖的水解产物是（　　）。

A. 葡萄糖　　B. 葡萄糖和果糖　　C. 葡萄糖和半乳糖　　D. 果糖

11. 糖在人体内的储存形式是（　　）。

A. 葡萄糖　　B. 蔗糖　　C. 纤维素　　D. 糖原

12. 下列化合物既有还原性，又能水解的是（　　）。

A. 果糖　　B. 蔗糖　　C. 麦芽糖　　D. 淀粉

13. 下列糖中，不能直接作为人类营养物质的是（　　）。

A. 糖原　　B. 淀粉　　C. 纤维素　　D. 葡萄糖

14. 下列糖遇碘显蓝色的是（　　）。

A. 果糖　　B. 淀粉　　C. 葡萄糖　　D. 纤维素

15. 下列化合物中，具有还原性的是（　　）。

A. 纤维素　　B. 糖原　　C. 淀粉　　D. 乳糖

二、多项选择题

1. 下列化合物中能发生莫立许反应的是（　　）。

A. 果糖　　B. 蔗糖　　C. 丙酮

D. 甘油　　E. 甘露糖

2. 下列化合物中能使溴水褪色的是（　　）。

A. 葡萄糖　　B. 蔗糖　　C. 甘露糖

D. 果糖　　E. 乙烯

3. 下列各组化合物能用塞利凡诺夫试剂区分的是（　　）。

A. 甘露糖和葡萄糖　　B. 蔗糖和果糖　　C. 果糖和半乳糖

D. 葡萄糖和蔗糖　　E. 葡萄糖和果糖

4. 下列糖中，由α-D-葡萄糖脱水缩合而成的是（　　）。

A. 淀粉　　B. 纤维素　　C. 糖原

D. 麦芽糖　　E. 乳糖

5. 下列化合物能与托伦试剂反应产生银镜的是（　　）。

A. 葡萄糖　　B. 蔗糖　　C. 果糖

D. 甘露糖　　E. 己醛

三、用化学方法鉴别下列化合物

1. 果糖和蔗糖　　2. 葡萄糖、蔗糖和淀粉

3. 糖原和淀粉　　4. 蔗糖、果糖和葡萄糖

四、完成下列反应式

1. 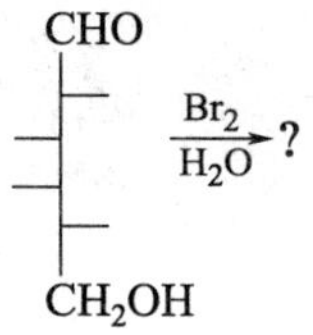

2. 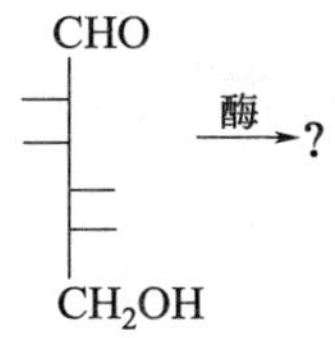

3. 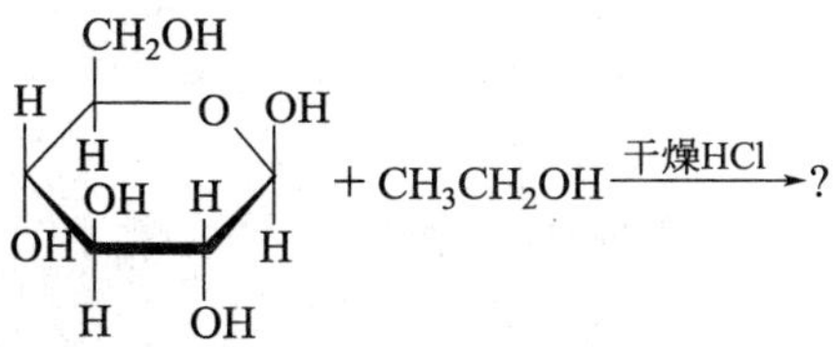

五、推断题

有一单糖衍生物 A 的分子式为 $C_8H_{16}O_6$，不能与托伦试剂发生银镜反应，水解后生成 B 和 C 两种产物。B 的分子式为 $C_6H_{12}O_6$，能使溴水褪色，一分子 B 可与一分子果糖结合生成蔗糖。C 的分子式为 C_2H_6O，能发生碘仿反应。试写出 A、B、C 的结构式。

第十四章

脂类、萜类和甾族化合物

学习目标

【知识目标】

1. 掌握脂类分类和主要化学性质；掌握萜类和甾族化合物的结构的基本特征和命名；

2. 熟悉油脂和磷脂的基本结构；熟悉重要的甾族化合物；

3. 了解萜类化合物和甾族化合物的分类。

【能力目标】

1. 熟练应用萜类和甾族化合物结构推测它们的主要性质的；

2. 学会萜类和甾族化合物的结构的基本特征。

脂类，由脂肪酸和醇作用生成的酯及其衍生物统称为脂类。萜类化合物就是指存在自然界中、分子式为异戊二烯单位的倍数的烃类及其含氧衍生物。甾族化合物具有环戊烷多氢菲（称为甾核或甾体）的环系结构。临床上的许多药物都是脂类、萜类和甾族化合物。

第一节 脂　　类

一、油脂

油脂是油和脂肪的总称，室温下呈液态的称为油，如花生油、菜子油、芝麻油等，通常来源于植物；室温下呈固态的称为脂肪，如猪脂、牛脂、羊脂等，通常来源于动物。油脂是动植物体的重要成分。人体内油脂一般储存于皮下，肠系膜等组织，含量变化较大，不仅在体内氧化时放出大量热能，而且又是脂溶性维生素 A、D、E、K 等的良好溶剂。

1. 油脂的组成和结构

从化学结构和组成上看，油脂的主要成分是高级脂肪酸的甘油酯。每一个甘油酯分子都是1分子甘油和3分子高级脂肪酸组成的酯，医学上称为甘油三酯。由3个相同的脂肪酸和甘油所成的甘油三脂肪酸酯叫做单甘油酯。由不同的脂肪酸和甘油所形成的酯叫做混甘油酯。一般油脂多为2个或3个不同脂肪酸的混合甘油酯。其结构通式如下：

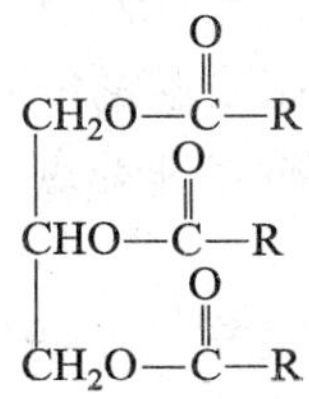

单甘油酯

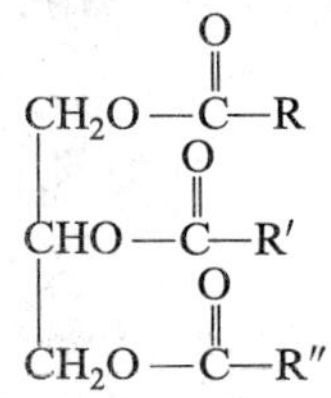

混甘油酯

R、R′、R″代表高级脂肪烃基，可以是饱和的，也可以是不饱和的。组成油脂的脂肪酸绝大多数是偶数碳原子的直链羧酸，在高等动植物体内主要存在12碳以上的高级脂肪酸，12碳以下的低级脂肪酸存在于哺乳动物的乳脂中。

表14-1列出了油脂的常见脂肪酸。标“*”的为“必需脂肪酸”。

表 14-1　油脂中的重要脂肪酸

分类	俗名	系统名称	结构式
饱和脂肪酸	月桂酸	十二酸	$CH_3(CH_2)_{10}COOH$
	软脂酸	十六酸	$CH_3(CH_2)_{14}COOH$
	硬脂酸	十八酸	$CH_3(CH_2)_{16}COOH$
	花生酸	二十酸	$CH_3(CH_2)_{18}COOH$
	掬焦油酸	二十四酸	$CH_3(CH_2)_{22}COOH$
不饱和脂肪酸	油酸	9-十八烯酸	$CH_3(CH_2)_7CH{=}CH(CH_2)_7COOH$
	*亚油酸	9,12-十八碳二烯酸	$CH_3(CH_2)_4CH{=}CHCH_2CH{=}CH(CH_2)_7COOH$
	*亚麻酸	9,12,15-十八碳三烯酸	$CH_3CH_2CH{=}CHCH_2CH{=}CHCH_2CH{=}CH(CH_2)_7COOH$
	*花生四烯酸	5,8,11,14-二十碳四烯酸	$CH_3(CH_2)_4(CH{=}CHCH_2)_4(CH_2)_2COOH$
	EPA	5,8,11,14,17-二十碳五烯酸	$CH_3CH_2(CH{=}CHCH_2)_5(CH_2)_2COOH$
	DHA	4,7,10,13,16,19-二十六碳六烯酸	$CH_3(CH_2)_5(CH{=}CHCH_2)_6CH_2COOH$

小贴士

亚油酸、亚麻酸和花生四烯酸等不饱和脂肪酸的营养价值高，对人体的生长和健康是必不可少的，这些不饱和脂肪酸在人体内不能合成，必须从食物中摄取。所以被称为人体内的“必需脂肪酸”。它们在植物中含量高，花生四烯酸是合成前列腺素、血栓素等的原料；亚麻酸在体内可转化成EPA和DHA。DHA俗称脑黄金，是神经系统细胞生长及维持的一种主要元素，是大脑和视网膜的重要构成成分，在人体大脑皮层中含量高达20%，在眼睛视网膜中所占比例最大，约占50%。因此，对胎婴儿智力和视力发育至关重要。EPA俗称血管清道夫，具有帮助降低胆固醇和甘油三酯的含量，促进体内饱和脂肪酸代谢。从而起到降低血液黏稠度，增进血液循环，提高组织供氧而消除疲劳。防止脂肪在血管壁的沉积，预防动脉粥样硬化的形成和发展、预防脑血栓、脑出血、高血压等心血管疾病。

2. 油脂的性质

（1）物理性质　纯净的油脂是无色、无臭、无味的物质，相对密度比水小，不溶于水，易溶于乙醚、氯仿、丙酮、苯及热乙醇中，油脂的熔点和沸点与组成甘油酯的脂肪酸的结构有关，脂肪酸的链越长越饱和，油脂的熔点越高；脂肪酸的链越短越不饱和，油脂的熔点则越低。由于天然油脂都是混合物，所以没有恒定的沸点和熔点。

（2）化学性质

① 皂化　将油脂用 NaOH（或 KOH）水解，就得到脂肪酸的钠盐（或钾盐）和甘油。高级脂肪酸的钠盐就是肥皂。因此把油脂放在碱性溶液中水解的反应称为皂化。

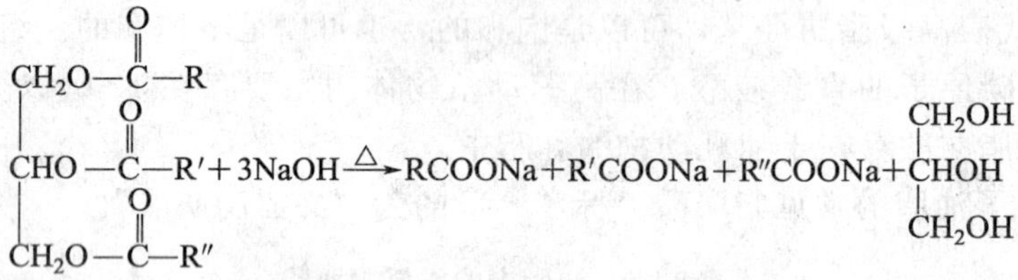

油脂不仅在碱的作用下可被水解，在酸或某些酶的作用下，也同样能被水解。

使 1g 油脂完全皂化所需要的氢氧化钾的毫克数称为皂化值。根据皂化值的大小，可以判断油脂中所含脂肪酸的平均相对分子质量大小。皂化值越大，脂肪酸的平均相对分子质量越小。

② 加成　含不饱和脂肪酸的油脂，分子里的碳碳双键可以和氢、碘等加成。

a. 加氢　含不饱和脂肪酸较多的油脂，可以通过催化加氢使油脂的不饱和程度降低，液态的油就能转化为半固态或固态的脂肪。这种加氢反应称为“油脂的硬化”。当油脂含不饱和脂肪酸较多时，容易氧化变质，经氢化后的油脂不易被氧化，而且因熔点提高，有利于储存和运输。

b. 加碘　不饱和脂肪酸甘油酯的碳碳双键也可以和碘发生加成反应。根据一定量油脂所能吸收碘的数量，可以判断油脂组成中脂肪酸的不饱和程度。一般把 100g 油脂所吸收碘的克数称为碘值。碘值大，表示油脂的不饱和度大。碘值是油脂分析的重要指标之一。

③ 酸败　油脂经长期储存，逐渐变质，便会产生难闻的气味，这种变化称为油脂的酸败。引起油脂酸败的原因有两个：一是空气中的氧使油脂氧化生成过氧化物，再分解成低级醛、酮、酸等。二是微生物（酶）的作用，使油脂水解为甘油和游离的脂肪酸，脂肪酸再经微生物作用，进一步氧化和分解，生成一些常有特殊气味的小分子化合物。在有水、光、热及微生物的条件下，油脂很容易发生这些反应。中和 1g 油脂中的脂肪酸所需要的氢氧化钾的毫克数称为油脂的酸值。酸值越大，说明油脂酸败程度越严重。

二、磷脂

磷脂是含有一个磷酸基团的类脂化合物。磷脂存在于绝大多数细胞膜中，是细胞膜特有的主要组分，而在细胞的其他部分含量则很少。尤其是脑和神经组织以及植物的种子和果实中有广泛分布。

1. 卵磷脂

卵磷脂又叫磷脂酰胆碱，是磷脂酸中磷酸的羟基与胆碱通过酯键结合而形成的化合物。卵磷脂是白色蜡状固体，不溶于水，易溶于乙醚、乙醇和氯仿。卵磷脂不稳定，在空气中易变为黄色或褐色。卵磷脂中胆碱部分能促进脂肪在人体内的代谢，防止脂肪在肝脏中大量存积，因此卵磷脂常用作抗脂肪肝的药物，从大豆中提取制得的卵磷脂也有保护肝的作用。

2. 脑磷脂

脑磷脂也称为磷脂酰乙醇胺，因在脑组织中含量多而得名。是磷脂酸中磷酸的羟基和乙醇胺（胆胺）通过酯键结合而形成的化合物。脑磷脂是无色固体，不溶于水和丙酮，微溶于乙醇。脑磷脂很不稳定，在空气中易氧化成棕黑色，可用作抗氧剂。脑磷脂可由家畜屠宰后的新鲜猪脑或大豆榨油后的副产物中提取而得。脑磷脂与凝血有关，血小板内能促使血液凝固的凝血激酶是脑磷脂和蛋白质组成的。

第二节　萜类化合物

萜类化合物是一类重要的天然脂环化合物，广泛分布在动植物中，特别在植物香精油中，属于挥发性物质。

一、萜类化合物的结构

萜类化合物从结构上可划分为若干个异戊二烯单位，这称为异戊二烯规则。大多数萜类分子是由异戊二烯骨架头-尾相连而成，少数由头-头相连或尾-尾相连而成。它们具有$(C_5H_8)_n$的通式。因此，萜类化合物是异戊二烯的低聚合物以及它们的氢化物和含氧衍生物的总称。

由于萜类化合物结构比较复杂，为了简便起见，一般常写为键线式。例如：

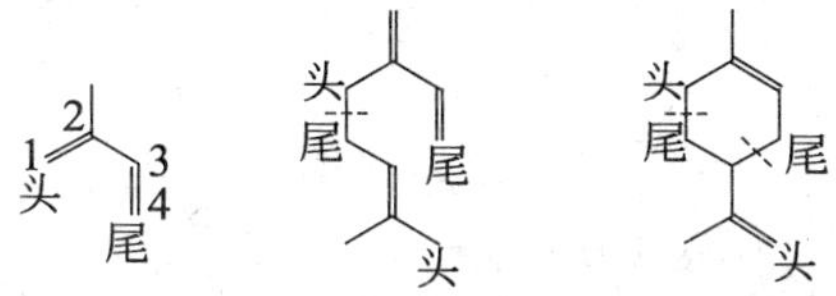

异戊二烯　　月桂烯　　柠檬烯

二、萜类化合物的分类

萜类化合物根据分子中所含异戊二烯骨架的多少可分为单萜、倍半萜、二萜等，见表14-2。

表 14-2　萜类化合物的分类

类　别	异戊二烯单元数	碳原子数	实　例
单萜类	2	10	柠檬醛、薄荷醇
倍半萜类	3	15	金合欢醇、愈创木薁
二萜类	4	20	维生素A、植物醇
三萜类	6	30	甘草次酸
四萜类	8	40	胡萝卜素
多萜类	>8	>40	

萜类化合物也可根据碳架的不同分为链状和环状（单环、双环和多环等）

三、单萜类化合物

单萜类化合物由 2 个异戊二烯单元组成，含 10 个碳原子。根据两个异戊二烯单元的连接方式不同，单萜又可以分成为链状单萜、单环单萜和双环单萜。

1. 链状单萜类

链状单萜类由两个异戊二烯头尾相连而成，主要有两种——月桂烯和罗勒烯，其含氧衍生物重要的如香叶醇、香茅醇和柠檬醛等。是香精油的主要成分。链状单萜类的基本骨架为：

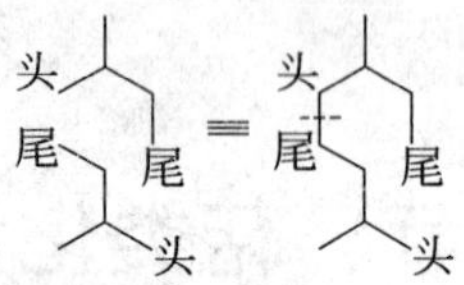

常见链状单萜类物质如下：

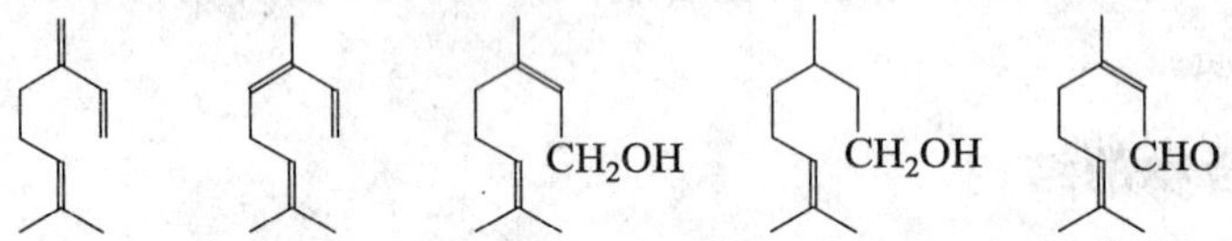

月桂烯　罗勒烯　香叶醇　香茅醇　柠檬醛

2. 单环单萜类

单环单萜是由两个异戊二烯单位连接构成的具有一个六元环的化合物，主要有苧烯、薄荷醇等。

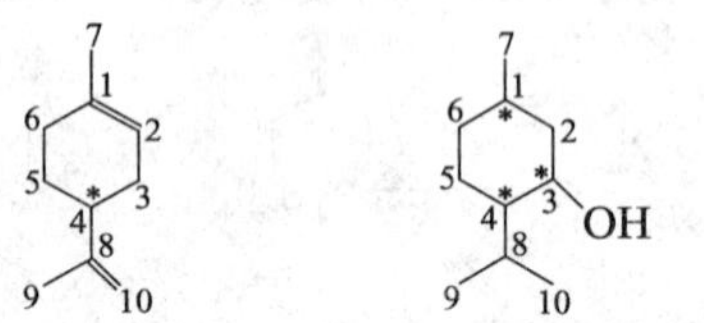

苧烯(1,8-萜二烯)　薄荷醇(3-萜醇)

薄荷醇含有 3 个手性碳原子，理论上应有 8 个旋光异构体，但天然薄荷醇中只含有左旋薄荷。左旋薄荷醇又称薄荷脑，是低熔点的固体，具有穿透性的芳香、清凉气味，有杀菌、防腐作用和局部止痛、止痒的效力。广泛应用于医疗、化妆品及食品工业中。如清凉油、人丹、牙膏、糖果等均含有此成分。

3. 双环单萜类

双环单萜是由两个异戊二烯单位连接成的一个六元环并桥合而成三元环、四元环和五元环的桥环结构。以下是四种双环单萜的基本碳架、编号及名称：

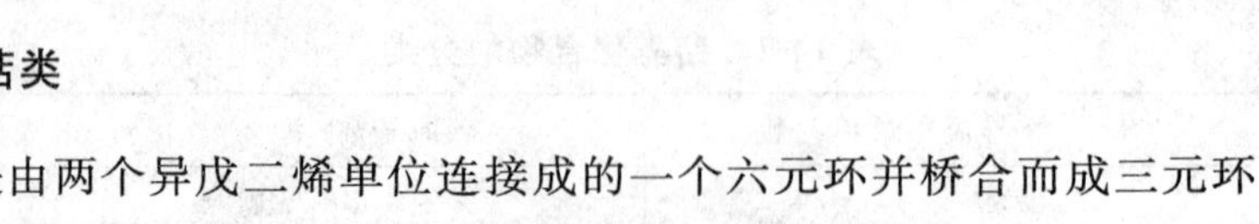

薄荷烷　苧烷　莰烷　蒎烷　蒈烷

四、倍半萜类化合物

倍半萜类化合物由 3 个异戊二烯单位构成，多以含氧衍生物，如醇、酮、内酯等形式存在于挥发油中，是挥发油中高沸点部分的主要组成物，多有较强的香气和生物活性。常见的倍半萜类化合物有合金欢醇、杜鹃酮、愈创木薁等。

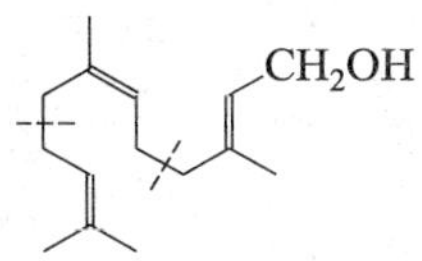
金合欢醇

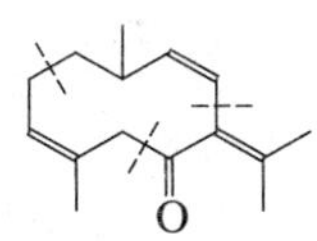
杜鹃酮

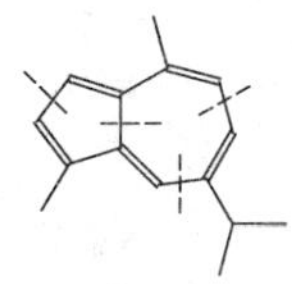
愈创木薁

金合欢醇是一种开链倍半萜，存在于香茅草、橙花、玫瑰等多种芳香植物的挥发油中，为无色油状液体，是一种名贵香料。它还有昆虫保幼激素活性。昆虫保幼激素过量，可抑制昆虫的变态和成熟。

杜鹃酮，又名大牻牛儿酮，存在于兴安杜鹃（满山红）叶的挥发油中，是一个十元环的单环倍半萜。满山红挥发油具有止咳、祛痰、平喘作用，可用于治疗慢性支气管炎、杜鹃酮是其主要成分。

愈创木奥存在于蒺藜科植物愈创木挥发油、老鹳草挥发油等中的一种倍半萜成分。它是蓝色针状结晶，有抗炎作用，能促进烫伤或灼伤创面的愈合，是国内烫伤膏的主要成分之一。

五、二萜类化合物

二萜是由 4 个异戊二烯单元构成，含 20 个碳原子。也有链状和环状等结构。二萜类化合物在自然界分布广泛，是植物乳汁的主要成分。常见的二萜类化合物有植物醇、维生素 A、穿心莲内酯等。

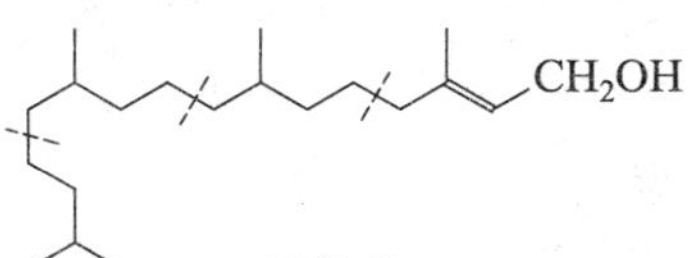
植物醇

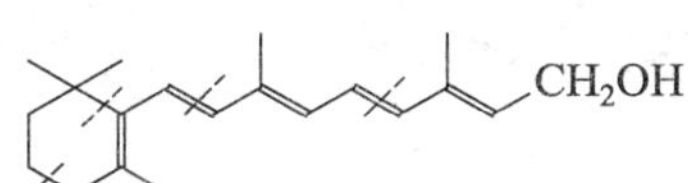
维生素A

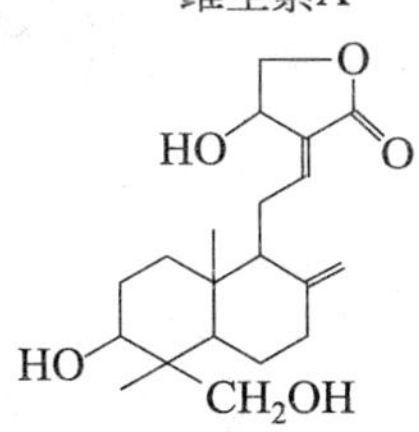
穿心莲内酯

植物醇为链状二萜，是叶绿素的主要成分，维生素 E 和维生素 K1 的合成原料。

维生素 A 为单环二萜，存在于动物肝脏中，特别是鱼肝中含量更丰富。易被空气氧化或高温也易破坏，故应低温避光保存。

穿心莲内酯为双环二萜，是抗炎药穿心莲的主要成分，临床上用于治疗急性痢疾、胃肠炎、咽喉炎等。

知识链接

三萜和四萜类化合物

三萜类化合物由6个异戊二烯单元构成，含30个碳原子。许多常用的中药如人参、三七、柴胡、甘草等都含有这类成分。三萜的基本骨架以四环、五环最常见，链状的较少。常见的三萜类化合物有茯苓酸等。

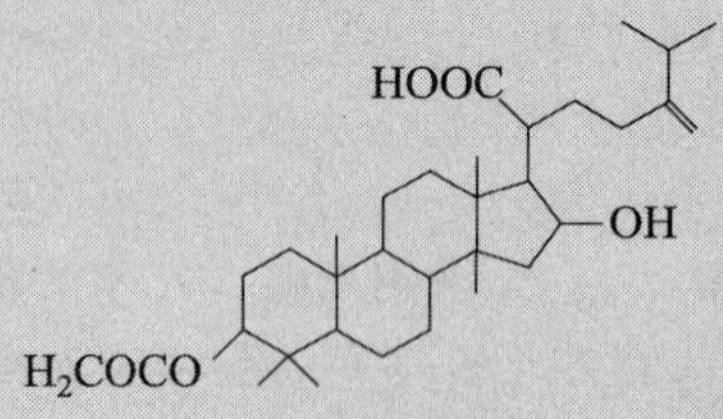

茯苓酸

茯苓酸是一个四环三萜类化合物。是中药茯苓的主要成分，具有利尿、健脾、安神等作用。茯苓酸含31个碳原子，是少数的碳原子数不是5的倍数的萜类化合物。

四萜类化合物是由8个异戊二烯单元构成，含40个碳原子，大多数结构复杂。常见的是多烯色素类，这类化合物多含有一个较长的共轭体系，常有鲜艳的由红到黄的颜色。例如：胡萝卜素、番茄红素及叶黄素等。

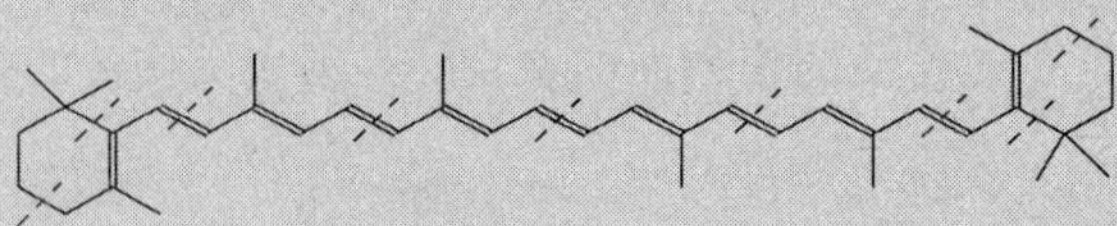

β-胡萝卜素

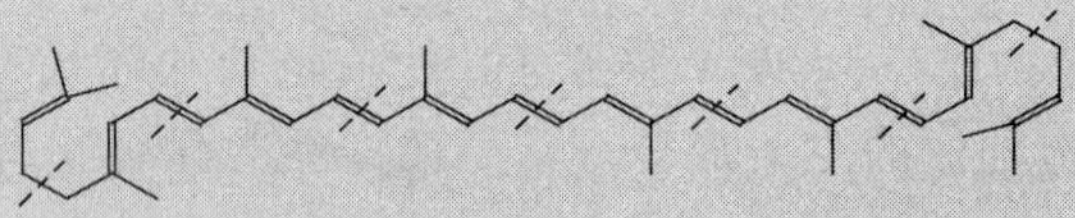

番茄红素

胡萝卜素存在于大多数植物中，与叶绿素共存于植物的叶中一起参与光合作用。胡萝卜素有很多种，其中最重要的是β-胡萝卜素。β-胡萝卜素，它在动物体内转化成维生素A，所以称为维生素A原，能治疗夜盲症。

番茄红素是从番茄中得到的，许多其他水果中亦含有。番茄红素在生物体内可以合成各种胡萝卜色素。

第三节　甾族化合物

一、甾族化合物的基本结构

甾族化合物也称类固醇化合物，是一类广泛存在于动植物组织中的重要天然化合物。这类化合物分子都具有一个环戊烷多氢菲的骨架。绝大多数甾族化合物除具有这种骨架外，还含有3个侧链。4个环用A、B、C、D字母表示，环上的17个碳原子按顺序编号，可以用以下基本结构式表示：

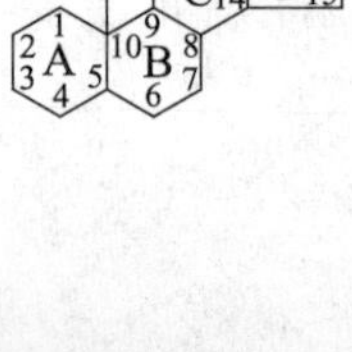

在 C-10 和 C-13 上连有甲基，这种甲基称为角甲基，在结构式中用竖线“|”表示，C-17 上连有各种不同的烃基、氧原子或其他基团。“甾”字中的“田”表示 4 个环，“巛”表示 C-10、C-13 及 C-17 上的 3 个侧链取代基。基本骨架中，有的环是完全饱和的，有的环则在不同位置含有不同数目的双键。

二、甾族化合物的命名

很多自然界的甾体化合物都有其各自的习惯名称。其系统命名首先需要确定母核的名称，然后在母核名称的前后表明取代基的位置、数目、名称及构型。实线连接的取代基为 β-构型，虚线连接的取代基则为 α-构型。

根据 C-10、C-13、C-17 所连侧链的不同，甾体化合物常见的基本母核及其特征和实例见表 14-3。

表 14-3 甾体常见基本母核及其特征和实例

甾体基本母环	结构特征	实　例
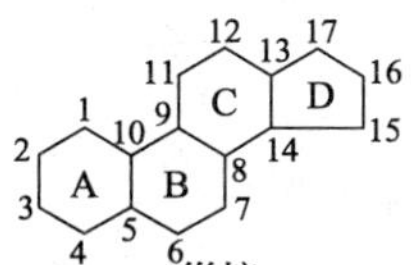 甾烷	C-10、C-13 上无角甲基 C-17 上无取代基	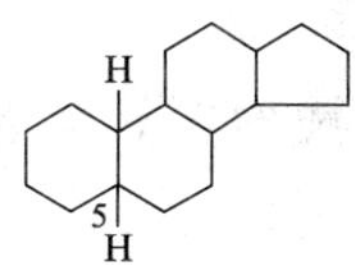 5β-甾烷
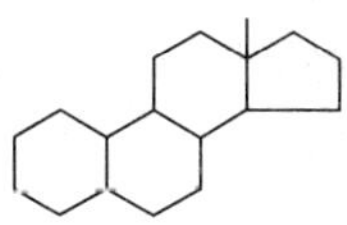 雌甾烷	C-10 上无角甲基 C-13 上有角甲基 C-17 上无取代基	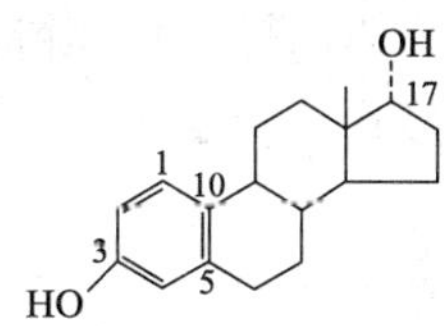 3β, 17α-二羟基雌甾-1,3,5-三烯
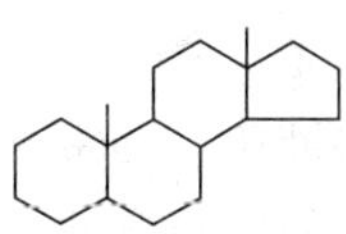 雄甾烷	C-10、C-13 上有角甲基 C 17 上无取代基	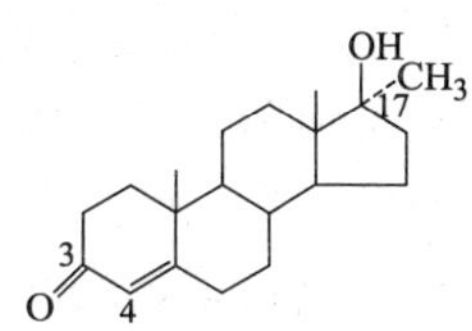 17α-甲基-17β-羟基-4-雄甾烯-3-酮
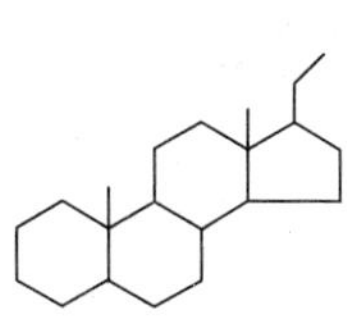 孕甾烷	C-10、C-13 上有角甲基 C-17 上是乙基	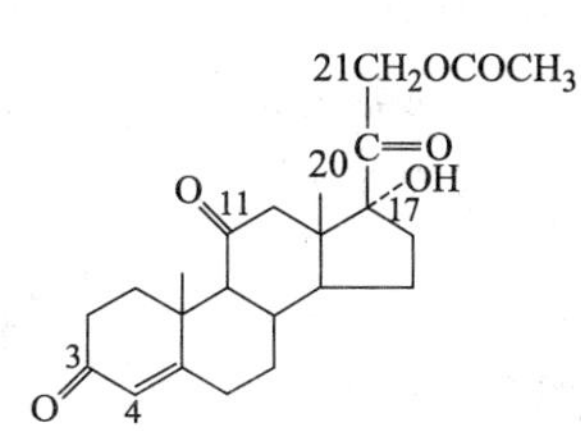 17α, 21-二羟基孕甾-4-烯-3,11,20-三酮-21-醋酸酯

续表

甾体基本母环	结构特征	实　例
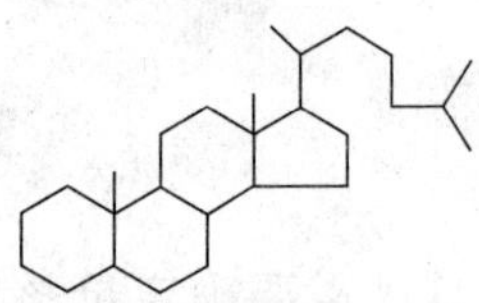 胆甾烷	C-10、C-13 上有角甲基 C-17 上是取代烃基	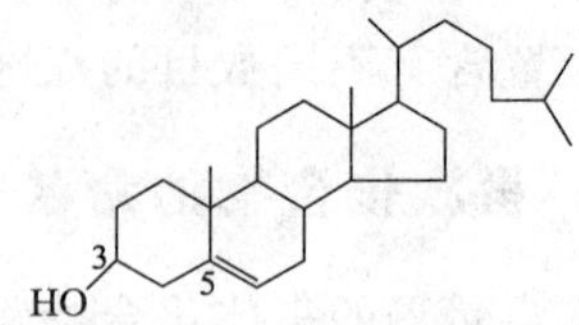 3*β*-羟基胆甾-5-烯
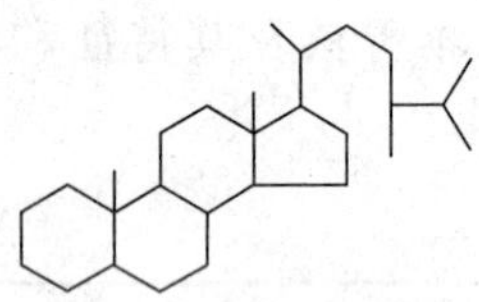 麦角甾烷	C-10、C-13 上有角甲基 C-17 上是取代烃基	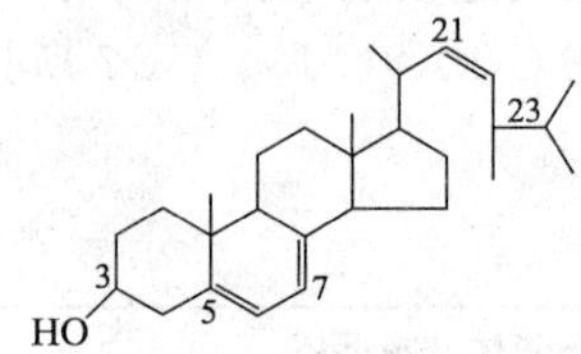 3*β*-羟基麦角甾-5,7,21-三烯

三、重要的甾族化合物

1. 甾醇类

（1）胆固醇（胆甾醇） 胆固醇是最早发现的一个甾族化合物，由于从胆石中发现的固体醇，故称为胆固醇。胆固醇广泛存在于动物的各种组织中，但集中存在于脑和脊髓中。它以醇或酯的形式存在于体内。胆固醇属于甾类，其学名为胆甾醇，其结构式如下：

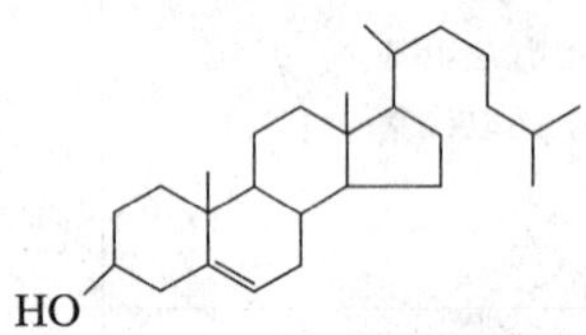

胆甾-5-烯-3*β*-醇(胆固醇)

胆固醇是不饱和仲醇，为无色或带微黄色的结晶，熔点 148.5℃，在高真空下可升华，微溶于水，易溶于热乙醇，乙醚，氯仿等有机溶剂。胆固醇在冰醋酸溶液中，与氯化铁及浓硫酸作用生成紫色。紫色的深浅与胆固醇的浓度也成正比。因此临床化验中，常用这些颜色反应来测定血清中胆固醇的含量。当人体胆固醇代谢发生障碍时，血液中胆固醇含量升高，沉积于血管壁上，这是引起动脉粥样硬化的病因之一。

（2）麦角固醇 麦角固醇属于植物固醇，主要存在于某些植物如麦角中，酵母中也有存在。麦角固醇在紫外线照射下，B 环开裂生成维生素 D_2，因此是合成维生素 D_2 的原料。麦角固醇的结构式如下：

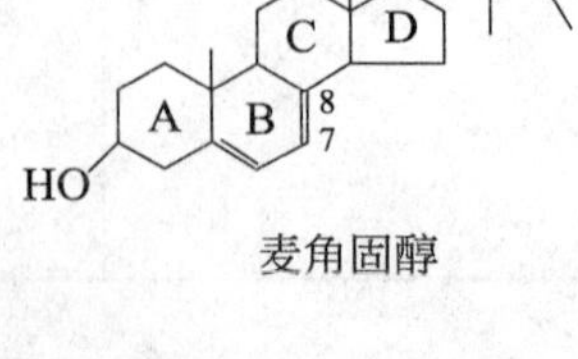

麦角固醇

2. 胆甾酸类

在人体和动物胆汁中含有几种与胆甾醇结构类似的大分子酸，称为胆甾酸。他们在机体中是由胆固醇形成的。较重要的有胆酸和脱氧胆酸。他们的结构式如下：

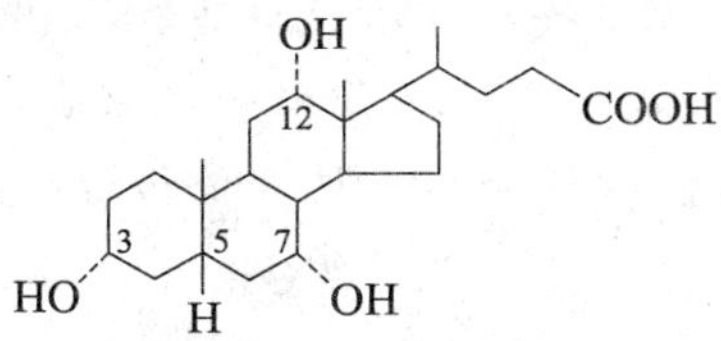

胆酸

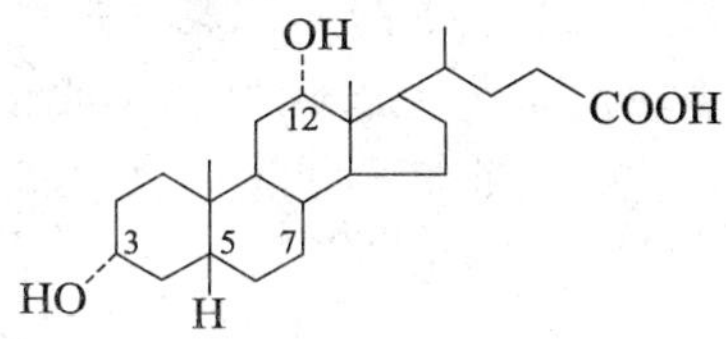

脱氧胆酸

在人体及动物小肠碱性条件下，胆汁酸以其盐的形式存在，称为胆汁酸盐，简称胆盐。胆汁酸盐是一种乳化剂，它能降低水与脂肪的界面张力，使脂肪呈微粒状态，以增加油脂与消化液中脂肪酶的接触面积，使油脂易于消化吸收。临床上还发现，胆汁酸和他们的衍生物对治疗老年慢性支气管炎有一定疗效。

3. 甾体激素（类固醇激素）类

激素是人体各种分泌腺所分泌的物质，其量虽少，但具有重要的生理功能。甾体激素是激素中的一大类，结构中含有环戊烷多氢菲环，大多数还含有羟基，故又称为类固醇激素。按其来源，甾体激素可分为性激素和肾上腺皮质激素两类。

（1）性激素　性激素分为雄性激素和雌性激素两类，它们是性腺（睾丸或卵巢）的分泌物。有促进动物发育及维持第二性征（如声音、体形等）的作用。几种性激素结构式如下：

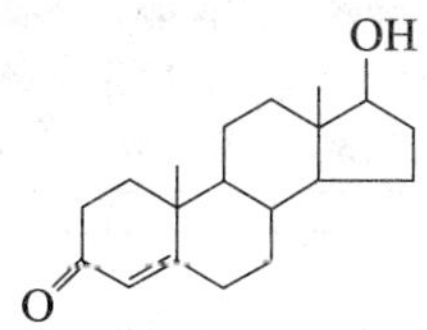

睾丸酮(雄性激素)

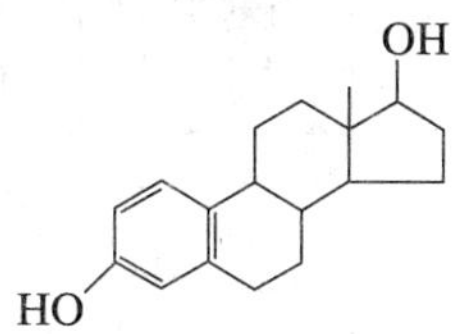

β-雌二醇(雌性激素)

雄性激素都是 C-19 类甾醇，其中活性最强的是睾丸酮。临床上多用其衍生物如甲基睾丸酮和睾丸酮丙酸酯等。

雌性激素由卵巢分泌，它又分为雌激素和孕激素两类。雌激素 C-18 类甾醇，和雄性激素相比，在 C-10 位上少一个甲基，重要的雌激素有雌二醇、雌酮等。孕激素是 C-21 类甾醇，主要有孕酮，又称黄体酮，它的生理作用是抑制排卵，并使受精卵在子宫中发育。临床上用于防止流产等。

（2）肾上腺皮质激素　肾上腺皮质激素是由肾上腺皮质所分泌的一类激素。肾上腺皮质中能提取出来许多物质，其中有 7 种活性较强的激素，如皮质酮、可的松和醛固酮等。肾上腺皮质激素有调节糖或无机盐代谢等功能。其中可的松是治疗风湿性关节炎、气喘及皮肤病的药物。

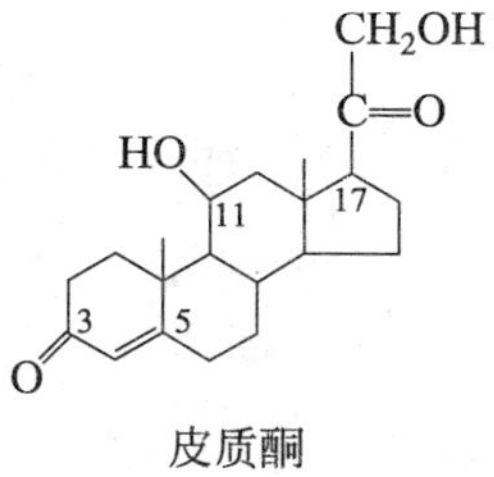

皮质酮

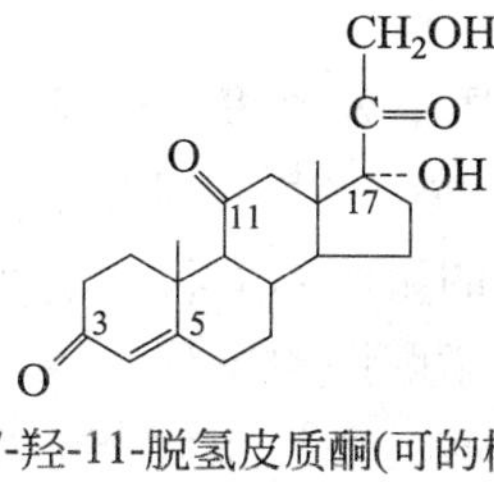

17-羟-11-脱氢皮质酮(可的松)

文献查阅

查阅文献，了解甾族化合物类药物。

强心苷由强心苷元与糖缩合而成的甾体苷类化合物。强心苷是一类具有选择性强心作用的药物，又称强心甙或强心配糖体。临床上主要用以治疗心功能不全，此外又可治疗某些心律失常，尤其是室上性心律失常。应该注意的是强心苷类化合物有一定的毒性，可产生恶心、呕吐等胃肠道反应及眩晕、头痛等症状。过量使用时，亦可使心脏中毒而停止跳动。

学习小结

- 脂类、萜类和甾族化合物
  - 脂类
    - 油脂：结构：高级脂脂肪酸的甘油酯；化学性质：加氢、加碘、皂化和酸败
    - 磷脂：磷脂的概念卵磷脂和脑磷脂的结构与用途
  - 萜类化合物
    - 结构：大多数遵守异戊二烯规则，碳原子数目为5*n*
    - 分类：1.根据碳原子数目不同：单萜、倍半萜、二萜；2.根据碳架不同：链状、单环、双环、多环
    - 典型化合物：1.单萜类：柠檬醛、薄荷醇、樟脑、龙脑；2.倍半萜类：金合欢醇、愈创木薁、杜鹃酮；3.二萜类：维生素A、植物醇、穿心莲内酯
  - 甾族化合物
    - 结构：环戊烷多氢菲
    - 命名：1. 甾体母环名称：甾烷、雌甾烷、孕甾烷、胆烷、胆甾烷、麦角甾烷；2. 甾体化合物的名称：取代基-母环名称
    - 重要的甾族化合物：1. 甾醇类：胆固醇、麦角固醇；2. 胆甾酸类：胆酸、脱氧胆酸；3. 甾体激素类：性激素(睾丸酮、雌二醇)肾上腺皮质激素

自我测评

一、单项选择题

1. 根据油脂的化学性质下列说法不正确的是（　　）。

A. 皂化值越大，脂肪酸的平均相对分子质量越小

B. 碘值大，表示油脂的不饱和度大

C. 酸值越大，说明油脂酸败程度越严重

D. 皂化值越大，脂肪酸的平均相对分子质量越大

2. 通常认为萜类化合物的基本单元是（　　）。

A. 异戊二烯　　B. 1,2-戊二烯　　C. 1,3-戊二烯　　D. 1,4-戊二烯

3. 倍半萜类化合物中碳原子数目为（　　）。

A. 5　　B. 15　　C. 20　　D. 25

4. 下列化合物中不属于萜类化合物的是（　　）。

A. 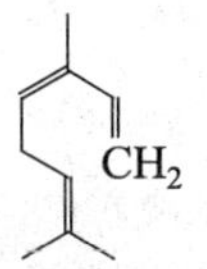

B. 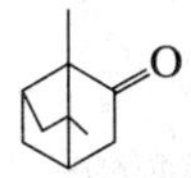

C. 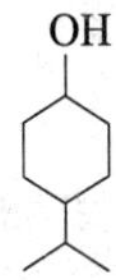

D. 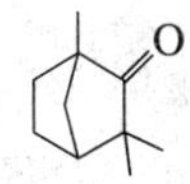

5. 下列化合物中按照异戊二烯规则分割碳架错误的是（　　）。

A. 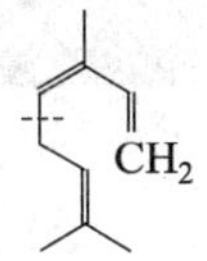

B. 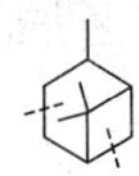
C. 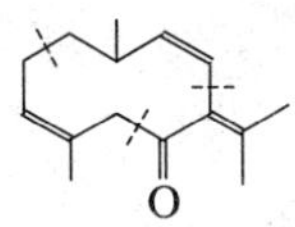

D. 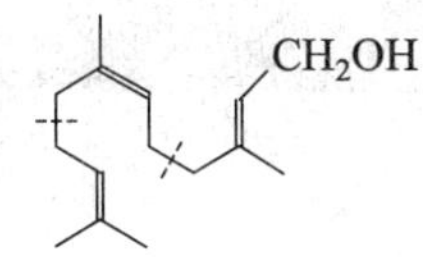

6. 甾族化合物的基本结构为（　　）。

A. 环戊烷多氢菲　　B. 环戊烷　　C. 全氢菲　　D. 苯并菲

7. 下列说法正确的是（　　）。

A. 萜类化合物的碳原子数目一定为 5 的倍数

B. 甾族化合物中 C-10、C-13 上一定都有角甲基

C. 萜类化合物和甾族化合物是结构与性质完全不同的两类物质

D. 一些萜类化合物与甾族化合物具有相似的结构特征

8. 下列不是甾族化合物基本母环的是（　　）。

A. 雄甾烷　　B. 雌甾烷　　C. 孕甾烷　　D. 胆固醇

9. 下列物质中不是不饱和脂肪酸的是（　　）。

A. 月桂酸　　B. 亚油酸　　C. 亚麻酸　　D. 花生四烯酸

二、用系统命名法命名下列化合物或写出结构式

1. 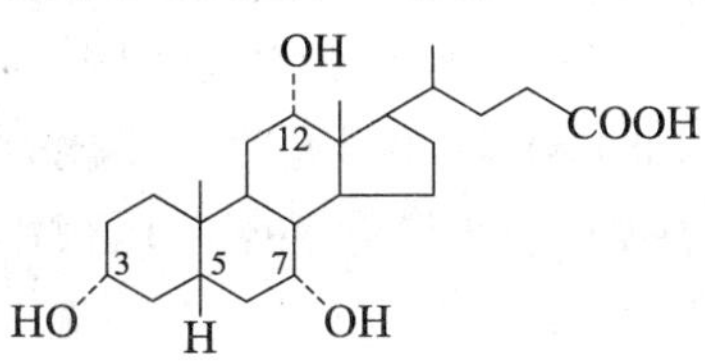

2. 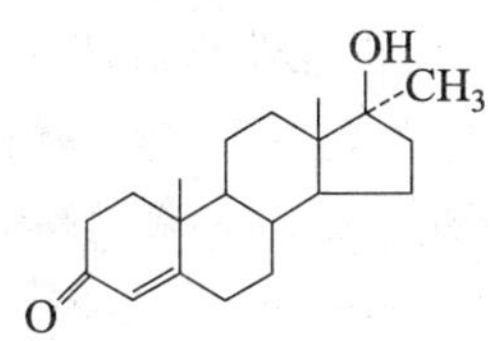

3. 胆固醇　　4. 可的松

三、应用异戊二烯规则分割下列化合物并指出它的类别

1. 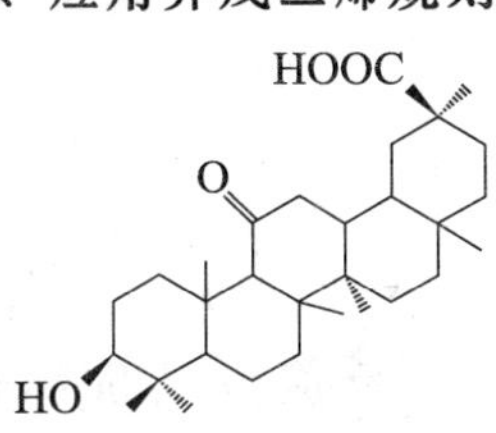

2. 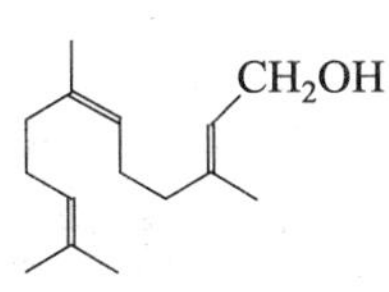

3. 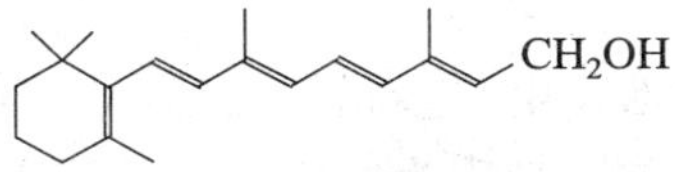

4. 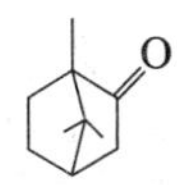

第十五章

药用合成高分子化合物简介

学习目标

【知识目标】

1. 掌握高分子化合物的定义；
2. 熟悉高分子化合物的分类及特点；
3. 了解高分子化合物的命名。

【能力目标】

1. 熟练地说出高分子化合物的定义；
2. 熟练地说出高分子药物有哪些特点。

高分子化合物普遍存在于自然界，从最普通的日常生活用品到最尖端的高科技产品都离不开高分子材料。药用高分子材料的药物制备中具有非常重要的作用，可以作为固体制剂、液体制剂和半固体制剂的辅料，作为新型给药装置的组成部分，作为控释制剂中的药物载体，作为生物黏附材料，以及作为药品的包装材料等。因此，了解和熟悉高分子化合物的基本知识，是药学工作人中的迫切需要。本章就高分子化合物的一般概念和某些医药用高分子化合物作简单介绍。

第一节 高分子化合物概述

一、高分子化合物的定义

高分子化合物又叫高聚物，一般是指相对分子质量在 10^4 以上的大分子化合物。高分子化合物通常是由一种或几种简单的小分子化合物经聚合反应以共价键连接而成的。

虽然高分子化合物的相对分子质量很大，但其分子大都是由许多相同的基本结构单元重复组成。组成高分子化合物的每一个基本结构单元称为链节，又称为结构重复单元。例如聚氯乙烯的分子式可以表示为：

$$\left[\!\!-CH_2\underset{\displaystyle\overset{|}{Cl}}{CH}-\!\!\right]_n$$

其中氯乙烯（$CH_2=CH-Cl$）叫做单体，组成聚氯乙烯的重复单元（$-CH_2-\underset{\displaystyle\overset{|}{Cl}}{CH}-$）叫做链节，表示链节数目的 n 称为聚合度。高分子化合物的分子量等于聚合度与链节相对分子质量的乘积。同一种高分子化合物由于聚合度不同，相对分子质量往往相差很大。通常 n 是平均聚合度，由此所得的高分子的相对分子质量是平均相对分子质量。

二、高分子化合物的命名

目前常用的命名方法有以下几种。

1. 根据高聚物的来源命名

在合成高聚物所用的单体前加一个“聚”字。如以乙烯为单体合成的高聚物叫“聚乙烯”；以氯乙烯为单体合成的高聚物叫“聚氯乙烯”。若以两种单体通过官能团之间的化学反应合成的高聚物，如对苯二甲酸与乙二醇经酯化反应生成的聚酯叫“聚对苯二甲酸乙二酯”。以己二酸和己二胺为单体经化学反应合成的聚酰胺叫“聚己二酰己二胺”。

2. 根据商品名称命名

在生产和流通中，人们习惯使用简单明了的商品名称，它还能与应用相联系。

(1) 用“纶”命名合成纤维　例如聚丙烯腈、聚氯乙烯和聚丙烯纺成的纤维分别成为腈纶、氯纶和丙纶，聚对苯二甲酸乙二醇酯纤维称为涤纶，聚己内酰胺称为锦纶，聚乙烯醇缩甲醛称为维尼纶等。

(2) 用“橡胶”命名合成橡胶　例如：丁二烯-苯乙烯共聚物称为丁苯橡胶，丁二烯-乙烯及吡啶共聚物称为丁吡橡胶，乙烯-丙烯共聚物称为乙丙橡胶等。

(3) 用“树脂”命名合成塑料　例如苯酚和甲醛、尿素和甲醛、甘油和邻苯二甲酸缩合得到的高分子分别称为酚醛树脂、脲醛树脂和醛酸树脂。

(4) 引用国外商品名称的译音　如聚酰胺称为尼龙（nylon）。若由一个单体聚合而成的，则在尼龙后加一个数字表示单体碳原子数，例如由己内酰胺聚合得到的产物称为尼龙-6；若由两种单体聚合而成，则第一个数字表示二元胺的碳原子数，第二个数字表示二元酸的碳原子数，如下列高聚物称为尼龙-66

$$\left[\!\!-HN-(CH_2)_6-NHCO-(CH_2)_4-CO-\!\!\right]_n$$

三、高分子化合物的分类

迄今为止，尚没有简单而又严格的高分子化合物分类方法，但是可根据高分子化合物的不同特点进行多种分类。

1. 按高分子的来源分类

按高聚物的来源可将高分子化合物分为天然高分子和合成高分子。

(1) 天然高分子　天然高分子又分为无机高分子和有机高分子。天然无机高分子有人们熟悉的石棉、石墨、金刚石、云母等。天然有机高分子是在生物体内制造出来的，可维持生命形态的物质，如动物的毛、皮、骨、爪和植物的纤维等；可作为能量储存的物质，如肝糖、淀粉和一般的蛋白质等；生物的体外分泌物，如动物的蚕丝、虫胶等，植物的天然橡胶、树脂等；控制生物体内化学反应，储存、复制和传递生物体内遗传信息等功能的各种蛋白质、核酸等。

(2) 合成高分子　合成高分子是指从结构和相对分子质量都已知的小分子原料出发，通过一定的化学反应而合成的高聚物。如橡胶、纤维和塑料等合成材料。

2. 按高分子的力学性能和用途分类

按照由聚合物制得的材料的力学性能和用途，可将高分子化合物分为橡胶、纤维和塑料三大类，常称之为三大合成材料。

(1) 橡胶　这一类高聚物在外力作用下会产生较大的可逆形变（500%～1000%），这就要求高聚物完全无定形，且有轻微的交联。例如聚顺式异戊二烯。

(2) 纤维　具有高的抗拉断裂强度和小的形变，这就要求高聚物高度结晶，分子间有强的相互作用力，如氢键和偶极力等。可用作纤维的聚合物有聚己二酰己二胺和聚对苯二甲酸乙二醇酯。

(3) 塑料　其力学性能介于橡胶和纤维之间，可分为热塑性塑料和热固性塑料。热塑性塑料为线型聚合物，受热时可熔融、流动，可多次重复加工成型，例如聚乙烯、聚氯乙烯、聚丙烯；热固性塑料是交联聚合物，在加工过程中固化成型，此后不能再加热塑化重复成型，如酚醛树脂。

3. 按主链的组成分类

按聚合物的主链的组成可将高分子化合物分为碳链、杂链、元素有机三类。

(1) 碳链高分子　高分子的链完全由碳原子组成。他们绝大多数是由含双键的烯类、二烯类单体经加聚反应生成。

(2) 杂链高分子　高分子的主链除碳原子外，还含有 O、N、S 等杂原子。如聚酯、聚酰胺、聚醚、聚硫橡胶等。

(3) 元素有机高分子　高分子的主链中不含碳原子，主要有 Si、B、Al、O、N、S、P 等原子组成，但其侧基可以是有机基团。例如，有机硅橡胶的主链是硅氧链，侧基是甲基、乙基或苯基等有机基团。

4. 按高分子链的结构形态分类

按高分子链的结构形态可将高分子化合物分为线型高分子、支化高分子和交联高分子（见图 15-1）。

(1) 线型高分子　线型高分子是指许多重复单元在一个连续长度上连接而成的高分子，例如聚乙烯，也可以有取代侧基，例如聚氯乙烯、聚甲基丙烯酸甲酯、聚丙烯腈等。线型高分子也可以溶解在适当的溶剂中，固态时可以是玻璃态的热塑性塑料，有的在常温下呈柔顺性材料，也有的是弹性体。

(2) 支化高分子　支化高分子是由线型高分子链派生出一些支链，其组成的结构单元和主链是相同的，支化高分子也是可溶的，很多性质和线型高分子类似。但与线型高分子不同

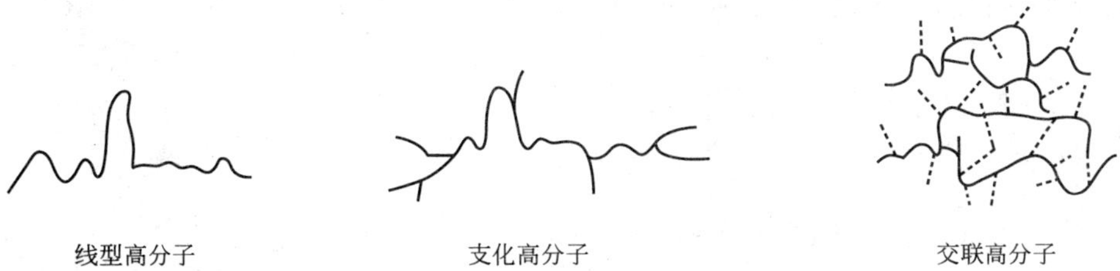

图 15-1　高分子链结构示意图

的是结晶倾向要降低，溶液的黏度不同。

(3) 交联高分子　交联高分子是由线型高分子链上的化学键相互交联成网状的三维结构的高分子，如酚醛树脂。这样的高分子通常只能被溶剂溶胀，而不能溶解，也不能熔融。而作为橡胶弹性材料则具有轻度的交联结构。

四、高分子化合物的合成方法

由单体合成高聚物的化学反应称为聚合反应。按高聚物和单体在组成和结构上发生的变化，聚合反应可分为加成聚合（简称加聚）反应和缩合聚合（简称缩聚）反应。

1. 加聚反应

由一种或多种单体通过相互加成形成高聚物的反应叫做加聚反应。例如，由苯乙烯聚合成聚苯乙烯。

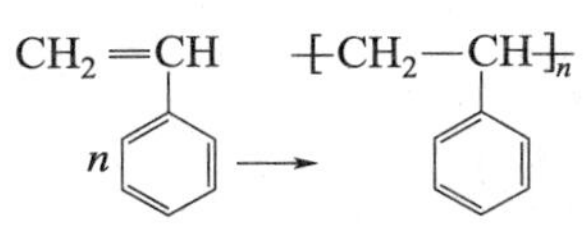

仅由一种单体发生的加聚反应称为均聚反应，例如由苯乙烯生成聚苯乙烯的反应。为了改进高分子材料的性能，常用两种或两种以上的单体进行共同聚合，这种聚合反应称为共聚反应。例如，乙烯和乙酸乙烯酯共聚可得到乙烯乙酸乙烯酯共聚物。

$$nCH_2{=}CH_2 + nCH_2COOCH{=}CH_2 \longrightarrow \mathop{+\!\!\!\!-}(\underset{\displaystyle OCOCH_3}{\underset{|}{C}H}{-}CH_2){-}(CH_2{-}CH_2)\mathop{-\!\!\!\!+}_n$$

2. 缩聚反应

由一种或多种单体发生缩合形成高聚物的同时，脱去一些小分子的反应叫做缩聚反应。例如：

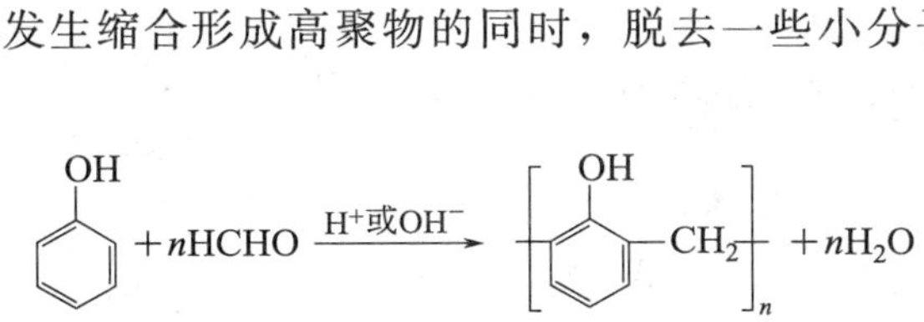

酚醛树脂

第二节　高分子药物

高分子药物因其相对分子质量大而不易分解，在血液中停留时间较长，故通常能提高药物的长效性并能降低药物的毒副作用，另外，对某些低分子药物选择合适的高分子载体可以接近进攻病变细胞的靶区或改变药物在靶区内的分布及增加渗透作用，使药物增效。高分子药物还可以通过剂型改变，控制药物释放速度，避免间歇给药使血药浓度呈波形变化从而使释放到体内的药物浓度比较稳定。

高分子药物主要有以下几种类型。

一、具有药理活性的高分子药物

一些具有药理活性的高分子，可以直接作为药物，当它被降解为小分子后就不再具有药理活性。如聚乙烯吡咯烷酮是较早研究的代用血浆；聚乙烯酰胺可治疗动脉硬化；临床用于治疗动脉粥样硬化及肝硬化、胆石病引起的瘙痒症的降胆敏，属于强碱性阴离子交换树脂型高分子药物。具有药理活性的高分子药物还有多胺类、聚氨基酸类聚合物抗癌剂，顺丁烯二酸酐共聚物抗病毒药物，具有乙烯基咪唑结构聚合物的合成酶及治疗腹泻便秘的肠道药、镇痛药和抗辐射药物等。

二、高分子载体药物

高分子载体药物是指本身没有药理作用，也不与药物发生化学反应的高分子作为药物的载体，但二者间可存在微弱的氢键和结合力而形成的一类药物。虽然其治疗作用的仍然是所载的小分子药物，但高分子材料起着十分重要的作用。用高分子材料作为小分子药物的载体可实现下述目的：①增加药物的作用时间；②提高药物的选择性；③降低小分子药物的毒性；④载体能把药物输送到体内确定的部位（靶位），药物释放后，高分子载体不会再体内长时间积累，可排出或水解后被吸收。

小贴士

用聚乙烯吡啶、烃氨基醋酸纤维素及其衍生物等在酸性溶液易溶解的高分子材料作为药物包衣包覆药片，并在表面涂上糖衣，在口腔中感觉不到药味，进入胃 10min 左右被胃液溶解。而有一些药物对胃有刺激，可引起恶心、呕吐等不良反应，不宜在胃吸收，采用像甲丙基烯酸酯和甲基丙烯酸这种在酸性下不易溶而在碱性下易溶的高分子作载体，则能达到避免在胃液中被破坏的目的。例如以甲基丙烯酸与丙烯酸甲酯的共聚物为包衣载体的药物，在胃液酸性环境中能保存 3～4h，进入肠道后迅速溶解或崩溃，具有良好的缓释效果。

三、与高分子链连接的低分子药物

把具有药理活性的低分子与高分子通过化学反应形成共价键或离子链而连接起来的一类药物。这种药物中的高分子不仅仅是单独的载体，还具有增效、减毒以致改变药理活性等多种功能。

低分子药物的高分子化使用的材料除了要从化学角度考虑其稳定性和反应性以外，还要考虑生成高分子的可代谢性和代谢产物的毒性。口服给药或者外用时，聚合物骨架不被肠道吸收，可通过排泄器官排出体外；若通过静脉或者肌肉注射给药，由于血液中的非降解性大分子无法通过正常排泄器官排出体外，因此当高分子不能降解或降解产物对人体有毒时则不能使用。

小贴士

阿司匹林（乙酰水杨酸）具有消炎、镇痛作用外，还有抗血小板凝聚作用，对心血管疾病有一定的预防效果，对糖尿病的血糖也有一定控制。但阿司匹林对胃有很大的刺激，将阿司匹林与聚乙烯醇进行熔融酯化，形成高分子化的阿司匹林，则比小分子的阿司匹林有更长的药效，并降低了对胃的刺激。又如，通过高分子化将青霉素键合到乙烯醇和乙烯胺共聚物骨架上，得到的水溶性高分子抗生素的药效保持时间比同类小分子青霉素延长30～40倍。

四、高分子配合物药物

高分子化合物中一些基团的氮、氧，对一些金属离子或小分子具有配位作用，能生成具有一定物理、化学稳定性的配合物。由于生成的配合物与原化合物（或元素）之间存在一种化学平衡，既可保持原化合物的生理活性，又可降低其毒性和刺激性，还能因平衡而保持一定的浓度，达到低毒、高效和缓释的作用。

碘是使用最广泛的最有价值的高效局部消毒剂。由于碘在水中的溶解度低和不稳定性。人们使用碘化钾的乙醇溶液来配置碘，这就是碘酊。碘酊虽然大大增加碘的溶解度，但容易产生过敏反应，而聚乙烯吡咯烷酮-碘（PVP-I）水溶性配合物，成为高分子药物中最著名的一种。

PVP-I配合物又称聚维酮碘，其杀菌效力及杀菌谱与碘相当，对细菌、病毒、真菌、霉菌以及孢子都有较强的杀灭作用。它保留了碘最有价值的高效局部消毒剂的优点，又克服了碘溶解度低、不稳定、易产生过敏反应、对皮肤和黏膜有刺激性而使用范围窄小等缺点，现在广泛用于外科手术、预防术后感染，以及烫伤、溃疡、口腔炎和阴道炎等疾病的治疗。

此外，聚乙烯吡咯烷酮还能与β-胡萝卜素、甲苯磺丁脲、苯妥英、阿吗啉、灰黄霉素、利血平及多种磺胺药物等化合物络合，同样具有很好的药性。

五、几种常见的药用合成高分子材料

近年来，由于高分子化学的迅速发展，合成高分子化合物在医药工业上的应用越来越广泛。药用合成高分子材料在片剂、胶囊、颗粒剂等药物制剂中常用作辅料，主要是作为黏合剂、稀释剂、润滑剂、胶囊、胃溶包衣、肠溶包衣和非肠溶包衣等材料来使用。以下是几种常见的药用合成高分子材料。

1. 卡波沫

卡波沫（丙烯酸-烯丙基蔗糖共聚物）是美国、英国等国家药典收载的药用高分子辅料之一。卡波沫在药物制剂中有着广泛应用，如相对分子质量较高的卡波沫适合用作软膏、霜剂或植入剂的亲水性凝胶基质；相对分子质量中等的卡波沫适合用作助悬剂或辅助乳化剂；相对分子质量较低的卡波沫则用于内服或外用液体药剂的增黏剂。卡波沫亦可用于制备黏膜黏附片剂以达到缓慢释药的效果，聚合物大分子链可以与黏膜糖蛋白大分子相互缠绕而维持长时间黏附作用。在与一些水溶性纤维素衍生物配伍使用时有更好的效果。卡波沫无毒，对皮肤无刺激性，但对眼黏膜有严重刺激，故眼用制剂宜慎用。

2. 丙烯酸树脂

通常把甲基丙烯酸共聚物和甲基丙烯酸酯共聚物等在药剂中常用的薄膜包衣材料统称为丙烯酸树脂。丙烯酸树脂是一类安全、无毒的药用高分子材料。它主要用片剂、微丸、硬胶囊等的薄膜包衣材料。近年来，丙烯酸树脂亦用于制备微囊，固态分散体以及用作长效膜剂的膜材、缓释片剂的黏合剂。

3. 聚乙烯醇

聚乙烯醇（PVA）是由聚醋酸乙烯醇解而成。聚乙烯醇对眼和皮肤无毒、无刺激，是一种安全的外用辅料，可用于糊剂、软膏以及面霜、面膜、定型发胶等的制备。

聚乙烯醇可用作药液的增稠、增黏剂，是一种很好的水溶性膜剂材料，可用于制备缓释制剂和透皮给药制剂。例如，阿司匹林是传统的解热镇痛药物，近来发现它有抗血小板凝聚作用，对心血管疾病有一定的预防作用，将阿司匹林与聚乙烯醇进行熔融酯化形成高分子化合物药物，可以延长药效，减少药物的用量和次数来降低对胃的刺激。

4. 聚乙烯吡咯烷酮

聚乙烯吡咯烷酮（PVP）又叫聚维酮，是由 *N*-乙烯基-2-吡咯烷酮单体催化聚合生成的水溶性聚合物。聚乙烯吡咯烷酮完全无毒。在液体药剂中，10%以上的本品有明显的助悬、增稠效果和胶体保护作用；更高浓度可延缓可的松、青霉素、胰岛素等的吸收；本品也是眼用溶液的增黏剂和角膜润湿剂。PVP 是湿热敏感药物片剂以及质地疏松药物制粒时优良的黏合剂，以它为黏合剂的片剂在贮藏期间硬度可能增加，相对分子质量较高的 PVP 可以延长片剂崩解力，也有助于色素粒子的均匀分散。PVP 溶液亦可单独用做片剂隔离层包衣。由于聚乙烯吡咯烷酮有极强的亲水性和水溶性而非常适合用作固态分散体载体，以促进难溶性药物的溶解和吸收。

5. 泊洛沙姆

泊洛沙姆是聚氧乙烯-聚氧丙烯共聚物，泊洛沙姆无臭、无味、无毒，具有很高的安全性。它是目前使用在静脉乳剂中唯一的合成乳化剂。相对分子质量较高的亲水性泊洛沙姆是水溶性栓剂、亲水性软膏、凝胶、滴丸剂等的基质。在口服制剂中，利用水溶性泊洛沙姆可以增加药物的溶出速度和体内吸收。在液体药剂中用作增黏剂、分散剂、助悬剂。近年来，利用相对分子质量较高的泊洛沙姆水凝胶制备药物控释制剂，如埋植剂、长效滴眼液等。

6. 聚乳酸

聚乳酸属聚酯类，可发生水解降解。聚乳酸是目前研究最多的可生物降解材料之一，其水解的最终产物是水和二氧化碳，中间产物乳酸也是体内的正常糖代谢产物，故该高聚物无毒、无刺激性并具有很好的生物可溶性。聚乳酸可用作医用手术的缝合线以及注射用微囊、微球、埋植剂等制剂的材料。药物的释放速度可以通过选择不同相对分子质量、不同光学活性的乳酸共聚或不同种类的聚乳酸混合以及添加适当相混溶成分子以调节。

7. 聚乙二醇

聚乙二醇（PEG）是聚醚类的高分子化合物，易溶于水和大多数极性溶剂，在脂肪烃、苯以及矿物油等非极性溶剂中不溶。随着相对分子质量的增大，聚乙二醇在极性溶剂中的溶解度逐渐减少。例如，液态聚乙二醇（相对分子质量在600以下）可以与水任意混溶，而相对分子质量在2000左右的聚乙二醇水溶解度下降至65%，在乙二醇、甘油等溶剂中已不溶解。

相对分子质量较低的聚乙二醇具有很强的吸湿性，随着相对分子质量的增大，吸湿性迅速下降，将相对分子质量较高的固态聚乙二醇与相对分子质量较低的液态聚乙二醇配合，可以调节或减少后者的吸湿度。

聚乙二醇可用于注射剂的复合溶媒或液体药剂的助悬、增黏，以液态聚乙二醇较常用；作为栓剂、软膏基质、常以固态及液态聚乙二醇混合物使用以调节稠度、硬度及熔化温度；作固态分解体的载体，用热熔法制备一些难溶性药物的低共熔物以加速药物的溶解和吸收；聚乙二醇还是常用的薄膜衣增塑剂、致孔剂、打光剂以及片剂的固态黏合剂、润滑剂等。

学习小结

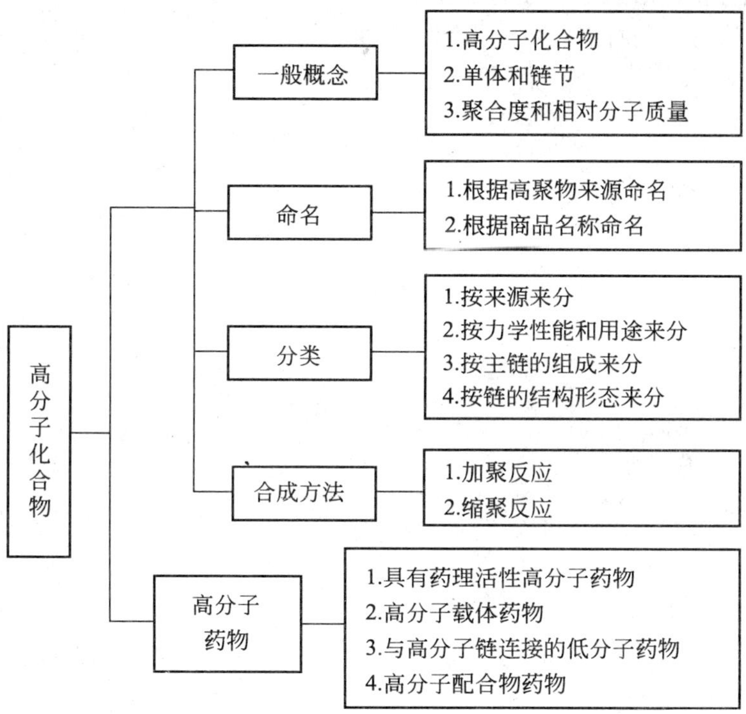

自我测评

一、单项选择题

1. 通常用“纶”来命名的高分子化合物是（　　）。

A. 纤维　　B. 橡胶　　C. 树脂　　D. 黏合剂

2. 下列关于塑料的叙述不正确的是（　　）。

A. 塑料的力学性能和行为介于橡胶和纤维之间

B. 热塑性塑料为线型分子，可多次重复加工成型

C. 热塑性塑料为交联分子，可多次重复加工成型

D. 热固性塑料为交联分子，不能重复加工成型

3. 关于加聚反应的叙述不正确的是（　　）。

A. 发生加聚反应的单体大多含有不饱和键

B. 通过加聚反应合成的高分子，其链节与单体的化学组成不同

C. 加聚反应可分为均聚反应和共聚反应

D. 加聚反应过程中没有小分子生成

二、写出下列聚合物的名称并指出其单体

(1) $\mathrm{\left[CH_2-CH_2 \right]_n}$

(2) $\mathrm{\left[CH-\overset{\overset{\displaystyle CH_3}{|}}{C}=CH-CH \right]_n}$

(3) $\mathrm{\left[OCH_2-CH_2 \right]_n}$

三、简答题

1. 高分子化合物常用的分类方法有哪些？

2. 高分子药物有哪些特点？可分为哪几种类？

第十六章 有机化学实训

实训一　熔点的测定技术

一、实训目的

1. 熟悉熔点测定的原理以及影响准确测定熔点的因素。
2. 正确的选用和装配仪器、选择传热液。
3. 掌握熔点测定操作技术。

二、实训原理

在大气压下，物质的固态和液态建立起平衡时的温度称为该物质的熔点，或者说：一个纯净的化合物从开始熔化到完全熔化的温度范围。熔点是物质的一项重要的物理常数，特别是有机物的一项重要的物理常数。通过测定有机物的熔点，对未知的化合物来说，是确定它的一个物理常数；对已知化合物来说，可以对其鉴别真伪并可判断其纯度。

纯净化合物从开始熔化（始熔）到完全熔化的温度范围（称为熔点距）很小，一般在0.5～1℃。若化合物中混入少量的杂质，熔点即可下降，熔点距增大，所以测定熔点可以鉴定固体化合物的纯度。

如果两种物质具有相同或相近的熔点，可以测定其混合物熔点来判别它们是否为同一物质。因为相同物质的两份样品以任何比例混合时，都是同一种物质，其熔点不变；若两种不同物质的混合物，通常熔点会降低，熔点范围也会增大。少数易分解的有机化合物虽然很纯，但也没有固定的熔点，且熔点距离也较大。这是因为样品受热尚未熔融前就局部分解，分解产物的存在犹如引入了杂质。

影响测定熔点准确性的因素很多，如温度计的误差、读数的准确性、样品的干燥程度、毛细管的口径和圆匀性、样品填入毛细管是否均匀紧密、所用传热液是否合适以及加热速度是否适当等，因此进行试验时，必须认真仔细。

三、实训仪器与试剂

仪器：熔点管（提勒管或b形管，图16-1）、带缺口的橡皮塞（图16-2）、表面皿（图16-3）、温度计、铁架台、酒精灯、长玻璃管（约60cm）、毛细管（内径约1mm；长约60～70mm）。

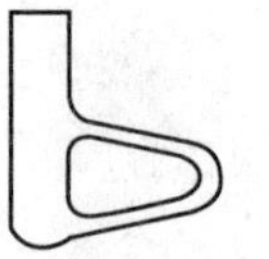

图 16-1

图 16-2

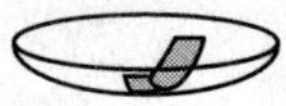

图 16-3

试剂：尿素（A. R.）、苯甲酸（A. R.）。

四、实训内容

1. 传热液的选择

测量熔点在 200℃以下的样品，可以用液体石蜡作传热液；熔点在 220℃左右的样品，可采用浓硫酸作传热液；熔点较低的样品也可以选用甘油作传热液。

液体石蜡作传热液，虽可加热到 200～220℃，但在高温时，其蒸气容易燃烧。如果用于 200℃以下的样品，使用安全方便，所以最为常见。

甘油作传热液，适用于测定熔点较低的样品。因为甘油如果受热温度过高，将部分分解生成有刺激性的丙烯酸。

浓硫酸作传热液，若温度过高，部分浓硫酸将分解生成三氧化硫，给实训造成困难。当有机物或其他杂质混入时，会使浓硫酸变黑，观察熔点将受到影响。

2. 样品的填装

取绿豆粒大小的干燥样品，研成细末，置于表面皿上（集中成堆）。取一支毛细管，一端用酒精灯加热熔化封闭，冷却后，把毛细管开口一端插入表面皿的样品中，使样品进入毛细管。取一根玻璃管（长约 60cm）竖在表面皿上，把装有样品的毛细管（封闭一端朝下），从玻璃管中自由落下，反复几次，使样品紧密地填在毛细管底部。直至毛细管内样品高度约为 2.0～3.0mm 之间。每个样品填装两根毛细管。

3. 测定熔点的装置

按图 16-4 和图 16-5 安装好仪器。传热液的液面加到和测定管的上侧管口一致。把填装好样品的毛细管用小橡皮圈（用听诊器胶管剪切即可）固定在温度计上。毛细管中的样品，位于温度计水银球的侧面中部（见图 16-5）。温度计插在带有缺口的橡皮塞中，温度计刻度朝向橡皮塞缺口处。温度计水银球位于测定管两侧管之间。

4. 加热

用酒精灯小火在熔点管弯曲支管的底部缓慢加热，开始时温度变化每分钟上升 5～6℃，当距熔点 10～15℃时，则改用小火加热，控制在每分钟上升 1～2℃。当毛细管中的样品开始塌落、变型或湿润，接着出现小液滴时，表示样品开始熔化（即始熔），记下始熔的温度，继续小火加热观察，待固体样品恰好完全消失，熔化成透明液体（即全溶）时，再记下全熔时的温度。从始熔到全熔的温度范围即为该样品的熔点范围（全熔与始熔的温度差值，称为熔程）。

5. 样品的测定

本实训以尿素和苯甲酸为样品，每种样品测两次。第一次为粗测，加热可以稍快些，测得大约熔点范围后，待传热液温度降到低于熔点 30℃时，再取另一根新的毛细管，按上述同样方法进行第二次测定。

测定完毕后，待传热液冷却后再倒回原瓶中；温度计冷却至室温后，用纸擦去传热液再用水冲洗干净，否则温度计易炸裂。

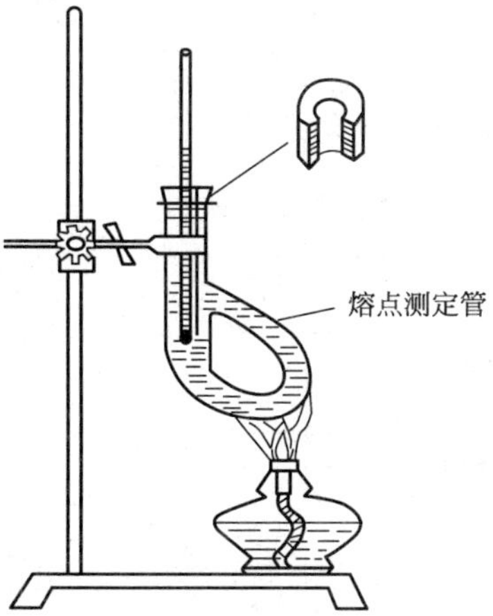

图 16-4 熔点测定装置

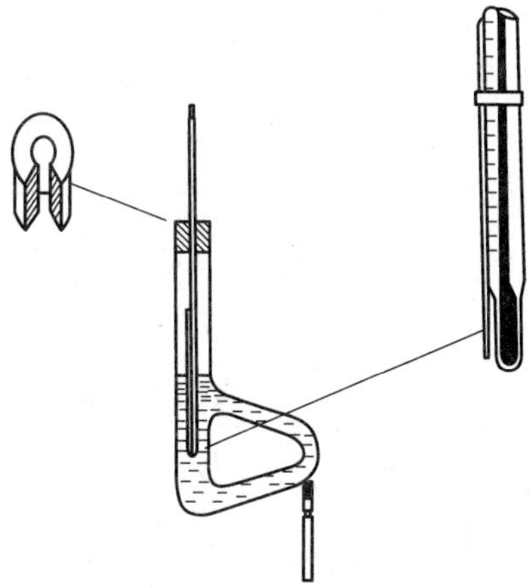

图 16-5 样品毛细管的位置

五、注意事项

1. 要测得准确熔点，样品一定要研得极细，装得结实，使热量的传导迅速均匀。

2. 掌握升温速度是准确测定熔点的关键。这一方面是为了保证有充分的时间让热量由管外传至管内，以使固体熔化；另一方面因实训者不能同时观察温度计所示度数和样品的变化情况。只有缓慢加热，才能使此项误差减小。

3. 注意橡胶塞子一定要开口，否则易产生暴沸现象。

4. 温度计插入开口塞子中，刻度应面向塞子开口，其水银球位于 b 形管上下两叉管口中间。

5. 熔点管必须洁净。如含有灰尘等，相当于样品中的杂质，能产生误差。

6. 熔点管底未封好会产生漏管，使熔点降低。

7. 样品粉碎要细，填装要实，否则产生空隙，不易传热，造成熔程变大。

8. 样品不干燥或含有杂质，会使熔点偏低，熔程变大。

9. 毛细管中样品高度在 2.0～3.0mm 为宜。样品量太少不便观察，而且熔点偏低；样品太多会造成熔程变大，熔点偏高。

10. 升温速度应慢，让热传导有充分的时间。升温速度过快，熔点偏高。

11. 熔点管壁太厚，热传导时间长，会产生熔点偏高。

六、思考题

1. 有两种样品，测定其熔点数据相同，如何证明它们是相同还是不同的物质？为什么？

2. 熔点测定中加热的部位为什么要选择在b形管的外拐弯处？

3. 尿素和桂皮酸的熔点都是133℃，如何以测定熔点来证明它是尿素还是桂皮酸？（可以选用其他试剂）

附：熔点的测定实训技能测试与评价体系

实训项目	考核内容	考核标准	分值	实际得分	扣分原因
熔点的测定	装置的选择	能根据实训要求，正确选择仪器	5		
	装置的安装	安装过程符合“从下而上”的原则	15		
		传热液的选择要合适	3		
		样品的填装要求样品要研细，毛细管符合要求，不能有杂质，管壁不能太厚，一端要密封好，不能有空隙。样品高度要在2.0～3.0mm之间	22		
		传热液的液面加到和测定管的上侧管口一致	5		
		毛细管中的样品，位于温度计水银球的侧面中部 温度计插在缺口的橡皮塞中，温度计刻度朝向橡皮塞缺口处 温度计水银球位于测定管两侧管之间	2 2 2		
	熔点测定	用酒精灯小火在熔点管弯曲支管的底部缓慢加热，开始时温度变化每分钟上升5～6℃	12		
		当距熔点10～15℃时，则改用小火加热，控制在每分钟上升1～2℃	12		
		当毛细管中的样品开始塌落、变型或湿润，接着出现小液滴时，表示样品开始熔化（即始熔），记下始熔的温度	6		
		待固体样品恰好完全消失，熔化成透明液体（即全溶）时，再记下全熔时的温度	6		
	熔点测定装置的拆卸	待传热液冷却后再倒回原瓶中	1		
		温度计冷却至室温后，用纸擦去传热液再用水冲洗干净	1		
		把仪器按照“从上到下”的原则，拆卸并好好摆放在教师指定的位置上	5		
	实训报告		1		
综合评价					

实训二　常压蒸馏及沸点的测定

一、实训目的

1. 了解常压蒸馏和沸点测定的基本原理。
2. 掌握常压蒸馏和沸点测定的操作方法。
3. 了解测定沸点的意义。

二、实训原理

蒸馏就是将液体物质加热到沸腾变成蒸气，然后再使蒸气冷凝成液体这两个过程的组合操作。当加热液体有机化合物时，随着温度的升高其蒸气压增大，当其蒸气压增大到与外界施于液面的总压力（通常是大气压力）相等时，就有大量气泡从液体内部逸出，即液体沸腾。此时的温度称为液体的沸点。

纯净的液体有机物在蒸馏过程中沸点范围（沸距）很小，一般为0.5～1℃。所以利用蒸馏方法可测定有机物的沸点和定性检验物质的纯度。

如果蒸馏液态混合物，其液面上方的蒸气组成与液体混合物的组成是不一样的，由于低沸点物质比高沸点物质更易汽化，故蒸气中低沸点的组分较多，而留在蒸馏瓶内的液体高沸点的组分较多，所以通过蒸馏可达到分离和提纯液体有机物的目的。但在蒸馏沸点比较接近的液体混合物时，各物质的蒸气将同时被蒸出，只不过是馏出液中低沸点的组分多一些，故难以达到分离提出的目的，此时可借助分馏来分离提纯。而普通蒸馏只能将沸点不同（沸点相差大于30℃）的液体混合物进行分离。

为了消除在蒸馏过程的过热现象和保证沸腾的平稳进行，以免液体突然暴沸，冲进冷凝管或冲出瓶外，造成损失甚至酿成火灾事故，通常在加热前向烧瓶中加入2～3粒沸石，形成液体的汽化中心，避免液体暴沸。若加热后发觉没有加沸石时，必须先移去热源，待液体冷却到沸点以下方可加入沸石。

用蒸馏法测定沸点叫常量法，此法样品用量较多，要10ml以上。若样品量不多，可采用微量法。

三、实训仪器与试剂

仪器：100ml圆底蒸馏烧瓶、蒸馏头、直形冷凝管、100℃温度计、接收器（圆底烧瓶或锥形瓶）、100ml量筒、接液管、电炉（或电热套或水浴）。

试剂：70%乙醇（或丙酮与水的混合物）、沸石。

四、实训内容

1. 蒸馏装置的安装

按图16-6安装蒸馏装置。该装置适用沸点低于140℃的液体有机化合物的蒸馏。当蒸馏沸点高于140℃的液体有机物时，则用空气冷凝管代替用水冷凝的直形冷凝管，因为用水冷凝140℃以上的蒸气，温差大，冷凝管容易破裂。当蒸馏液体的沸点很低，则要用蛇形冷凝管。

安装蒸馏装置应遵循“从下而上、从左至右、横平竖直、纵向一条轴线、横向一个平面”的原则。先选择符合实训要求的热源（电炉、电热套或水浴等）放在使用合适的位置，在其上放一块石棉网（若选择电热套或水浴则不需要石棉网），然后在热源上方合适的高度处用铁夹垂直固定好蒸馏烧瓶。若选择电炉作为热源，应注意瓶底要距石棉网1cm左右，以便使之处于空气浴的状态。整个装置要求准确端正，无论从下面或侧面观察，全套仪器的轴线都在同一平面内，所有铁夹和铁架台都应尽可能整齐地放在仪器的背面。

2. 蒸馏操作与沸点测定

向100ml圆底烧瓶中加入40ml 70%乙醇溶液，加入2～3粒沸石，塞好装有温度计的套管，要求水银球上端与蒸馏头支管的下缘处于同一水平线上（图16-6）。检查装

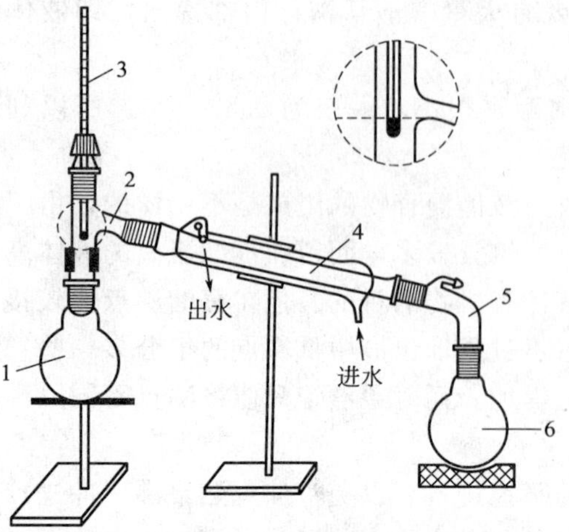

图 16-6 常压蒸馏装置图

1—蒸馏烧瓶；2—蒸馏头；3—温度计；
4—直形冷凝管；5—接液管（或称尾接管）；
6—接收器

置连接是否紧密不漏气，通入冷凝水（注意：水从下口进，出水口位于上部位置），然后用热源慢慢加热圆底烧瓶，注意观察圆底烧瓶中的现象和温度计读数的变化。当瓶内液体开始沸腾时，蒸气前沿逐渐上升，待达到温度计水银球时，温度计读数急剧上升，此时应适当调节加热速度，以控制馏出的液滴以1～2滴/s为宜。在蒸馏过程中，控制这样的蒸馏速度，才能使温度计水银球始终处于被冷凝液滴包裹的状态，此时温度计的读数就是蒸馏液体的沸点。一般来说蒸馏液体在达到沸点之前都会有液体馏出，称为前馏分，应弃去。当温度计读数上升至77℃时，换一个干燥的圆底烧瓶作为接收器，收集77～79℃的馏分。当瓶内只剩下（0.5～1ml）液体时，若维持原来的加热速度温度计的读数会突然下降，即可停止蒸馏。注意不应将瓶内液体完全蒸干，以免发生意外。用量筒量出回收锥形瓶中77～79℃的馏分体积，并计算回收率。

蒸馏结束后，先停止加热，后停止通水，待仪器冷却后，再拆卸。拆卸仪器顺序与安装时相反。

五、注意事项

1. 若被蒸馏的液体沸点低于80℃，热源应改为水浴。

2. 圆底烧瓶内蒸馏液体的体积不应超过蒸馏烧瓶容积的2/3，也不应少于1/3。

3. 直形冷凝管外套中通水，冷凝水从下口进入，上口流出，上端的出水口应向上；冷凝水的流速以能保证蒸气充分冷凝即可，通常仅需保持缓缓水流即可。水流太急会冲脱橡皮管，妨碍实训正常进行，甚至造成事故。

4. 蒸馏时，要注意控制加热火力，若加热的火力太大，会在圆底烧瓶颈部造成过热，水银球上的液珠会立即消失，此时温度计所示的温度较液体的沸点高。另一方面，火力也不能太弱，否则由于温度计水银球不能为馏出蒸气充分浸润而使温度计上所读得的沸点偏低或不规则。

六、思考题

1. 如果液体具有恒定的沸点，能否认为它是单纯物质？

2. 开始加热之前，为什么要先检查装置的气密性？

3. 若温度计水银球上缘高于或低于蒸馏头支管下缘的水平线，对蒸馏液体测得的沸点有何影响？

4. 沸石在蒸馏时起什么作用？加沸石要注意哪些问题？

5. 当加热后有馏液出来时，才发觉直形冷凝管未通水，应如何处理？

附：实训技能测试与评价体系

实训项目	考核内容	考核标准	分值	实际得分	扣分原因
常压蒸馏及沸点的测定	蒸馏装置的选择	能根据实训要求，正确选择蒸馏仪器	5		
	蒸馏装置的安装	安装仪器符合“从下而上、从左至右(或从右至左)、横平竖直、纵向一条轴线、横向一个平面”的原则	5		
		热源选择与放置位置合适；若用电炉作为热源，其上应放置石棉网，蒸馏烧瓶的固定位置与热源的距离适合，瓶底与石棉网面距离为 1cm 左右。若用水浴，则应使水浴液面稍高于烧瓶内的液面，且烧瓶不得触及水浴器壁和底部	8		
		冷凝管与蒸馏烧瓶支管同轴，并与蒸馏烧瓶的连接；正确使用冷凝管夹固定冷凝管；正确连接接液管和锥形瓶	8		
		装置安装完成后，全套仪器的轴线都在同一个平面内，所有铁夹和铁架台都应尽可能整齐地放在仪器的背面	8		
	沸点测定	量取 40ml70％乙醇溶液加入 100ml 蒸馏烧瓶中，要求操作规范、量取准确	5		
		加入沸石，要求数量适宜。若发现没有加入沸石时，处置方法应合理规范	5		
		塞好带温度计的套管，要求水银球上端与蒸馏烧瓶支管的下缘处于同一水平线上；检查装置的气密性，气密性差的应检查漏气位置并分析原因，重新连接装置后再检查气密性	5		
		通入冷凝水，从下口进入、上口流出(上端的出水口应向上)，流速适当	5		
		加热，当温度计读数急剧上升时，应适当调节加热速度，以控制馏出的液滴以 1～2 滴/s 为宜	10		
		准确读出此时温度计的读数，即为该蒸馏液体的沸点	5		
	馏分的收集与回收率的计算	弃去前馏分(废液缸)	5		
		另换干燥锥形瓶作为接收器，收集 77～79℃ 的馏分，即可停止蒸馏	5		
		将锥形瓶中的馏分倒入 100ml 的量筒中，量出馏分体积，计算回收率。要求操作规范，计算准确	5		
	蒸馏装置的拆卸	先停止加热，后停止通水，拆卸仪器的顺序与安装时相反	6		
	实训报告	能够根据操作方法及步骤写出实训报告	10		
综合评价					

实训三 水蒸气蒸馏法提取烟碱

一、实训目的

1. 了解水蒸气蒸馏装置的原理及应用。
2. 掌握水蒸气蒸馏装置的安装及其操作技能。
3. 学习有机物的分离和提纯技术。
4. 了解生物碱的提取原理、方法和一般性质。

二、实训原理

在不溶或难溶于水但具有一定挥发性的有机物中通入水蒸气，使有机物在低于 100℃ 的温度下水随水蒸气蒸馏出来，这种操作过程称为水蒸气蒸馏。该方法是分离、提纯有机化合物的重要方法之一，尤其适用于混有大量固体、树脂状或焦油状杂质的有机物，也适用于沸点较高、常压蒸馏时本身易分解的有机物。

当水与微溶或不溶于水的有机物一起共热时，整个系统的蒸气压为各组分蒸气压之和，即 p(混合物)$=p$(水)$+p$(有机物)。当系统总蒸气压与外界大气压相等时，液体沸腾。此时混合物的沸点显然低于任何一个组分的沸点，即常压下有机物可在低于100℃的温度下随蒸气一起蒸馏出来。蒸馏时，混合物沸点保持不变，直到有机物全部随水蒸出，温度才会上升至水的沸点。

烟碱又名尼古丁，是烟叶的一种主要生物碱，在常温下为无色或淡黄色油状液体，难溶于水，沸点246℃。烟碱是含氮的碱性物质，很容易与盐酸反应生成烟碱盐酸盐而溶于水。在提取液中加入强碱NaOH后可使烟碱游离出来。游离烟碱在100℃左右具有一定的蒸气压（约1.333Pa），因此可用水蒸气蒸馏法分离提取。

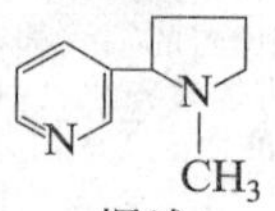

烟碱

烟碱具有碱性，可使红色石蕊试纸变蓝，使酚酞试剂变红，能被 $KMnO_4$ 溶液氧化生成烟酸，可与生物碱试剂作用产生沉淀。

三、实训仪器与试剂

仪器：托盘天平、量筒、铁架台、水蒸气发生器、250ml三口烧瓶、回流冷凝管、蒸馏头、直形冷凝管、接液管、接收器（圆底烧瓶或锥形瓶）、试管、水蒸气导气管、T形管、螺旋（弹簧）夹、安全管、电热套、酒精灯、石棉网。

试剂：烟叶、10% HCl、40% NaOH、0.5%醋酸、0.1%酚酞、0.5% $KMnO_4$、5% Na_2CO_3、饱和苦味酸、碘化汞钾、沸石、红色石蕊试纸。

四、实训内容

1. 水蒸气蒸馏装置的安装

水蒸气蒸馏装置如图16-7所示，主要包括水蒸气发生器、蒸馏、冷凝和接收等四个部分。装配顺序遵循“从下而上，从左至右”的原则。

水蒸气发生器一般为白铁皮制容器或圆底烧瓶，水蒸气发生器内的盛水量以不超过其容积的2/3为宜，其中插入一支直径约5mm、长度适宜的敞口长玻璃管作为安全管，其下端应距瓶底约1cm左右。在正常操作时可保持水蒸气有一定的压力，以便顺利进行水蒸气蒸馏；当水蒸气压力超过安全管内水柱的压力时，水冲出管进行泄压，从而保证整个装置的安全。水蒸气发生器与水蒸气导气管通过T形管相连接，T形管的下端套上一短的胶管，胶管上用螺旋夹夹住，其作用是可随时排出在此冷凝下来的积水，并可在当系统内压力骤增或蒸馏结束时释放蒸气，调节内压。插入烧瓶中的水蒸气导气管末端应接近烧瓶底部。三口烧瓶的另一侧口通过蒸馏弯头依次连接冷凝管、接液管和接收器。

2. 烟碱的提取与检验

（1）提取的操作

① 称取5g烟叶置于250ml三口烧瓶内，加入50ml10% HCl溶液，安装好回流装置（如图16-8所示），加热沸腾并回流20min。

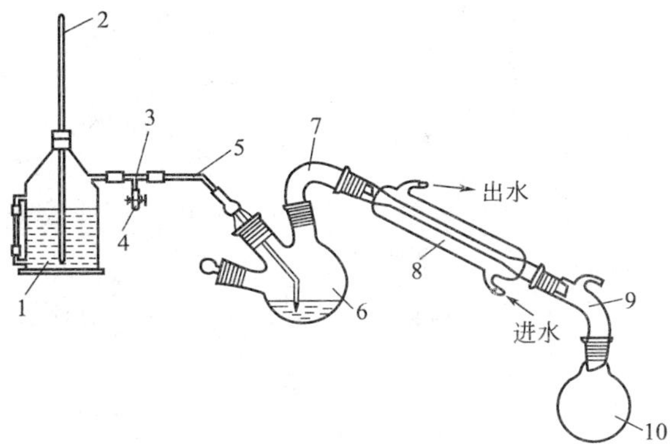

图 16-7 水蒸气蒸馏装置

1—水蒸气发生器；2—安全管；3—T 形管；4—螺旋夹；5—水蒸气导气管；6—三口烧瓶；7—蒸馏头；8—直形冷凝管；9—接液管；10—接收器

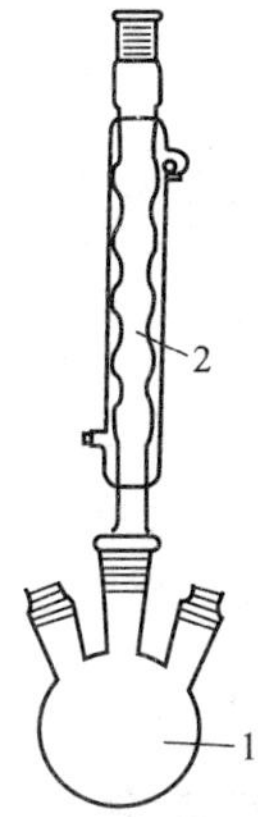

图 16-8 回流装置

1—三口烧瓶；2—回流冷凝管（或称球形冷凝管）

② 将反应混合物冷却至室温，在不断搅拌下慢慢滴加 40% NaOH 溶液，使之呈明显碱性（红色石蕊试纸检测）。

③ 将装有混合物的 250ml 三口烧瓶作为蒸馏部分，按图 16-7 安装装置；在水蒸气发生器中加入约 2/3 体积的水，并加入几粒沸石。用电热套加热水蒸气发生器，待检查整个装置气密性后，将 T 形管活塞打开，加热水蒸气发生器使水沸腾。当有水蒸气从 T 形管支口喷出时，将 T 形管活塞关闭（或用止水夹夹住 T 形管支口上的乳胶管），使水蒸气通入烧瓶。接通冷却水，调节火力控制馏出速度 2～3 滴/s 为宜。

若在蒸馏过程中因水蒸气冷凝而导致蒸馏烧瓶中液体体积增大，可用小火隔石棉网加热并注意瓶内“蹦跳”现象，若“蹦跳”剧烈，则不加热以免发生意外。同时随时从 T 形管的支管处放下冷凝水，以免冷凝水堵塞导入管或进入蒸馏烧瓶。

④ 当馏出液清亮透明，不再含有油状物时，可停止蒸馏。停止蒸馏前，注意先打开 T 形管支口，再停止热源，以免发生倒吸现象。稍冷后关闭冷却水，取下接收瓶，然后按安装时的相反的顺序拆除仪器。

（2）烟碱的性质检验

① 碱性试验 取一支试管，加入 10 滴烟碱提取液，再加入 1 滴 0.1%酚酞试剂，振荡，观察有何现象。另取 1 滴烟碱滴在红色石蕊试纸上，观察有何现象。

② 烟碱的氧化反应 取一支试管，加入 20 滴烟碱提取液，再加入 1 滴 0.5% $KMnO_4$ 溶液和 3 滴 5% Na_2CO_3 溶液，摇动试管，于酒精灯上微热，观察溶液颜色是否变化及有无沉淀产生。

③ 与生物碱试剂反应 取一支试管，加入 10 滴烟碱提取液，然后逐滴滴加饱和苦味酸，边加边摇，观察有无黄色沉淀生成；另取一支试管，加入 10 滴烟碱提取液和 5 滴 0.5%醋酸溶液，再加入 5 滴碘化汞钾（K_2HgI_4）试剂，观察有无沉淀生成。

五、注意事项

1. 若安全管中的水位迅速上升甚至从管口喷出，应立即中断蒸馏，先旋开螺旋夹，再移开热源，检察系统内何处发生堵塞，待排除故障后再蒸馏。

2. 蒸馏时注意水蒸气发生装置中水位的变化，不可蒸干。

3. 水蒸气发生装置与水蒸气导气管之间的T形管要尽量紧凑，并可稍倾斜安装。

4. 控制好加热速度和冷却水流速，使蒸气在冷凝管中完全冷却。高熔点有机物可能在冷凝管中析出固体，此时应调小或关掉冷凝水，让蒸气重新融化固体，流入接收瓶中。

5. 暂停蒸馏时应先旋开螺旋夹，再移热源。重新开始时也要先加热至大量水蒸气从T型管口冲出，再旋紧螺旋夹。

6. 蒸馏完毕，应先松开螺旋夹，再移去热源，以免因水蒸气发生器中蒸气压的降低而发生倒吸现象。

六、思考题

1. 与普通蒸馏相比，水蒸气蒸馏有何特点？在什么情况下采用水蒸气蒸馏法进行分离提取？
2. 为何要用盐酸溶液提取烟碱？
3. 水蒸气蒸馏提取烟碱时，为什么要用40% NaOH中和至显碱性？
4. 安全管为什么不能抵至水蒸气发生器的底部？
5. 蒸馏过程中若发现水从安全管顶端喷出或发生倒吸现象，应如何处理？

附：实训技能测试与评价体系

实训项目	考核内容	考核标准	分值	实际得分	扣分原因
水蒸气蒸馏法提取烟碱	水蒸气蒸馏装置的安装	能根据实训要求，正确选择仪器	5		
		安装仪器符合“从下而上、从左至右、横平竖直、纵向一条轴线、横向一个平面”的原则	10		
		安全管直径与长度适宜，其下端与发生器底部距离适当；水蒸气导出管内径适宜，不影响水蒸气的导出	10		
		正确连接和固定冷凝管、接液管和接收器	5		
	烟碱的提取	称取5g烟叶置于250ml圆底烧瓶内，加入50mL10%HCl溶液，安装好回流装置，加热沸腾并回流20min。要求称量准确、操作规范	15		
		将反应混合物冷却至室温，在不断搅拌下慢慢滴加40%NaOH溶液，使之呈明显碱性。要求操作规范	5		
		水蒸气发生器选择适当，瓶中加入约2/3体积的水，并加入几粒沸石。加热水蒸气发生器，检查气密性后，松开T形管的螺旋夹。当有大量水蒸气从T形管的支管冲出时，开启冷凝水(下口进入、上口流出、流速适当)，旋紧T形管螺旋夹，导入水蒸气开始蒸馏	5		
		蒸馏速度控制在2～3滴/s。收集约20ml提取液后，停止蒸馏	5		
		在蒸馏提取过程若发现异常情况，能冷静分析、处理措施得当	5		
		停止蒸馏时，先旋开螺旋夹，再停止热源，稍冷后关闭冷却水，取下接收瓶	5		
	烟碱性质的检验	操作规范、现象明显、能正确分析和解释现象产生的原因	15		
	蒸馏装置的拆卸与清洗	拆卸仪器的顺序与安装时相反，拆卸后能正确规范清洗和放置玻璃仪器	5		
	实训报告	能够根据操作方法及步骤写出实训报告	10		
综合评价					

实训四　有机化合物的重结晶提纯法

一、实训目的

1. 熟悉重结晶的原理和适用范围。
2. 学会正确地选择溶剂、选用和组装仪器。
3. 掌握抽滤、保温过滤、脱色、结晶和结晶的洗涤、干燥等基本操作技术。

二、实训原理

无论是从自然界提取还是人工合成的粗制有机物质总是不纯的，需要提纯精制。液体物质通过各种蒸馏进行纯化，而精制固体物质最常用的方法就是重结晶。固体有机物在溶剂中的溶解度与温度有密切关系。一般是温度升高，溶解度增大；温度降低，溶解度减小。若把样品固体溶解在热的溶剂中达到饱和，冷却时即由于溶解度的降低，溶液变成过饱和而析出晶体。

把含有杂质的固体有机物溶于适当的热的溶剂中，配成热的饱和溶液，趁热过滤，再把滤液冷却，则原来溶解的固体由于降低温度使其溶解度降低而析出晶体。至于杂质，不溶性的已在趁热过滤时除去；可溶性的杂质，由于它的量相对很少，利用溶剂对被提纯物质及杂质的溶解度不同，在被精制的固体物质从过饱和溶液中析出晶体时而让杂质全部或大部分仍留在溶液中，从而达到提纯目的。

重结晶提纯法的一般操作流程为：

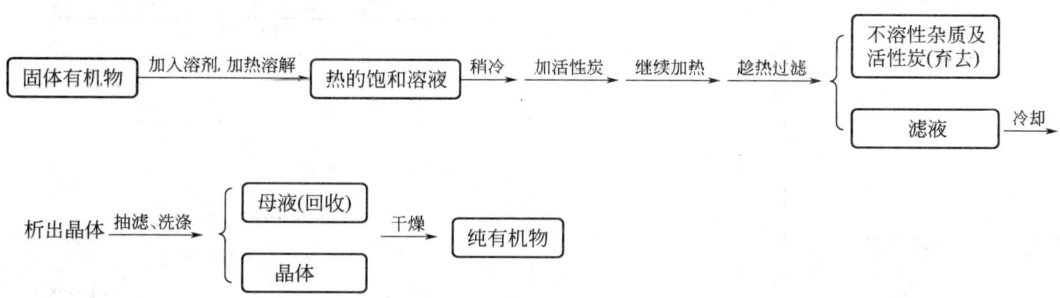

三、实训仪器与试剂

仪器：托盘天平、250ml 烧杯、量筒、抽滤瓶、水泵（或油泵）、保温漏斗（热水漏斗）、布氏漏斗、滤纸、玻璃棒、安全瓶、表面皿、铁架台、烧杯、酒精灯。

试剂：活性炭、粗乙酰苯胺。

四、实训内容

1. 配制饱和溶液

称取粗乙酰苯胺 5g 放入 250ml 的烧杯中，加水 100ml，加热至沸、搅拌，至使乙酰苯胺完全溶解（如不能完全溶解，可加入少量热的纯化水继续加热、搅拌）。

2. 脱色

将溶液放冷片刻，加入活性炭 0.2g（通常加入活性炭的量是粗样品的 1%～5%）。继续加热煮沸并不断搅拌，连续约 5min，这样使活性炭和杂质充分接触以提高吸附效率。然后趁热过滤，滤液要澄清。如果一次脱色不够理想，可再用新的活性炭脱色一次。

3. 趁热过滤

为减少被精制的物质因滤液冷却而结晶析出，必须趁热过滤。趁热过滤要使用保温漏斗过滤装置（如图 16-9 所示）和特殊折叠法折叠的菊花滤纸。

（1）保温漏斗过滤　将热水从保温漏斗上面的开口处注入保温漏斗的夹层中，然后，把保温漏斗固定在铁架台上，在保温漏斗上放入折叠好的菊花滤纸。用酒精灯在保温漏斗的侧管加热，将溶液趁热过滤。

（2）菊花滤纸的折叠　取滤纸一张，按图所示折叠。先一折为二，形成折痕 1～3；再折成二，形成折痕 2～4；然后，把 1～2，2～3 分别折到 2～4，形成 2～5 和 2～6。再把1～2 折向 2～6，2～3 折向 2～5，形成折痕 2～7，2～8。把 1～2 折向 2～5，2～3 折向 2～6 形成折痕 2～9 和 2～10。最后在 8 个等分的每一小格中间，以相反方向折成 16 等分。得到折扇一样的排列。再把 1～2 和 2～3 各向内折一小折面，展开即形成菊花形滤纸，如图16-10 所示。

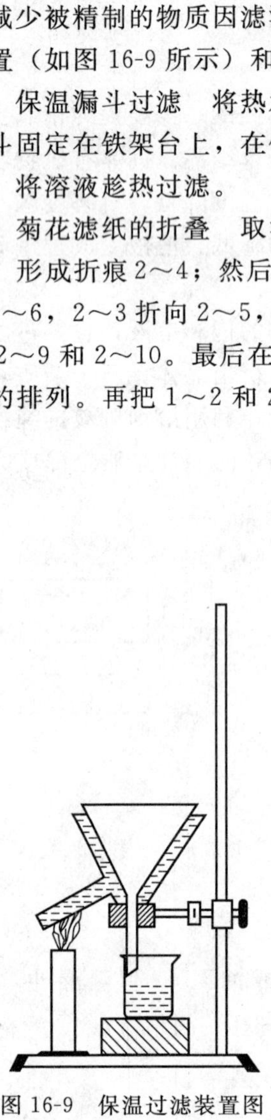

图 16-9　保温过滤装置图

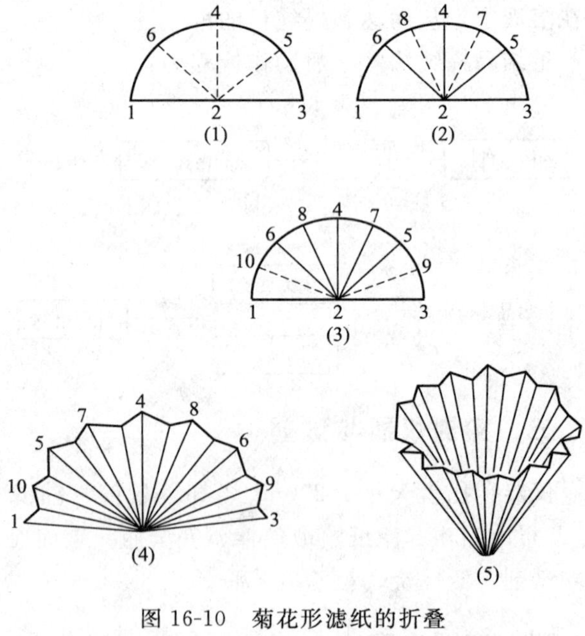

图 16-10　菊花形滤纸的折叠

4. 冷却结晶

放置冷却，析出晶体。

（1）滤液如果放在冷水或冰浴中搅拌迅速冷却，可得到颗粒细小的晶体。

（2）滤液如果在室温或在保温下静置缓慢冷却，可得到粗大均匀的晶体。

5. 抽滤（减压过滤）

抽滤装置由瓷质的布氏漏斗、抽滤瓶、安全瓶和水泵（或油泵）组成（见图 16-11），布氏漏斗以橡皮塞与抽滤瓶相连，漏斗下端斜口应正对抽滤瓶支管，抽滤瓶支管以橡皮管与安全瓶相连，再与水泵连接。抽滤步骤如下：

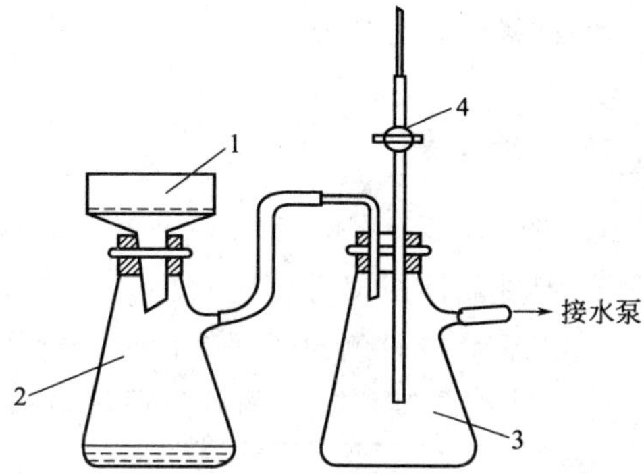

图 16-11 抽滤装置

1—布氏漏斗；2—抽滤瓶；3—安全瓶；4—活塞

（1）把滤纸剪成圆形，略小于布氏漏斗的底板，但要完全盖住其小孔，放入布氏漏斗中。

（2）用少量溶剂润湿滤纸，开启水泵并关闭安全瓶上的活塞，抽气，将滤纸吸紧。

（3）将晶体上层的母液倒入布氏漏斗中，然后倒入晶体，使其均匀分布在整个滤纸面上。继续抽气，并用干净的玻璃瓶塞轻轻按压晶体，使母液尽量抽干。

（4）打开抽滤瓶的活塞，停止抽气，在布氏漏斗中加入适量溶剂并浸没晶体，用玻棒轻轻搅拌，使晶体全部润湿，然后再次抽干。如此重复 1～2 次。

（5）取下布氏漏斗，取出晶体，把晶体放在表面皿上进行干燥。

五、注意事项

1. 选择溶剂的条件

（1）不与被提纯物质起化学反应。

（2）在较高温度时能溶解多量的被提纯物质；而在室温或更低温度时，只能溶解很少量的该种物质。

（3）对杂质的溶解非常大或者非常小（前一种情况是使杂质留在母液中不随被提纯物晶体一同析出；后一种情况是使杂质在热过滤时被滤去）。

（4）容易挥发（溶剂的沸点较低），易与结晶分离除去。

（5）能给出较好的晶体。

（6）无毒或毒性很小，便于操作。

（7）价廉易得。

（8）适当时候可以选用混合溶剂。

2. 配制饱和溶液时，加入溶剂的量要适宜

溶剂量的多少，应同时考虑两个因素。加入溶剂过少，虽然会因溶剂中溶解的样品少而使收率高，但可能给热过滤带来麻烦，并可能造成更大的损失；加入溶剂过多，显然会因溶剂中溶解部分的样品而影响回收率。故两者应综合考虑。一般通过试验结果或查阅溶解度数据计算被提取物所需溶剂的量，再将被提取物晶体置于锥形瓶中，加入较需要量稍少的适宜溶剂，加热到微微沸腾一段时间后，若未完全溶解，可再添加溶剂，每次加溶剂后需再加热使溶液沸腾，直至被提取物晶体完全溶解（但应注意，在补加溶剂后，发现未溶解固体不减少，应考虑是不溶性杂质，此时就不要再补加溶剂，以免溶剂过量）。

3. 抽滤时，开始不要减压太甚，以免将滤纸抽破（在热溶剂中，滤纸强度大大下降）。

六、思考题

1. 重结晶原理是什么？一个理想的溶剂应该具备哪些条件？
2. 促进晶体析出有哪些方法？
3. 用活性炭脱色的原理是什么？操作时应注意什么？

附：重结晶实训技能测试与评价体系

实训项目	考核内容	考核标准	分值	实际得分	扣分原因
重结晶	仪器的选择	能根据实训要求，正确选择重结晶仪器	5		
	重结晶的步骤及仪器的安装	配制饱和溶液：会正确使用托盘天平、会使用酒精灯或其他热源加热。能正确选择溶剂	15		
		能正确使用活性炭脱色，活性炭的用量适当。脱色步骤操作规范	8		
		会正确地折叠滤纸。折叠步骤要正确，折痕要清晰，并不能有破损	8		
		会保温漏斗的正确使用。加注热水到保温漏斗的夹层	4		
		放入菊花滤纸，用酒精灯加热侧管	4		
		趁热过滤	5		
		滤液放置冷却。得到符合要求的晶体	5		
	抽滤	会正确地选择布氏漏斗、抽滤瓶、安全瓶、水泵（或油泵）	15		
		正确剪裁适宜大小的圆形过滤滤纸，用小量的溶剂润湿。	5		
		开启水泵将滤纸吸紧	1		
		将母液和晶体全部倒入布氏漏斗，关闭安全瓶上的活塞，开动水泵，抽滤	6		
		用干净的玻璃瓶塞大头部分挤压晶体，使母液抽干	1		
	洗涤	打开抽滤瓶活塞，停止抽气，往布氏漏斗中加入适量溶剂浸没晶体	3		
		用玻璃棒轻轻搅拌，再抽气过滤（1～2 遍）	10		
	干燥	取下布氏漏斗，把晶体倒入表面皿中	3		
		根据晶体的性质，正确地选用干燥方法	1		
	实训报告	能够根据操作方法及步骤写出实训报告	1		
综合评价					

实训五　有机化合物的性质（一）

一、实训目的

1. 掌握烃的主要性质及饱和烃和不饱和烃的鉴别反应。
2. 掌握醇、酚主要化学性质，学会鉴别醇、酚的方法。
3. 掌握醛、酮主要化学性质，学会鉴别醛、酮的方法。
4. 进一步练习巩固胶头滴管、试管、酒精灯、点滴板及水浴加热的操作。
5. 培养学生创新意识，认真观察，勤于思考的工作作风。

二、实训原理

1. 烷烃在通常情况下不与强氧化剂、强酸、强碱作用。不饱和的烯烃和炔烃易与其他物质发生加成反应、氧化反应、聚合反应等。其中链端炔烃三键上的 H 原子很活泼，容易被金属原子取代而生成金属炔化物。根据这些性质，可以区别烷烃、烯烃和炔烃。

2. 在醇和酚分子中都含有羟基，羟基（—OH）是醇和酚的官能团。

在醇中，O—H 键和 C—O 都容易断裂。同时 α-H 有一定的活性，使得伯醇、仲醇能被强氧化剂（如重铬酸钾）氧化；而叔醇没有 α-H，一般不能被氧化；β-H 也有一定的活性，使得有 β-H 的醇能发生消除反应；根据伯醇、仲醇、叔醇的羟基被氯所取代的速率不同，可用卢卡斯试剂来进行鉴别；具有邻二醇结构的多元醇，除具有一般醇的性质外，还具有一些特殊的性质，如能和甘油反应，生成深蓝色的配合物等。

酚性质不同于醇，主要有弱酸性，并易被氧化、和 Fe^{3+} 反应而显色等，酚羟基使苯环活化。

3. 醛酮能发生加成反应，α-H 的反应和还原反应等。醛具有较强还原性，能发生银镜反应，斐林反应等，还能与希夫试剂发生显色反应，因此可利用这些反应鉴别醛与酮。

三、实训仪器与试剂

仪器：250ml 蒸馏烧瓶、洗气瓶、恒压漏斗、试管、酒精灯、玻璃棒、蓝色石蕊试纸、点滴板、烧杯、温度计、石棉网、铁架台等。

试剂：电石、液体石蜡、汽油、松节油、10% $CuSO_4$、饱和食盐水、5g/L$KMnO_4$、3mol/LH_2SO_4、溴的 CCl_4 溶液、10g/L$AgNO_3$ 氨溶液、50g/LCu_2Cl_2 氨溶液、金属钠、无水乙醇、酚酞试液、正丁醇、仲丁醇、叔丁醇、甘油、苯酚、蒸馏水、卢卡斯试剂、0.17mol/L$K_2Cr_2O_7$ 溶液、2.5mol/LNaOH 溶液、0.2mol/L 苯酚溶液、0.1mol/L 苯酚溶液、0.1mol/L 邻苯二酚溶液、0.1mol/L 苯甲醇溶液、0.5mol/L$CuSO_4$ 溶液、饱和 Na_2CO_3 溶液、饱和 $NaHCO_3$ 溶液、饱和溴水、0.05mol/L $FeCl_3$ 溶液、40%甲醛溶液、乙醛、丙酮、苯甲醛、斐林溶液 A、斐林溶液 B、希夫试剂、碘溶液、1mol/L 氨水、0.05mol/L $AgNO_3$ 溶液、pH 试纸。

四、实训内容

1. 烃的性质

（1）烷烃的性质　取试管 3 支，各加入 5 滴液体石蜡[1]，然后往一支试管中加入 2 滴 5g/L$KMnO_4$ 溶液和 3 滴 3mol/LH_2SO_4 溶液，一支试管中加入 5 滴溴的 CCl_4 溶液；一支试管中加入 5 滴 $AgNO_3$ 氨溶液，用力振荡，观察现象并解释。

（2）烯烃的性质　取试管 3 支，各加入 5 滴汽油[2]，然后往一支试管中加入 2 滴 5g/L$KMnO_4$ 溶液和 3 滴 3mol/LH_2SO_4 溶液，一支试管中加入 5 滴溴的 CCl_4 溶液；一支试管中加入 5 滴 $AgNO_3$ 氨溶液，用力振荡，观察现象并解释。

（3）环烯烃的性质　取试管 3 支，各加入 5 滴松节油[3]，然后往一支试管中加入 2 滴 5g/L$KMnO_4$ 溶液和 3 滴 3mol/LH_2SO_4 溶液，一支试管中加入 5 滴溴的 CCl_4 溶液；一支试管中加入 5 滴 $AgNO_3$ 氨溶液，用力振荡，观察现象并解释。

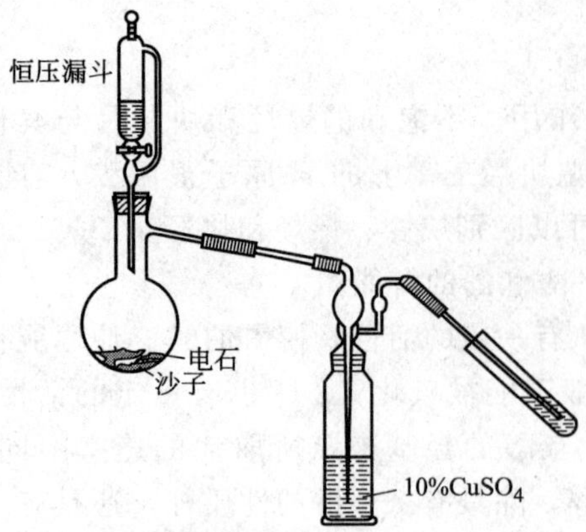

图 16-12 乙炔制备装置

(4) 炔烃的性质 取试管 4 支，往一支试管中加入 2 滴 5g/L$KMnO_4$ 溶液和 3 滴 3mol/LH_2SO_4 溶液；一支试管中加入 5 滴溴的 CCl_4 溶液；一支试管中加入 5 滴 $AgNO_3$ 氨溶液；一支试管中加入 5 滴 50g/LCu_2Cl_2 氨溶液。将制备的乙炔气（由电石与水反应制取，装置如图 16-12 所示[4]）分别通入 4 支试管中，观察现象并解释，写出有关化学反应方程式。

2. 醇、酚的性质

(1) 醇钠的生成和水解 在干燥洁净的试管中加入 0.5ml 无水乙醇，再加入一小粒用滤纸擦干的金属钠，观察放出的气体和试管发热。随着反应的进行，试管内溶液逐渐变稠，当钠完全溶解后，冷却，试管内凝成固体。然后滴加水直至固体溶解，再加一滴酚酞试液，观察现象并解释，写出有关化学反应方程式。

(2) 醇的氧化 取洁净的试管 4 支，有 3 支试管分别加入 5 滴正丁醇、仲丁醇、叔丁醇，另一支试管加入 5 滴蒸馏水作为对照，然后各加入 3mol/LH_2SO_4 溶液 10 滴和 0.17mol/L$K_2Cr_2O_7$ 溶液 2 滴，振摇，观察现象并解释，写出有关化学反应方程式。

(3) 与卢卡斯试剂反应 取洁净试管 3 支，分别加入正丁醇、仲丁醇、叔丁醇 3 滴，把 3 支试管放在 50～60℃水浴加热，然后同时向 3 支试管中各加入 5 滴卢卡斯试剂，振摇、静置，观察现象并解释。写出有关化学反应方程式。

(4) 甘油与氢氧化铜的反应 取两支洁净的试管，各加入 10 滴 2.5mol/LNaOH 溶液和 5 滴 0.5mol/L$CuSO_4$ 溶液，摇匀后，两支试管中分别加入 0.5ml 乙醇、甘油。振摇，观察现象并解释，写出有关化学反应方程式。

(5) 酚的弱酸性 取湿润的蓝色石蕊试纸和 pH 试纸各一片，放在点滴板凹穴中，各加 0.2mol/L 苯酚溶液 1 滴，观察现象并解释。

取洁净试管一支，加入 1ml 苯酚混浊液，逐滴加入 2.5mol/LNaOH 溶液，振摇，观察现象并解释，写出有关化学反应方程式。

取两支试管，各加入 1ml 苯酚混浊液，然后，一支试管中加入 0.5ml 饱和 Na_2CO_3 溶液，另一支试管加入 0.5ml 饱和 $NaHCO_3$ 溶液，振摇，观察现象并解释。写出有关化学反应方程式。

(6) 苯酚与溴反应 取洁净试管一支，加入 0.2mol/L 苯酚溶液 3 滴，逐滴加入饱和溴水，振摇，直至白色沉淀生成，观察现象并解释。写出有关化学反应方程式。

(7) 酚与 $FeCl_3$ 反应 取洁净试管 3 支，分别加入 5 滴 0.1mol/L 苯酚溶液、0.1mol/L 邻苯二酚溶液、0.1mol/L 苯甲醇溶液，再各加入 0.05mol/L$FeCl_3$ 溶液 1 滴，振摇，观察现象并解释。

3. 醛、酮的性质

(1) 与斐林试剂的反应 取洁净的大试管一支，加入 2ml 斐林溶液 A 和 2ml 斐林溶液

B。摇匀，分装在 4 支小试管中，然后，往 4 支试管中分别加入 40%甲醛溶液、乙醛、丙酮、苯甲醛 5 滴，摇匀，放在 80℃的水浴中加热 3～4min，观察现象并解释，写出有关化学反应方程式。

(2) 与托伦试剂的反应　在洁净的大试管中加入 0.05mol/L $AgNO_3$ 溶液 2ml，2.5mol/L NaOH 溶液 1 滴，然后在不断振摇下滴加 1mol/L 氨水，直至生成的氧化银沉淀恰好溶解为止，即配制成托伦试剂。把配好的托伦试剂分装在 4 支洁净的小试管中，再分别加入 40%甲醛溶液、乙醛、丙酮、苯甲醛各 5 滴，放在 80℃的水浴中加热几分钟，观察现象并解释，写出有关化学反应方程式。

(3) 与希夫试剂的反应　取洁净的试管 4 支，分别加入 40%甲醛溶液、乙醛、丙酮、苯甲醇 3 滴，然后各加入希夫试剂 10 滴，振摇，观察现象并解释。

(4) 碘仿反应　取洁净的大试管一支，然后加入碘溶液 3ml，再逐滴加入 2.5mol/LNaOH 溶液至碘的颜色褪去，即得碘仿试剂。另取小试管 4 支，分别加入 5 滴 40%甲醛溶液、乙醛、乙醇、丙酮，再各加入 10 滴碘仿试剂，振摇，观察现象并解释。写出有关化学反应方程式。

附注

[1] 液体石蜡为烷烃混合物。

[2] 汽油中含有少量的烯烃。

[3] 松节油分子中含环烯烃。

[4] 在 250mL 蒸馏烧瓶中加入 5g 碳化钙（电石），装上恒压漏斗（保持反应器和漏斗中的压力平衡，保证食盐水可顺利地加入，故使用恒压漏斗），在恒压漏斗中加入 40 ml 饱和食盐水（用饱和食盐水代替水，使反应比较缓和，产生的气流比较平稳）。蒸馏烧瓶的侧管连接盛有 10% $CuSO_4$ 溶液（工业品碳化钙中含硫化钙、磷化钙和砷化钙等杂质，它们与水作用时产生硫化氢、磷化氢和砷化氢等气体夹杂在乙炔中，使其带有恶臭味，同时硫化氢会影响乙炔银、乙炔亚铜的生成和颜色，故用 $CuSO_4$ 溶液把这些杂质除去）的洗气瓶，慢慢地从恒压漏斗加入饱和食盐水，便有乙炔生成，待空气排尽后，进行性质实验。

五、思考题

1. 用什么方法可以简单区别烷烃、烯烃和炔烃？
2. 为什么可用卢卡斯试剂来区别伯醇、仲醇、叔醇？此反应在应用时有什么限制？
3. 鉴别醛、酮都有哪些方法？
4. 具有怎样结构的化合物才能发生碘仿反应？

附：实训技能测试与评价体系

实训项目	考核内容	考核标准	分值	实际得分	扣分原因
烷烃、烯烃、炔烃的性质和鉴别	试剂选择	能根据实训要求，正确选择仪器和试剂	6		
	烷烃、烯烃、炔烃的性质	能正确地选择仪器和试剂验证烷烃的性质	5		
		能正确地选择仪器和试剂验证烯烃的性质	5		
		能正确地选择仪器和试剂验证炔烃的性质	5		
	烷烃、烯烃、炔烃的鉴别	正确选择鉴别烷烃、烯烃、炔烃的仪器和试剂	5		
		会用两种或两种以上的方法鉴别烷烃、烯烃、炔烃。要求添加试剂操作正确；试剂用量合适；反应速率快，且现象明显	8		

续表

实训项目	考核内容	考核标准	分值	实际得分	扣分原因
醇、酚的性质和鉴别	试剂选择	能根据实训要求，正确选择仪器和试剂	6		
	醇、酚的性质	能正确地选择仪器和试剂验证醇的化学性质	5		
		能正确地选择仪器和试剂验证酚的化学性质	5		
	醇、酚的鉴别	正确选择鉴别醇和酚的仪器和试剂	5		
		会用两种或两种以上的方法鉴别醇和酚。要求添加试剂操作正确；试剂用量合适；反应速率快，且现象明显	8		
醛、酮的性质和鉴别	试剂选择	能根据实训要求，正确选择仪器和试剂	6		
	醛、酮的性质	能正确地选择仪器和试剂验证醛的化学性质	5		
		能正确地选择仪器和试剂验证酮的化学性质	5		
	醛、酮的鉴别	正确选择鉴别醛和酮的仪器和试剂	5		
		会用两种或两种以上的方法鉴别醛和酮。要求添加试剂操作正确；试剂用量合适；反应速率快，且现象明显	8		
	实训报告	能够根据操作方法及步骤写出实训报告	8		
综合评价					

实训六　乙酸乙酯的制备

一、实训目的

1. 掌握乙酸乙酯的制备原理及方法。
2. 学会分液漏斗的使用。
3. 掌握蒸馏、萃取、洗涤、干燥等基本操作。

二、实训原理

乙酸乙酯的合成方法很多，其中最常用的方法是在酸催化下由乙酸和乙醇发生酯化反应生成酯。反应方程式如下：

$$CH_3COOH + CH_3CH_2OH \xrightleftharpoons[110-120℃]{H_2SO_4} CH_3COOCH_2CH_3 + H_2O$$

酯化反应是一个可逆反应，当反应达到平衡时，只有 2/3 的酸和醇能转变成酯。为了提高酯的产率，必须尽量使反应向有利于生成酯的方向进行。一般采用的措施包括：①使某一反应物醇或酸过量。过量反应物的选择需考虑原料是否易得、价廉、容易回收等因素。②将反应中生成的酯或水及时除去，使平衡向右移动。

三、实训仪器与试剂

仪器：150ml 三口烧瓶、60ml 滴液漏斗、125ml 分液漏斗、100℃ 和 200℃ 温度计、150mm 刺形分馏柱、250ml 直形冷凝管、接液管、50ml 锥形瓶、60ml 干燥的蒸馏烧瓶、量筒、酒精灯（或电热套）、水浴锅、滤纸、铁架台。

试剂：95%乙醇、冰醋酸、浓硫酸、饱和食盐水、2mol/L Na_2CO_3 溶液、4.5mol/L $CaCl_2$ 溶液、无水 $MgSO_4$、沸石、广泛 pH 试纸。

四、实训内容

1. 乙酸乙酯粗品的制备

按图 16-13 安装制备装置。安装装置应遵循“从下而上、自左至右”的原则。

在 150ml 三口烧瓶中，加入 10ml 95%乙醇，在振荡下分次加入 8ml 浓硫酸，混合均匀，加入 2～3 粒沸石。用铁夹将烧瓶固定在铁架台上，右侧瓶口插入 200℃温度计，温度计的水银球部分应距离烧瓶底约 1cm。左侧瓶口装置滴液漏斗，滴液漏斗的下端应插入液面以下约 1cm（若漏斗末端不够长，可用橡皮管接上一段玻璃管）。在滴液漏斗中，加入 20ml 冰醋酸和 20ml 乙醇。中间瓶口装置刺形分馏柱，分馏柱的上端用软木塞封闭，支管与冷凝管连接。冷凝管的下端依次连接液管和锥形瓶。

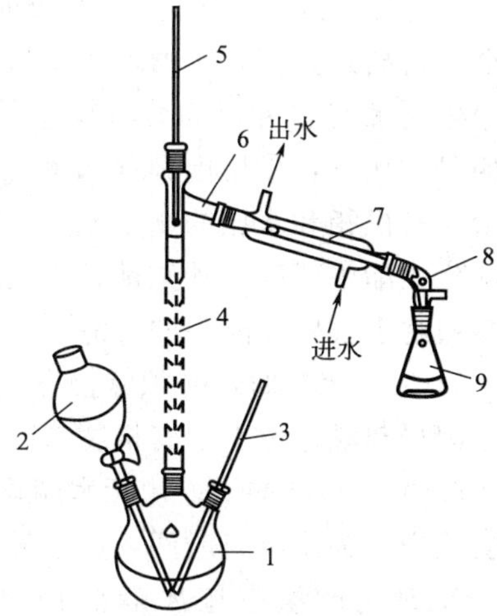

图 16-13 乙酸乙酯的制备装置
1—三口烧瓶；2—滴液漏斗；3,5—温度计；4—刺形分馏柱；6—蒸馏头；7—直形冷凝管；8—接液管；9—接收器

安装完毕后，先由滴液漏斗向反应瓶中滴入约 3～4ml 反应混合物。再用酒精灯（或电热套）小心加热，使反应体系升温至 110～120℃，此时冷凝管口应有液体蒸出。保持反应瓶中的温度，并将滴液漏斗中的混合液慢慢滴入反应瓶（约 60min 滴完）。滴完后继续保温 120℃，10min。

制备结束后，先停止加热，冷却后停止通水，拆卸仪器顺序与安装时相反。

将收集到的馏分置于分液漏斗中，用 10ml 饱和食盐水洗涤，弃去水层；上层液体再用 20ml 2mol/L Na_2CO_3 溶液洗涤，一直洗到上层液体 pH 为 7～8 为止。然后再用 10ml 水洗一次，用 10ml 4.5mol/L $CaCl_2$ 溶液洗涤两次。弃去水层，酯层自分液漏斗上口倒入干燥的 50ml 锥形瓶中，加适量无水 $MgSO_4$ 干燥，加塞，放置，直至液体澄清，得到乙酸乙酯粗品。

2. 乙酸乙酯的蒸馏精制

安装好蒸馏装置，将乙酸乙酯粗品通过漏斗过滤至 60ml 干燥的蒸馏烧瓶中，加沸石，水浴加热蒸馏。用已称重量的 50ml 锥形瓶收集 73～78℃的馏分，称重。

纯乙酸乙酯为无色水果香味的液体，b. p. 77. 1℃。测定产品沸点并与纯品比较。

3. 计算产率

$$产率=\frac{实验产量}{理论产量}\times 100\%$$

五、注意事项

1. 本实验的关键是控制酯化反应的温度和滴液速度。反应温度必须控制在 110～120℃

之间，反应温度低，反应不完全，温度过高（>140℃）易发生醇脱水和氧化等副反应而降低酯的产量。因此，要严格控制好温度。反应瓶里的反应温度可用滴加速度来控制。温度接近 120℃，适当加速滴入；温度落到接近 110℃，适当减速滴入；温度落到 110℃停止滴加；待温度升到 110℃以上时，再滴加。

2. 要正确控制滴加速度，使与馏出液蒸出的速度大体保持同步。滴加速度过快，会使大量乙醇和乙酸来不及发生反应而被蒸出，同时也造成反应混合物温度下降，导致反应速度减慢，从而影响产率；滴加速度过慢，又会浪费时间，影响实验进程。

3. 滴液漏斗的末端应插入液面以下 1cm，否则，滴入的乙醇、乙酸受热蒸发，反应不完全；若插入太深，压力增大反应物难以滴入。

4. 乙酸乙酯粗品中含有少量的乙醇、乙酸和水，所以需经一系列的洗涤步骤。各步洗涤的目的如下：①用饱和食盐水洗去部分乙醇和乙酸等水溶性杂质。使用饱和食盐水的目的是增大有机相和水相的比重差别，使分层更加容易。②用碳酸钠溶液洗去残留的乙酸。③用水洗除去酯中残存的碳酸钠，因为碳酸钠可以和氯化钙生成沉淀造成分离的困难。④用氯化钙溶液洗去残留在酯中的乙醇。

5. 加浓硫酸时，必须慢慢分次加入并充分振荡烧瓶，使其与乙醇均匀混合，以免在加热时因局部酸过浓引起有机物炭化等副反应。可在冷水浴下分次加入。

6. 本实验酯的干燥用无水硫酸镁，通常至少干燥半个小时以上，最好放置过夜。但在本实验中，为了节省时间，可放置 10min 左右。

7. 理论产量应按冰醋酸计算。乙酸乙酯的相对分子质量为 88.10，冰醋酸用量为 0.348mol，理论产量为 $0.348\times88.10=33.66$（g）。

六、思考题

1. 酯化反应有什么特点？本实验采用什么措施使反应尽量向正反应方向进行？
2. 乙酸乙酯的理论产量怎样计算？
3. 乙酸乙酯粗品中可能有哪些杂质？如何除去？
4. 浓硫酸在酯化反应中起什么作用？
5. 哪些是本实验成败的关键所在？为什么？

附：实训技能测试与评价体系

实训项目	考核内容	考核标准	分值	实际得分	扣分原因
乙酸乙酯的制备	乙酸乙酯粗品的回流制备	安装过程符合“从下而上，由左至右”的安装顺序	5		
		量取 10ml 95%乙醇加入三口烧瓶中，慢慢分次加入 8ml 浓硫酸，每次加入后摇匀。将 20ml 冰醋酸和 20ml 乙醇加入滴液漏斗中。要求量取准确、操作规范	10		
		向烧瓶中加入 2～3 颗沸石，正确连接反应装置。温度计距烧瓶底部约 1cm，滴液漏斗下端插入液面下约 1cm。检查气密性，并做出正确处理	10		
		先开通冷凝水，后加热。合理控制滴液速度、保持反应温度在 110～120℃及冷凝水流速的控制。滴完后保持 120℃约 10min	10		

续表

实训项目	考核内容	考核标准	分值	实际得分	扣分原因
乙酸乙酯的制备	乙酸乙酯粗品的回流制备	反应完成后，先停止加热，冷却后关闭冷凝水，按照与连接相反的顺序拆卸装置并洗涤干净	5		
	粗品的洗涤与干燥	选择规格合适的分液漏斗	2		
		将收集到的馏分倒入分液漏斗中，加 10ml 饱和食盐水洗涤，保留酯层	3		
		用 20ml 2mol/L Na_2CO_2 溶液洗涤，一直洗到酯层液体 pH 为 7～8 为止	5		
		用 10ml 水洗一次，用 10ml 4.5mol/L $CaCl_2$ 溶液洗涤两次，保留酯层	5		
		酯层自分液漏斗上口倒入干燥的 50ml 锥形瓶中，加适量无水硫酸镁干燥，加塞，放置，直至液体澄清，得到乙酸乙酯粗品	5		
	粗品的蒸馏精制	将乙酸乙酯粗品通过漏斗过滤至 60ml 蒸馏烧瓶中	5		
		加沸石，正确连接蒸馏装置。要求烧瓶内液面稍低于水浴液面，温度计水银球上沿与蒸馏支管下缘平齐，冷凝水下进上出，接液用的干燥锥形瓶预先称重	7		
		收集 73～78℃的馏分。控制温度，馏出液滴以 1～2 滴/s 为宜	5		
		蒸馏完毕冷却后，按照与连接相反的顺序拆卸装置，并洗涤干净	5		
		称量收集馏分的锥形瓶，得出产品质量	3		
	计算产率	正确计算产率	5		
	实训报告	能够根据操作方法及步骤写出实训报告	10		
综合评价					

实训七　肉桂酸的制备

一、实训目的

1. 了解 Perkin 反应制备芳基取代 α、β-不饱和酸的方法。
2. 巩固回流、水蒸气蒸馏及重结晶等操作。
3. 学会规范的无水操作。

二、实训原理

芳香醛与脂肪族酸酐在相应的碱金属盐催化下，共热，发生缩合反应，称为 Perkin（帕金）反应，当酸酐包含两个 α-H 原子时，通常生成 α、β-不饱和酸，这是制备 α、β-不饱和酸的一种方法。常用的催化剂是相应酸酐的羧酸钾或钠盐。脂肪醛通常不发生 Perkin 反应。

本实验按照 Kalnin 所提出的方法，用碳酸钾代替 Perkin 反应中的醋酸钾，反应时间短，产率高。利用Perkin反应，将苯甲醛和醋酐，在无水碳酸钾催化下加热，发生羟醛缩合反应，得到肉桂酸。

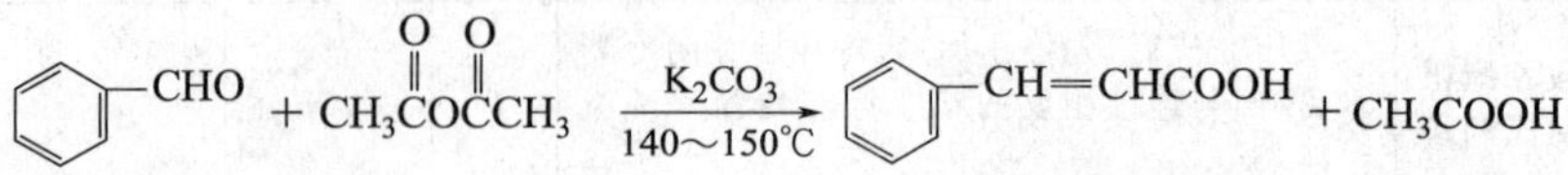

三、实训仪器与试剂

仪器：150ml干燥三口烧瓶、250ml干燥圆底烧瓶、温度计、干燥的空气冷凝管、石棉网、水浴锅、电热套（或酒精灯）、抽滤瓶、布氏漏斗、滤纸、水蒸气蒸馏装置、玻璃棒、铁架台、干燥的量筒、烧杯、活性炭。

试剂：苯甲醛、无水K_2CO_3、乙酸酐、饱和Na_2CO_3溶液、浓盐酸、沸石、广泛pH试纸。

四、实训内容

1. 肉桂酸粗品的合成

在干燥的150ml三口烧瓶中，加入4g研细的无水K_2CO_3粉末，7.5ml新蒸馏过的苯甲醛和10ml新蒸馏过的乙酸酐，振荡使其充分混合。然后放入2～3粒沸石，用铁夹固定在铁架台上，中间瓶口连接空气冷凝管，两个侧瓶口分别插入温度计和塞子，温度计水银球要插到液面下。在电热套上低电压加热回流，保持反应体系温度在150℃左右，加热30min。然后升温至160～170℃，保持1h（注意控制电热套的电压，勿使蒸汽从空气冷凝管中冒出。反应的正常现象为加热过程中反应物变为浅黄色白色的块状物）。回流初期有CO_2气体放出，有泡沫产生，因此整个回流过程应使液体始终保持微沸状态。

将反应混合物趁热（100℃左右）倒入干燥的250ml圆底烧瓶中，一边充分振摇烧瓶，一边慢慢加入饱和Na_2CO_3溶液（中和生成的副产物乙酸，使肉桂酸以盐的形式存在于水中），直至反应混合物用pH试纸检验呈弱碱性（pH为8较好）。

2. 肉桂酸粗品的重结晶精制

对反应物进行水蒸气蒸馏（其目的是除去未反应的苯甲醛，不然在重结晶脱色过程中加热时，苯甲醛气味很浓，污染空气，影响身体健康），至馏出液没有油珠为止，将馏出液倒入指定的回收瓶中。

撤出热源，待圆底烧瓶中残留液冷却后，加入少许活性炭，再加热煮沸8min。然后趁热抽滤，滤液用浓盐酸缓慢小心酸化（不要加入太快，以免产品冲出烧杯造成产品损失），使其呈明显酸性，放入冷水浴中冷却。至肉桂酸完全析出后抽滤，产物用少量水洗涤，挤压去水分，在100℃以下自然干燥或烘干（肉桂酸能升华，故烘干的温度不能过高），产物可在热水中重结晶。纯肉桂酸有顺反异构，通常以反式存在，为无色晶体，熔点为133℃。

3. 计算产率

对所得产物进行称重，然后计算。

$$产率=\frac{实验产量}{理论产量}\times 100\%$$

五、注意事项

1. 所用仪器必须是干燥的（包括反应瓶、冷凝管、量取苯甲醛和乙酸酐的量筒）。乙酸酐遇水能水解成乙酸，无水 K_2CO_3（需要烘干，否则也会使乙酸酐水解）遇水失去催化作用，影响反应进程。

2. 放久了的乙酸酐易潮解吸水成乙酸，故实验前必须将乙酸酐重新蒸馏，否则会影响产率。久置后的苯甲醛易自动氧化成苯甲酸，苯甲酸混在产物中不易除净，这不但影响产率，而且影响产物的纯度，故苯甲醛使用前必须蒸馏，收集 170～180℃的馏分。

3. 本实验中的无水 K_2CO_3 需新鲜熔融，也可用无水醋酸钾代替。但不能用 NaOH 代替。因苯甲醛在 NaOH 作用下可发生反应，生成苯甲酸。无水醋酸钾也必须新鲜熔融。将含水醋酸钾放入蒸发皿中加热，则盐先熔化，水分挥发后又结成固体。强热使固体再熔化，并不断搅拌，使水分蒸发后，趁热倒在金属板上，冷却后用研钵研碎，放在干燥器中待用。

4. 缩合反应宜缓慢升温，以防苯甲醛氧化。反应开始后由于逸出 CO_2，有泡沫出现，随着反应的进行，会自动消失。加热回流，控制反应呈微沸状态，否则易使乙酸酐蒸出影响产率。

5. 反应物必须趁热倒出，否则易凝成块状。热过滤时，要保持溶液微沸，布氏漏斗要事先浸在沸水中，用时取出，动作要快。

6. 肉桂酸要结晶彻底，必须要有足够的冷却时间。洗涤产品时，按照少量多次的原则，每次用 5ml 溶剂，洗 2～3 次，否则会造成产品损失。

7. 水蒸气蒸馏操作前，仔细检查整套装置的气密性。先打开 T 形管的止水夹，待有蒸气逸出时旋紧止水夹。控制溜出液的流出速度，以 1～2 滴/秒为宜。随时注意安全管的水位，若有异常现象，先打开止水夹，再移开热源，检查、排除故障后方可继续蒸馏。蒸馏结束后先打开止水夹，再停止加热，以防倒吸。

8. 苯甲醛是有毒有刺激性液体；乙酸酐强烈腐蚀皮肤，刺激黏膜和眼睛。使用它们都应小心。水蒸气蒸馏时，仪器很烫，操作一定要小心！

六、思考题

1. 制备肉桂酸时为什么用空气冷凝管作回流冷凝管？

2. 用水蒸气蒸馏除去什么？为什么要用水蒸气蒸馏？

3. 可以用具有 $(R_2CHCO)_2O$ 结构的酸酐与芳香醛发生 Perkin 反应，制备 α、β-不饱和酸吗？

4. 为什么不能用 NaOH 溶液代替 Na_2CO_3 溶液来中和水溶液？

附：实训技能测试与评价体系

实训项目	考核内容	考核标准	分值	实际得分	扣分原因
肉桂酸的制备	肉桂酸粗品的合成	安装回流制备装置：安装过程符合“从下而上，由左至右”的安装顺序。要求操作正确、规范	5		
		在三口烧瓶中，加入 4g 无水碳酸钾粉末，7.5ml 苯甲醛和 10ml 乙酸酐，振荡使其充分混合，要求操作规范、量取准确。切记无水操作要求	10		

续表

实训项目	考核内容	考核标准	分值	实际得分	扣分原因
肉桂酸的制备	肉桂酸粗品的合成	加入沸石，要求数量适宜。若发现没有加入沸石时，处置方法应合理规范	5		
		用铁夹固定烧瓶在铁架台上，中间瓶口连接空气冷凝管，两个侧瓶口分别插入温度计和塞子，温度计水银球要插到液面下。要求操作准确、规范	5		
		加热回流，保持温度在150℃左右，约30分钟，再升温至160～170℃，保持1小时，要求控温正确，保持回流过程处于微沸状态	10		
		将反应混合物趁热倒入干燥的圆底烧瓶中，一边充分振摇烧瓶，一边慢慢加入饱和Na_2CO_3溶液，至反应混合物用pH试纸检验呈弱碱性，得粗品。要求操作及时、正确、规范	10		
	肉桂酸粗品的精制	正确安装水蒸气蒸馏装置，装置气密性的检查及正确处理	5		
		对反应物进行水蒸气蒸馏，至馏出液无油状物止。将馏出液倒入回收瓶中。要求操作正确、规范	10		
		待烧瓶中残留液冷却后，加入少许活性炭，再加热煮沸8min。然后趁热抽滤。要求操作及时、正确、规范	7		
		滤液用浓盐酸缓慢小心酸化，使其呈明显酸性，放入冷水浴中冷却。切记酸化不要太快	5		
		冷却至肉桂酸完全析出后抽滤，产物用少量水洗涤，挤压去水分，在100℃以下自然干燥。要求操作正确、规范并控制好干燥温度	8		
		产物可在热水中重结晶。得肉桂酸精品并称重。要求操作正确、规范	5		
	计算产率	正确计算产率	5		
	实训报告	能够根据操作方法及步骤写出实训报告	10		
综合评价					

实训八　乙酰苯胺的制备

一、实训目的

1. 掌握乙酰苯胺的合成反应原理及其实训操作。
2. 进一步巩固重结晶的基本操作。
3. 巩固固体有机物的抽滤、洗涤、脱色等操作技术。

二、实训原理

乙酰苯胺可通过苯胺和冰醋酸、醋酸酐或乙酰氯等酰化试剂反应制得。本实验选用冰醋酸作乙酰化试剂。

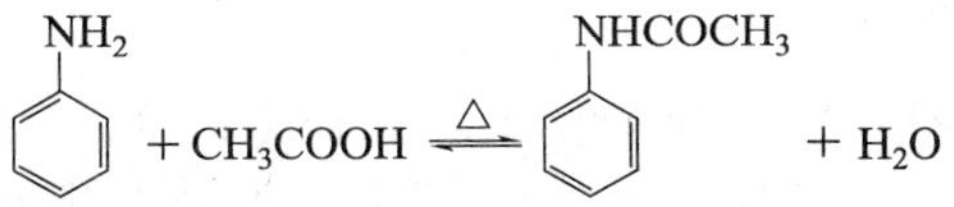

该反应为可逆反应，为提高产率，本实验采用冰醋酸过量，利用分馏除去产物及水两项措施来提高平衡转化率。

纯乙酰苯胺为白色片状结晶，熔点为 114℃，稍溶于热水、乙醇、乙醚、氯仿、丙酮等溶剂，而难溶于冷水，故用热水进行重结晶。

三、实训仪器与试剂

仪器：250ml 圆底蒸馏烧瓶、150mm 刺形（韦氏）分馏柱、蒸馏头、直形冷凝管、150℃温度计、100ml 锥形瓶、250ml 烧杯、酒精灯、布氏漏斗、抽滤装置、接液管、玻璃棒、表面皿、量筒、牛角匙、托盘水平、铁架台、滤纸。

试剂：苯胺、冰醋酸、锌粉、活性炭。

四、实训内容

1. 乙酰苯胺的制备

按图 16-14 安装回流制备装置。在干燥的 250ml 圆底蒸馏烧瓶中，加入新蒸馏的苯胺 10ml（10.2g）和冰醋酸 15ml（15.7g），并加入锌粉 0.1g，以防止苯胺在加热时被氧化。用铁夹将圆底烧瓶固定在铁架台上，瓶口安装 150mm 刺形分馏柱，分馏柱上端插一温度计，支管与冷凝管相连，冷凝管再连接接液管、锥形瓶，以收集反应过程中蒸出的水和醋酸。

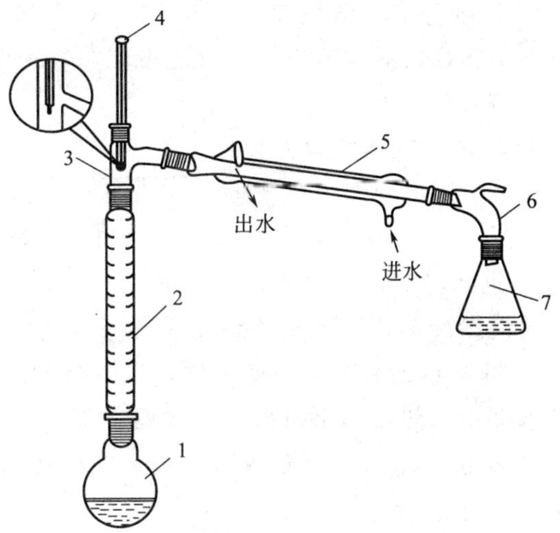

图 16-14　乙酰苯胺制备装置

1—圆底烧瓶；2—刺形分馏柱；3—蒸馏头；4—温度计；5—直形冷凝管；6—接液管；7—接收器（锥形瓶）

小火慢慢加热圆底烧瓶至反应物保持微沸约 15min，然后逐渐升高温度，当温度计读数升至 100℃左右，分馏柱的支管有液体流出时，小心控制加热，保持温度在 100～110℃，继续反应约 1.5h。当反应生成的水和部分醋酸被蒸出，温度计读数迅速下降时（在烧瓶的液面上方可观察到白色雾状蒸气，此时溜出液约有 6～8ml），表示反应已经完成。停止加热，依次拆卸接液管、冷凝管、温度计、分馏柱等。

趁热将圆底烧瓶中产物倒入盛有 200ml 冷水的烧杯中，继续搅拌冷却，粗制乙酰苯胺以细粒状逐渐析出。待完全冷却后抽滤，用少量冷水（约 5～10ml）洗涤布氏漏斗中的固体，以除去表面上残留的酸液，即得乙酰苯胺粗品。

2. 乙酰苯胺粗品的重结晶

将乙酰苯胺粗品小心倒入盛有 200ml 热水烧杯中，继续加热搅拌，待油状物完全溶解后，停止加热，稍冷后加活性炭约 0.5g，再搅拌加热至沸约 1～2min，将沸腾的溶液小心倒入已预热好的布氏漏斗和抽滤器中快速抽滤。冷却静置滤液至室温，则乙酰苯胺呈无色片状结晶析出，析出完全后，需再次抽滤，并用少量冷水洗涤结晶 2～3 次，抽干后转入已预先称重的洁净的表面皿中，晾干或在 100℃ 以下烘干，得精制乙酰苯胺，称重。

3. 计算产率

$$产率=\frac{实验产量}{理论产量}\times 100\%$$

五、注意事项

1. 苯胺易氧化，在空气中放置会变成红色，使用时必须重新蒸馏除去其中的杂质。苯胺有毒，应避免皮肤接触或吸入蒸气。量取苯胺应在通风橱内进行且及时盖紧试剂瓶。实验中加锌粉是防止苯胺被氧化，但要适量，加得过多，会出现不溶于水的氢氧化锌，很难从乙酰苯胺中分离出来。同时，锌粉起着沸石的作用，故本实验不需加沸石。

2. 控制分馏柱顶温度在 100～110℃之间，是为了保证将水（b. p. 100℃）蒸出而（醋酸 b. p. 118℃）不被蒸出。其方法可以是在分馏柱表面裹以石棉绳以保证分馏柱内的温度梯度。反应开始应避免强烈加热。

3. 活性炭在本实验中起脱色作用，注意不可趁热加入以免暴沸，活性炭用量为粗品的 1%～5%。不宜过多，煮沸时间不宜过长，以免部分产品被吸附。

4. 由于馏出液中没有产物，所以可省出冷凝管，但接收器要用冷水冷却。

5. 重结晶时，热过滤是关键的一步。抽滤过程要快，避免产品在布氏漏斗中结晶，而滤液要慢慢冷却，使得到的结晶晶形好、纯度高。

6. 可将布氏漏斗用铁夹夹住，倒悬在热水浴上，利用水蒸气进行充分预热。抽滤瓶应放在水浴中预热，切不可放在石棉网上加热。也可将这两种仪器放入烘箱中烘热后使用。

7. 停止抽滤前，应先将抽滤瓶上的橡皮管拔出，否则因压力不平衡，会使水泵的水发生倒吸。

8. 乙酰苯胺冷却析出晶体时，应及时更换冷水并保证有足够的冷却时间，使析晶完全，必要时可用冰水冷却。

六、思考题

1. 常用的乙酰化试剂有哪些？本实验为什么选用冰醋酸和分馏装置？

2. 反应完毕后为何必须趁热将溶液倒入冷水中？

3. 反应时为何要将分馏柱顶温度控制在 100～110℃之间？若温度过高有何不好影响？

4. 除了用水对乙酰苯胺进行重结晶外，还可选用其他有机溶剂吗？

附：实训技能测试与评价体系

<table>
<tr><th>实训项目</th><th>考核内容</th><th>考核标准</th><th>分值</th><th>实际得分</th><th>扣分原因</th></tr>
<tr><td rowspan="13">乙酰苯胺的制备</td><td rowspan="6">乙酰苯胺粗品的合成</td><td>回流装置的安装：要求安装过程符合“从下而上，由左至右”的安装顺序，操作规范、正确、美观</td><td>5</td><td></td><td></td></tr>
<tr><td>量取 10ml 苯胺和 15ml 冰醋酸及锌粉 0.1g 加入蒸馏烧瓶中，要求操作规范、量取准确</td><td>5</td><td></td><td></td></tr>
<tr><td>正确连接装置，要求温度计水银球上端与蒸馏头支管下缘处于同一水平线。装置气密性的检查及正确处理。冷凝水是否下进上出，流速适当</td><td>10</td><td></td><td></td></tr>
<tr><td>小火加热微沸约 15min，再逐渐升高温度，并保持温度在 100～110℃约 1.5h 以充分反应，要求严格控温</td><td>10</td><td></td><td></td></tr>
<tr><td>反应完成时停止加热，然后依次正确拆卸制备装置</td><td>5</td><td></td><td></td></tr>
<tr><td>趁热将烧瓶中产物倒入盛有 200ml 冷水的烧杯中，继续搅拌冷却至晶体析出，抽滤、水洗涤，得乙酰苯胺粗品。要求操作及时、正确、规范</td><td>10</td><td></td><td></td></tr>
<tr><td rowspan="5">乙酰苯胺粗品的重结晶精制</td><td>滤纸的准备，抽滤瓶及布氏漏斗的预热</td><td>5</td><td></td><td></td></tr>
<tr><td>将乙酰苯胺粗品小心倒入 200ml 煮沸的水中，继续加热搅拌至油状物完全溶解，停止加热，稍冷加活性炭约 0.5g，再加热煮沸约 1～2min，要求操作及时、正确、规范</td><td>10</td><td></td><td></td></tr>
<tr><td>将沸腾的溶液小心倒入预热好的布氏漏斗和抽滤器中快速抽滤。冷却静置滤液至室温，则乙酰苯胺呈无色结晶析出，要求操作及时、正确、规范</td><td>10</td><td></td><td></td></tr>
<tr><td>再次抽滤、洗涤、抽干。要求操作正确、规范</td><td>5</td><td></td><td></td></tr>
<tr><td>将抽干产品转入预先称重的洁净的表面皿中，晾干或在 100℃以下烘干，得精制乙酰苯胺。要求操作正确、规范</td><td>10</td><td></td><td></td></tr>
<tr><td>计算产率</td><td>称重，计算产率。要求计算准确</td><td>5</td><td></td><td></td></tr>
<tr><td>实训报告</td><td>能够根据操作方法及步骤写出实训报告</td><td>10</td><td></td><td></td></tr>
<tr><td>综合评价</td><td colspan="5"></td></tr>
</table>

实训九　从茶叶中提取咖啡因

一、实训目的

1. 学习从茶叶中提取咖啡因的基本原理和方法。
2. 掌握用索氏提取器提取有机物的原理和方法。

3. 熟悉萃取、蒸馏、升华等操作技术。

二、实训原理

咖啡因（1,3,7-三甲基-2,6-二氧嘌呤）又叫咖啡碱，是一种生物碱，存在于茶叶、咖啡、可可等植物中。茶叶中含有1%～5%的咖啡因，同时还含有单宁酸、色素、纤维素等物质。咖啡因的结构式如下：

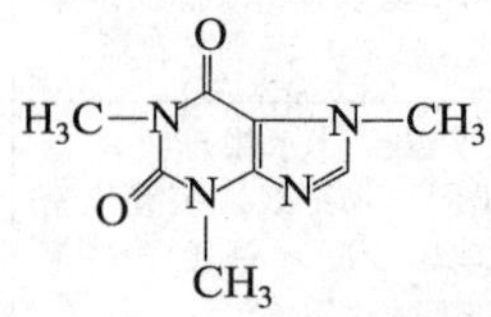

咖啡因是弱碱性化合物，可溶于氯仿、丙醇、乙醇和热水中，难溶于乙醚和苯（冷）。纯品熔点235～236℃，含结晶水的咖啡因为无色针状晶体，在100℃时失去结晶水，并开始升华，120℃时显著升华，178℃时迅速升华。利用这一性质可纯化咖啡因。

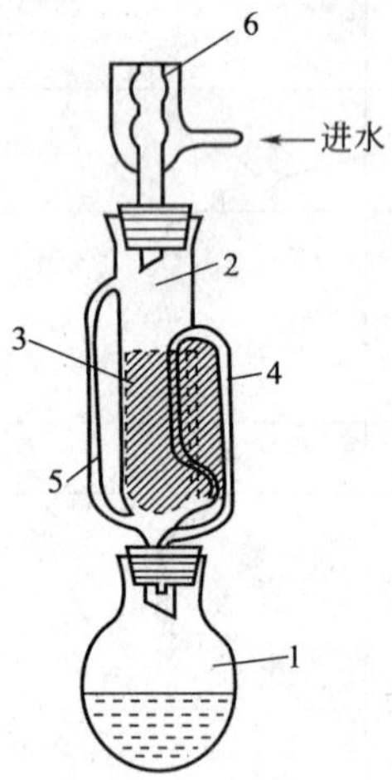

图 16-15　索氏提取器

1—圆底烧瓶；2—抽提筒；3—滤纸套筒；4—虹吸管；5—蒸气上升管；6—回流冷凝管

提取咖啡因的方法有碱液提取法和索氏提取器提取法两种。本实训以乙醇为溶剂，用索氏提取器提取，再经浓缩、中和升华后得到咖啡因。

索氏（Soxhlet）提取器由烧瓶、抽提筒（提取筒）、回流冷凝管三部分组成，装置如图16-15所示。索氏提取器是利用溶剂的回流与虹吸原理，使固体物质每次都被纯的热溶剂所萃取，可减少溶剂用量，缩短提取时间，因而效率较高。

萃取前，应先将固体物质用研钵研细，以增加溶剂浸溶面积。然后将研细的固体物质装入滤纸套筒内，再置于抽提筒。烧瓶内盛溶剂，并与抽提筒相连，抽提筒上端接回流冷凝管。溶剂受热沸腾，其蒸气沿抽提筒侧管上升至冷凝管，冷凝为液体，滴入滤纸筒中，并浸泡筒中样品。当液面超过虹吸管最高处时，即虹吸流回烧瓶，从而萃取出溶于溶剂的部分物质。如此多次重复，把要提取的物质富集于烧瓶内。提取液经浓缩除去溶剂后，即得产物。

三、实训仪器与试剂

仪器：索氏提取器（150ml圆底烧瓶、抽提筒、回流冷凝管）、量筒、水浴锅、蒸馏装置（蒸馏烧瓶、冷凝管、接液管、锥形瓶、温度计等）蒸发皿、玻璃漏斗、玻璃棒、表面皿、电热套、滤纸、研钵、脱脂棉、石棉网、托盘天平。

试剂：茶叶、95%乙醇溶液、生石灰粉末、沸石。

四、实训内容

称取5g干茶叶，研细，装入滤纸筒内，轻轻压实，滤纸筒上口塞一团脱脂棉，置于抽提筒中，圆底烧瓶内加入80ml95%乙醇和少量沸石，按图16-16安装装置。加热乙醇至沸，连续抽提1～1.5h，待冷凝液刚刚虹吸下去时，立即停止加热。

将仪器改装成蒸馏装置，水浴加热蒸馏，回收大部分乙醇（乙醇沸点是78℃）。当烧瓶中残留液大约15～20ml时，停止蒸馏。

将残留液倾入蒸发皿中，烧瓶用少量乙醇洗涤，洗涤液也倒入蒸发皿中，把蒸发皿放在电热套或沙浴上慢慢加热，将残留液浓缩至剩余约10ml时。再向蒸发皿中的残留液中加入4g生石灰粉，搅拌均匀，继续慢慢加热蒸发至干，除去全部水分。冷却后，擦去附在边上的粉末，以免升华时污染产物。

将一张刺有许多小孔的圆形滤纸盖在蒸发皿上，取一只大小合适的玻璃漏斗罩于其上，漏斗颈部疏松地塞一团棉花（见图16-16）。

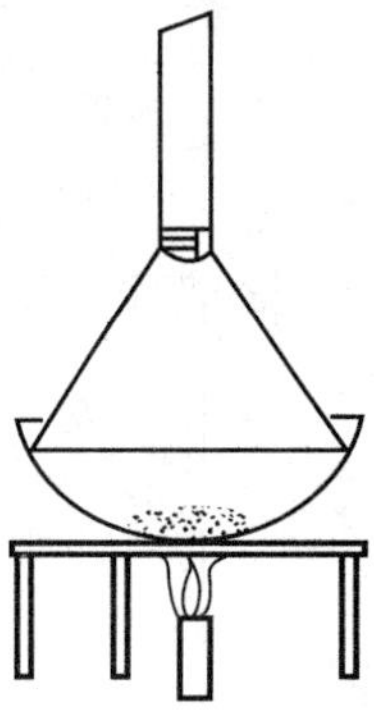
图16-16 升华装置

用电热套或沙浴小心加热蒸发皿（蒸发皿要垫石棉网，最好蒸发皿和石棉网之间有一点空隙），慢慢升高温度，使咖啡因升华（咖啡因在100℃时即失去结晶水，并开始升华，120℃时升华相当显著，至178℃时升华很快。无水咖啡因的熔点为234.5℃）。咖啡因通过滤纸孔遇到漏斗内壁凝为固体，附着于漏斗内壁和滤纸上。当滤纸上出现白色针状晶体时，暂停加热。冷至100℃左右（冷却约5min即可），揭开漏斗和滤纸，仔细用小刀把附着于滤纸及漏斗壁上的咖啡因刮入事先已称重的表面皿中。将蒸发皿内的残渣加以搅拌，重新放好滤纸和漏斗，用较高的温度再加热升华一次。（此时，温度也不宜太高，否则蒸发皿内被加热物质和滤纸炭化，产生冒烟现象，一些有色物质也会被带出来，影响产品的质和量。）合并两次升华所收集的咖啡因。

称量表面皿和咖啡因的质量，减去表面皿的质量就是咖啡因的质量。

五、注意事项

1. 滤纸筒的直径要略小于抽提筒的内径，其高度一般要超过虹吸管，但是样品不得高于虹吸管。如无现成的滤纸筒，可自行制作。其方法为：取脱脂滤纸一张，卷成圆筒状（其直径略小于抽提筒内径），底部折起而封闭（必要时可用线扎紧），装入样品，上口盖脱脂棉，以保证回流液均匀地浸透被萃取物。

2. 提取过程中，生石灰起中和及吸水作用。

3. 索式提取器的虹吸管极易折断，安装和取拿时必须特别小心。

4. 提取时，如留烧瓶里有少量水分，升华开始时，将产生一些烟雾，污染器皿和产品。

5. 蒸发皿上覆盖刺有小孔的滤纸是为了避免已升华的咖啡因回落入蒸发皿中，纸上的小孔应保证蒸气通过。漏斗颈塞棉花，为防止咖啡因蒸气逸出。

6. 在升华过程中必须始终严格控制加热温度，温度太高，将导致被烘物和滤纸炭化，一些有色物质也会被带出来，影响产品的质和量。进行再升华时，加热温度亦应严格控制。

六、思考题

1. 索式提取器有哪几部分组成？它的萃取原理是什么？它与一般的浸泡萃取相比，有哪些优点？

2. 本实训进行升华操作时，应注意什么？

附：茶叶中咖啡因提取实训技能测试与评价体系

实训项目	考核内容	考核标准	分值	实际得分	扣分原因
茶叶中咖啡因的提取	仪器的选择	根据实验内容，正确的选择所需仪器	5		
	咖啡因的提取	正确称量干茶叶5g，研细。 装入滤纸筒里，滤纸筒上塞一棉花团	5 1		
		将滤纸筒装入抽提筒中； 圆底烧瓶中加入80ml95%乙醇和少量沸石； 正确安装好索氏提出器(先下后上)； 加热乙醇至沸，连续萃取1～1.5h； 待乙醇冷凝液刚刚虹吸下去，停止加热	1 1 15 5 1		
		将萃取液倒入蒸馏烧瓶中； 安装好蒸馏装置； 水浴加热； 回收大部分乙醇，烧瓶中残留液大约15～20ml时，停止蒸馏	1 15 3 5		
		将残留液倒入蒸发皿中，烧瓶用少量的乙醇洗涤，洗液倒入蒸发皿； 加热蒸发皿，将残留液浓缩至约10ml； 加入4克生石灰粉末，搅匀，加热至干； 冷却，擦净蒸发皿边缘上的粉末	3 5 5 1		
		取一张滤纸，在上面刺若干小孔并盖在蒸发皿上； 取大小合适的玻璃漏斗，盖在蒸发皿上； 加热蒸发皿，使咖啡因升华，当滤纸上出现晶体时，停止加热； 用小刀刮下滤纸和漏斗上的咖啡因置于干净的、已称质量的表面皿中； 冷却后，搅拌残渣，再加热升华，得咖啡因合并在表面皿里	3 1 10 3 7		
		用小台秤称量咖啡因的质量	3		
	实训报告	能够根据操作方法及步骤写出实训报告	1		
综合评价					

实训十　有机化合物的性质（二）

一、实训目的

1. 掌握羧酸主要化学性质及操作。
2. 掌握糖类化合物主要性质，学会鉴别糖类化合物的方法。
3. 掌握氨基酸、蛋白质主要化学性质，学会鉴别氨基酸、蛋白质的方法。
4. 培养学生耐心细致，一丝不苟的工作态度。

二、实训原理

1. 羧酸分子中含有羧基，羧酸具有较明显的酸性，能发生取代反应。
2. 单糖，部分的双糖（如麦芽糖、乳糖）属于还原性糖，而部分的双糖（如蔗糖）和所有多糖属于非还原性糖。除单糖外，双糖和多糖在酸或酶作用下能发生水解，水解的最终产物都是单糖。淀粉遇碘变蓝色，这是淀粉的特性反应。

3. 氨基酸和蛋白质的分子中同时含有显碱性的氨基和显酸性的羧基，是两性的，有等电点。此外氨基酸还有特殊的颜色反应。蛋白质的相对分子质量很大，属于高分子化合物，所以蛋白质溶液具有胶体的性质；又因为蛋白质分子结构具有特殊性，所以蛋白质还有易变性、可水解和特殊颜色反应等性质。

三、实训仪器与试剂

仪器：试管夹、试管、酒精灯、点滴板、烧杯。

试剂：0.1mol/L 甲酸溶液、0.1mol/L 乙酸溶液、0.1mol/L 乙二酸溶液、0.1mol/L 丁二酸溶液、50g/L$AgNO_3$溶液、1mol/L 氨水、0.5mol/LNaOH 溶液、蒸馏水、乙二酸晶体、2g/L$KMnO_4$溶液、3mol/LH_2SO_4溶液、0.5mol/L 葡萄糖溶液、0.5mol/L 果糖溶液、0.5mol/L 麦芽糖溶液、0.5mol/L 蔗糖溶液、20g/L 淀粉溶液、班氏试剂、碘溶液、斐林溶液 A、斐林溶液 B、莫立许试剂、塞利凡诺夫试剂、0.2mol/L 甘氨酸溶液、0.2mol/L 酪氨酸溶液、蛋白质溶液、0.2mol/L 茚三酮溶液、0.2mol/L 苯酚溶液、2.5mol/LNaOH 溶液、2.5mol/LHCl、100g/L 蛋白质氯化钠溶液、10g/L 醋酸铅溶液、10g/L$CuSO_4$溶液、10g/L $AgNO_3$ 溶液、2mol/L 醋酸、饱和硫酸铵溶液、硫酸铵晶体、饱和鞣酸溶液、饱和苦味酸溶液、浓硫酸、浓硝酸、pH 试纸。

四、实训内容

1. 羧酸的性质

(1) 羧酸的酸性　取洁净的白色点滴板一块，在四个凹穴中各放入一小片 pH 试纸，然后分别滴加一滴 0.1mol/L 甲酸溶液、0.1mol/L 乙酸溶液、0.1mol/L 乙二酸溶液、0.1mol/L 丁二酸溶液，比较 pH 试纸的颜色，对照比色板，读出 pH 值。

(2) 甲酸的还原性　在洁净的试管中加入 50g/L$AgNO_3$溶液 1ml，0.5mol/LNaOH 溶液 1 滴，然后在不断振摇下滴加 1mol/L 氨水，直至生成的氧化银沉淀恰好溶解为止，即得托伦试剂。另取一支洁净的试管，加入 0.1mol/L 甲酸溶液 5 滴，用 0.5mol/LNaOH 溶液中和使溶液显碱性，然后加入托伦试剂 1ml，在 50～60℃水浴加热数分钟，观察现象并解释。写出有关的化学反应方程式。

(3) 羧酸的还原性　取 4 支试管，分别加入 5 滴 0.1mol/L 甲酸溶液、5 滴 0.1mol/L 乙酸溶液、5 滴蒸馏水和少许乙二酸晶体。然后各加入 2 滴 2g/L$KMnO_4$溶液和 5 滴 3mol/LH_2SO_4溶液，摇匀，在温水浴上加热，观察现象并解释。写出有关的化学反应方程式。

2. 糖类化合物的性质

(1) 糖的还原性

① 糖与班氏试剂反应　取洁净的试管 5 支，各加入班氏试剂 1ml，再分别加入 5 滴 0.5mol/L 葡萄糖溶液、0.5mol/L 果糖溶液、0.5mol/L 麦芽糖溶液、0.5mol/L 蔗糖溶液、20g/L 淀粉液，摇匀。把试管放在 60℃水浴中加热 3～4min，观察现象并解释。

② 糖与斐林试剂反应　取一洁净的大试管，加入 2.5ml 斐林溶液 A 和 2.5ml 斐林溶液

B，摇匀，分装于5支小试管中。把小试管放在水浴上温热，然后分别加入5滴0.5mol/L葡萄糖溶液、0.5mol/L果糖溶液、0.5mol/L麦芽糖溶液、0.5mol/L蔗糖溶液、20g/L淀粉液，再把5支试管放在60℃水浴加热3～4min，观察现象并解释。

③ 糖与托伦试剂反应　取洁净的大试管一支，加入50g/L$AgNO_3$溶液2ml，一滴0.5mol/LNaOH溶液，再滴加1mol/L氨水至沉淀刚好消失为止，即得托伦试剂。把托伦试剂分装于5支洁净的小试管中，然后分别加入5滴0.5mol/L葡萄糖溶液、0.5mol/L果糖溶液、0.5mol/L麦芽糖溶液、0.5mol/L蔗糖溶液、20g/L淀粉液，再把5支试管放在60℃水浴加热3～4min，观察现象并解释。

(2) 糖的颜色反应

① 莫立许反应　取洁净的试管5支，各加入10滴0.5mol/L葡萄糖溶液、0.5mol/L果糖溶液、0.5mol/L麦芽糖溶液、0.5mol/L蔗糖溶液、20g/L淀粉液，再各加入2滴莫立许试剂，摇匀。再把试管倾斜45°角，沿试管壁慢慢加入浓硫酸10滴，静置，勿摇动，观察两液层之间有无颜色变化？若数分钟内无颜色出现，可在水浴上温热再观察（注意：不要晃动试管），解释现象。

② 塞利凡诺夫反应　取试管5支，各加入塞利凡诺夫试剂1ml，再分别加入5滴0.5mol/L葡萄糖溶液、0.5mol/L果糖溶液、0.5mol/L麦芽糖溶液、0.5mol/L蔗糖溶液、20g/L淀粉液，摇匀，在沸水浴中加热2min，观察现象并解释。

③ 淀粉与碘的反应　取洁净的试管一支，加入1滴20g/L淀粉液，再加入4ml蒸馏水，然后加入碘溶液1滴，观察现象；将此溶液加热至沸，再冷却，观察颜色的变化，记录并解释。

3. 氨基酸和蛋白质的性质

(1) 颜色反应

① 茚三酮反应　取洁净的试管3支，分别加入1ml0.2mol/L甘氨酸溶液、0.2mol/L酪氨酸溶液、蛋白质溶液，然后各加入0.2mol/L茚三酮溶液3滴，在沸水浴中加热10min左右，观察现象并解释。

② 黄蛋白反应　取试管4支，分别加入1ml0.2mol/L甘氨酸溶液、0.2mol/L酪氨酸溶液、蛋白质溶液、0.2mol/L苯酚溶液，然后各加入6～8滴浓硝酸，放在沸水浴上加热，观察现象；放冷后，再各加入2.5mol/LNaOH溶液至试管内溶液显碱性，观察现象并解释。

③ 缩二脲反应　取试管2支，各加入1ml0.2mol/L甘氨酸溶液和蛋白质溶液，然后各加入2.5mol/LNaOH溶液10滴，再各加入10g/L$CuSO_4$溶液2滴，观察现象并解释。

(2) 蛋白质的盐析（可逆沉淀）　取试管一支，加入2ml100g/L蛋白质氯化钠溶液和2ml饱和硫酸铵溶液，混匀，静置，观察球蛋白析出。将试管内容物过滤：①往沉淀中加入3ml蒸馏水，观察球蛋白是否重新溶解？②往滤液中加入硫酸铵晶体至饱和，观察清蛋白的析出，然后加入两倍蒸馏水稀释，振摇，观察清蛋白是否溶解？解释上述变化。

(3) 蛋白质的变性（不可逆沉淀）

① 重金属盐沉淀蛋白质　取洁净试管3支，各加入蛋白质溶液1ml，然后分别加入2滴10g/L醋酸铅溶液、10g/L$CuSO_4$溶液、10g/L$AgNO_3$溶液，振摇，观察现象并解释。

② 生物碱沉淀蛋白质　取洁净试管2支，各加入蛋白质溶液1ml，2滴2mol/L醋酸，其中一支试管加入5滴饱和鞣酸溶液，另一支试管加入5滴饱和苦味酸溶液，观察现象并解释。

③ 加热使蛋白质沉淀 取洁净的试管 2 支，各加入 2ml 蛋白质溶液，其中一支试管直接加热，另一支试管加入 1 滴 2mol/L 醋酸（不可多加）后，再加热，观察并比较结果。往两支试管中各加入 3ml 蒸馏水，观察沉淀是否溶解？

(4) 蛋白质的两性反应 取洁净的试管 2 支，各加入 1ml 蛋白质溶液，在其中一支试管中加入 1ml 2.5mol/LHCl，然后沿试管壁慢慢加入 1ml 2.5mol/LNaOH 溶液，不要振摇，即分成上下两层，观察两层交界处的有无沉淀生成？在另一支试管中加入 1ml 2.5mol/LNaOH 溶液，然后沿试管壁慢慢加入 1ml 2.5mol/LHCl，不要振摇，即分成上下两层，观察两层交界处的有无沉淀生成？

五、思考题

1. 如何鉴别甲酸、乙酸、草酸？
2. 用什么方法可证明某化合物是糖？是还原性糖还是非还原性糖？
3. 说出斐林试剂、班氏试剂的异同点。
4. 怎样检验苹果、葡萄、蜂蜜中含有葡萄糖？
5. 解释为什么可用煮沸的方法来消毒杀菌？
6. 为什么硫酸铜溶液可以杀菌？而铜质容器不宜用来装食物？
7. 蛋白质有哪些颜色反应和沉淀反应？对蛋白质的分离与鉴别有什么意义？

附：实训技能测试与评价体系

实训项目	考核内容	考核标准	分值	实际得分	扣分原因
羧酸的性质和鉴别	试剂的选择	能根据实训要求，正确选择仪器和试剂	7		
	羧酸的性质	能正确地选择验证羧酸性质的仪器和试剂	5		
		能正确地验证羧酸的性质	5		
	羧酸的鉴别	正确选择鉴别羧酸的仪器和试剂	5		
		会鉴别羧酸及甲酸、草酸。要求添加试剂操作正确；试剂用量合适；反应现象快且明显。	7		
糖的性质和鉴别	试剂的选择	能根据实训要求，正确选择仪器和试剂	8		
	糖的性质	能正确地选择验证糖的仪器和试剂	5		
		能正确地验证糖的化学性质	5		
	糖的鉴别	正确选择鉴别糖的仪器和试剂	5		
		会用两种或两种以上的方法鉴别还原性糖和非还原性糖；醛糖和酮糖。要求添加试剂操作正确；试剂用量合适；反应现象快且明显	8		
氨基酸、蛋白质的性质和鉴别	试剂选择	能根据实训要求，正确选择仪器和试剂	7		
	氨基酸、蛋白质的性质	能正确地选择仪器和试剂验证氨基酸的化学性质	5		
		能正确地选择仪器和试剂验证蛋白质的化学性质	5		
	氨基酸、蛋白质的鉴别	正确选择鉴别氨基酸和蛋白质的仪器和试剂	5		
		会用两种或两种以上的方法鉴别氨基酸和蛋白质。要求添加试剂操作正确；试剂用量合适；反应现象快且明显	8		
	实训报告	能够根据操作方法及步骤写出实训报告	10		
综合评价					

实训十一　阿司匹林的制备、提纯及性能测定

一、实训目的

1. 熟悉阿司匹林的制备原理及方法。
2. 掌握普通回流装置的安装与操作技术。
3. 熟悉利用重结晶精制固体产品的操作技术。

二、实训原理

阿司匹林（Aspirin），化学名称为乙酰水杨酸，是白色晶体，熔点 135℃，微溶于水（37℃时，$1g/100gH_2O$）。阿司匹林是解热镇痛药，用于治疗感冒、发热、头痛、牙痛、关节痛和风湿病；且能抑制血小板凝集，预防术后血栓形成，心肌梗死。副作用少。医药上每年需要大量的阿司匹林。

本实训以浓硫酸为催化剂，使水杨酸（邻羟基苯甲酸）与醋酐在 70～75℃左右发生酰化反应制取阿司匹林。其反应式为：

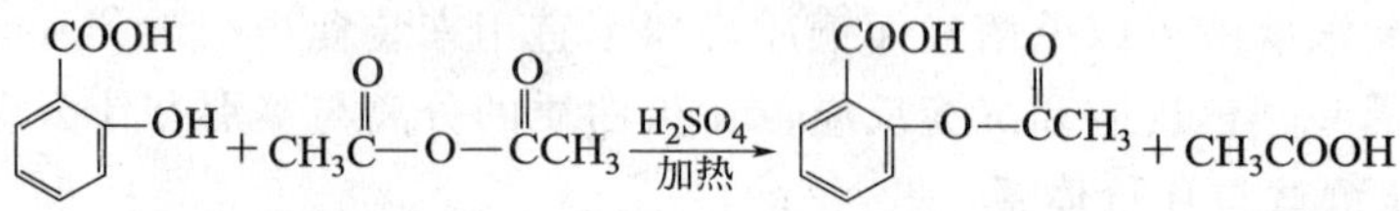

水杨酸在酸性条件下受热温度过高，还可发生缩合反应，生成少量聚合物，因此必须严格控制反应温度。

三、实训仪器与试剂

仪器：100ml 圆底蒸馏烧瓶、回流冷凝管、烧杯、量筒、100ml 锥形瓶、减压过滤装置、电磁搅拌器、酒精灯或电热套、表面皿、水浴锅、100℃温度计、托盘天平。

试剂：水杨酸（C. P.）、乙酸酐（C. P.）、浓硫酸、3mol/L 硫酸溶液、盐酸溶液（1∶2）、饱和 $NaHCO_3$ 溶液、95%乙醇溶液、50%乙醇溶液、饱和 Na_2CO_3 溶液、0.1%$FeCl_3$ 溶液。

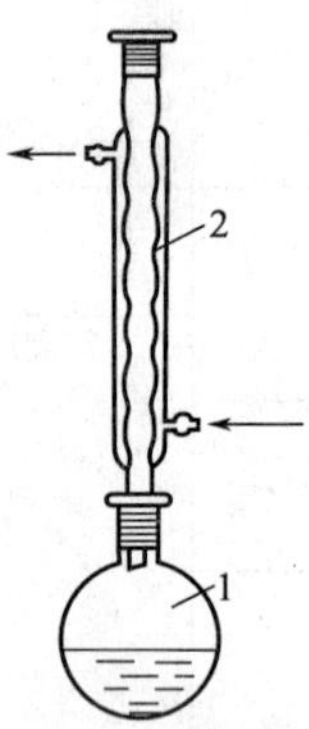

图 16-17　普通回流装置
1—蒸馏烧瓶；2—球形冷凝管

四、实训内容

1. 酰化

在干燥的、有搅拌装置的圆底烧瓶中加入 10g 水杨酸和 25ml 新蒸馏的乙酸酐，在振摇下缓慢滴加 10 滴浓硫酸，尽快按图 16-17 安装好普通回流装置（冷凝管最好提前通水），防止醋酐蒸气蒸发外溢，振摇反应液使水杨酸溶解。

在不断搅拌下用水浴加热烧瓶，控制水浴温度在 80～85℃之间，使烧瓶内反应液的温度在 70～75℃之间，反应时间约 25min。

2. 结晶、抽滤

停止加热，撤去水浴，趁热从回流冷凝管上口加入 3ml 热的蒸馏水，以分解过量的乙

酸酐（乙酸酐＋H_2O→乙酸）。冷却后，拆下冷凝管。在振摇下将反应液倒入盛有100ml冷蒸馏水的烧杯中，并用冰水浴冷却，放置20min。直至乙酰水杨酸全部析出。减压过滤，用少量的水洗涤，抽滤，压干即得粗品。

3. 初步提纯

将粗产品放入100ml烧杯中，加入50ml饱和$NaHCO_3$溶液并不断搅拌，直至无CO_2气泡产生为止（此时未反应的水杨酸和$NaHCO_3$反应生成水溶性的钠盐，而作为杂质的副产物则不能与$NaHCO_3$作用，所以可在用$NaHCO_3$溶液进行纯化时将其分离除去）。减压过滤，除去不溶性杂质。滤液倒入洁净的烧杯中，在搅拌下加入30ml 1∶2的盐酸溶液，阿司匹林即呈结晶析出。将烧杯置于冰水浴中充分冷却后，减压过滤。用少量冷纯化水洗涤结晶两次，压紧抽干，称量粗品阿司匹林。

4. 重结晶精制

将粗产品放入100ml锥形瓶中，加入95%乙醇和适量水（每克粗产品约需3ml95%乙醇和5ml水），安装球形冷凝管，于水浴中温热并不断振摇，直至固体完全溶解。拆下冷凝管，取出锥形瓶，向其中缓慢滴加热的纯化水至刚刚出现混浊，静止自然冷却至室温。待结晶析出完全后抽滤，再用少量50%乙醇洗涤。将结晶小心转移至洁净的表面皿上，自然晾干（也可用红外线干燥）后即得纯品乙酰水杨酸。

5. 乙酰水杨酸的鉴别

（1）取本品约0.1g，加水10ml，加热煮沸，放冷后加入0.1% $FeCl_3$溶液1滴，观察颜色。

（2）取本品约0.5g，加入饱和Na_2CO_3溶液10ml，煮沸2min后，放冷，加过量的3mol/L硫酸，即析出白色沉淀，并挥发出醋酸的气味。

五、注意事项

1. 仪器要全部干燥，药品也要事先经干燥处理。醋酐要使用新蒸馏的，收集139～140℃的馏分。（因长时间放置的乙酸酐遇空气中的水，容易分解成乙酸，所以在使用前必须重新蒸馏）。

2. 乙酸酐有毒并有较强烈的刺激性，取用时应注意不要与皮肤直接接触，防止吸入大量蒸气。加料时最好于通风橱内操作，物料加入烧瓶后，应尽快安装冷凝管，冷凝管内最好事先接通冷却水。

3. 本实训中要注意控制好温度，温度不能过高，否则将会增加副产物的生成（水温应＜90℃）。

4. 乙酰水杨酸受热后易发生分解，分解温度为126～135℃，因此重结晶时不宜长时间加热，要控制好水温。得到的产品要采取自然晾干（或用红外线灯干燥，但温度不超过60℃为宜）。

5. 由于乙酰水杨酸微溶于水，所以洗涤结晶时，用水量要少，温度要低，以减少产品损失。

6. 浓硫酸具有强腐蚀性，应避免触及皮肤或衣物。

六、思考题

1. 本实训所用仪器为何必须干燥？能否用铁制仪器？

2. 若产品中含有未反应的水杨酸，应如何鉴定？试设计一合适的检测方法。

3. 在精制的过程中为什么要使滤液温度自然下降？若温度下降太快对产品会有什么影响？

4. 反应中加入少量的浓硫酸的目的是什么？不加是否可以？

附：技能测试与评价体系

实训项目	考核内容	考核标准	分值	实际得分	扣分原因
阿司匹林的制备、提纯及性能测定	仪器的选择	能根据实训要求，正确选择蒸馏仪器	5		
	阿司匹林的制备	在干燥的圆底烧瓶中加入 10g 水杨酸和 25ml 新蒸馏的乙酸酐	8		
		安装回流装置，安装过程符合“从下而上”的安装顺序	10		
		水浴加热，水温在 80～85℃之间，反应液温度在 70～75℃之间，反应约 25min	10		
		停止加热，从冷凝管上口加入 3ml 纯化水	1		
		冷却后，拆下回流装置（先上后下）	2		
		反应液倒入盛有 100ml 冷纯化水的烧杯中并用冰水浴冷却，20min 后得阿司匹林晶体	2		
		减压过滤：正确安装减压过滤装置（滤纸的剪裁、密闭性检查、使用步骤等）	10		
		用少量的纯化水洗涤阿司匹林，抽滤、压干	3		
	初步提纯	将新制备的阿司匹林放在 100ml 烧杯中，加入 50ml 饱和 $NaHCO_3$ 溶液并搅拌	3		
		减压过滤	10		
		滤液中加 30mlHCl，阿司匹林结晶析出，冷却	2		
		减压过滤，得粗品阿司匹林	10		
	重结晶精制	粗品放入 100ml 锥形瓶中，加入 95%乙醇和适量水	1		
		安装球形冷凝管，水浴加热，至粗品完全溶解	7		
		拆下冷凝管，加入纯化水至浑浊，冷却至室温结晶	3		
		减压过滤	7		
		再用少量 50%稀乙醇洗涤	1		
		晶体转移至洁净的表面皿上，自然晾干，得纯品	1		
	鉴别	取纯品 0.1g，加热至沸，放冷，加入 0.1% $FeCl_3$ 溶液	2		
	实训报告	能够根据操作方法及步骤写出实训报告	5		
综合评价					

自我测评参考答案

第一章　绪论

一、单项选择题

1. B　2. C　3. C　4. D　5. A

二、按官能团分类法，下列化合物各属于哪一类化合物

1. 烯烃　2. 羧酸　3. 卤代烃　4. 醛　5. 酮

第二章　开　链　烃

一、单项选择题

1. A　2. B　3. D　4. A　5. B　6. B　7. D　8. D　9. A　10. C　11. B　12. B　13. D　14. C　15. A　16. C　17. B

二、多项选择题

1. ACE　2. AD　3. AD　4. CD　5. CE

三、用系统命名法命名（有顺反异构的写出其顺反异构体并用 Z/E 构型法命名）**下列化合物或写出结构式**

1. 2,3-二甲基戊烷

2. 4-甲基-1-己烯

3. 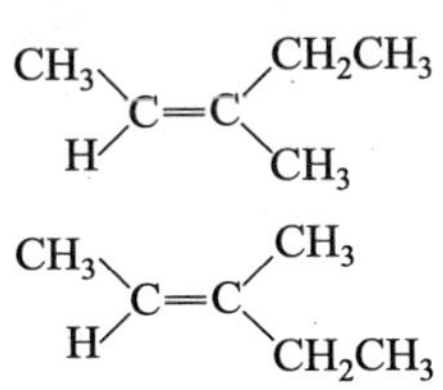

(*Z*)-3-甲基-2-戊烯

(*E*)-3-甲基-2-戊烯

4. 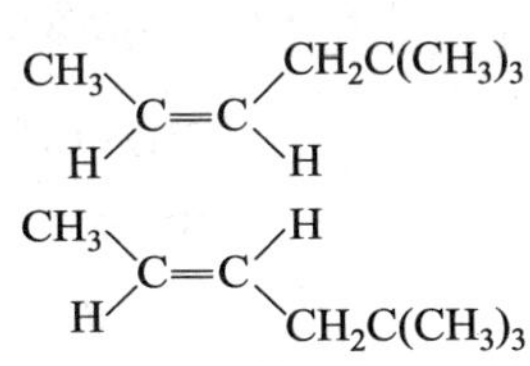

(*Z*)-5,5-二甲基-2-己烯

(*E*)-5,5-二甲基-2-己烯

5. 3-甲基-1-庚烯-5-炔

6. 3-乙基-1-戊烯

7. 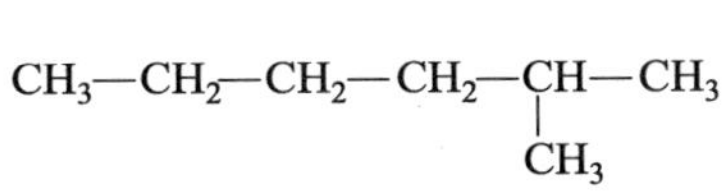

8. 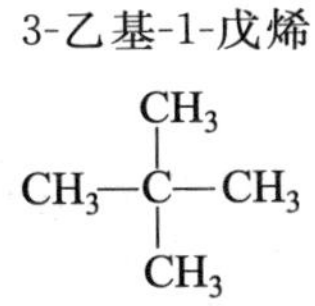

9. 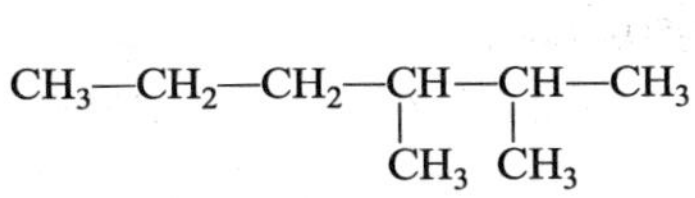

10. 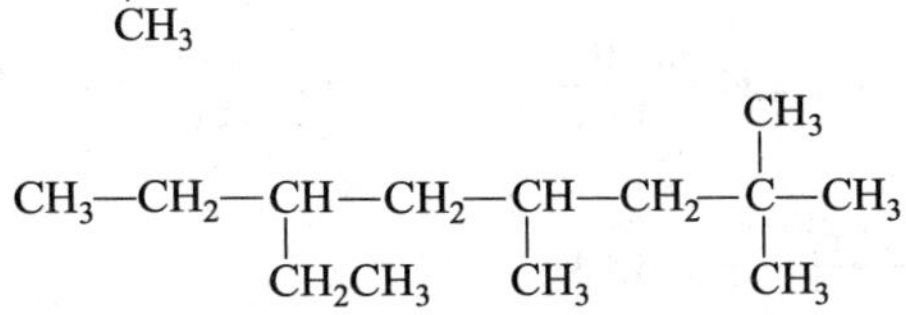

11. 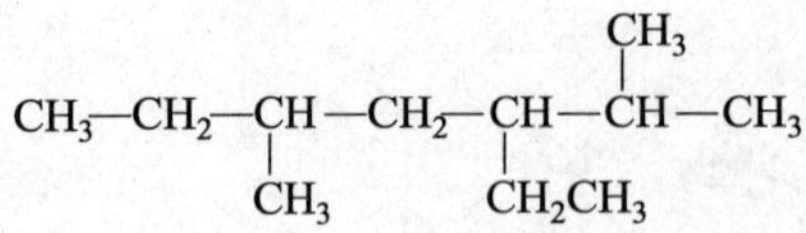

12. 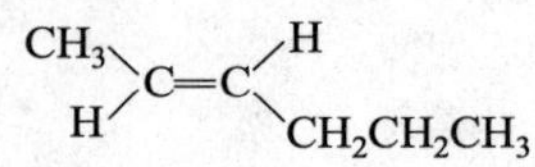

13. $CH\equiv C-CH_2-C\equiv C-CH_3$

14. 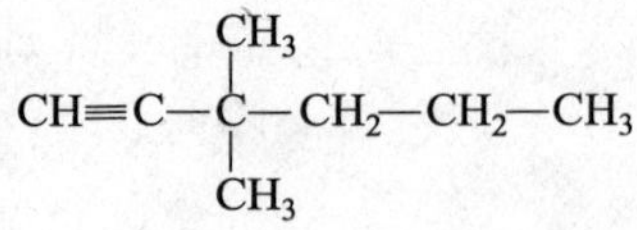

15. 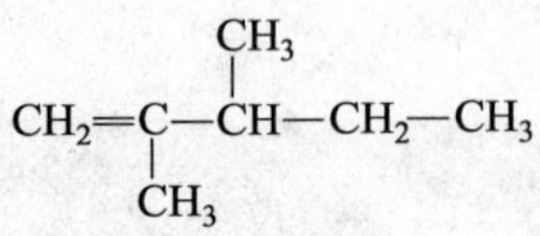

16. 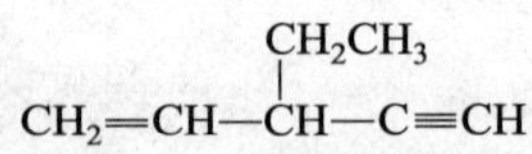

四、用化学方法鉴别下列化合物

1. 

2. 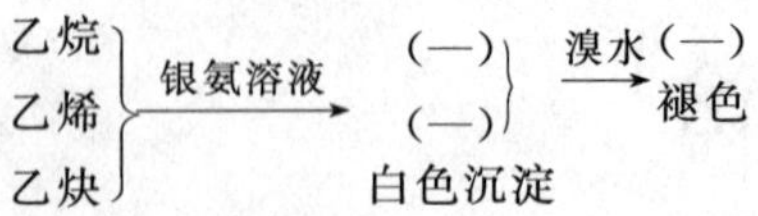

3. 

五、完成下列反应式

1. 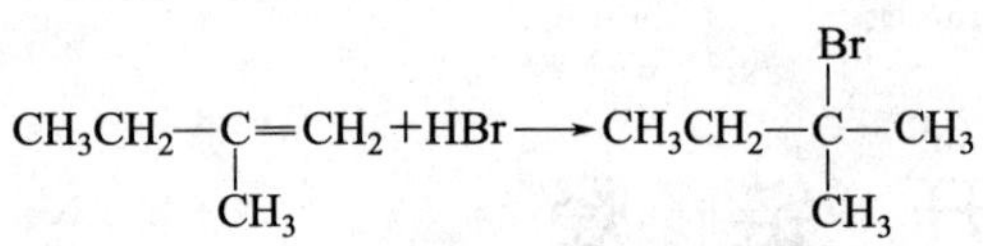

2. 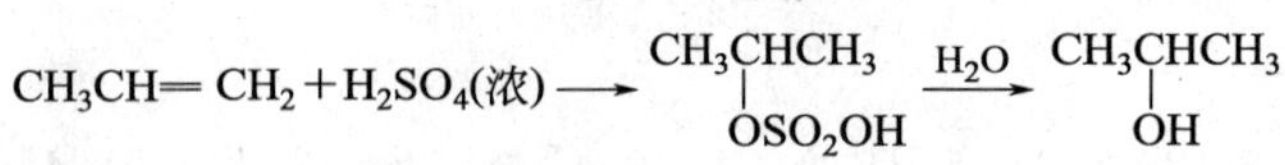

3. 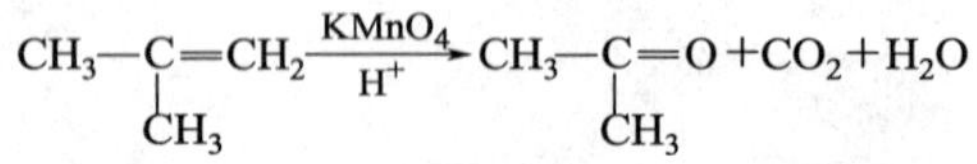

4. $CH_3CH_2C\equiv CH+[Ag(NH_3)_2]NO_3 \longrightarrow CH_3CH_2C\equiv CAg\downarrow$

5. 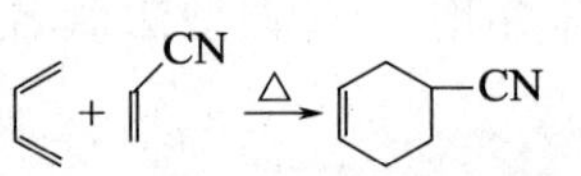

6. $CH_3CH_2C\equiv CCH_2CH_3 \xrightarrow[H^+]{KMnO_4} 2CH_3CH_2COOH$

7. 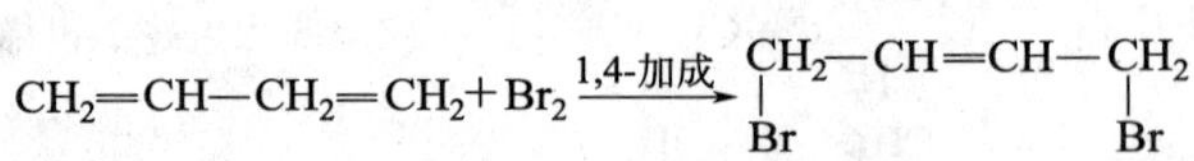

8. 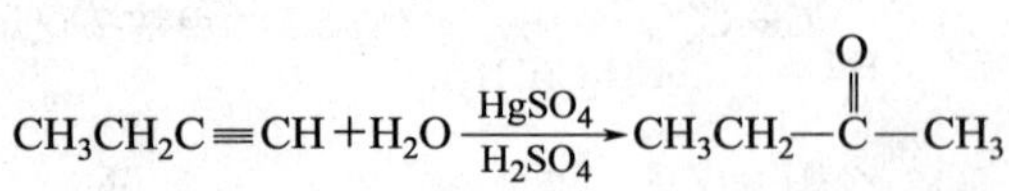

六、由指定原料合成

1. 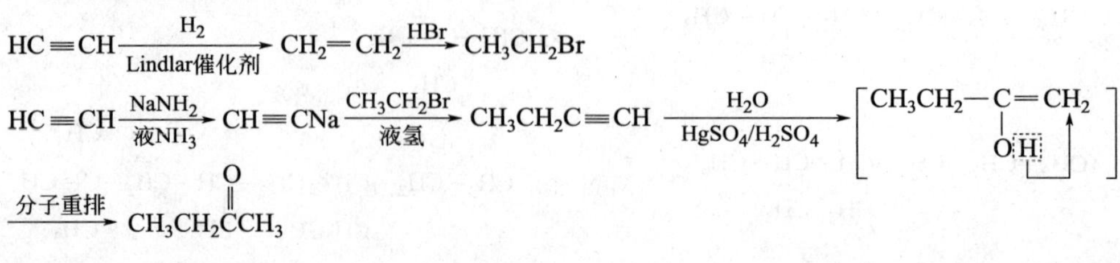

2. $2CH\equiv CH \xrightarrow[HN_4Cl]{Cu_2Cl_2} CH_2=CH-C\equiv CH \xrightarrow[\text{Lindlar催化剂}]{H_2} CH_2=CH-CH=CH_2$

$CH\equiv CH \xrightarrow{HCl} CH_2=CHCl$

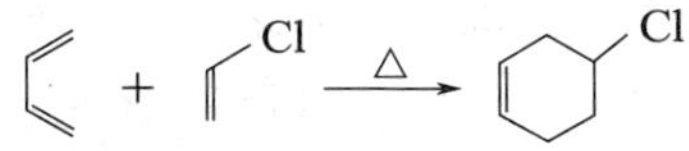

3. $CH_2=CH-CH_3 \xrightarrow[500℃]{Cl_2} CH_2=CH-CH_2Cl \xrightarrow{Br_2} CH_2Br-CHBr-CH_2Cl$

七、推断题

1. A可能的结构为 $CH_3-CH_2-CH_2-CH(CH_3)-CH_3$ 2-甲基戊烷或 $CH_3-CH_2-CH(CH_3)-CH_2-CH_3$ 3-甲基戊烷

2. $CH_3CH_2-C\equiv C-CH_2CH_3$

第三章 闭链烃

一、单项选择题

1. C　2. A　3. B　4. A　5. C　6. A　7. D　8. A
9. D　10. C　11. B　12. A　13. D　14. B　15. B

二、多项选择题

1. BD　2. BCD　3. ADE　4. ACD　5. BCE

三、用系统命名法命名下列化合物或写出结构式

1. 1-甲基-2-异丙基环戊烷　2. 1-甲基螺［4.5］癸烷
3. 1-甲基-2-乙基环戊烷　4. 螺［3.4］辛烷
5. 邻硝基甲苯　6. 1,3,5-三乙苯

7. 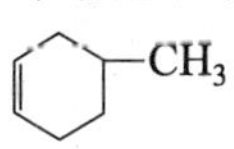

8. 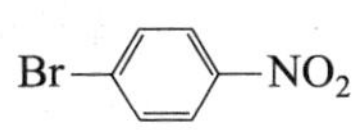

9. 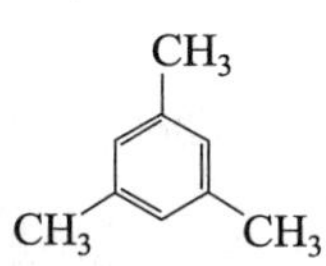

四、用化学方法鉴别下列化合物

1. 1-戊烯、甲基环丁烷 $\xrightarrow{Br_2/H_2O}$ 1-戊烯：溴水褪色；甲基环丁烷：无现象

2. 乙苯、苯乙烯 $\xrightarrow{Br_2/CCl_4}$ 乙苯：—；苯乙烯：褪色

五、完成下列反应式

1. 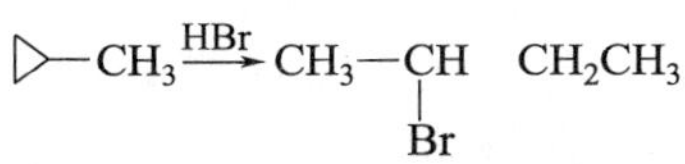

2. 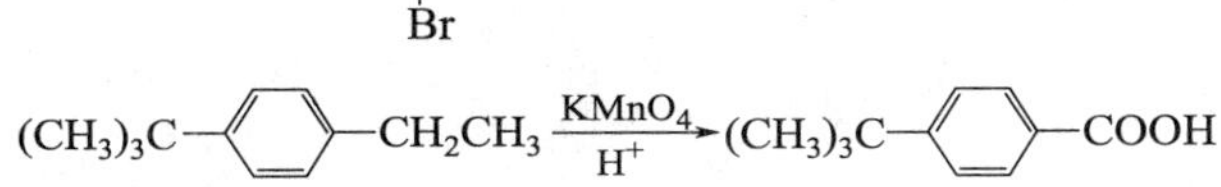

3. 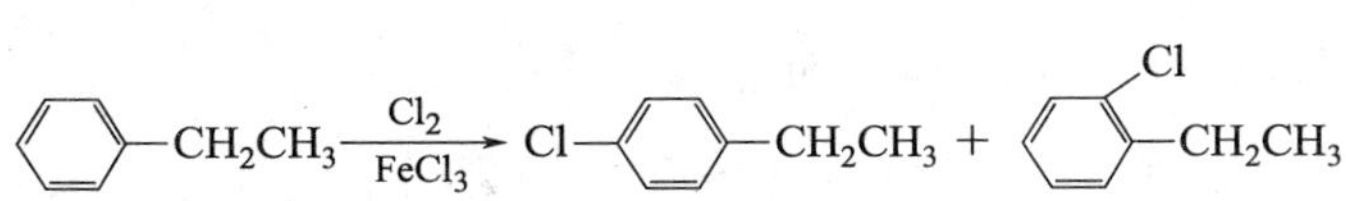

六、由指定原料合成

1. 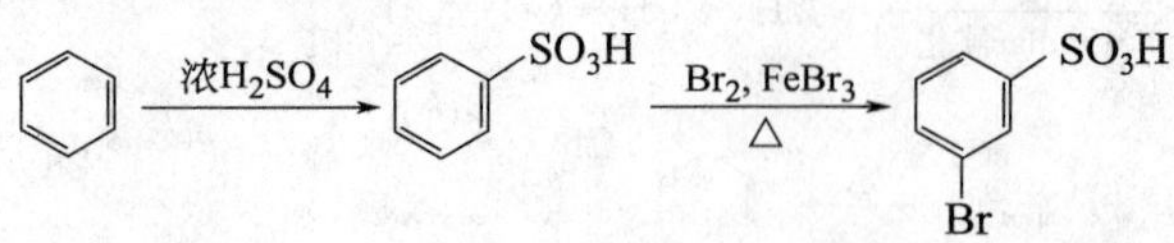

2. 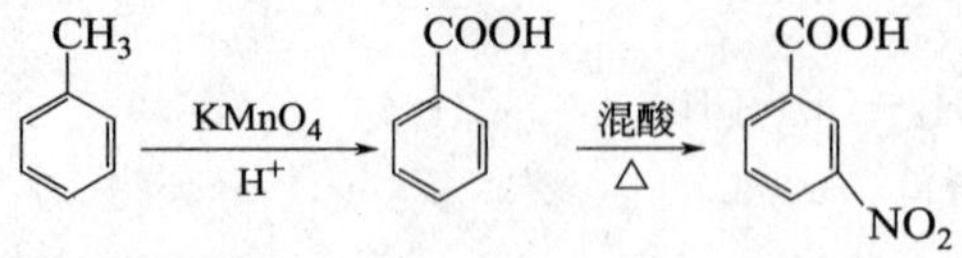

七、推断题

1. (A) 

(B) 分子式：C_4H_9Br 结构式：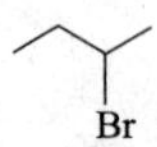

(C) 分子式：C_4H_8 结构式：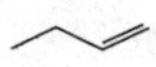

2. A 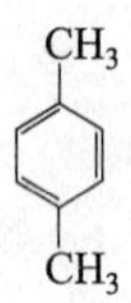 B 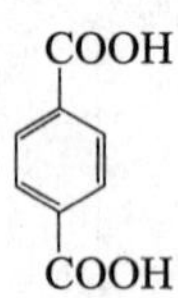

第四章 卤 代 烃

一、单项选择题

1. C 2. D 3. A 4. C 5. A

二、多项选择题

1. ABD 2. BC 3. AD 4. BCD 5. ACD

三、用系统命名法命名下列化合物或写出结构式

1. 二氟一氯甲烷 2. 3-氯-1-戊烯 3. 2-氯-3-溴丁烷

4. 2-溴乙苯 5. 2-苯基-3-氯丁烷 6. $CHCl_3$

7. $H_3C-C(Cl)_2-CH(CH_3)-CH_2-CH_3$ 8. 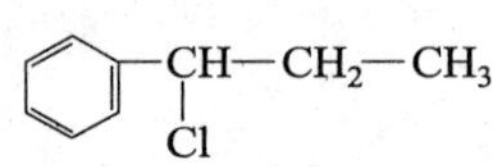

9. $CH_2=CH-CH(CH_3)-CH(Cl)-CH_3$ 10. 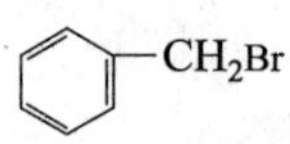

四、用化学方法鉴别下列化合物

1. 1-溴丙烷、2-溴丙烷、3-溴-1-丙烯 $\xrightarrow{Br_2/CCl_4}$ (—)、褪色、褪色；褪色、褪色 $\xrightarrow{AgNO_3/醇}$ 浅黄色沉淀、(—)

2. 对溴甲苯、溴化苄、β-溴乙苯 $\xrightarrow{AgNO_3/醇}$ (—)、很快生成沉淀、较慢生成沉淀

五、完成下列反应式

1. $CH_3CH(Br)CH_2CH_2CH_3 \xrightarrow{NaOH/H_2O} CH_3CH(OH)CH_2CH_2CH_3 + NaBr$

2. $CH_3\underset{\displaystyle Br}{\underset{|}{C}}HCH_3 \xrightarrow[\triangle]{KOH/乙醇} CH_2{=}CHCH_3 + KBr + H_2O$

3. 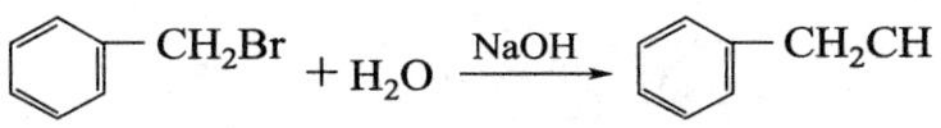

4. $CH_3CH_2CH_2CH_2I \xrightarrow{AgNO_2/醇} CH_3CH_2CH_2CH_2{-}ONO_2 + AgI\downarrow$

5. $CH_3\underset{\displaystyle Br}{\underset{|}{C}}HCH_3 + Mg \xrightarrow{干醚} CH_3\underset{\displaystyle MgBr}{\underset{|}{C}}HCH_3$

六、由指定原料合成

1. $CH_3CH_2CH_2Br \xrightarrow[\triangle]{NaOH/醇} CH_3CH{=}CH_2 \xrightarrow{HBr} CH_3\underset{\displaystyle Br}{\underset{|}{C}}HCH_3$

2. $CH_2{=}CH{-}CH_2CH_3 \xrightarrow{HBr} CH_3\underset{\displaystyle Br}{\underset{|}{C}}HCH_2CH_3 \xrightarrow[\triangle]{NaOH/醇} CH_3CH{=}CH_2CH_3$

七、推断题

A. $CH_3\underset{\displaystyle CH_3}{\underset{|}{C}}HCH_2Br$　　B. $CH_2{=}\underset{\displaystyle CH_3}{\underset{|}{C}}{-}CH_3$　　C. $H_3C{-}\overset{\displaystyle CH_3}{\overset{|}{\underset{\displaystyle Br}{\underset{|}{C}}}}{-}CH_3$

反应式略。

第五章　醇、酚和醚

一、单项选择题

1. A　2. B　3. D　4. B　5. C　6. C　7. D　8. B　9. B　10. C　11. A
12. D　13. B　14. C　15. D

二、多项选择题

1. AB　2. DE　3. BD　4. ACD

三、用系统命名法命名下列化合物或写出结构式

1. 3-甲基-2-丁醇　2. 2-戊醇　3. 甲乙醚　4. 苯甲醇　5. α-萘酚　6. 苯乙醚

7. 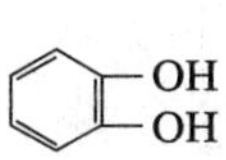　8. 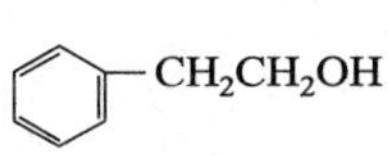　9. 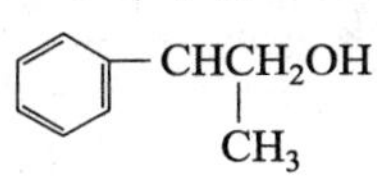　10. $\underset{\displaystyle OH}{\underset{|}{C}}H_2CH_2\underset{\displaystyle OH}{\underset{|}{C}}H_2$

四、用化学方法鉴别下列化合物

1. 乙醇 / 乙二醇 $\xrightarrow{CuSO_4 + NaOH}$ 乙醇：无变化；乙二醇：蓝色沉淀溶解，溶液呈深蓝色

2. 苯　酚 / 苯甲醇 $\xrightarrow{FeCl_3}$ 苯酚：显紫色；苯甲醇：无变化

3. $CH_3CH_2CH_2CH_2OH$ / $CH_3\underset{\displaystyle OH}{\underset{|}{C}}HCH_2CH_3$ / $(CH_2)_3C{-}OH$ $\xrightarrow[室温]{Lucas 试剂}$ 溶液保持澄清 / 10min 内变浑浊，并分层 / 1min 内变浑浊，然后分层

4. 乙醇 / 乙醚 $\xrightarrow[H^+]{KMnO_4}$ 乙醇：紫红色褪去；乙醚：无变化

五、完成下列反应式

1. $CH_3OH + Na \longrightarrow CH_3ONa + H_2\downarrow$

2. 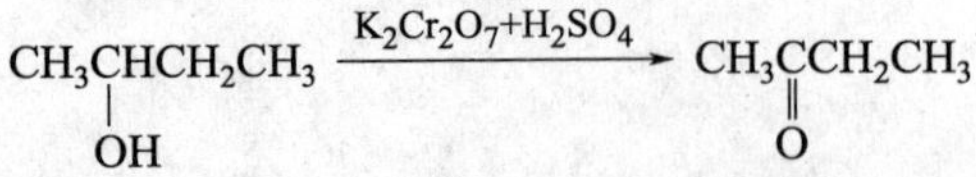

3. 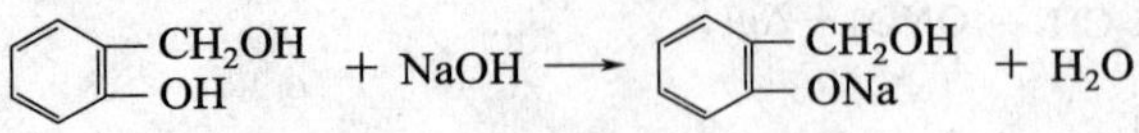

4. 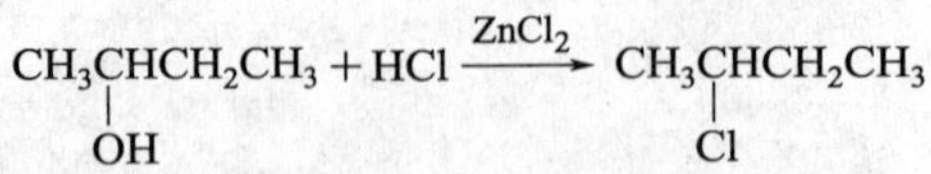

5. 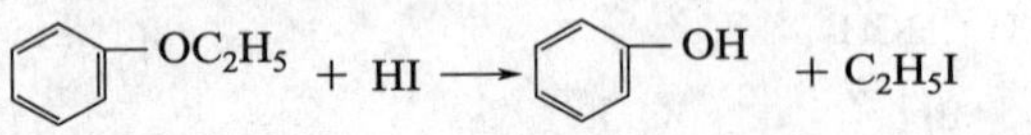

6. 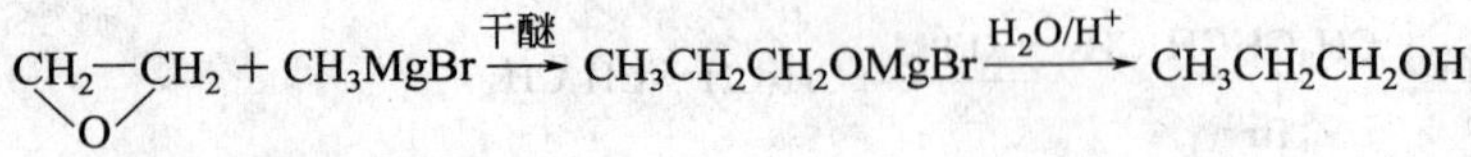

六、由指定原料合成

1. 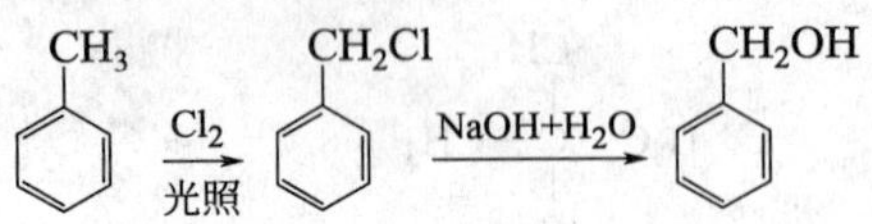

2. 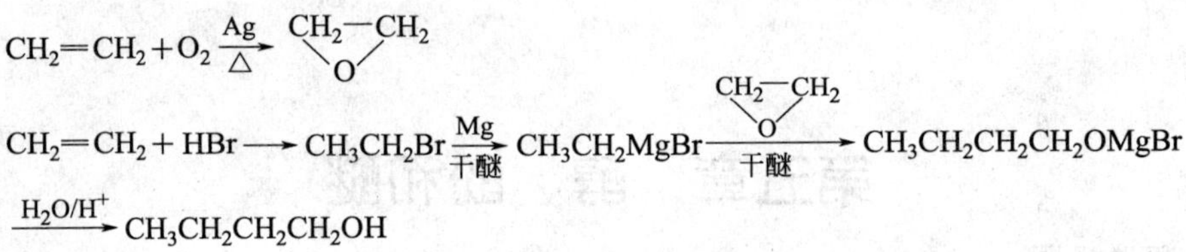

七、推断题

A 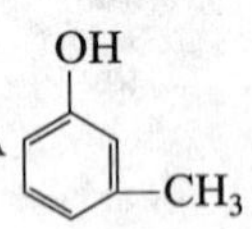

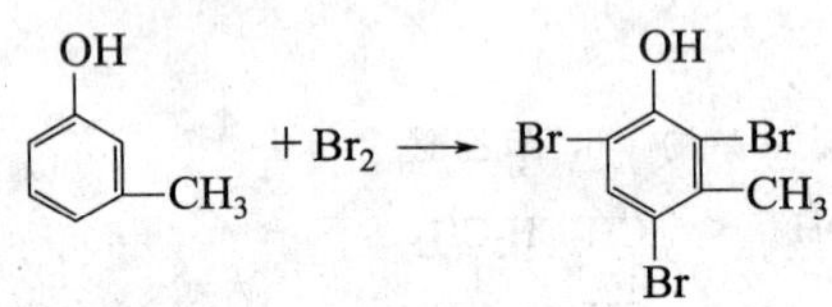

第六章 醛、酮和醌

一、单项选择题

1. D 2. C 3. B 4. D 5. B 6. A 7. D 8. B 9. C 10. C

二、多项选择题

1. ABE 2. ABCD 3. CE

三、用系统命名法命名下列化合物或写出结构式

1. 4-甲基-2-戊酮　　2. 4,4-二甲基-2-戊烯醛　　3. 苯甲醛

4. 2,3-二甲基戊醛　　5. 3-甲基-2-丁酮　　6. 4,5-二甲基-2-己酮

7. 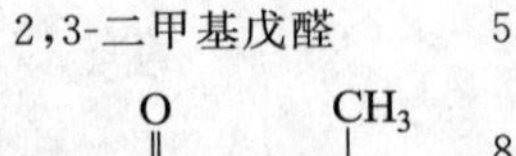 8. 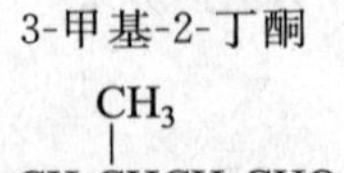 9. 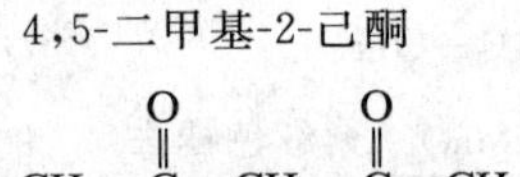

10. 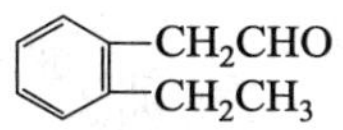

四、用化学方法鉴别下列化合物

1. 乙醛、苯甲醛、环己酮 —Fehling 试剂→ 乙醛：砖红色沉淀；苯甲醛：无变化；环己酮：无变化

   苯甲醛、环己酮 —托伦试剂→ 苯甲醛：银镜；环己酮：无变化

2. 戊醛、2-戊酮、3-戊酮 —过量的饱和 $NaHSO_3$ 溶液→ 戊醛：白色晶体；2-戊酮：白色晶体；3-戊酮：无变化

   戊醛、2-戊酮 —托伦试剂→ 戊醛：银镜；2-戊酮：无变化

五、完成下列反应式

(1) $CH_3CH_2COCH_3 + I_2 + NaOH \longrightarrow CHI_3\downarrow + CH_3CH_2COONa + NaI + H_2O$

(2) $CH_3CH{=}CHCHO \xrightarrow[Pd]{H_2} CH_3CH_2CH_2CH_2OH$

(3) 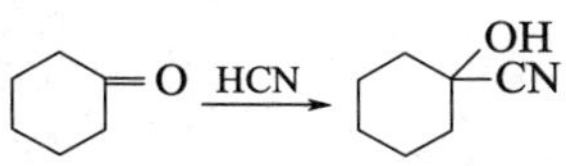

(4) 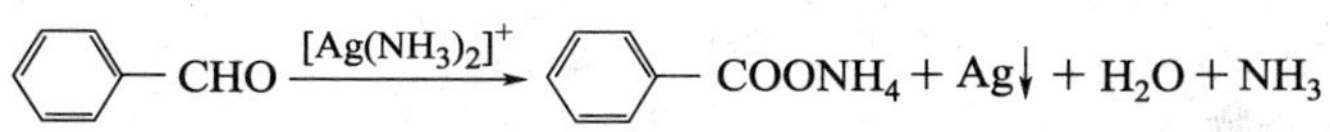

(5) 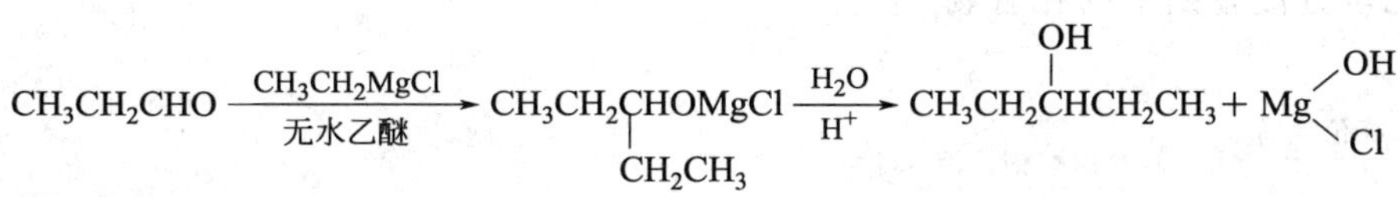

六、由指定原料合成

1. 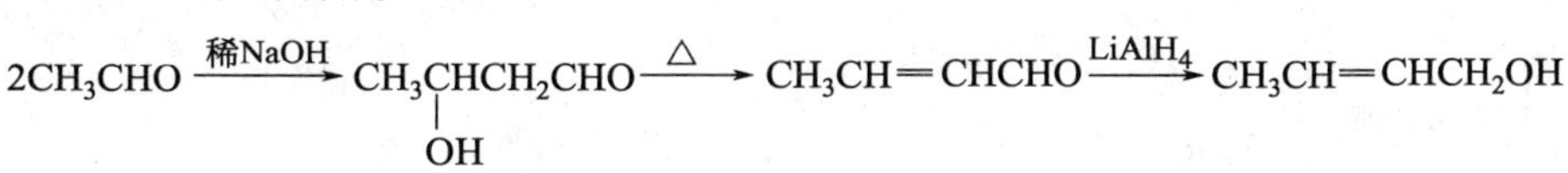

2. 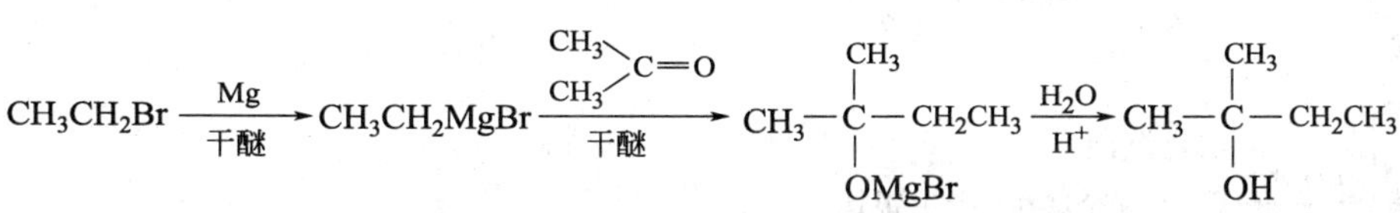

七、推断题

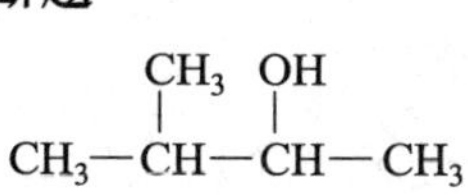

A 可能为

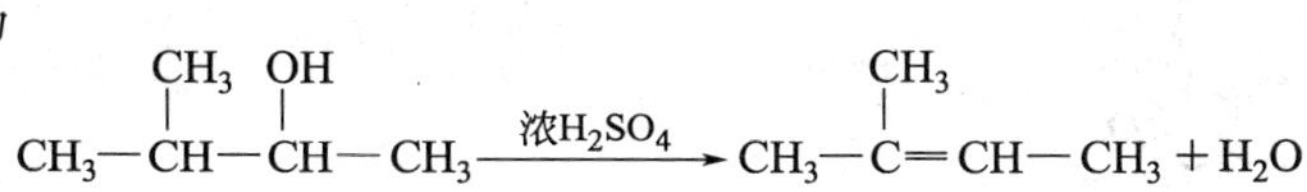

反应式略。

第七章 羧酸及其衍生物

一、单项选择题

1. B 2. B 3. B 4. B 5. A 6. B 7. C 8. C

二、多项选择题

1. BC 2. AC 3. BD 4. ABCD

三、用系统命名法命名下列化合物或写出结构式

1. 邻苯二甲酸　2. 苯甲酸甲酯　3. 5-氯-1-萘甲酸
4. 苯甲酰氯　5. 3-甲氧基苯甲酸　6. α-环己基乙酸
7. 苯甲酰胺　8. 3,5-二硝基苯甲酸

9. $CH_3-CH_2-CH_2-C(CH_3)_2-COOH$

10. 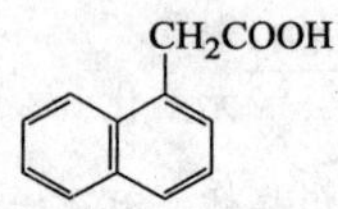

11. $CH_3-\overset{O}{\overset{\|}{C}}-NH-CH_2CH_3$

12. 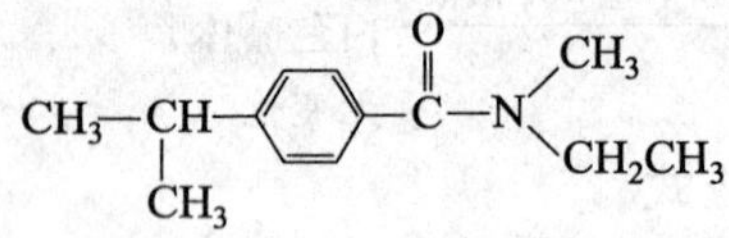

13. 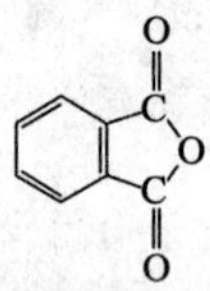

14. 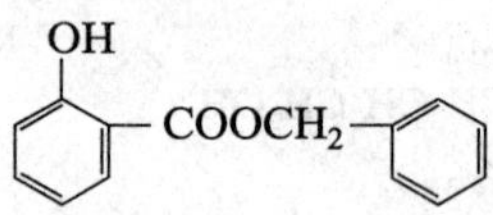

15. 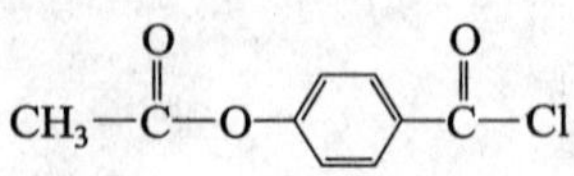

16. 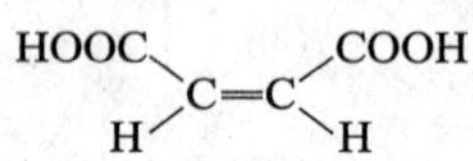

四、用化学方法鉴别下列化合物

1. 乙醛、乙酸、乙醇 —托伦试剂→ 乙醛：产生银镜；乙酸：(—)；乙醇：(—)
   (—) —次碘酸钠溶液→ 乙酸：(—)；乙醇：产生不溶于水的亮黄色晶体

2. 甲酸、乙酸、丙烯酸 —托伦试剂→ 甲酸：产生银镜；乙酸：(—)；丙烯酸：(—)
   (—) —Br_2/CCl_4→ 乙酸：(—)；丙烯酸：褪色

3. 苯酚、苯甲醛、苯乙酮 —Br_2 水→ 苯酚：白色沉淀；苯甲醛：(—)；苯乙酮：(—)
   (—) —托伦试剂→ 苯甲醛：产生银镜；苯乙酮：(—)

五、完成下列反应式

(1) 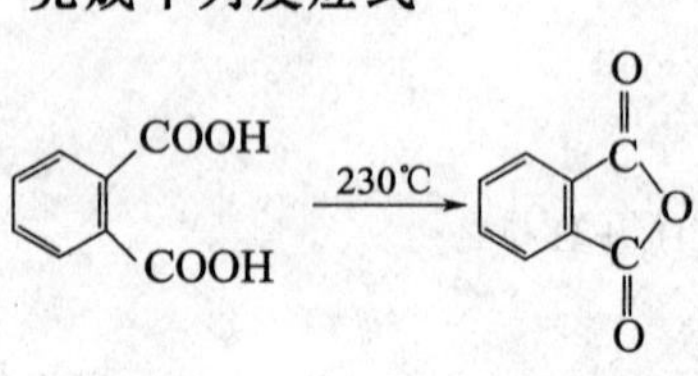

(2) $HCOOH + CH_3OH \underset{\triangle}{\overset{浓H_2SO_4}{\rightleftharpoons}} HCOOCH_3$

(3) 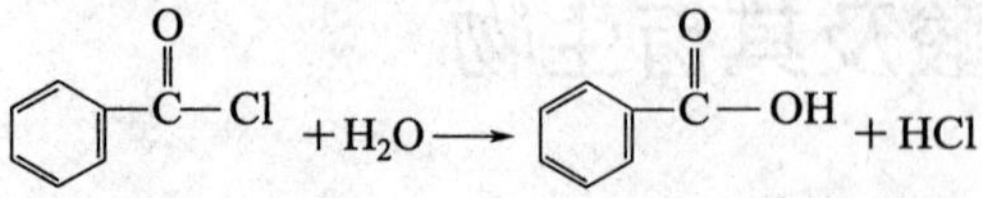

(4) 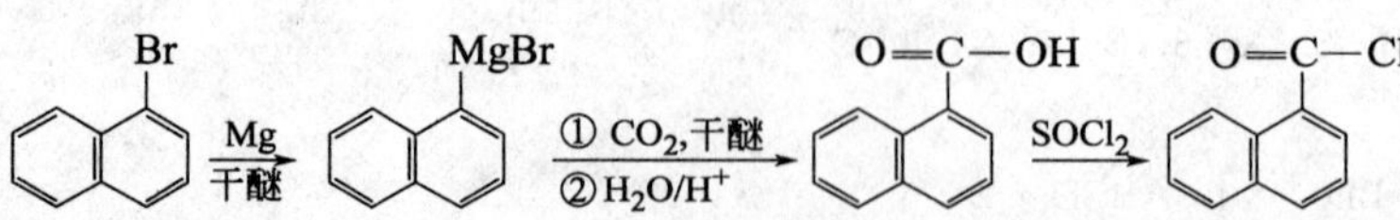

(5) 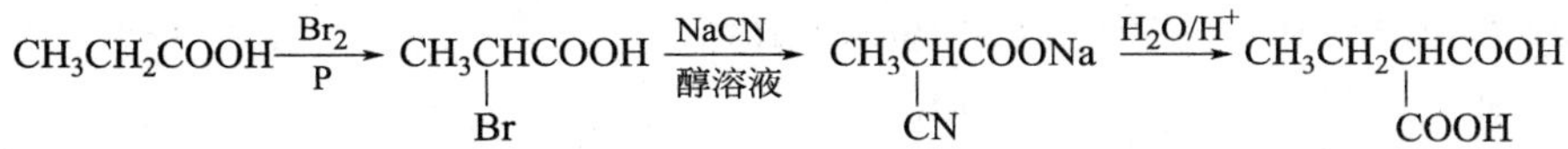

(6) 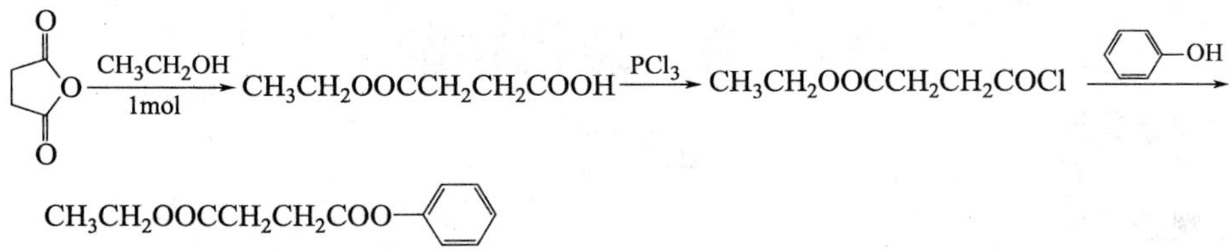

(7) $CH_2=CHCH_2CH_2COOH \xrightarrow[②H_2O/H^+]{①LiAlH_4} CH_2=CHCH_2CH_2CH_2OH$

六、由指定原料合成

(1) 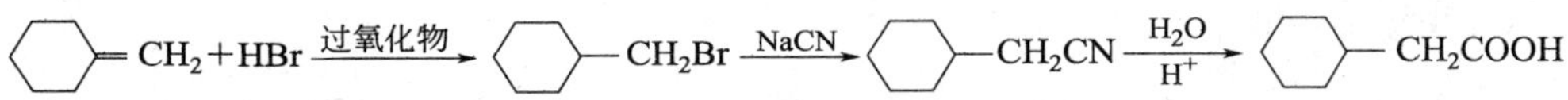

(2) 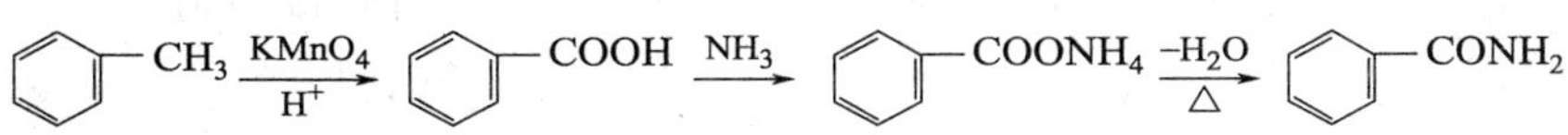

七、推断题

1. (1) 羧酸；(2) $C_4H_8O_2$

(3) 同分异构体共 12 种，如下：

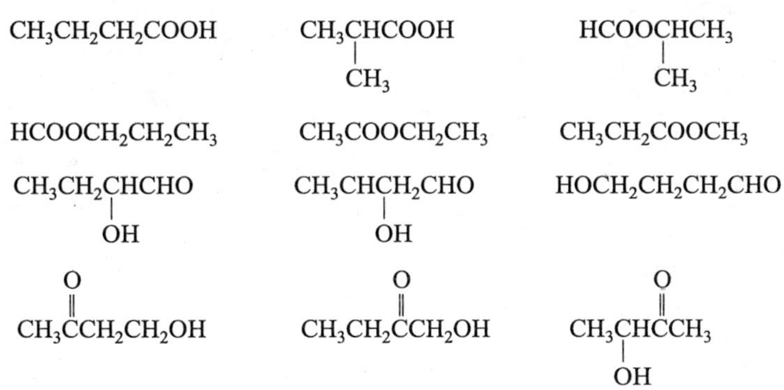

2. (1) A、B、C、D 的结构式分别如下：

A 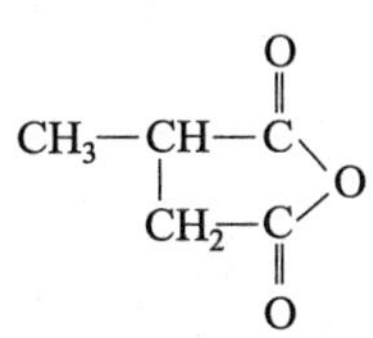

B 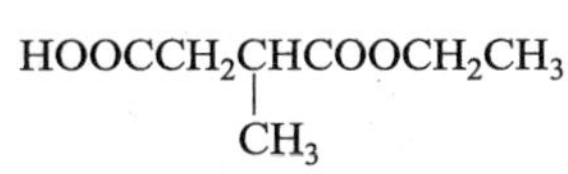

C 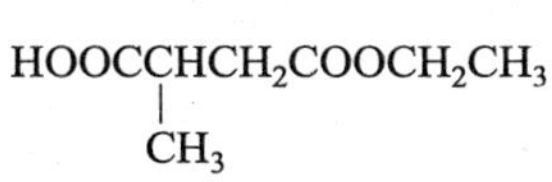

D 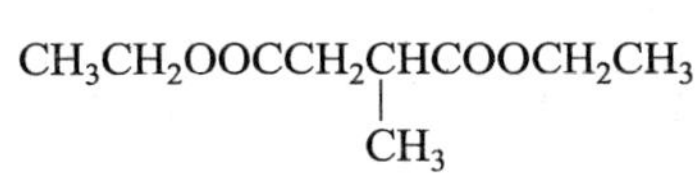

(2) 有关反应式：

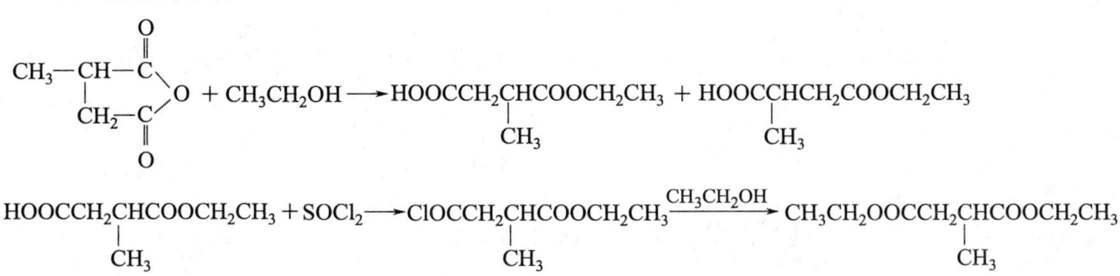

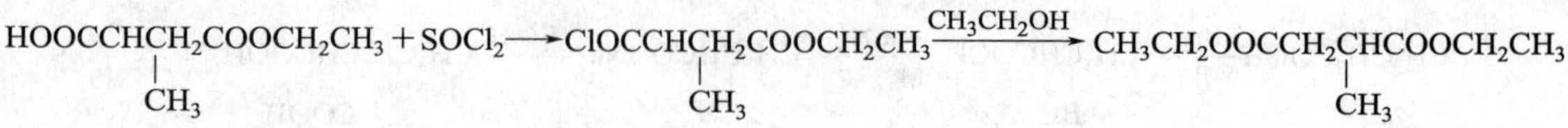

第八章 取代羧酸

一、单项选择题

1. C 2. B 3. D 4. D 5. A 6. D 7. D 8. A

二、多项选择题

1. BD 2. AB 3. ABCD 4. ABC

三、用系统命名法命名下列化合物或写出结构式

1. 三氯乙酸　2. 2-羟基丙酸（α-羟基丙酸）　3. 2-羟基苯甲酸

4. 3-丁酮酸（β-丁酮酸）　5. 2,3-二羟基丁二酸

6. 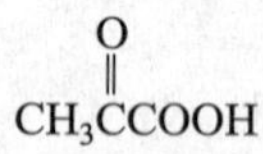　7. 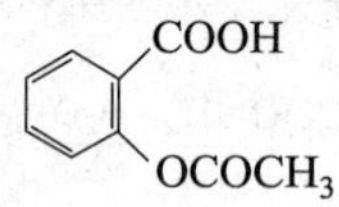　8. 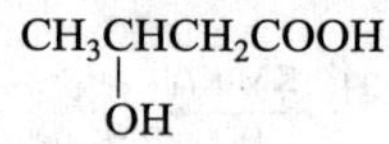

9. 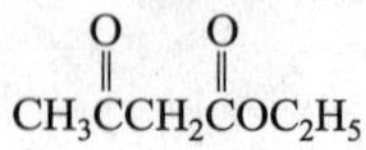　10. 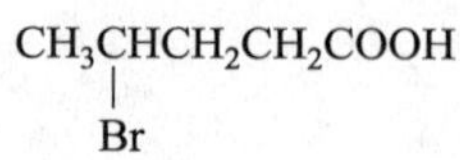

四、用化学方法鉴别下列化合物

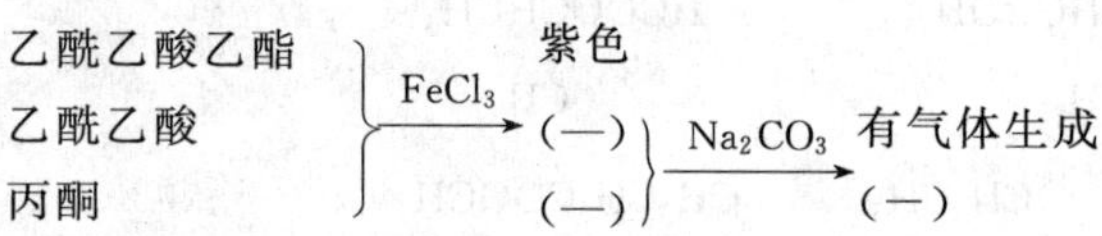

五、完成下列反应式

1. 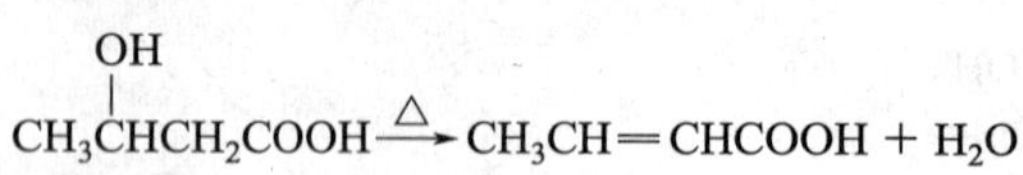

2. 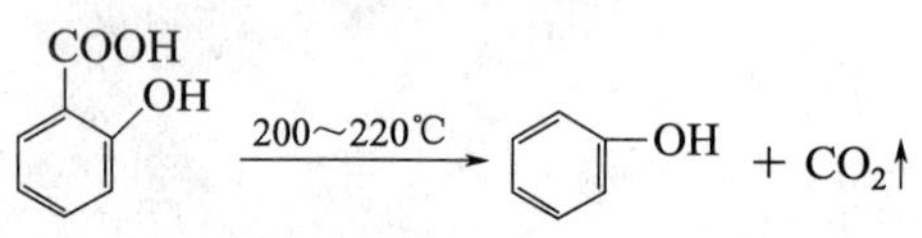

3. 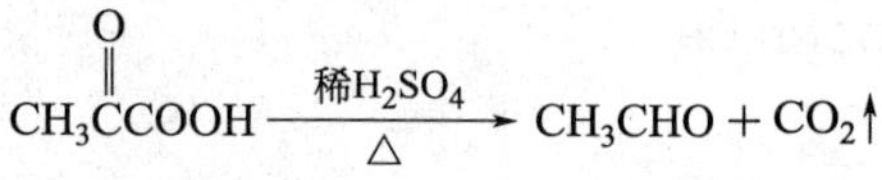

4. 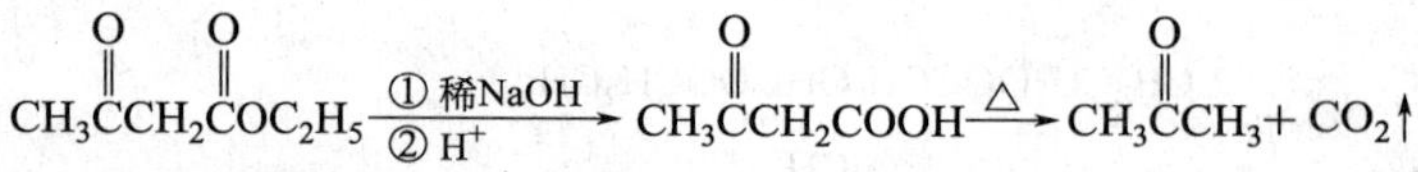

六、由指定原料合成

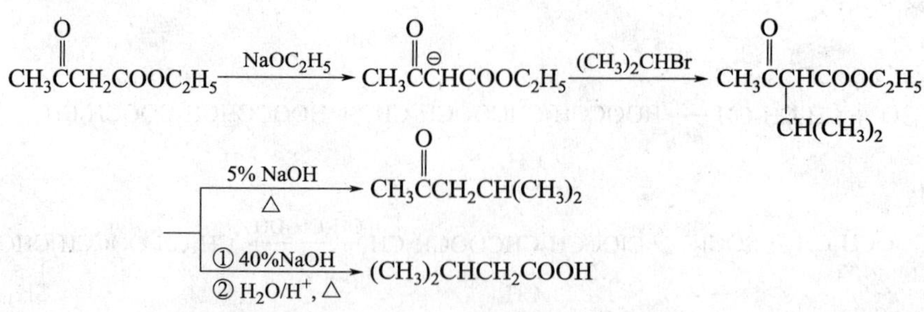

七、推断题

1. A. 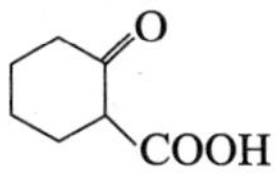 B. 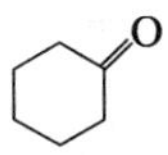

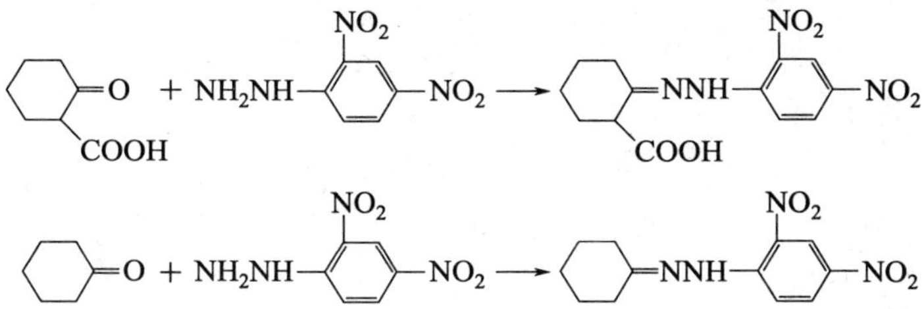

2. A.
$$\begin{array}{c} OH \\ | \\ CH_3CH_2CHCOOH \end{array}$$
B.
$$\begin{array}{c} OH \\ | \\ CH_3CHCH_2COOH \end{array}$$
C. CH_3CH_2CHO

D. HCOOH　　E. $CH_3CH{=}CHCOOH$　　F. $CH_3CH_2CH_2COOH$

第九章　立体化学基础

一、单项选择题

1. C　2. D

二、标记命名下列化合物（*R/S* 标记法）

1. (*R*)-1-氯-1-溴乙烷　　2. (*R*)-3-溴-1-戊烯

3. (2*S*,3*R*)-2,3-二氯戊烷　　4. (2*R*,3R)-3-氯-2-溴戊烷

三、计算题

$130.8 = 42.3/\rho_B \times 1$，计算得$\rho_B = 3.09$g/ml

四、推断题

1. A.
$$\begin{array}{l} CH_3CH_2CHC{\equiv}CH \\ \quad\quad\quad | \\ \quad\quad\;\; CH_3 \end{array}$$
B.
$$\begin{array}{l} CH_3CH_2CIIC{\equiv}CAg \\ \quad\quad\quad | \\ \quad\quad\;\; CH_3 \end{array}$$
C.
$$\begin{array}{l} CH_3CH_2CHCH_2CH_3 \\ \quad\quad\quad | \\ \quad\quad\;\; CH_3 \end{array}$$

2. A. $CH_3CH_2CH{=}CHCH_2CH_3$　　B. $CH_3CH_2CHOHCH_2CH_2CH_3$

C. $CH_3CH_2CHOHCHOHCH_2CH_3$

第十章　含氮化合物

一、单项选择题

1. C　2. A　3. C　4. B　5. B　6. A　7. D　8. C　9. D　10. B

二、多项选择题

1. AC　2. AB　3. AD　4. BCD

三、用系统命名法命名下列化合物或写出结构式

1. 三甲胺　　2. 乙二胺　　3. 2-硝基丁烷

4. N-甲基苯胺　　5. 氢氧化四乙铵　　6. $CH_3—CH_2—NH_2$

7. $[N(CH_3)_4]^+I^-$　　8. 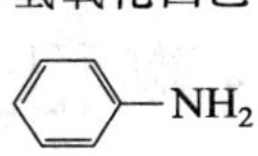　　9. 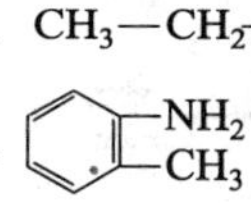

10. 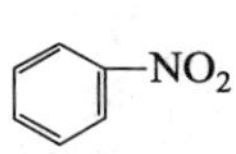

四、用化学方法鉴别下列化合物

1. 苯胺、苯酚、苯甲醛 $\xrightarrow{Br_2\ 水}$ 苯胺：白色沉淀；苯酚：白色沉淀；苯甲醛：（—）

   白色沉淀 $\xrightarrow{FeCl_3}$ 苯胺：（—）；苯酚：紫色

2. 甲胺、二甲胺、三甲胺 $\xrightarrow{NaNO_2,\ HCl}$ 甲胺：氮气；二甲胺：黄色油状物；三甲胺：（—）

五、完成下列反应式

1. $CH_3NH_2 + HNO_2 \longrightarrow CH_3OH + N_2 + H_2O$

2. 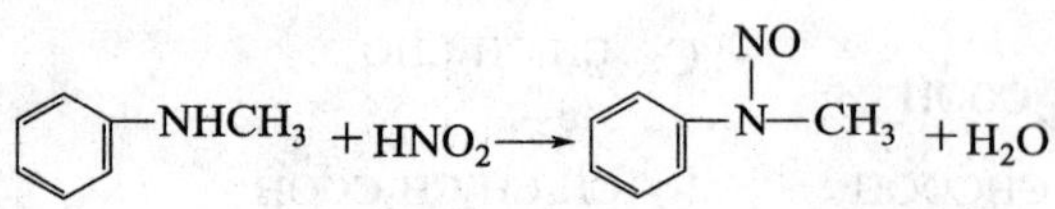

3. 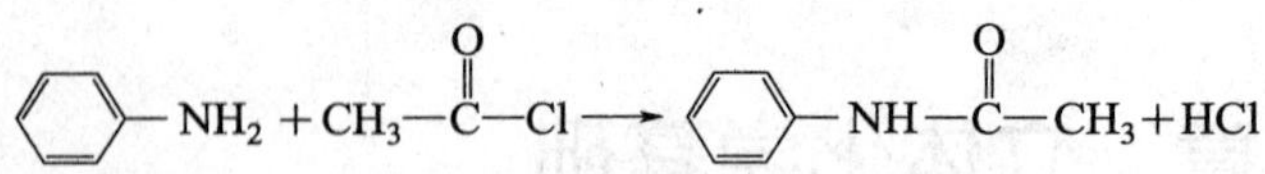

4. 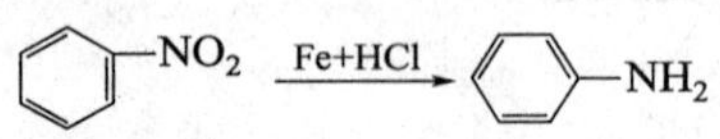

5. 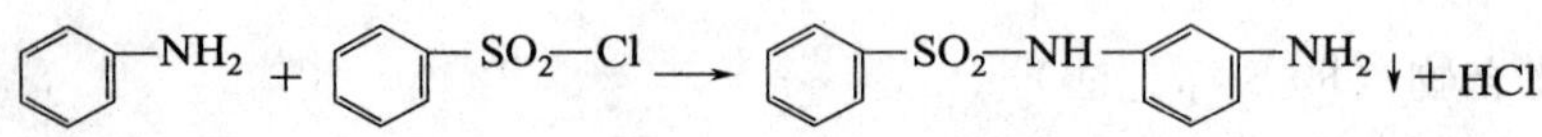

六、由指定原料合成

1. $CH_3CH_2OH \xrightarrow[\triangle]{NaBr,\ H_2SO_4(浓)} CH_3CH_2Br \xrightarrow{KCN} CH_3CH_2CN \xrightarrow[Ni]{H_2} CH_3CH_2CH_2NH_2$

2. 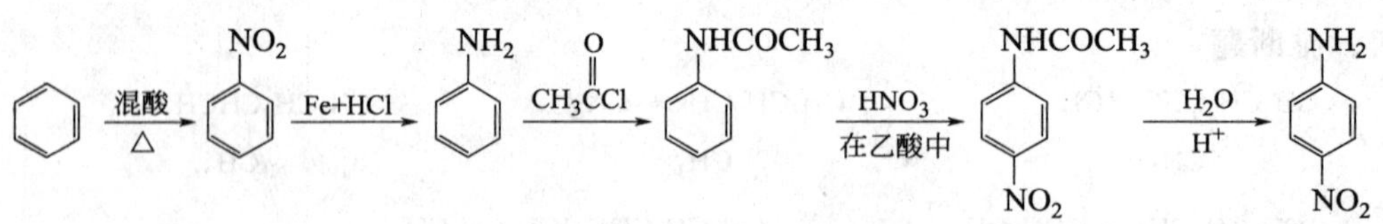

3. 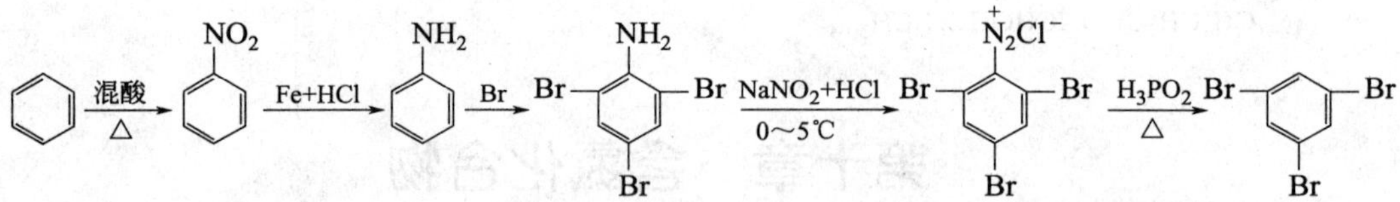

七、推断题

A. $CH_3CH_2CH_2NH_2$

B. CH_3CHCH_3（NH_2 连于中间碳上）

第十一章　杂环化合物和生物碱

一、单项选择题

1. D　2. A　3. C　4. B　5. C　6. B　7. C　8. C　9. B

二、命名下列化合物或写出结构式

1. 5-溴-2-吡咯甲酸　　2. 2-噻吩磺酸　　3. 2-甲基-5-氨基呋喃

4. 2-氨基-6-溴吡啶　　5. 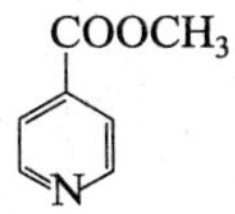　　6. 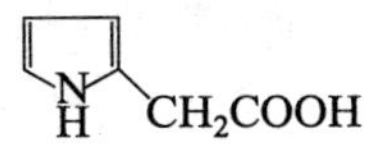

7. 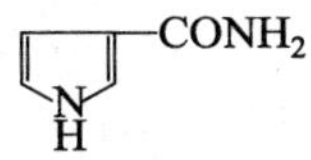　　8. 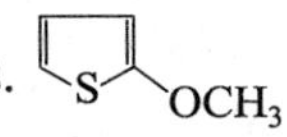

三、完成下列反应式

1. 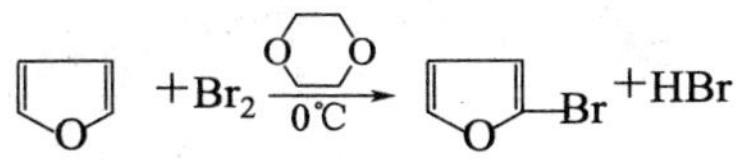

2. 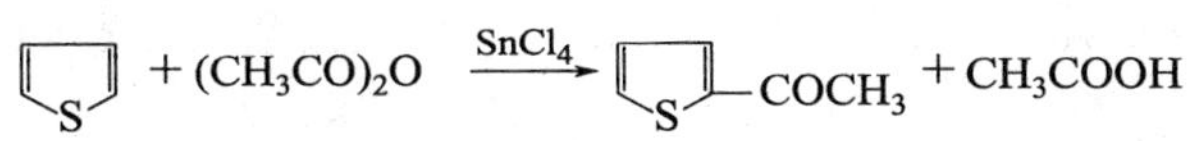

3. 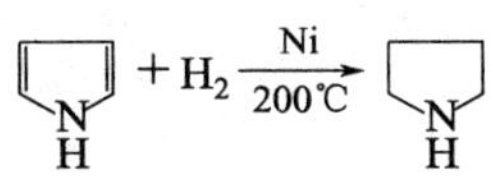

4. 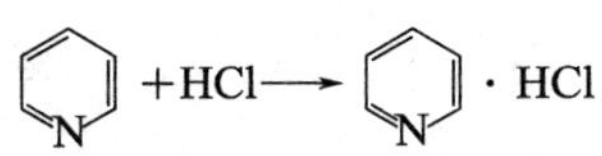

5. 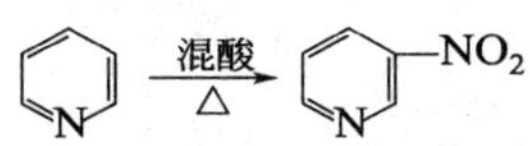

6. 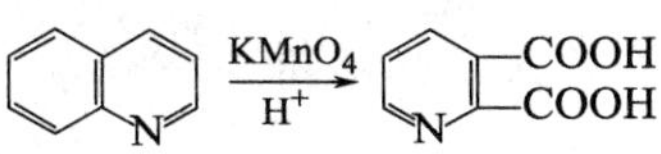

第十二章　氨基酸和蛋白质

一、单项选择题

1. A　2. B　3. A　4. A　5. A　6. B　7. C　8. C

二、多项选择题

1. CD　2. BCD　3. BC　4. AB

三、用系统命名法命名下列化合物或写出结构式

1. α-氨基-β-羟基丁酸　　2. 丙氨酰甘氨酸

3. α-氨基丁酸乙酯　　4. α-氨基-β-苯基丙酸

5. $HOOCCH_2CH_2CH(NH_2)COOH$　　6. $CH_2(SH)CH(NH_2)COOH$

7. $\underset{\displaystyle NH_3^+}{RCHCOO^-}$　　8. $H_2NCH_2\underset{\displaystyle O}{\overset{\|}{C}}—\underset{\displaystyle H}{N}CH(CH_3)COOH$

四、填空题

1. 甘氨酸　2. 阳离子　3. α-氨基酸　4. 变性　5. 盐析

五、判断题

1. ×　2. √　3. ×　4. ×　5. √　6. ×　7. √

六、用化学方法鉴别下列化合物

1. 淀粉、纤维素、酪氨酸 —I_2 液→ 变蓝；(—)；(—)
   纤维素、酪氨酸 —米伦试剂→ (—)；暗红色

2. 甘氨酸、色氨酸、蛋白质 —浓 HNO_3→ (—)；黄色；黄色
   色氨酸、蛋白质 —NaOH，Cu (OH)$_2$→ (—)；紫红色

第十三章　糖　　类

一、单项选择题

1. C　2. A　3. B　4. C　5. B　6. A　7. A　8. A　9. A　10. B　11. D　12. C　13. C　14. B　15. D

二、多项选择题

1. ABE　2. ACE　3. CDE　4. ACD　5. ACDE

三、用化学方法鉴别下列化合物

1. 果糖、蔗糖 —托伦试剂，△→ 银镜；(—)

2. 葡萄糖、蔗糖、淀粉 —碘水→ (—)；(—)；显蓝色
   葡萄糖、蔗糖 —班氏试剂，△→ 砖红色沉淀；(—)

3. 糖原、淀粉 —碘水→ 显红色；显蓝色

4. 蔗糖、果糖、葡萄糖 —班氏试剂，△→ (—)；砖红色沉淀；砖红色沉淀
   果糖、葡萄糖 —塞利凡诺夫试剂，△→ 很快变红色；缓慢变淡红色

四、完成下列反应式

1. 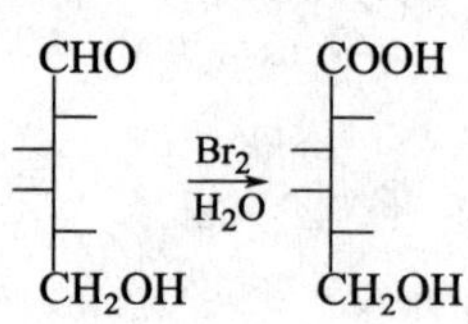

2. 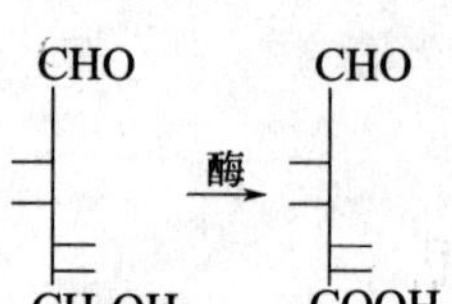

3. 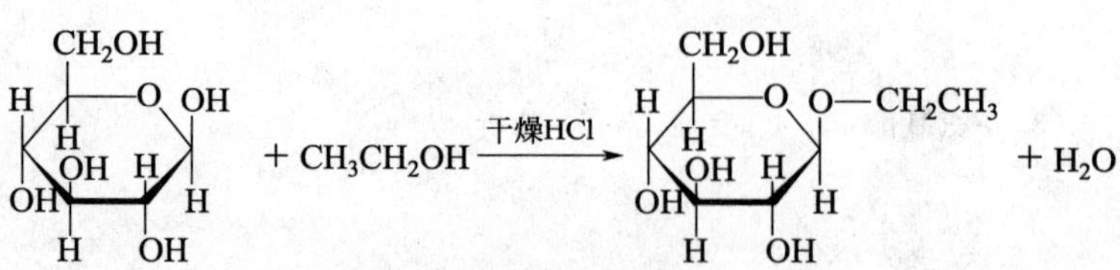

五、推断题

A. 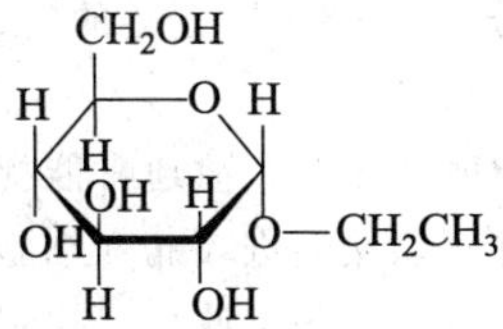

B. 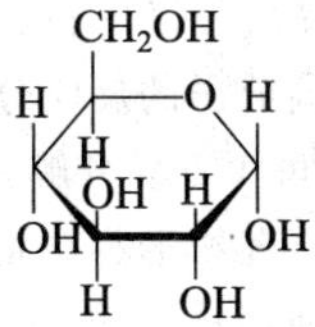

C. CH_3CH_2OH

第十四章　脂类、萜类和甾族化合物

一、单项选择题

1. D　2. A　3. B　4. C　5. B　6. A　7. C　8. D　9. A

二、用系统命名法命名下列化合物或写出结构式

1. 3α，7α，12α-三羟基-5β-胆烷-24-酸（胆酸）

2. 17α-甲基-17β-羟基雄甾-4-烯-3-酮（甲基睾丸素）

3. 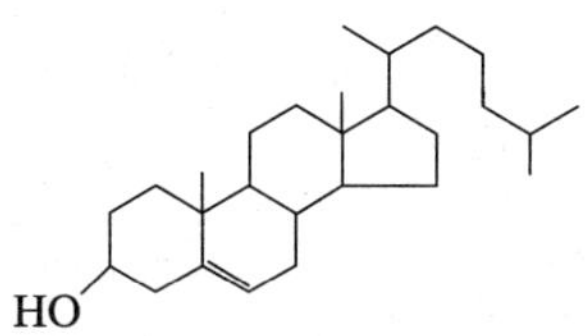

4. 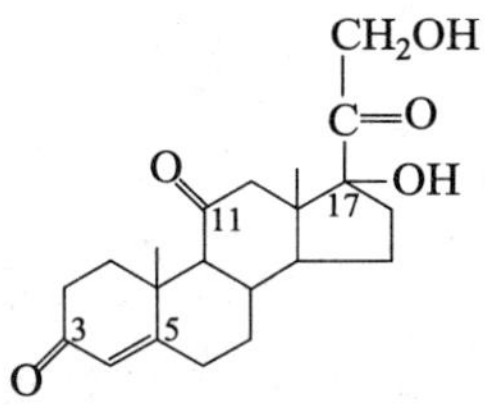

三、应用异戊二烯规则分割下列化合物并指出它的类别

1. 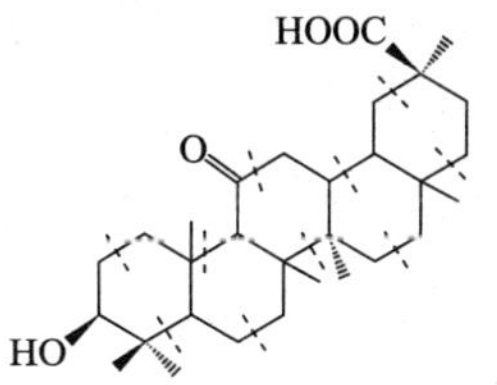

三萜类

2. 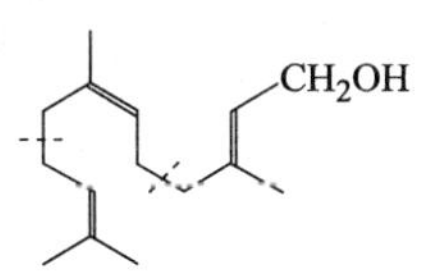

倍半萜类

3. 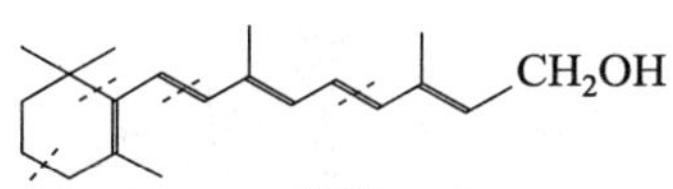

二萜类

4. 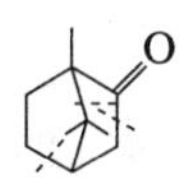

单萜类

第十五章　药用合成高分子化合物简介

一、单项选择题

1. A　2. C　3. B

二、写出下列聚合物的名称并指出其单体

（1）聚乙烯；单体 $CH_2=CH_2$

（2）聚(2-甲基-1,3-丁二烯)；单体 $CH_2=C(CH_3)-CH=CH_2$

（3）聚环氧乙烷；单体 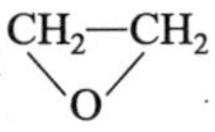

三、简答题

1. 答：(1) 按高分子的来源分类；(2) 按高分子的机械性能和用途分类；(3) 按主链的组成分类；(4) 按高分子链的结构形态分类；(5) 按合成高分子的反应分类。

2. 答：特点：高分子药物因其相对分子质量大不易分解，在血液中停留时间较长，故通常能提高药物的长效性并能降低药物的毒副作用，某些低分子药物选择合适的高分子载体可以接近进攻病变细胞的靶区或改变药物在靶区内的分布及增加渗透作用，使药物增效。高分子药物还可以通过剂型改变，控制药物释放速度，避免间歇给药使血药浓度呈波形变化从而使释放到体内的药物浓度比较稳定。

高分子药物可分为四类：(1) 具有药理活性的高分子药物；(2) 高分子载体药物；(3) 与高分子链连接的低分子药物；(4) 高分子配合物药物。

参 考 文 献

[1] 曾崇理．有机化学．第 2 版．北京：人民卫生出版社，2010.
[2] 刘斌．有机化学．北京：人民卫生出版社，2009.
[3] 马祥志．有机化学．第 2 版．北京：北京大学医学出版社，2010.
[4] 马祥志．有机化学．第 3 版．北京：中国医药科技出版社，2010.
[5] 刑其毅．有机化学．第 3 版．北京：高等教育出版社，2009.
[6] 徐寿昌．有机化学．第 2 版．北京：高等教育出版社，1979.
[7] 初玉霞．有机化学．第 2 版．北京：化学工业出版社，2007.
[8] 郭杨．药用有机化学．北京：中国医药科技出版社，2009.
[9] 陆阳．有机化学．案例版．北京：科学出版社，2010.
[10] 贾云宏．有机化学．案例版．北京：科学出版社，2012.
[11] 许新，刘斌．有机化学．北京：高等教育出版社，2006.
[12] 吉卯祉，彭松，吴玉兰．有机化学．第 2 版．北京：科学出版社，2011.
[13] 王积涛．有机化学．天津：南开大学出版社，2002.
[14] 倪沛洲．有机化学．第 6 版．北京：人民卫生出版社，2008.
[15] 高职高专化学教材编写组．有机化学．第 2 版．北京：高等教育出版社，2009.
[16] 魏俊杰．有机化学．第 2 版．北京：高等教育出版社，2003.
[17] 邬瑞斌．有机化学．第 2 版．北京：科学出版社，2009.
[18] 李靖靖，李伟华．有机化学．北京：化学工业出版社，2008.
[19] 吉卯祉，彭松，张惠珍．有机化学．北京：科学出版社，2005.
[20] 汪小兰．有机化学．北京：高等教育出版社，1997.
[21] 杨艳杰．化学．第 2 版．北京：人民卫生出版社，2010.
[22] 吴立军．天然药物化学．第 5 版．北京：人民卫生出版社，2010.
[23] 吴剑峰．天然药物化学．北京：人民卫生出版社，2011.
[24] 牛彦辉．化学．北京：人民卫生出版社，2004.
[25] 黄诒森．生物化学．第 4 版．北京：人民卫生出版社，2003.